LEÇONS SUR LA PHYSIOLOGIE

NORMALE ET PATHOLOGIQUE

DU SYSTÈME NERVEUX.

NANCY, IMPRIMERIE BERGER-LEVRAULT ET Cie.

LEÇONS

SUR LA

PHYSIOLOGIE

NORMALE ET PATHOLOGIQUE

DU SYSTÈME NERVEUX

PAR

Le Docteur POINCARÉ

Professeur adjoint à la Faculté de médecine de Nancy,
Membre titulaire de l'Académie de Stanislas et de la Société de médecine de Nancy

---

TOME PREMIER

Avec figures intercalées dans le texte

PARIS

BERGER-LEVRAULT ET Cie	J.-B. BAILLIÈRE ET FILS
LIBRAIRES-ÉDITEURS	LIBRAIRES DE L'ACADÉMIE DE MÉDECINE
5, Rue des Beaux-Arts.	19, Rue Hautefeuille

1873

viens aujourd'hui les soumettre à la froide température de la plume et commencer à accomplir ma promesse, en publiant d'abord la partie relative à la physiologie normale et pathologique du système nerveux.

Je me suis attaché, comme toujours, à suivre autant que possible les grandes coupes établies par les maîtres tant qu'elles n'étaient pas incompatibles avec ma manière d'envisager les questions que j'avais à traiter. On ne sert pas la science et on nuit aux élèves en s'efforçant de modifier l'agencement si naturel des diverses fonctions de la vie, qu'ont su saisir et respecter des hommes tels que Bérard, Longet et Béclard. Rien n'est plus facile que de varier à l'infini la disposition des pièces d'un échiquier; mais aussi combien de ces combinaisons peuvent être inutiles et même dangereuses. Dans un exposé scientifique, on ne doit changer le mode de groupements de faits que d'autant que le besoin s'en fait réellement sentir. Autrement, sous prétexte de se donner une fausse originalité, on ne fait que troubler un instant les eaux limpides et pures de la science et retarder sa marche vers le progrès. La véritable originalité consiste dans les déductions que chaque esprit sait tirer des faits eux-mêmes et dans les efforts qu'il tente pour trouver un aspect inaperçu à chaque question.

Mon but principal a été de contribuer à établir entre la pathologie et la physiologie un rapprochement qu'a toujours rendu difficile l'immensité des matières de part et d'autre, et de vous faire profiter des observations que j'étais amené à faire en appliquant continuellement dans ma clientèle les données que me fournissaient mes études physiologiques. En dehors de cette tâche spéciale, je n'ai pas eu d'autre prétention que de remplir de mon mieux

le rôle de la laborieuse abeille qui va de fleur en fleur
puiser et choisir des matériaux précieux. Si parfois j'ai
cédé à la tentation de modifier la saveur des sucs que
j'ai récoltés, j'espère que la richesse de la moisson me le
fera pardonner.

Veuillez, Messieurs, agréer l'assurance de mon affection et de mon dévouement.

POINCARÉ.

Nancy, 5 octobre 1872.

Que MM. Guillaume et Rouyer, deux des meilleurs élèves de l'École, reçoivent
ici mes remerciements particuliers pour les notes fidèles qu'ils ont bien voulu
me prêter et sans lesquelles il m'eût été impossible de reproduire ces leçons.

LEÇONS

SUR

LA PHYSIOLOGIE

NORMALE ET PATHOLOGIQUE

DU

SYSTÈME NERVEUX.

PREMIÈRE LEÇON.

Généralités sur les divers modes de manifestation de l'innervation.

MESSIEURS,

De tous les appareils anatomiques, le plus important, celui que le physiologiste doit placer au rang le plus élevé, est incontestablement l'appareil de l'innervation. Non-seulement il constitue l'instrument direct et spécial des manifestations de l'intelligence, mais il se montre partout, et partout il fait sentir sa puissance dominatrice. Il intervient dans toutes les fonctions de la vie, même les plus humbles. Il n'est pas un seul point de l'organisme qui ne soit obligé de reconnaître sa suzeraineté. Un grand nombre des actes auxquels il préside, peuvent, il est vrai, s'exécuter sans lui. Le végétal absorbe, assimile, secrète et engendre sans son concours. Les animaux inférieurs qui sont aussi dépourvus de système nerveux, font non-seulement ce que fait le végétal, mais en outre ils sentent et ils se meuvent. Sans lui donc, tout est encore possible dans les phénomènes de la vie, hormis la pensée. Mais, là où il existe, tout lui semble nécessairement enchaîné; car du moment où il est altéré, ces actes, qui ont lieu sans lui dans les bas-fonds de la création animale, sont ou troublés ou annihilés. C'est pour les économies supérieures un véritable moyen de centralisation. Grâce aux innombrables nerfs qu'il envoie jusqu'aux confins les plus reculés de l'organisme, l'axe central possède un riche réseau télégraphique qui lui permet d'être incessamment renseigné sur ce qui se passe en dehors de lui et d'expédier dans toutes les directions des ordres parfaitement motivés. Tout converge vers lui et tout émane de lui; de sorte qu'il tient dans sa main l'ensemble des fils de la machine animale. Il relie entre eux les divers phénomènes de la vie qui sans lui resteraient isolés et n'offriraient aucune unité dans le but et dans les déterminations. C'est un mécanisme administratif qui rattache à un chef commun toutes les fonctions et qui permet ainsi de les harmoniser et de les régulariser. Le système nerveux, on peut le dire, c'est la civilisation apportée dans l'économie animale avec tous ses splendides résultats.

En présence d'un rôle aussi immense, on comprend pourquoi il a été l'objet de si nombreuses recherches de la part des explorateurs de la physiologie. Il a donné lieu, surtout dans ces dernières années, à tant de travaux, que son histoire, même classique, a atteint des proportions considérables. — C'est ce qui m'a engagé à détacher l'étude de l'innervation de celle des autres fonctions, et à en faire l'objet d'un cours spécial, réservé aux élèves de deuxième et de troisième année. Parlant ainsi à un auditoire déjà initié à la science des maladies, je pourrai combler la lacune regrettable que laissent entre eux les enseignements de la physiologie et de la pathologie, tels qu'ils sont actuellement compris et institués. Je pourrai rattacher ces deux branches de la médecine par leurs liens naturels; je pourrai faire de la physiologie pathologique, c'est-à-dire interpréter, avec les données de la physiologie, les diverses maladies du système nerveux.

Dans l'état de santé, le fonctionnement du système nerveux se manifeste à nous par des actions de quatre ordres bien distincts : 1º des actions dites de sensibilité; 2º des actions dites de motilité; 3º des actions dites de nutritivité; 4º des actions psychiques.

Il importe de bien préciser tout d'abord la véritable nature de ces divers modes de manifestation, et de déterminer la part de l'innervation dans ces actes qui, pour la plupart, nécessitent en même temps le concours d'autres appareils anatomiques :

1º *Actions sensitives.* — La sensibilité constitue l'attribut, sinon principal, du moins initial du système nerveux. Car sans elle les centres moteurs ne produiraient peut-être jamais de mouvements, par cette raison qu'ils n'y seraient point provoqués. Sans elle, le moi serait peut-être incapable de vouloir ces mouvements, et même de donner naissance à la plupart des phénomènes intellectuels.

Cet attribut consiste dans la faculté de pouvoir être ébranlé, c'est-à-dire être dérangé dans son état moléculaire statique, par tout ce qui le touche plus ou moins directement, et de pouvoir propager de proche en proche en lui-même l'ébranlement reçu, tout en le modifiant de façon à le transformer en sensation consciente et capable de faire naître une notion, une idée. Autrement dit, le système nerveux est impressionnable, et grâce à cette impressionnabilité, il est apte à sentir l'influence dynamique des corps. Par la vie de nutrition, ce qui nous entoure exerce sur nous une influence toute matérielle et pondérable. Le monde extérieur nous cède une partie de sa matière et nous enlève une partie de la nôtre. Par l'intermédiaire de l'innervation, ce même monde nous communique une partie de la force qui anime ses molécules, force que nous transformons en une sensation ou en un mouvement qui réagit à son tour sur le milieu ambiant. De sorte qu'il existe entre tous les êtres de la nature non-seulement un *circulus* matériel, mais encore un *circulus* dynamique. Le calorique que possèdent les corps ébranle d'une certaine façon nos nerfs, et, par le fait de la propagation et de la transformation incessante de cet ébranlement, le moi est averti que ces corps sont à une température plus ou moins élevée. Les ondes lumineuses qui sont engendrées ou réfléchies par ces corps viennent de leur côté ébranler certains appareils nerveux périphériques qui élaborent l'impulsion initiale, de telle façon qu'il en résulte pour la conscience les notions lumière et couleurs. Par leur contact direct, les corps agissent d'une manière tout-à-fait mécanique. Ils font, pour ainsi dire, vibrer les molécules des nerfs, et les vibrations, en se transmettant de proche en proche, nous éclairent sur la forme et la force d'impression de ces corps. En un mot, par ses actes de sensibilité, le système nerveux constitue pour nous un véritable appareil enregistreur où le moi trouve tous les documents nécessaires pour connaître ce qui se passe autour de lui et même pour enfanter la pensée. Car sans ces données, fournies constamment par la sensibilité, les idées ne prendraient pas naissance. Je néglige ici les idées dites innées, sur l'existence desquelles j'aurai à me prononcer ultérieurement.

Toutefois, l'ébranlement déterminé à la périphérie n'arrive à la conscience et ne donne lieu à une notion que d'autant qu'il atteint les couches les plus élevées de l'axe cérébro-spinal. Il peut être arrêté en route, et alors le mouvement moléculaire qui, en s'étendant par une marche ascensionnelle jusque dans certaines régions du cerveau, devait être l'occasion d'une sensation et d'une idée, change de direction et prenant, pour ainsi dire, une voie rétrograde, va, par l'intermédiaire des éléments moteurs du système nerveux, s'épuiser dans les muscles dont il provoque la contraction; comme une bille qui, rencontrant un obstacle, se réfléchit et va mourir dans une direction presque opposée à celle où il ne lui a pas été permis d'épuiser la force qui l'animait. Dès lors le mouvement qu'exécute le muscle vers lequel l'ébranlement s'est réfléchi, se produit fatalement, machinalement, parce qu'il faut toujours qu'une force s'use à faire quelque chose.

Il ressort de là que les phénomènes de sensibilité se présentent sous deux formes. Tantôt l'impulsion périphérique gagne des parties assez perfectionnées des centres nerveux pour que le *moi* en ait conscience, et il peut, après coup, ne pas réagir ou réagir à volonté, par un mouvement raisonné. Tantôt cet ébranlement change de direction, se réfléchit vers un groupe musculaire, et il se produit un mouvement malgré le *moi* et, le plus souvent, à son insu. Chose bien digne de remarque: le Créateur a disposé les choses de telle façon que ces réflexions et ces mouvements involontaires ont toujours lieu dans les circonstances où ceux-ci sont indispensables à la réalisation du programme de la vie végétative et, par conséquent, au maintien de l'existence. Le *moi* aurait pu oublier ou négliger de les provoquer. Il valait mieux qu'il fût déchargé de ce soin et donner à ces actes un caractère automatique.

Sous cette forme inconsciente, la sensibilité ou, pour mieux dire, l'impressionnabilité a pu être obtenue par la nature chez les êtres privés de système nerveux. On en retrouve des exemples jusque dans le règne végétal, la *Sensitive pudique*, dont les feuilles se dérobent sous le moindre attouchement; la **Dionœa muscipula** (vulgairement **Attrape-mouches**), dont les feuilles sont autant de piéges qui emprisonnent les insectes trop confiants. L'analogie est telle avec la sensibilité due à l'innervation, que le chloroforme et l'éther endorment la Sensitive au point que sa susceptibilité s'évanouit tout à fait. Mais, il faut en convenir, ce n'est que par le système nerveux que l'impressionnabilité peut atteindre un haut degré de perfection, qu'elle peut à la fois se généraliser et se spécialiser par places, qu'elle peut varier suivant toutes les qualités des corps impressionnants, qu'elle peut enfin se spiritualiser au point d'engendrer des idées. Toutefois, avec un appareil d'innervation donné, elle ne se montre même pas toujours avec un perfectionnement égal. Il en est ainsi dans l'espèce humaine où elle peut varier beaucoup dans son développement. Il y a, à cet égard, des différences individuelles si grandes et si nombreuses qu'il serait impossible de les analyser. Les raffinements de la civilisation, la vie d'artiste, l'exaltent considérablement, parce que l'aptitude des nerfs sensitifs à entrer en ébranlement sous la moindre influence se perfectionne de plus en plus par l'exercice. Il en est des nerfs comme des touches d'un piano qui cèdent de plus en plus facilement à la pression du doigt et qui se prêtent de mieux en mieux à la souplesse d'idées et de mouvements de l'artiste. Les conditions climatériques se combinent avec les habitudes des populations pour créer à chaque nation une moyenne d'impressionnabilité. C'est ainsi qu'en général les habitants du Midi sont beaucoup plus sensibles que ceux du Nord qu'il faut, suivant l'heureuse expression de Montesquieu,« écorcher pour les chatouiller. »

2° Actions motrices. — Dans les phénomènes de motilité, le rôle du système nerveux se borne à forcer le muscle à se contracter, à se raccourcir et, par conséquent, à rapprocher les leviers sur lesquels il s'insère. C'est ainsi qu'il contribue à réaliser ce qu'on est convenu, en physiologie, d'appeler un mouvement. Pendant longtemps on a cru que le nerf faisait plus qu'exciter le muscle à se contracter ; qu'il lui apportait la propriété de contractilité elle-même, et que le muscle n'était qu'un terrain propre à recevoir cette force. Mais il est bien établi aujourd'hui que la fibre musculaire porte en elle-même l'aptitude à se contracter, et qu'elle peut encore la manifester alors que les nerfs sont mis dans l'impossibilité d'agir. Il est une substance dont nous aurons à nous occuper d'une manière spéciale ultérieurement et qui a le singulier pouvoir de paralyser les nerfs moteurs, en respectant le jeu de tous les autres organes. C'est le *Curare*, avec lequel les Indiens préparent leurs flèches empoisonnées. Quand, à l'exemple de M. Claude Bernard, on applique comparativement l'électricité sur le nerf sciatique d'une grenouille préalablement empoisonnée par cette substance, et sur celui d'une autre grenouille qui n'a pas subi l'influence du même poison, on détermine des mouvements dans les muscles de la cuisse de cette dernière, tandis que les mêmes muscles restent inertes chez la première. Mais si, au lieu d'électriser les nerfs, on applique l'agent stimulant sur les muscles eux-mêmes, on produit des contractions chez les deux grenouilles, parce que le *Curare*, qui a supprimé la puissance des nerfs, a respecté les propriétés physiologiques des muscles qui peuvent encore obéir à une incitation anormale et artificielle. Ici l'électricité a remplacé le nerf, qui n'existe plus au point de vue dynamique. Comme lui, elle ne fait que lâcher la détente. En réalité, dans les conditions naturelles, ce sont toujours les muscles qui exécutent les mouvements, mais ils n'entrent en action que lorsque les nerfs les provoquent à le faire. Les deux systèmes, musculaire et nerveux, se complètent l'un l'autre. L'un exécute, l'autre commande. Les muscles constituent le dernier terme périphérique de la partie motrice du système nerveux ou plutôt de l'appareil du mouvement. Dans cette organisation, le muscle les os, les articulations, représentent la machine ; le système nerveux représente le mécanicien. Sans le système musculaire, le système nerveux serait pour ainsi dire désarmé. Il aurait perdu par là ses moyens de manifestation et de réaction sur le monde extérieur. Il n'aurait plus qu'une existence passive. Il ne serait plus propre qu'à fournir à l'individu des impressions qui resteraient lettre morte pour les autres êtres.

C'est tout justement parce que l'appareil de l'innervation n'est, dans la production des mouvements, qu'un agent provocateur naturel, que la motilité se retrouve dans les animaux qui ne possèdent ni nerfs ni centres nerveux. Le Protée se meut avec une extrême rapidité, et cependant, dans sa masse transparente, tout se montre homogène. Le Polype, qui est dans une situation analogue, a autour de la bouche des tentacules contractiles qu'il meut avec toutes les apparences de la volonté. Il dirige ces bras vers la proie qu'il veut saisir, les y applique et la frappe d'une sorte de paralysie. On ne saurait ici accuser l'insuffisance des moyens grossissants. Car les éléments histologiques du système nerveux ont les mêmes proportions dans toute l'échelle, aussi bien chez la mouche que chez l'éléphant. Dans les phénomènes de motilité, comme dans les autres, le système nerveux n'est qu'un moyen de perfectionnement qui met les muscles au service d'une volonté et d'une intelligence, qui les subordonne à un régulateur et à un coordinateur capables de donner à leur action une détermination bien nette et de les associer dans un travail d'ensemble plus ou moins complexe. Dans l'échelle, le Créateur a pu réaliser la motilité sans son concours. Mais partout où il existe, les agents directs du mouvement lui obéissent forcément. Aussi le *Curare*, qui, en paralysant les nerfs moteurs, supprime tous les mouvements spontanés chez les animaux doués d'un appareil nerveux, les laisse intacts chez les êtres inférieurs qui en sont privés.

Tantôt le système nerveux exerce son influence sur les muscles avec le concours de la volonté. Le mouvement qui en résulte est dit *volontaire*. Tantôt il l'exerce contre la volonté et à son insu, mais après avoir été préalablement ébranlé lui-même par une excitation qui a pris naissance à l'extrémité périphérique d'un nerf sensitif. Le mouvement fait alors suite à l'exercice de la sensibilité inconsciente dont nous avons parlé. Théoriquement, il semble résulter de la réflexion, vers les nerfs moteurs, de l'ébranlement moléculaire qui a parcouru les nerfs sensitifs. Il est dit alors *réflexe* ou *involontaire*.

3° *Actions nutritives*. — Les actions de nutritivité sont moins bien connues que les précédentes, et leur existence n'est pas incontestable, de sorte que je dois entrer dans quelques développements capables de prouver cette existence et de faire entrevoir le mécanisme suivant lequel se produisent ces actions.

Il est bien certain que les tissus vivants portent en eux-mêmes une puissance organique telle qu'ils peuvent se suffire pour les besoins de leur nutrition et de leurs productions. Ils peuvent, de par eux-mêmes, s'approprier les matériaux du sang qui leur conviennent, les élaborer de façon à se les assimiler ou à créer avec eux des produits spéciaux et déterminés. Les végétaux n'ont point de système nerveux, et cependant les cellules qui les composent en grande partie exécutent par elles-mêmes des actions de chimie nutritive peut-être plus considérables et plus difficiles que celles qui se passent dans les tissus de l'homme. Elles font ce que ne peuvent pas faire les cellules animales. Avec de la matière minérale, elles font de la matière organique. Avec des sels empruntés au sol et de l'acide carbonique emprunté à l'air, elles font de l'albumine, de la fibrine, de l'amidon, des graisses. Dans les foules humbles et méprisées qui s'agitent au dernier rang de l'échelle animale, il existe aussi des êtres qui sont le siége de phénomènes nutritifs et qui sont totalement dépourvus de moyens d'innervation, tels sont entre autres: les Spongiaires, les Rhizopodes, les Polypes, etc. Mais, même chez les animaux qui sont doués d'un système nerveux, le microscope nous fait assister, pour ainsi dire, au spectacle de l'individualisme et de l'indépendance nutritive de chaque élément microscopique. Beaucoup d'organes sont composés par des agglomérations de cellules d'une forme spéciale pour chacun d'eux, ainsi le foie, les epithelium, les glandes. Parmi les tissus qui affectent la forme de fibres ou de tubes, il en est qui, comme les muscles, résultent de la fusion et de la transformation de plusieurs cellules, double phénomène qui leur laisse encore une enveloppe cellulaire commune avec les noyaux disséminés dans son épaisseur. Du reste, tous les organes, sans exception, sont cloisonnés à l'infini par des trabecules de tissu conjonctif qui arrive ainsi à fournir une gaîne particulière pour de très-petits groupes d'unités histologiques. Ces trabecules et ces gaînes sort parsemées de cellules, dites plasmatiques, auxquelles Virchow et Kölliker s'accordent à faire jouer un rôle dans la nutrition des éléments anatomiques qu'elles entourent. Il est vrai qu'en France on regarde généralement ces cellules comme des noyaux embryonnaires qui n'ont pas trouvé d'emploi dans la formation du fœtus et qui restent là comme momifiés, ne prenant aucune part aux phénomènes de la vie normale, mais prêts à entrer en reviviscence sous certaines excitations, et à pulluler au point de donner naissance à divers produits pathologiques, tels que le cancer. Singulière théorie qui condamne chaque point de notre organisme à conserver en lui un levain de dégénérescence, à réchauffer dans son sein un être malfaisant qui un jour ou l'autre, le détruira à la moindre occasion d'irritation S'il en est ainsi, il faut faire des productions pathologiques un embranchement particulier remplissant son but utile dans l'œuvre harmonique de la nature vivante. Quant à moi, je déclare que je n'admets pas qu'il y ait rien d'inutile à la vie normale dans ce qui fait partie de notre économie, même la plus humble des cellules plasmatiques, et je me range à l'opinion de Vischow et de Kölliker. Or, ces cellules, qu'elles soient de formes spéciales ou qu'elles soient plasmatiques, se montrent toutes douées d'une vie propre et indépendante. Elles absorbent le plasma du sang qui passe dans les capillaires de l'organe, et à l'aide de ce plasma elles manifestent l'autonomie la plus complète. Elles s'en nourrissent de façon à augmenter l'épaisseur de leurs propres parois, ou bien elles en font des noyaux qui constitueront autant d'enfants de la cellule-mère. Elles engendrent, en un mot. Où bien encore elles font de ce plasma un suc qui nourrira le tissu engaîné ou un produit de sécrétion quelconque. Si la cellule est irritée, si elle est malade (car ces petits êtres sont susceptibles de maladies tout comme l'homme lui-même), elle fera avec ce plasma des produits pathologiques. A chaque instant le micrographe rencontre dans un département qui ne reçoit qu'un seul tube nerveux des cellules malades entourées de cellules saines, ce qui semble bien démontrer leur indépendance nutritive. On peut dire que les éléments cellulaires sont comme autant de personnalités qui travaillent à l'œuvre commune de la grande république qu'elles constituent par leur agglomération. La cellule de l'animal supérieur paraît donc se conduire absolument comme la cellule végétale. Et, au premier abord, on est parfaitement en droit de penser que la loi est générale et que, puisque les phénomènes de nutrition intime se produisent parfaitement chez les êtres qui n'ont pas de système nerveux, ils doivent encore s'exécuter sans l'intervention de ce dernier même chez ceux qui en possèdent un. On est parfaitement autorisé à penser *a priori* que les nerfs qui s'épanouissent dans les organes n'ont d'autres rôles que de produire des mouvements là où il peut y en avoir, et d'y recueillir les impressions qui peuvent y prendre naissance, mais qu'ils n'ont rien à voir dans les actes de nutritivité dont ils sont le siége. La clinique s'est chargée, même avant l'expérimentation, de nous montrer qu'il n'en est pas ainsi, et que partout où apparaît le système nerveux, il fait sentir sa main puissante, son influence régulatrice sur tous les phénomènes, même sur ceux qui peuvent parfaitement se passer de lui. Il est l'instrument matériel le plus directement en rapport avec le *moi*, et celui-ci s'en sert pour faire retentir ses émotions jusque sur les actes de nutrition eux-mêmes.

A chaque pas dans la pratique médicale on rencontre des faits où cette influence nutritive se signale de la manière la plus incontestable. Il est une affection peu connue, non classée encore, qui consiste dans une atrophie partielle de la face, précédée d'une tache blanche qui va s'étendant peu à peu en même temps qu'elle devient le siége d'une dépression. Les poils blanchissent aussi. Dans ces cas, on trouve une altération des divers ganglions du trijumeau et de ceux de la région cervicale du grand sympathique. Il est une autre maladie beaucoup plus répandue, mais mal interprétée jusque dans ces derniers temps par la clinique, le *Zona*. Elle consiste en une éruption d'herpès le long du trajet d'un nerf intercostal. On a trouvé, depuis, une altération des ganglions intervertébraux d'où émanent ces nerfs. On observe aussi à chaque instant l'apparition d'herpès le long du trajet des nerfs radial, médian, sciatique, en même temps que des douleurs névralgiques. Dans la plupart des maladies de la moëlle épinière, on voit survenir des altérations variées de la peau, des inflammations du tissu cellulaire ayant un cachet spécial, des dégénérescences des muscles. Les os eux-mêmes s'altèrent. M. Charcot a surtout attiré l'attention des observateurs sur les arthropathies qui surviennent à la suite des lésions primitives du cerveau et de la moëlle. Dans ces circonstances, les ligaments et les cartilages diarthrodiaux subissent les modifications les plus profondes.

L'intervention du système nerveux dans les phénomènes nutritifs étant admise, nous devons encore chercher, même dans ces généralités, à en déterminer le mode.

Cl. Bernard, Robin, Virchow n'accordent à ce système, dans la nutrition, qu'une influence tout-à-fait indirecte et laissent encore une large part à la vie cellulaire. Selon eux, l'innervation ne ferait que diriger la contraction des fibres musculaires qui entrent dans la composition des parois des vaisseaux. Elle dilaterait ou resserrerai la lumière de ces derniers. Elle doserait ainsi l'apport du liquide nutritif dans tel ou tel organe, dans tel ou tel moment. Elle ne ferait que régler le plus ou moins de travail des cellules. Mais celles-ci exerceraient leur activité élaboratrice, seules et de par elles-mêmes. L'innervation serait, suivant le mot créé par Stilling et qui dépeint bien la chose, purement vaso-motrice. Elle ne serait pas nutritive, dans l'acception du mot. Ce serait une action motrice qui aurait pour conséquence un afflux plus ou moins considérable de sang. Dans l'état pathologique, elle troublerait la vie cellulaire en lui fournissant trop ou trop peu de liquide nutritif. Mais ce serait le tissu qui s'altérerait lui-même, en vertu de sa force nutritive, par suite d'un encombrement ou d'une insuffisance de matériaux. Le tissu resterait à la fois son propre ouvrier et son propre architecte.

Il existe en effet, comme nous le verrons, tout un système de nerfs, appelés vaso-moteurs, dont le rôle est d'animer les fibres musculaires des vaisseaux et qui vont puiser leur puissance dans des départements spéciaux et déterminés des centres nerveux. Ce mode d'intervention du système nerveux dans la nutrition est incontestable aujourd'hui. C'est lui qui est chargé de faire en sorte que le tissu reçoive tantôt plus, tantôt moins de sang et, par conséquent, plus ou moins de matériaux capables d'être utilisés par l'activité propre des cellules. Les vaisseaux sont les moyens passifs du transport des matériaux de la nutrition. Les nerfs vaso-moteurs dirigent et règlent ce transport.

Mais, Messieurs, ce système nerveux n'intervient-il réellement que de cette façon dans les phénomènes nutritifs? N'a-t-il pas une certaine part à réclamer dans le travail dont les cellules sont le siége? C'est là une question que je chercherai à résoudre dans la prochaine leçon.

DEUXIÈME LEÇON.

Messieurs,

Un physiologiste américain, Brown-Sequard, a le premier attiré l'attention sur l'insuffisance de la théorie de Cl. Bernard, qui n'accorde au système nerveux qu'une influence vaso-motrice et tout à fait indirecte dans la nutrition. D'après lui, le simple fait d'une augmentation ou d'une diminution dans la quantité de sang qui passe dans une région, pendant un espace de temps donné, est incapable d'expliquer toutes les altérations de tissu que l'état du système nerveux peut faire naître. Il fait observer avec raison que, quand on paralyse les fibres musculaires des vaisseaux d'un organe en coupant les nerfs vaso-moteurs qui les animent, on produit bien un apport plus considérable de sang ; les vaisseaux n'opposent plus de résistance contractile à l'effort dilatateur de l'impulsion cardiaque ; leur diamètre augmente d'une manière passive ; la somme de sang en circulation est plus grande. Mais tout se résume en une simple congestion. Les tissus restent imprégnés de sang, mais ils ne s'altèrent pas. Il ne se produit ni travail inflammatoire ni dégénérescence, à moins qu'il n'y ait ultérieurement intervention d'une cause irritante quelconque.

Cl. Bernard a reconnu lui-même la vérité de l'observation et il est arrivé à tourner la difficulté à l'aide d'expériences que je vous décrirai plus tard et qui ont été pratiquées sur les glandes salivaires. Ces expériences l'ont conduit à conclure que les fibres musculaires des vaisseaux sont soumises à deux espèces de nerfs vaso-moteurs : des nerfs constricteurs provenant du grand sympathique et des nerfs dilatateurs provenant de l'axe cérébro-spinal. Ces derniers agiraient suivant un mécanisme, assez obscur du reste, que j'indiquerai lorsque ce sera le lieu de développer la théorie de Cl. Bernard. Ici, je ne fais que tracer à grands traits les différentes manières dont on a compris l'action du système nerveux dans la nutrition.

Quoi qu'il en soit, grâce à cette double source d'innervation vaso-motrice, l'afflux du sang pourrait se produire dans deux conditions essentiellement différentes. Lorsqu'il y aurait paralysie des nerfs constricteurs, les vaisseaux se dilateraient passivement sous l'influence de la pression sanguine. Il y aurait alors congestion passive sans la moindre tendance à l'inflammation et à la dégénérescence des tissus qui seraient le siége de cette congestion. Lorsqu'au contraire il y aurait intervention active des vaso-moteurs dilatateurs, les conditions de l'afflux du sang seraient tout-à-fait changées. Il y aurait pour ainsi dire succion du sang par les vaisseaux dilatés et non plus distension de ces vaisseaux par la colonne sanguine. Il y aurait alors congestion active avec tendance à l'inflammation et à l'altération des éléments histologiques.

Non-seulement l'existence des nerfs dilatateurs est loin d'être démontrée, nous le verrons, mais le serait-elle qu'on éprouverait encore de la difficulté à comprendre comment le travail d'élaboration des cellules se troublerait lorsqu'il recevrait un excès de sang par le fait d'une dilatation active, tandis qu'il n'en serait pas de même avec une dilatation passive. Dans l'un et l'autre cas, ce seraient toujours le même sang, les mêmes matériaux d'élaboration que recevraient les tissus.

C'est sans doute en présence de ces difficultés qu'en 1851, M. Ach. Lecomte a eu l'idée de nerfs spécialement affectés à la nutrition, qu'il a appelés nutritifs, et auxquels Samuel de Leipsick a donné, depuis, le nom de *trophiques.* Ces nerfs, excités eux-mêmes par des centres particuliers, stimuleraient et dirigeraient le travail nutritif des tissus, comme les nerfs moteurs excitent et dirigent le travail mécanique des muscles; ils agiraient parallèlement avec les vaso-moteurs; ils concourraient avec eux à la réalisation de la nutrition intime, mais avec des rôles différents et indépendants. Permettez-moi, Messieurs, une comparaison qui n'a rien de recherché peut-être, mais qui exprime bien la pensée que je désire vous faire saisir : L'innervation vaso-motrice serait l'entrepreneur de roulage qui apporte plus ou moins de matériaux pour la construction de l'édifice; l'innervation trophique ou nutritive représenterait l'architecte qui dirige la construction et décide de l'emploi des matériaux; enfin la cellule serait l'ouvrier. Les altérations pathologiques deviendraient le résultat des défauts de cet architecte qui pécherait soit par insuffisance, soit par excès d'activité. Les auteurs de cette idée

reconnaissent eux-mêmes que la nutrition peut s'opérer sans le concours du système nerveux, mais ils sont convaincus que chez les
animaux supérieurs ce système impose, à titre de perfectionnement
de la vie, sa haute direction à cet acte végétatif. Ils pensent que la
suppression de cette influence trophique affaiblit beaucoup chez eux
les phénomènes de la nutrition, tandis que son augmentation exagère le mouvement nutritif.

Quoique Samuel ait été beaucoup plus loin que Lecomte et ait
trouvé dans son imagination le moyen de décrire l'origine et le
mode de distribution des nerfs trophiques ; quoique M. Duchenne,
entraîné par les faits pathologiques dont il était témoin, ait écrit que
« si les nerfs trophiques n'existaient pas, il faudrait les inventer, » il
n'en est pas moins vrai que l'idée de ce genre d'innervation ne peut
encore être considérée que comme une vue de l'esprit, et qu'en fait
de preuves expérimentales, même indirectes, elle n'a encore en sa
faveur que la découverte des nerfs sécréteurs par Ludwig. Ce physiologiste a constaté qu'il existe dans les glandes, notamment dans
les glandes salivaires, des filets nerveux qui viennent se terminer
sur les parois des cellules qui sont chargées de faire de la salive
avec le plasma qu'elles ont absorbé ; et que lorsqu'on excite ces
nerfs, même après avoir lié les vaisseaux qui se rendent à la glande,
on donne lieu à une abondante production de salive. Il y a donc
des nerfs qui peuvent forcer les glandes à travailler, même quand
l'innervation vaso-motrice est mise hors de cause et rendue impuissante, à l'aide simplement du liquide qui fait déjà partie intégrante
des cellules. Il y a donc, en un mot, en dehors des nerfs vaso-moteurs, des nerfs excitateurs de la sécrétion qui président au travail
intime des cellules sécrétantes. (Nous verrons que ces nerfs sont
tout justement ceux dont Cl. Bernard avait mal interprété l'action et qu'il
regardait comme des nerfs dilatateurs.) Eh bien ! disent les partisans de la théorie trophique, s'il faut pour que le travail sécrétoire
se fasse qu'il y ait, à côté des nerfs vaso-moteurs, des nerfs capables
d'exciter ce travail, il est bien probable que dans les tissus qui se
contentent de se nourrir, il y a aussi, à côté des vaso-moteurs qui
président à l'apport des matériaux, d'autres nerfs présidant à l'emploi
de ces matériaux. Cet argument n'a rien de bien positif, comme
vous le voyez ; il n'est pas bien puissant. Aussi comprend-on que
la doctrine des nerfs trophiques n'ait pas encore fait beaucoup de
prosélytes.

MM. Onimus et Legros ont proposé, dans ces derniers temps, une nouvelle interprétation qui pourrait bien être l'expression de la vérité et que je vais chercher à vous formuler telle que je l'ai comprise.

Le rôle des organes est d'exécuter des fonctions spéciales et variées. Celui des nerfs est d'exciter les organes à exécuter leurs fonctions. Le rôle du muscle est de se contracter, celui du nerf moteur de l'exciter à se contracter. Celui des fibres musculaires des vaisseaux de resserrer leur diamètre; celui des vaso-moteurs de les exciter à produire ce resserrement. Celui des cellules glandulaires est de sécréter; celui des nerfs sécréteurs d'exciter ces cellules à sécréter. A vrai dire, il n'y a pas de nerfs sécréteurs dans le véritable sens du mot. Ils sont excitateurs de l'organe dans lequel ils se terminent, de même que les moteurs sont excitateurs des muscles. Partout où ils se trouvent, les nerfs sont des agents de stimulation. Or, un organe qui fonctionne use, brûle de la matière, et plus il fonctionne, plus il en brûle. En excitant le fonctionnement des organes, les nerfs activent donc les phénomènes chimiques qui constituent la nutrition. Lorsque le système nerveux, irrité lui-même par une cause ou par une autre, vient à surmener ainsi les éléments histologiques d'un organe, il en résulte que les produits d'oxydation ou de combustion s'accumulent en eux et constituent, par leur présence, un premier genre d'altération matérielle. Si, au contraire, les nerfs sont paralysés, si les organes, privés de leur stimulant fontionnel ordinaire, restent inertes, comme ils continuent à absorber des matériaux de travail, ces produits non utilisés, non oxydés, s'accumulent en eux et il en résulte un second mode d'altération chimiquement opposé au précédent. C'est ainsi que les nerfs interviennent dans la nutrition normale et pathologique, non pas à titre d'architecte, de nerfs trophiques proprement dits, mais à titre d'agents provocateurs du fonctionnement des organes dont le résultat matériel consiste dans des phénomènes chimiques de nutrition.

MM. Onimus et Legros complètent leur théorie de l'influence nutritive du système nerveux, en cherchant à différencier les congestions passives et actives. Dans le premier cas, il y a paralysie des nerfs vaso-moteurs. Les vaisseaux sont uniformément dilatés; le sang se trouve en plus grande abondance, mais il ne donne lieu à aucun produit pathologique parce qu'il ne s'arrête pas et qu'il circule librement. Ce sont simplement les écluses qui sont levées. Dans le second cas, il n'y a pas action des nerfs dilatateurs qui n'existent pas; il n'y a pas

non plus paralysie des nerfs constricteurs, les seuls vaso-moteurs
existant; mais il y a contraction irrégulière, spasmodique et partielle. Il se forme, par places, à une légère distance l'une de l'autre,
deux contractions annulaires, aussi complètes que possible et permanentes. Le sang se trouve ainsi emprisonné entre ces anneaux
musculaires. Il distend en ampoules les intervalles non contractés.
Ces îlots de sang, devenus immobiles, voient bientôt leurs globules
se déformer et s'agglutiner ensemble, par suite de la perte du mouvement qui est indispensable au maintien de leur intégrité. Et c'est
ainsi que commence le véritable travail inflammatoire avec toutes
ses conséquences.

Pour moi, sans condamner à tout jamais la doctrine des nerfs
trophiques, tant que leur existence ne sera pas mieux démontrée, je
suis porté à me rallier à celle que je viens de vous exposer. En ce
qui concerne l'inflammation, elle est en parfait accord avec ce que
le microscope montre exister dans les tissus enflammés. La dilatation
en ampoules et la déformation des globules sont incontestables et
incontestées. En outre, pour ce qui regarde l'influence exclusivement
stimulante du système nerveux, je suis bien près d'être convaincu,
en présence des faits signalés par Valler, et de ce qui se passe dans
l'atrophie musculaire progressive et dans la paralysie infantile.
Valler a montré que les nerfs moteurs et les muscles s'altèrent toutes
les fois qu'ils ne sont plus en communication avec les cellules antérieures de la moëlle, de sorte qu'il place le centre trophique des
nerfs moteurs dans ces cellules qui, cependant, sont motrices et ne
peuvent avoir d'action sur les nerfs et les muscles qu'en les stimulant ou en les laissant dans l'inertie. Dans l'atrophie musculaire
progressive, il est une première période où les divers faisceaux des
muscles sont continuellement le siége de contractions qui rappellent
celles que déterminent des décharges électriques. Dans le même
moment, la région de la moëlle occupée par les cellules motrices est
congestionnée. Les cellules, surexcitées elles-mêmes pathologiquement, imposent une égale activité morbide aux nerfs et aux muscles.
Dans une seconde période, les muscles sont à la fois paralysés et
dégénérés, et les cellules ont de leur côté éprouvé la dégénérescence
graisseuse. Il semble donc que le travail exagéré a fini par accumuler, dans tous ces éléments musculaires et nerveux, les produits
d'oxydation et que, par suite, les uns et les autres sont devenus im-
propres à remplir les rôles qui leur ont été dévolus par la nature.

Enfin, dans la paralysie infantile, les cellules motrices sont brusquement frappées d'impuissance. Elles n'excitent plus les muscles qui, eux aussi, se trouvent brusquement inertes, et peu à peu tout l'appareil du mouvement se détériore par suite du défaut d'action.

4° *Actions psychiques.* — Ici le système nerveux se suffit à lui-même. Il n'a plus besoin du concours d'aucun autre système organique. En outre, on peut le dire, ce genre d'aptitude constitue son plus bel apanage. Je n'ai pas à me prononcer aujourd'hui sur la grande question du vitalisme et du matérialisme. Elle trouvera sa place dans d'autres leçons. Mais, je le déclare sans hésitation, le philosophe le plus spiritualiste est tout au moins obligé de reconnaître, s'il est en même temps médecin, que le cerveau est ici-bas l'instrument indispensable de la pensée, car elle cesse d'être produite ou elle est troublée du moment où cet organe est mis dans l'impossibilité de fonctionner, est détruit ou incomplétement altéré. Dans le ramollissement, dans la paralysie générale des aliénés, au fur et à mesure que les petites cellules des couches corticales sont envahies par la dégénérescence graisseuse, on voit le cercle des notions acquises se restreindre de plus en plus, et les diverses opérations de l'entendement s'affaiblir jusqu'à ce qu'elles soient presque réduites à néant. Nous trouverons dans le mode d'agencement de ces cellules, dans le mode des rapports qu'elles contractent avec les autres parties de l'encéphale, l'explication des règles que suit invariablement et nécessairement l'esprit humain dans l'exercice de ses facultés, sans que rien, dans ce mécanisme admirable, soit de nature à vous conduire à la négation de l'existence de l'âme. Il faut à celle-ci un substratum matériel où elle retrouve toutes fixées et coordonnées les notions fournies par les organes des sens. Il lui faut un organe qui lui fournisse les moyens du langage ; qui marque les idées de signes particuliers et leur donne ainsi un corps. J'entends par là non pas seulement le langage écrit ou parlé, mais encore le langage muet, qui se passe continuellement en nous et pour nous, qui seul rend ces idées appréciables pour notre *moi* en les exprimant, qui leur donne une existence véritable en créant pour chacune d'elles des mots spéciaux, capables de les faire distinguer les unes des autres. Mais quels que soient les progrès de la physiologie, quand bien même elle arriverait à trouver, dans le mode de fonctionnement de la matière, la solution de tous les problèmes que soulève la psychologie, l'existence d'un principe supérieur dominant la matière ressortirait probablement encore de ce fait qu'il y a une conscience, un *moi*, qui reste toujours lui-même, qui relie entre elles toutes les élaborations disséminées des cellules et qui sait les rapporter à lui-même.

Du reste, cet enchaînement du *moi* au cerveau, cette solidarité pendant toute la durée de la vie terrestre, n'a rien qui répugne à admettre. Pour qu'un artiste puisse rendre sa pensée, il lui faut absolument une palette ou un instrument de musique quelconque. Le compositeur le plus riche en idées ne peut produire que ce que lui permet l'instrument à sa disposition; les règles de l'harmonie s'imposent à l'initiative et au génie de l'artiste, de même que l'âme est obligée de s'astreindre aux procédés qui résultent de l'organisation du cerveau. Le Créateur nous a donné des lobes cérébraux pour penser, comme il nous a donné des muscles pour nous mouvoir, un estomac pour digérer. Sans l'estomac, l'être ne pourrait pas s'approprier la matière nécessaire à son entretien. Sans le cerveau, l'âme ne pourrait produire aucune pensée appréciable pour les créatures de ce bas monde. C'est en ce sens seulement, parce que le cerveau est indispensable à la production des phénomènes psychiques; que Moleschott a pu dire avec une certaine raison : « Sans phosphore, point de pensée. » Car ce corps simple semble jouer le rôle principal dans la composition chimique de la matière spéciale de l'encéphale. Mais c'est à tort que Cabanis a écrit : « La pensée est sécrétée par le cerveau. » Elle n'est pas une humeur créée par cet organe, comme la bile est créée par le foie, la salive par les glandes salivaires. Büchner a été plus heureux dans sa formule : « La pensée résulte d'un mouvement moléculaire du cerveau », en tant qu'on la considère comme exprimant le mécanisme de l'organe dont le *moi* se sert pour produire la pensée. Car, c'est bien à l'aide du mouvement des rouages de cette machine délicate et perfectionnée que l'âme produit les phénomènes intellectuels.

Maintenant, Messieurs, que nous savons comment on doit comprendre le mode d'action du système nerveux dans les phénomènes de sensibilité, de motilité, de nutrition et d'intelligence, nous pouvons commencer l'analyse de ces quatre ordres d'influence dans les diverses parties que ce système présente au scalpel de l'anatomiste, en nous appuyant sur les généralités que nous venons de poser.

Ce que l'anatomie nous apprend de plus général, c'est que le système nerveux se compose d'un axe volumineux, d'où émane une multitude de petits cordons qui s'éparpillent dans toutes les parties du corps; c'est qu'il se compose d'une partie centrale et d'une partie périphérique. Cette division anatomique correspond à une division physiologique tout aussi parfaite, car les deux systèmes ont des rôles essentiellement différents. On peut poser en principe (sauf quelques restrictions que je ferai plus tard dans l'étude des nerfs) que le système central a seul le pouvoir de commander et de donner naissance au mouvement moléculaire que bien des auteurs désignent encore par les mots *force nerveuse*, tandis que le périphérique ne fait qu'obéir et transmettre l'impulsion née dans l'axe. Le central, c'est la pile qui développe l'électricité, les nerfs ne font que la conduire. Ce sont des conducteurs qui relient la pile aux divers organes.

Il y a donc lieu, dans l'étude, de séparer les deux systèmes et de faire à part la physiologie des centres nerveux et celle des nerfs. Nous débuterons naturellement par les centres, parce que la nature de chaque nerf dépend de la place qu'occupe son noyau d'origine dans l'axe central, et parce qu'un nerf quelconque ne donne lieu à une description physiologique particulière qu'en raison de son mode de distribution dans les organes.

L'axe central est formé lui-même de segments bien distincts : la moelle, le bulbe, la protubérance, les lobes cérébraux, le cervelet. Dans toutes les sciences, on a l'habitude de procéder du plus connu au moins connu. Suivant cet usage tout à fait rationnel, nous nous occuperons d'abord de la moelle. Dans cette étude, nous examinerons successivement :

1° Les particularités anatomiques qui peuvent donner lieu à des déductions physiologiques;

2° Les résultats de l'irritation directe des diverses parties de la moelle;

3° Les phénomènes de conductibilité ou de transmission dont la moelle est le siége;

4° Les conditions et les caractères particuliers que présente la moelle comme foyer d'innervation;

5° Les rôles que la moelle remplit dans les diverses fonctions de l'économie, comme centre d'innervation et comme conducteur;

6° Enfin, nous interpréterons, avec les données de la physiologie, les diverses maladies de la moelle admises par les cliniciens.

Voilà notre tâche tracée. Nous l'accomplirons autant que nous le permettra l'état actuel de la science. Nous ne pourrons certainement pas encore systématiser le mécanisme physiologique de l'axe médullaire sans sortir de temps en temps du domaine du positif; mais, dans les sciences en voie de formation, l'hypothèse doit toujours avoir sa place et sa place utile, car, c'est elle qui vivifie les faits. Elle n'est jamais dangereuse quand on a soin de la présenter comme la conséquence la plus rationnelle des résultats expérimentaux déjà acquis, et quand on se déclare prêt à l'abandonner du moment où elle se trouverait en désaccord avec les faits de l'avenir. J'aurai soin, du reste, chemin faisant, de vous indiquer les assertions qui ne méritent encore qu'une confiance conditionnelle.

TROISIÈME LEÇON.

Constitution anatomique de la moelle.

Messieurs,

Je me contenterai ici de vous rappeler les faits anatomiques qui doivent être présents à votre esprit pour l'intelligence des phénomènes physiologiques. Je serai très-sobre de détails pour ce qui concerne la conformation et la disposition générale de la moelle, qui vous ont été naguère démontrées avec ce talent et cette exactitude qu'apporte en toutes choses mon collègue M. Lallement. Mais je m'étendrai davantage sur les questions de structure, car ce sont elles surtout qui sont appelées à contrôler et à guider l'expérimentation physiologique. Nous ferons, pour ce sujet, de nombreux emprunts aux résultats fournis par l'investigation microscopique, cette voie pleine de promesses, tenues et à tenir, pour l'étude des phénomènes intimes de l'organisme; cette voie qui, malgré les attaques dont elle est l'objet et les difficultés infinies qu'elle présente, reste sûre de son avenir et fière des services immenses qu'elle a déjà rendus à la science. D'ailleurs le microscope subit en cela le sort de tout le monde et de toute chose, surtout en France où on pourra dire qu'il n'y a plus de Français du moment où on n'y critiquera plus. La critique est, du reste, indispensable, car c'est elle qui stimule le zèle des chercheurs et en cela le microscope ne peut que la remercier.

Vous vous rappelez, Messieurs, que la moelle s'étend du corps de la deuxième vertèbre lombaire au trou occipital. Elle offre un poids bien peu considérable. Elle ne pèse que 25 à 30 grammes, et cependant cette masse si petite est capable de développer une puissance mécanique énorme, car c'est elle qui fait presque tous les frais de la locomotion. On reste confondu en songeant à la quantité de force que ce frêle cordon produit et dépense en 24 heures. Elle ne remplit pas par son diamètre transversal le canal vertébral. Elle n'en remplit que les trois cinquièmes. Légèrement aplatie d'avant en arrière dans toute son étendue, elle offre deux renflements bien accusés, l'un situé au niveau de la deuxième dorsale et qui répond à l'origine des nerfs du membre thoracique, c'est le renflement dit *brachial*; l'autre situé entre les 9e et 11e dorsales et qui répond aux nerfs du men.bre inférieur, c'est le renflement *crural*. C'est en ces deux points que viennent converger les nerfs les plus considérables. C'est là par conséquent qu'aboutit le plus grand nombre de tubes nerveux et, comme chaque tube se rend à une cellule qui lui est particulière, il en résulte que les cellules doivent y être plus multipliées qu'ailleurs. D'où l'augmentation de masse.

Dépouillée de son enveloppe immédiate, la *pie-mère*, la moelle offre à l'œil de l'observateur, ainsi que vous pouvez le constater sur cette coupe transversale,

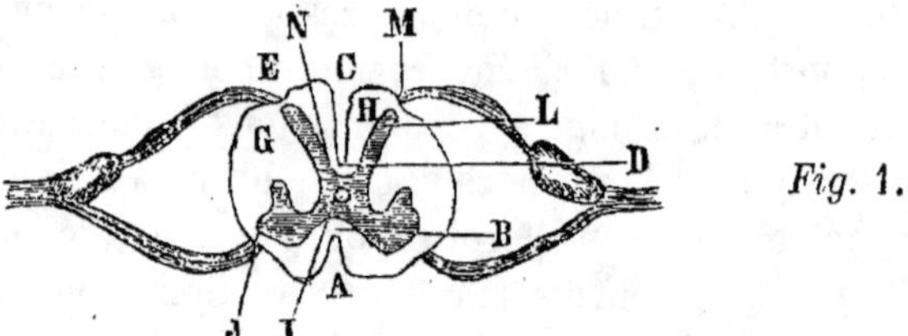

Fig. 1.

quatre sillons, dont deux médians et deux latéraux. Le sillon médian antérieur (A) s'étend ainsi de l'entrecroisement des pyramides à l'extrémité inférieure de la moelle. Lorsqu'on écarte ses bords, on aperçoit au fond une lame blanche (B) appelée *commissure blanche antérieure*. Le sillon médian postérieur (C), qui règne aussi dans toute l'étendue de la moelle, est moins large, mais plus profond que l'antérieur. Il pénètre jusqu'au centre de la moelle. Au fond se trouve une lame grise (D), dite *commissure grise postérieure*. Entre ces deux sillons, on en trouve de chaque côté deux dans la région cervicale et un seul dans les autres régions. Le sillon qui existe dans toutes les régions répond à l'origine des racines postérieures des nerfs rachidiens. Il est appelé *sillon collatéral postérieur* (E). Le sillon qui ne dépasse pas la région cervicale est situé en avant du précédent. On l'appelle *sillon postérieur intermédiaire* (F). Les sillons médians divisent la moelle en deux moitiés symétriques unies entre elles par les commissures blanche et grise. Chacune de ces moitiés est à son tour divisée en deux cordons par le sillon collatéral postérieur : un *cordon antéro-latéral* (G) qui comprend toute la partie de la moelle située entre le sillon médian antérieur et le sillon collatéral postérieur; un *cordon postérieur* (H) qui s'étend de ce dernier au sillon médian postérieur.

Sur cette même coupe transversale, il est facile de constater, même à l'œil nu, que la moelle se compose de deux substances qui se distinguent par leur siége et leur coloration : l'une blanche, située à la périphérie et qui est enveloppante pour ainsi dire; l'autre grise, située au centre, qui est enveloppée par conséquent. La première forme les cordons antéro-latéraux et postérieurs. La seconde présente deux moitiés symétriques qui ont chacune la forme d'un croissant à concavité dirigée en dehors. Ces deux croissants sont réunis entre eux par une bande transversale que nous avons déjà appelée commissure grise. Au milieu de cette commissure, on aperçoit un trou très-petit. C'est la coupe d'un canal qui règne dans toute l'étendue de la moelle, qui est connu sous le nom de *canal de l'épendyme* (I) et qui continue le système des ventricules du cerveau. Chaque croissant se termine en avant par une extrémité renflée qui n'arrive pas jusqu'à la surface de la moelle et qu'on appelle *corne antérieure* (J). Nous verrons que cette corne est un foyer de mouvement. L'extrémité postérieure du croissant est beaucoup plus effilée. Elle se prolonge jusqu'au cordon collatéral postérieur. Elle a reçu le nom de *corne postérieure* (L) et est spécialement destinée aux phénomènes de sensibilité. Au sommet de cette corne existe une colonne de substance grise jaunâtre qui forme le fond du sillon collatéral postérieur et qu'on appelle substance gélatineuse de Rolando (M). Dans l'angle rentrant formé par la corne postérieure et la commissure grise, existe une autre colonne qui se signale aussi par sa teinte un peu jaune. M. Jacubowitsch lui a donné le nom de *sympathique* (N). Tout porte à croire qu'elle est affectée aux phénomènes de nutrition.

Poussons plus loin notre analyse et examinons, à l'aide du microscope, la nature des éléments qui entrent dans la composition de ces diverses zones, ainsi que les connexions que ces éléments peuvent contracter entre eux.

La substance nerveuse proprement dite se trouve, dans toutes ces zones, englobée dans une multitude de gaînes formées par du tissu conjonctif qui, ici, a reçu de Virchow un nom particulier, *névroglie*, en raison de sa plus grande délicatesse. Le tissu nerveux suit la loi commune à tous les organes. Il a besoin d'être soutenu et isolé par une charpente qui est à la fois, pour lui, un moyen de protection et un moyen d'irrigation plasmatique. Ici, comme partout, cette double mission est accomplie par la matière dite *conjonctive* en histologie. Mais la nature semble avoir voulu lui donner une finesse en rapport avec la délicatesse des éléments à soutenir. Les cloisons qu'elle forme dans la moelle comme dans l'encéphale sont beaucoup plus déliées. Elles renferment moins de fibres celluleuses, plus de substance amorphe et surtout plus de cellules. Cette dernière particularité assure à la moelle une nutrition plus luxuriante en rapport avec sa grande activité fonctionnelle, mais en même temps elle l'expose à une plus grande aptitude à l'inflammation. On y rencontre toujours en outre de petits corpuscules formé par des lamelles concentriques régulières qui rappellent la structure des grains d'amidon. D'où leur nom de corpuscules amyloïdes. C'est à tort qu'on a voulu faire de la présence de ces petits corps un signe morbide, car ils se rencontrent dans l'état normal et chez tout le monde. Mais ils se multiplient considérablement dans les maladies où la névroglie prend du développement. Cette névroglie joue un rôle très-important dans la pathologie de la moelle. Elle est le point de départ d'un grand nombre d'affections, notamment de l'ataxie locomotrice qu'on rencontre si fréquemment en clinique.

Fig. 2.

La substance blanche en dehors de la névroglie ne renferme jamais que des tubes qui, comme ceux des nerfs, sont constitués par un axe rubané appelé *cylinder axis* (a) entouré d'un manchon de substance dite *médullaire* (b). L'axe représente très-probablement la partie réellement active, la véritable voie de transmission, la substance médullaire n'étant qu'un moyen isolateur. Mais ces tubes de la moelle se distinguent en ce qu'ils ne possèdent point la gaîne particulière des tubes nerveux périphériques et en ce qu'ils sont beaucoup plus fins. Leur diamètre est, du reste, variable. Ainsi les tubes des cordons postérieurs sont beaucoup plus minces que ceux des cordons antérieurs.

Dans les cordons latéraux,.il y a un mélange de tubes gros et de tubes fins.

La substance grise est beaucoup plus complexe en dehors de la névroglie et des vaisseaux; elle renferme: 1° des cellules nerveuses; 2° une matière granuleuse contenant des noyaux; 3° des fibres nerveuses.

1° Les cellules ont un volume variable et affectent des formes différentes, suivant la région qu'elles occupent. Mais elles ont ce caractère commun que toutes sans exception sont pourvues de prolongements généralement multiples qui, après s'être ramifiés plusieurs fois, se terminent par des filaments très-fins et très-pâles semblables aux cylindres de l'axe les plus fins. De plus, toutes sont remplies de fines granulations et très-souvent d'un pigment jaune-rouille. Toutes, enfin, ont un noyau à leur partie centrale.

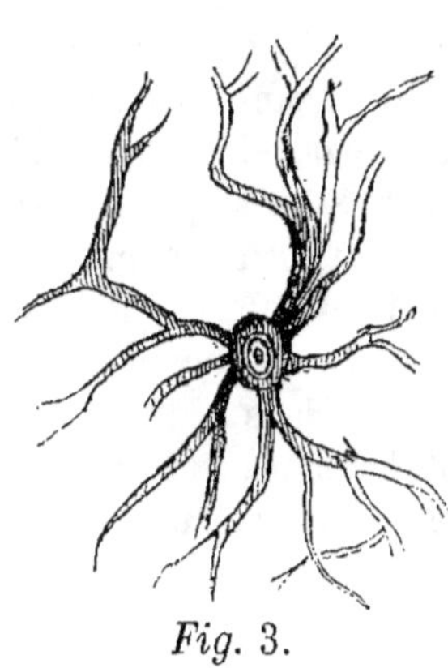

Fig. 3.

Les cellules situées dans les cornes antérieures (*Fig.* 3) sont de beaucoup les plus développées. Elles mesurent en moyenne 0^{mm}04 à 0^{mm}07. Elles offrent une coloration jaune qui devient brune dans la partie supérieure de la moelle. Leurs ramifications très-nombreuses ont pour cachet d'être très-larges et épaisses à leur origine. Elles ont la même forme et la même situation chez tous les animaux vertébrés. Chez tous aussi elles sont toujours plus volumineuses que les cellules des cornes postérieures. Plus l'animal est d'une haute taille, plus elles acquièrent un volume considérable. Il est incontestable aujourd'hui qu'elles représentent autant de petits centres de force motrice. D'où leur nom de cellules motrices.

Fig. 4.

Les cellules que l'on rencontre dans les cordons postérieurs sont, au contraire, très-petites, très-molles, de coloration jaune-ambré et très-rapidement altérables (*Fig.* 4). Elles ont la forme d'un ovoïde irrégulier très- allongé. En moyenne elles ont un diamètre de 0^{mm}02. Le noyau remplit presque toute la cavité de la cellule. Leurs filaments sont très-déliés. Elles sont affectées à la sensibilité et appelées par conséquent cellules sensitives.

Fig. 5.

Les cellules de la colonne de Jacubowitsh (*Fig.* 5) sont volumineuses, à coloration jaunâtre. Elles sont globuleuses et n'ont jamais des contours anguleux comme les motrices. Leurs prolongements, qui sont souvent au nombre de deux seulement, sont très-fins dès leur point d'émergence. Elles sont identiques avec celles que l'on trouve dans les ganglions du grand sympathique. Tout porte à croire qu'elles remplissent un rôle de nutrition.

2° Entre les cellules on trouve, dans la substance grise, une matière finement granuleuse, transparente et parsemée de noyaux. Elle leur sert pour ainsi dire d'atmosphère. Sa nature n'est pas encore définitivement déterminée. Beaucoup d'anatomistes la regardent comme de la névroglie ayant la consistance du tissu conjonctif naissant. Elle ne jouerait, par conséquent, aucun rôle direct dans les phénomènes d'innervation. Pour d'autres, pour Henle en particulier, ce serait de la matière nerveuse diffuse. Il est très-difficile de se prononcer, car cette matière granuleuse diffère à la fois et du tissu conjonctif et du tissu nerveux. Cependant, comme cette matière renferme des noyaux libres analogues à ceux des cellules nerveuses et comme quelques prolongements de cellules semblent se perdre dans cette matière, il est plus probable qu'elle est réellement de nature nerveuse. Pour mon compte, je suis tenté de lui attribuer les phénomènes de dispersion dont la moelle est le siége.

3° Enfin la substance granuleuse est traversée dans tous les sens par des filaments qui représentent soit les divisions des ramifications des cellules, soit les fibres axes des tubes de substance blanche ou des racines des nerfs rachidiens. Quelques-uns, du reste, de ces filaments sont encore entourés de leur gaîne médullaire.

Voilà pour les éléments considérés en eux-mêmes. Reste à déterminer leur mode d'agencement, et ici nous allons nous trouver en face de difficultés si grandes que nous ne saurions donner comme indiscutables toutes nos assertions.

Disposition des tubes des cordons postérieurs. — Longtemps on a regardé ces cordons comme résultant de la réunion en faisceaux des racines postérieures qui, après s'être jetées dans la moelle par un trajet plus ou moins oblique, y auraient suivi une direction verticale de bas en haut pour gagner l'encéphale. Mais il existe une telle différence de diamètre entre les tubes propres des cordons postérieurs et ceux des racines, qu'il est bien évident que les uns ne sauraient être le prolongement des autres. Du reste, on peut suivre parfaitement les racines à travers les cordons postérieurs jusque dans la substance grise où elles viennent réellement se terminer. De sorte qu'il est bien démontré que ces racines ne font que traverser les cordons. Elles prennent bien part à la formation de la masse des cordons. Elles en augmentent le volume. Mais elles n'appartiennent pas à ces cordons, pas plus que les racines d'un arbre n'appartiennent au sol dans lequel elles rampent. Quant aux fibres propres des cordons postérieurs, elles ne parcourent pas toute la longueur de la moelle. Elles ne forment pas des fibres à trajet total allant aboutir à l'encéphale, comme on l'avait supposé. Elles décrivent des anses de grandeur variable, dont les deux extrémités plongent dans la substance grise de la moelle où elles se terminent en se continuant avec des ramifications des cellules ; de sorte que la substance propre des cordons postérieurs résulte de l'imbrication d'une multitude d'arcs à rayons variés et enchevêtrés les uns dans les autres. On dirait des arcs métalliques conducteurs qui réunissent des piles électriques entre elles. Du reste, l'analogie de disposition correspond à une analogie de but ; car l'expérimentation comme la pathologie tendent à prouver que ces axes nerveux ont pour but d'associer le fonctionnement d'un groupe de cellules à celui d'un autre groupe de cellules situées au-dessus ou au-dessous. Les cordons postérieurs semblent appelés à coordonner entre eux les actes musculaires de la locomotion. En effet, toutes les fois qu'on les lèse ou qu'ils sont spontanément altérés, il en résulte de l'ataxie dans la marche.

Disposition des tubes des cordons antéro-latéraux. — La même erreur a régné naturellement pour ces cordons comme pour les postérieurs. On les regardait comme représentant la somme de toutes les racines antérieures qui venaient s'ajouter successivement au faisceau commun. Ici l'illusion était beaucoup plus permise, car les tubes des cordons antérieurs se rapprochent davantage par leur diamètre de ceux des racines. De plus, tous ou presque tous gagnent par un trajet total l'encéphale. Si je m'en rapporte à mes propres observations, deux éléments concourent à former la masse des cordons antéro-latéraux : d'une part, les racines antérieures qui, à l'instar des postérieures, ne font que traverser les cordons pour

gagner la substance grise où elles sont en continuité avec des ramifications des cellules motrices; d'autre part, des fibres qui, partant
de ces mêmes cellules, se redressent, après un court trajet, dans le
sens antéro-postérieur et se prolongent avec une direction verticale
jusque dans le cerveau. Ces fibres s'étagent ainsi les unes sur les
autres, de façon à être d'autant plus profondes et d'autant plus
courtes, qu'elles naissent d'un point plus élevé de la moelle. Je dois
dire que pour plusieurs auteurs, entre autres pour Tood et Schröder
van der Kolk, il y aurait, outre ces fibres à trajet total, des fibres
en anse situées au-dessous des précédentes et qui, comme dans
les cordons postérieurs, plongeraient par leurs deux extrémités dans
la substance grise après un parcours variable. Le système de coordination, représenté par la totalité des cordons postérieurs, aurait
ainsi un complément dans les cordons antéro-latéraux. Enfin un
jeune anatomiste, Lhuis, dont je suis un des profonds admirateurs,
décrit pour la partie latérale une disposition sur l'existence de
laquelle je ne suis pas encore fixé. Une portion des racines postérieures ne se rendrait pas aux cellules sensitives de la moelle, et
ces faisceaux détachés se grouperaient entre eux pour constituer
les cordons latéraux et gagneraient ainsi directement le cerveau.

Connexions des cellules entre elles et avec les tubes des cordons. —
Les cellules forment par les anastomoses de leurs prolongements un
réseau tellement inextricable que les micrographes sont bien pardonnables d'avoir souvent cédé à des illusions et à l'entraînement de
leur imagination. Je ne veux pas discuter toutes les descriptions
données à cet égard. Je me contenterai de poser quelques propositions qui, pour la plupart, peuvent être acceptées comme étant assez
positives :

1° Chaque cellule motrice s'anastomose avec une cellule située
au-dessus et une cellule située au-dessous, de sorte que les cornes
antérieures présentent une chaîne non interrompue de cellules motrices qui règne depuis la partie inférieure de la moelle jusqu'au
bulbe. On comprend dès lors qu'une cellule motrice mise en mouvement puisse entraîner dans son activité les cellules qui lui sont
superposées et celles qui lui sont sous-jacentes et que, par suite, les
mouvements de la locomotion puissent s'enchaîner les uns aux
autres et se succéder presque automatiquement.

2° Le même enchaînement s'établit dans le sens vertical entre les
cellules sensitives, de sorte que les cornes postérieures offrent aussi

une chaîne non interrompue de cellules sensitives qui règne de bas en haut dans toute l'étendue de la moelle. On s'explique dès lors très-bien pourquoi les impressions ne restent pas toujours limitées à la cellule sensitive directement touchée et tendent à se disperser et à généraliser leurs effets.

3° Chaque cellule motrice, ou presque chaque cellule, est réunie à une des cellules sensitives par une anastomose qui s'étend d'avant en arrière de la corne antérieure à la corne postérieure, de sorte que la chaîne motrice est reliée dans toute son étendue à la chaîne sensitive. Ce mode de communication suffirait à lui seul pour rendre compte des mouvements réflexes. L'ébranlement apporté par un nerf sensitif, au lieu de monter vers le moi, passerait en totalité par l'anastomose antéro-postérieure et en excitant les cellules motrices, donnerait lieu à des mouvements involontaires.

4° Les cellules de la corne antérieure gauche communiquent, par des anastomoses transversales, avec celles de la corne antérieure droite. Les mêmes communications existent entre les cellules des deux cornes postérieures. C'est ainsi que les deux moitiés de la moelle peuvent être associées dans leur fonctionnement. C'est ainsi que s'établit la solidarité d'action entre les muscles congénères.

5° Il est probable, sinon certain, surtout chez l'homme, que les cellules d'une même colonne et d'un même plan transversal s'anastomosent entre elles. Mais ces connexions échappent à toute description.

6° Chaque cellule motrice se continue d'une part par un de ses prolongements avec la fibre axe d'un des tubes des racines antérieures, et d'autre part par un autre prolongement avec une des fibres qui se rend au cerveau en contribuant à former les cordons antérieurs; de sorte que la cellule motrice de la moelle est toujours un intermédiaire forcé entre le cerveau, siége de la volonté qui commande le mouvement, et le nerf moteur qui fait exécuter ce mouvement par le muscle.

7° Chaque cellule sensitive se continue au moins par un de ses prolongements avec la fibre axe d'un tube des racines postérieures, et la cellule sensitive de la moelle se trouve être encore un intermédiaire naturel entre la surface sensible qui subit l'impression initiale et le cerveau qui transforme cette impression en sensation.

8° Enfin il est probable que les diverses cellules de la moelle s'unissent aux extrémités des fibres en anses des cordons.

Disposition générale des racines rachidiennes. — Les racines antérieures, une fois engagées dans les cordons antérieurs, suivent un trajet très-simple et tout à fait direct. Elles s'éparpillent bien un peu, mais en restant à peu près, pour chaque paire, dans le même plan horizontal. Elles gagnent ainsi les cellules antérieures où elles se terminent. Le trajet des racines postérieures est beaucoup plus complexe et beaucoup moins direct. Elles séjournent beaucoup plus longtemps dans les cordons postérieurs avant de s'engager dans la substance grise. De plus, elles s'éparpillent dans le sens vertical, de telle façon qu'une partie des tubes de chaque racine suit un trajet ascendant et finit par aboutir à un point de la substance grise qui est beaucoup plus élevé que celui de l'origine apparente de la racine ; qu'une autre partie adopte, au contraire, un trajet descendant et vient aboutir aux cellules sensitives dans un point situé plus bas que l'origine apparente, les tubes intermédiaires se portent à peu près directement dans les cornes postérieures. Cette répartition a un avantage considérable. Il en résulte que, si la moelle est malade dans un point limité, toutes les racines d'un même nerf rachidien et par suite d'un même point cutané ne sont pas détruites. La perte de sensibilité n'est pas absolue. Le long séjour que les racines font dans les cordons postérieurs a aussi des conséquences physiologiques et pathologiques sur lesquelles j'aurai à insister plus tard. D'après Lhuis, un faisceau externe des racines postérieures se jetterait dans le cordon latéral et remonterait jusqu'à la couche optique sans entrer en communication avec les cellules sensitives de la moelle. Elles conduiraient directement les impressions au centre de perception. Beaucoup d'auteurs admettent qu'une autre portion des tubes de chaque racine ne se met pas en rapport avec les cellules sensitives, traverse toute l'épaisseur de la substance grise, d'avant en arrière, et va s'adapter à ses cellules motrices. Ce seraient pour eux ces fibres qui provoqueraient les mouvements réflexes en apportant directement aux cellules motrices l'ébranlement reçu. On a appelé ces fibres *excito* ou *reflexo-motrices.* — Je ne nie pas leur existence, mais, malgré mes nombreuses recherches, je n'ai jamais pu les apercevoir. Enfin, chose moins démontrée encore, on a prétendu que la portion tout à fait interne des racines aboutissait aux cellules de Jacubowitsh et que ces fibres provenaient du grand sympathique.

Tous les faits que je viens d'énoncer vont être résumés d'une façon plus accessible à l'esprit dans la figure schématique suivante que je vais tracer sur le tableau.

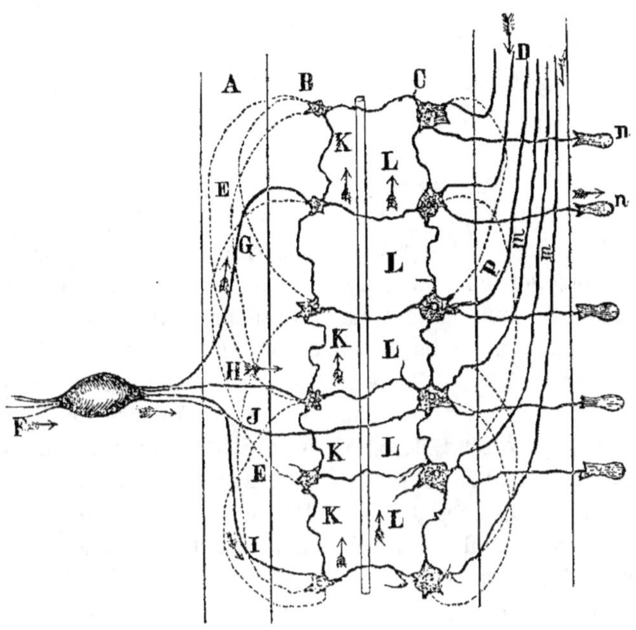

Fig. 6.

Fig. 6. **A**, cordon postérieur. **B**, corne postérieure. **C**, corne antérieure. **D**, cordon antéro-latéral. **E**, fibres en anses propres du cordon postérieur. **F**, une racine postérieure. **G**, faisceau ascendant de cette racine. **H**, faisceau direct. **I**, faisceau descendant. **J**, racine reflexo-motrice. **K**, chaîne des cellules sensitives. **L**, chaîne des cellules motrices. *m*, fibres encéphaliques des cordons antérieurs. *n*, racines antérieures. **P**, fibres en anses des cordons postérieurs.

QUATRIÈME LEÇON.

MESSIEURS,

A toutes les époques les expérimentateurs qui se sont proposé d'interroger le système nerveux ont eu tout d'abord recours à un procédé d'investigation qui représente, pour ainsi dire, l'enfance de l'art des vivisections. Il consiste à exciter, soit à l'aide de la pointe d'un scalpel, soit à l'aide de l'électricité ou de tout autre stimulant, les diverses parties d'un organe nerveux et à constater le genre de phénomène que cette irritation produit. En général, dans ces circonstances, il peut se présenter trois cas : ou bien la partie excitée donne lieu à des manifestations de douleur et elle est dite sensible, ou bien elle provoque des mouvements automatiques dans certaines régions musculaires et, dans le langage conventionnel, elle est dite *excito motrice*. Beaucoup lui appliquent de préférence l'épithète *d'excitable*. Enfin il est des cas où la partie irritée ne provoque ni manifestations de douleurs, ni mouvements automatiques. Elle est dite *inerte*. Jusque dans ces derniers temps, on attribuait une grande importance à ce genre d'exploration. On le regardait même comme fournissant la base indispensable de l'histoire physiologique de chaque segment du système nerveux, parce qu'on admettait presque comme un axiome que toute partie sensible par elle-même servait à l'exécution des phénomènes de sensibilité ; que toute partie dont l'excitation déterminait des mouvements était affectée aux phénomènes de motilité. Aujourd'hui le principe reste vrai pour les nerfs, mais il cesse de l'être dans les centres ; car les pédoncules cérébraux restent parfaitement inertes en présence de toute espèce d'irritation et cependant ils servent incontestablement à la fois aux actes de sensibilité et à ceux de motilité. Ils constituent la seule et unique voie par laquelle la volonté peut, des lobes cérébraux, commander à tous les muscles de la vie de relation et par laquelle les impressions périphériques peuvent gagner les mêmes lobes et s'y élever à la hauteur d'une sensation raisonnée. Nous verrons, du reste, au cas particulier qui nous occupe, que la substance grise de la moelle qui est chargée de la transmission des impressions sensitives, est elle-même tout à fait insensible. Quoique le procédé expérimental n'ait pas rempli les espérances qu'il faisait concevoir, je n'ai pas cru devoir passer sous silence les résultats auxquels il a donné lieu, non-seulement parce que des recherches difficiles et consciencieuses méritent toujours au moins un mot de souvenir, mais encore et avant tout parce que la clinique peut trouver là quelques données de plus pour la détermination du siége des lésions anatomiques de la moelle. Une partie qui se montre sensible sous l'excitation du scalpel doit aussi donner lieu à de la souffrance lorsqu'elle est irritée par un fragment d'os ou par un état inflammatoire. De même une partie *excito-motrice* doit dans ces dernières circonstances, comme dans les vivisections, réagir par des mouvements.

Chose singulière, il semble à priori que vis à vis d'une question de fait aussi simple, il devrait régner un accord parfait parmi les physiologistes. Loin de là, chaque expérimentateur est venu avec une solution différente. Pour vous éviter une exposition qui serait forcément longue et fastidieuse, j'ai groupé dans ce tableau les principales opinions émises à ce sujet.

NOMS des expérimentateurs.	SUBSTANCE grise.	CORDONS postérieurs.	CORDONS antéro-latéraux.
Charles Bell.	Inertie.	Signes de sensibilité.	Mouvements.
Bellingeri.	Id.	Sensibilité et mouvements d'extension.	Mouvements de flexion.
Valentin.	Id.	Idem.	Idem.
Flourens.	Id.	Sensibilité.	Mouvements.
Calmeil.	Id.	Sensibilité et mouvements.	Inertie.
Bæker.	Id.	Sensibilité.	Mouvements.
Seubert.	Id.	Sensibilité et mouvements.	Mouvements.
Magendie.	Id.	Sensibilité vive.	Mouvements et sensibilité superficielle.
Longet.	Id.	Sensibilité.	Mouvements.

NOMS des expérimentateurs.	SUBSTANCE grise.	CORDONS postérieurs.	CORDONS antéro-latéraux.
Van Deen.	Inertie.	Sensibilité due à la présence des racines postérieures.	Mouvements dus aux racines antérieures.
Brown Sequard	Id.	Sensibilité due aux racines postérieures.	Mouvements dus aux racines antérieures.
Cl. Bernard.	Id.	Sensibilité due aux racines postérieures.	Mouvements et sensibilité récurrente.
Schiff.	Id.	Sensibilité propre.	
Chauveau.	Id.	Sensibilité en dehors. Mouvements convulsifs.	Inertie.
Vulpian.	Id.	Sensibilité. Mouvements convulsifs.	Mouvements avec un excitant très-fort.

Ainsi que vous l'indique ce tableau, tout le monde reconnaît l'inertie absolue de la substance grise. Il n'y a divergence d'opinions que relativement aux cordons blancs. Mais elle est aussi complète que possible. Toutes les variantes que des vues théoriques pourraient enfanter s'y trouvent représentées, et rien ne saurait mieux faire ressortir les difficultés et les nombreuses causes d'erreurs qui entourent le physiologiste à la recherche du mécanisme de l'innervation. Mais en tenant compte de ces causes d'erreur, en nous appuyant d'autre part sur les expériences les plus récentes qui ont été enfin affranchies de l'influence des idées rendues classiques par Longet, en nous aidant des données fournies par des vivisections, pratiquées dans un autre but, en mettant par conséquent à profit les lumières que les diverses questions de la physiologie réfléchissent l'une vers l'autre, nous pourrons cependant formuler une opinion qui a bien des chances d'être définitive.

Il est déjà bien certain que les cordons postérieurs sont insensibles par eux-mêmes et qu'ils ne doivent leur sensibilité apparente qu'aux racines postérieures qui les traversent pendant un trajet plus ou moins long. Cela ressort de l'expérience de van Deen, qui a été répétée depuis par plusieurs auteurs, en particulier par Cl. Bernard, et qui n'a jamais varié dans ses résultats. Voici en quoi elle consiste :

On ouvre le canal rachidien dans une assez grande étendue. On dépouille la moelle de ses enveloppes dans toute la partie correspondante. On irrite les cordons postérieurs sur différents points et partout on provoque des cris, c'est-à-dire de la douleur et par conséquent de la sensibilité. On saisit successivement toutes les racines postérieures dans les mors d'une pince, on les tord et on les arrache brusquement. On extrait ainsi la partie des racines qui est dans l'épaisseur des cordons extérieurs. Après cette extraction opérée, on peut irriter de toutes manières les cordons postérieurs sans donner lieu au moindre signe de souffrance. Pour que l'expérience réussisse il faut absolument procéder par voie d'arrachement. Si on se contente de couper les racines à leur émergence, la courte portion qui est restée en communication avec la substance grise et qui est contenue dans les cordons suffit pour donner à ceux-ci un certain degré de sensibilité qui, en réalité, ne leur appartient pas. Ce sont ces fragments de racines qui parsèment pour ainsi dire les cordons de filaments sensibles. On comprend dès lors pourquoi les expérimentateurs, qui attribuaient de la sensibilité aux cordons postérieurs, ajoutaient presque tous que cette sensibilité était à son maximum en dehors et tendait à diminuer au fur et à mesure qu'on se rapprochait du sillon médian postérieur, puisque c'est en dehors que se trouve le point d'implantation des racines. L'ébranlement transmis mécaniquement par le tissu propre des cordons s'atténuait au fur et à mesure qu'on s'éloignait des racines.

Quoique les cordons postérieurs ne possèdent qu'une sensibilité d'emprunt, il n'en est pas moins certain qu'au point de vue clinique cette sensibilité peut être mise en jeu par toutes les causes morbides capables, par leur siége et leur nature, d'irriter ces cordons, et on comprend que des lésions intéressant la région postérieure de la moelle s'accompagnent de vives douleurs. C'est tout justement parce que les racines sont les seuls agents de la douleur que les maladies des méninges donnent lieu à des souffrances bien plus vives que les maladies de la moelle elle-même, car ces enveloppes agissent sur les racines d'une façon plus directe encore.

La plupart des expérimentateurs ont remarqué que l'excitation des cordons postérieurs provoque des mouvements. Comme ceux-ci étaient accompagnés de cris, on avait d'abord pensé qu'ils étaient le fait d'un animal qui se débat pour échapper à une douleur. Mais ils sont réellement automatiques et localisés dans une région qui varie suivant le point de la moelle sur lequel on expérimente. En outre, ils ont lieu après l'extraction des racines, alors qu'il n'y a plus ni cris, ni douleurs, contrairement à l'opinion qui est restée classique si longtemps les cordons postérieurs sont excito-moteurs. Cette donnée concordera parfaitement avec d'autres faits que j'aurai à vous indiquer plus tard et qui nous conduiront à regarder les fibres en arc qui constituent les cordons comme des conducteurs chargés d'associer deux foyers moteurs de la moelle plus ou moins éloignés l'un de l'autre, et d'harmoniser ainsi les mouvements entre eux.

Presque tous les auteurs déclarent que l'excitation des cordons antéro-latéraux produit des mouvements automatiques. Deux seulement, Calmeil et Chauveau, les ont trouvés inertes. Les recherches récentes nous donnent l'explication de cette assertion qui n'a que le défaut d'être trop absolue, car le plus souvent on n'arrive à provoquer des mouvements qu'à l'aide d'une excitation forte. Et cependant, comme nous le verrons, ces cordons sont constitués par des fibres qui sont chargées de transmettre les ordres de la volonté aux cellules motrices de la moelle et par les racines antérieures qui sont chargées de propager jusqu'aux muscles l'incitation motrice engendrée par ces cellules. Ces fibres intermédiaires entre les cellules cérébrales et les cellules motrices de la moelle qui obéissent aux moindres incitations de la volonté, restent inertes devant une excitation mécanique extérieure. Plongées dans l'épaisseur de l'axe spinal, éloignées du monde extérieur, elles ne trouvent pas comme les nerfs un excitant presque naturel dans la pointe d'un scalpel ou dans une pression. Appelées à fonctionner lorsque les cellules cérébrales entrent elles-mêmes en fonction, elles ne trouvent des archers capables de les faire vibrer que dans ces cellules auxquelles le créateur a subordonné leur destinée. C'est pour cette raison que les maladies qui agissent sur les cordons antérieurs ne produisent pas toujours des contractures ou des mouvements convulsifs. Il est même probable que les mouvements que l'on obtient par l'excitation des cordons antérieurs sont dus à l'irritation plus ou moins directe des racines antérieures qui sont incontestablement motrices et qui traversent les cordons antérieurs, et non pas à celle des fibres propres de ces cordons.

Quelques physiologistes attribuent une certaine sensibilité aux cordons antéro-latéraux. L'un d'eux, Cl. Bernard, voit dans cette sensibilité une conséquence de ce que nous étudierons plus tard sous le nom de sensibilité récurrente. Il pense que quelques-uns des tubes sensitifs qui constituent les racines postérieures se réfléchissent à la périphérie et reviennent à la partie antérieure de la moelle en s'associant aux racines motrices. Ce seraient ces tubes qui, en traversant les cordons antérieurs, leur donneraient une légère sensibilité d'emprunt, analogue à celle plus considérable qu'ils avaient contribué à procurer aux cordons postérieurs. Pour mon compte, je ne suis pas éloigné d'admettre l'existence si contestée de la sensibilité récurrente et de ces tubes qui, partis de la région postérieure de la moelle, se réfléchiraient à la périphérie du corps pour venir, par un trajet inverse, se terminer dans la région antérieure de l'axe. Je crois même que ces tubes sont les agents du sens musculaire. Mais c'est là une idée qui m'est tout à fait personnelle que j'essaierai de démontrer en temps et lieu et sur laquelle je ne veux pas insister aujourd'hui.

En résumé, il ressort de ce qui vient d'être dit que :

1° L'excitation directe des cordons postérieurs détermine des mouvements qui sont dus à l'action des fibres propres de ces cordons, et des signes de sensibilité qui sont dus exclusivement aux racines postérieures qui traversent ces cordons ;

2° Celle des cordons antérieurs donne lieu à des mouvements, mais à la condition d'être très-intense, et à des signes d'une légère sensibilité due aux fibres sensitives récurrentes ;

3° La substance grise reste complétement inerte. En terminant ce sujet, je demande à appeler de nouveau votre attention sur un autre résultat qui a une haute portée physiologique. C'est que les nerfs et les centres nerveux ne se conduisent pas de la même manière sous l'influence des excitations extérieures, et que ce mode d'investigation établit entre eux un caractère distinctif. Dans le système nerveux périphérique, toute partie qui sert à la sensibilité est sensible, et toute partie qui sert à la motricité est excitable. Quand on irrite un nerf sensible, il produit toujours de la douleur. Quand on irrite un nerf moteur, il produit toujours des mouvements. Sous l'influence des excitants artificiels, ils fonctionnent absolument comme dans les conditions naturelles. Il n'en est plus de même pour les centres. La substance grise (nous le démontrerons ultérieurement) est chargée de transmettre les impressions sensitives. Elle est affectée aux phé-

nomènes de sensibilité, et cependant elle est complétement insensible. On peut l'irriter de toutes les manières et l'animal ne manifeste aucune souffrance. Les fibres propres des cordons antérieurs
sont des agents de motilité et cependant leur irritation ne produit
pas ou à peine des mouvements. C'est qu'en définitive, les nerfs
sont en rapport direct avec le monde extérieur. Ce qui met en
action un nerf sensitif, c'est une pression, un contact transmis par
la peau. Le nerf dénudé retrouve donc dans la pointe d'un scalpel
presque son stimulus ordinaire. L'axe cérébro-spinal, au contraire,
est séparé du monde extérieur par les nerfs. Ceux-ci sont les intermédiaires habituels entre lui et tout ce qui n'est pas le système nerveux. Les nerfs sont les seuls excitants appropriés à sa nature plus
élevée et moins physique. Eux seuls sont capables de provoquer en
eux un mouvement physiologique. C'est l'agent extérieur qui excite
le nerf et c'est le nerf qui excite la moelle.

Phénomènes de transmission dont la moelle est le siége.

Dans l'antiquité, la moelle était considérée comme un nerf ordinaire qui ne se distinguait des autres que par son volume plus considérable et qu'on appelait nerf dorsal. La médecine vécut avec
cette erreur grossière jusqu'au commencement du deuxième siècle
de notre ère. A cette époque, Galien fit voir, au grand étonnement de
tous les savants, que les nerfs du tronc, au lieu de se rendre isolément au cerveau et à ses enveloppes, aboutissaient tous au prétendu
nerf dorsal qui seul était en communication directe avec l'encéphale.
Il commit, il est vrai, encore une erreur en donnant la moelle comme
résultant de la réunion en un seul faisceau de tous les nerfs. Ce
n'est que de nos jours qu'il a été bien établi que l'axe spinal constitue un organe à part, distinct par sa structure, qui est bien en
connexion avec le système nerveux périphérique, mais qui n'en est
pas la continuation, pas plus qu'un rouage d'une machine n'est la
continuation de la corde de transmission qui le fait se mouvoir.
Toutefois, la moelle n'en est pas moins le seul trait d'union entre
l'encéphale et les nerfs, non-seulement au point de vue anatomique,
mais encore au point de vue physiologique. Car toutes les relations
fonctionnelles qui s'établissent entre le cerveau et le système nerveux périphérique ne peuvent avoir lieu que par l'intermédiaire de
la seule voie de communication dont ils disposent. Il est bien cer-

tain que c'est dans le cerveau que les impressions sont perçues et transformées en sensations. Les faits pathologiques et les faits d'expérimentations le démontrent surabondamment. Ces preuves matérielles manqueraient-elles, du reste, que la raison elle-même nous forcerait à l'admettre. Or, évidemment l'ébranlement provoqué par le contact d'un corps sur l'extrémité d'un nerf cutané, ne peut se propager jusqu'au cerveau qu'en passant par la moelle. Il est tout aussi incontestable que les volitions prennent naissance dans les lobes cérébraux et que le moi, pour mettre à exécution les mouvements voulus, ne peut stimuler les muscles que par l'intermédiaire des nerfs et de la moelle. Il est donc hors de doute que cette dernière doit, en dehors de toute autre espèce de fonction, être constamment le siége de phénomènes de conductibilité, ou plutôt de transmission. Ce sont ces phénomènes dont nous allons chercher à déterminer le mécanisme. Ces actes de transmission sont de deux ordres. Les uns se rattachent à la sensibilité, les autres à la motilité. La clinique nous montre elle-même que les ébranlements sensitifs et les ébranlements moteurs ne suivent pas la même route, car dans les maladies de la moelle on voit souvent le transport des impressions sensitives être interrompu, alors que les mouvements volontaires continuent à s'effectuer, et réciproquement. Or, évidemment les deux espèces de phénomènes devraient être compromises simultanément s'ils se servaient des mêmes agents et si ceux-ci étaient détruits ou altérés. Le problème qui se lève en premier lieu, devant nous, est donc celui-ci : Quelles sont dans la moelle les parties qui servent à la transmission des actes de sensibilité et quelles sont celles qui servent à la transmission des actes de motilité ?

C'est un naturaliste, Lamarck, qui, en 1809, songea le premier à poser ce problème; mais il ne chercha pas à le résoudre. La même année, Alexandre Valker, sans indiquer les motifs de ses déterminations, attribua aux cordons antéro-latéraux le transport des impressions sensitives, et aux cordons postérieurs celui des ébranlements moteurs. Deux ans plus tard, un Anglais, Charles Bell, arrivait, à l'aide d'expériences encore très-incomplètes, à des conclusions diamétralement opposées. Par un sentiment que glorifierait aujourd'hui la société protectrice des animaux, il n'osait interroger la nature que sur des sujets agonisants ou qui venaient même de rendre le dernier soupir. C'est avec des procédés d'investigation aussi insuffisants que son génie a pu poser un principe qui est resté vrai et qui sera toujours vrai, car il a résisté à toutes les attaques, à savoir : Que les transmissions sensitives se font exclusivement par les racines postérieures des nerfs rachidiens, et que les transmissions motrices se font uniquement par les racines antérieures. Mais, entraîné par la logique et se croyant appuyé par ses propres expériences, il a complété son système de conductibilité en attribuant le transport des impressions aux cordons postérieurs dans lesquels il voyait aboutir les racines sensitives, et celui du mouvement dans les cordons antérieurs dans lesquels se jettent les racines motrices. Cette dernière assertion, après avoir fait loi pendant longtemps, a été condamnée de nos jours avec raison. Ch. Bell professa ses idées en Angleterre pendant dix ans, sans que l'on en eût connaissance de ce côté du détroit. Ce n'est qu'en 1821 qu'un de ses élèves, John Shaw, vint les exposer en France. Aussitôt on se mit à l'œuvre, sur tous les points du continent, pour les vérifier. Partout on se montra moins timoré que Ch. Bell et on fit de véritables vivisections, c'est-à-dire qu'on opéra sur des animaux ayant toute la vigueur de la santé. Partout aussi on eut le tort de procéder par voie d'irritation à l'aide du scalpel, ce qui donna les résultats les plus variés et les plus inconstants. Vous pouvez vous en faire une idée en jetant de nouveau les yeux sur le tableau que je vous ai dressé tout à l'heure et qui, cependant, est bien loin de reproduire toutes les variantes qui surgirent simultanément de toutes parts. On tomba ainsi dans un tel chaos que le corps médical en vint à ne plus prêter attention à tout ce qui se publia sur ce sujet et préféra rester dans l'ignorance.

En 1839, M. Longet, grâce à certaines modifications apportées au procédé opératoire, eut le bonheur de mettre un terme à toutes ces contradictions et de fixer l'opinion au moins pour un certain nombre d'années. Au lieu de respecter, comme ses prédécesseurs, la continuité de la moelle, il la coupa transversalement de façon à créer deux segments, l'un céphalique en rapport avec le cerveau, l'autre caudal isolé du reste du système nerveux. A ses yeux, cette section devait avoir un double avantage. Elle devait permettre de mieux circonscrire l'irritation artificielle à produire et d'agir avec plus de facilité exclusivement sur tel ou tel cordon. De plus, le segment caudal par le fait de son isolement se trouvait à l'abri des réactions réciproques que les diverses parties du système nerveux exercent les unes sur les autres. En effet, dans les conditions ordinaires, lorsqu'on irrite une partie sensible, la douleur que ressent l'animal le fait se débattre. Il exécute donc des mouvements qui peuvent induire en erreur et qu'il est difficile de distinguer des mouvements automatiques déterminés par l'irritation des parties motrices. En outre, les souffrances provenant de l'ensemble de l'opération, la perte du liquide céphalo-rachidien, le contact de l'air, provoquent un tremblement général et spontané qui masque les résultats de l'irritation directe. Le segment caudal devait échapper à toutes ces influences. Incapable de déterminer de la douleur et de subir les réactions cérébrales, il ne pouvait plus que rester inerte sous l'excitation de ses portions sensibles et produire des mouvements réellement automatiques à la suite de l'irritation de ses parties motrices. Au lieu de se servir du scalpel pour exciter les différents points de l'organe, il eut recours à l'électricité comme un excitant plus approprié à la force nerveuse et plus à même de la faire entrer en jeu. Dans ces conditions il dit avoir provoqué toujours des mouvements dans le train postérieur en électrisant le cordon antéro-latéral du segment caudal, des cris de douleur en électrisant le cordon postérieur du segment céphalique, et n'avoir jamais obtenu ni cris ni mouvements en agissant sur les cordons postérieurs du segment caudal et sur les cordons antéro-latéraux du segment céphalique. Ces résultats semblaient apporter à la doctrine de Ch. Bell la sanction expérimentale qui lui manquait. Aussi Longet ne fit-il que la reproduire en la complétant relativement à la substance grise. Il déclara que la substance grise de la moelle est chargée de faire de cette partie un foyer d'innervation ; que la substance blanche et par conséquent tous les cordons de la moelle sont simplement des conducteurs ; que les cordons postérieurs sont seuls destinés à transmettre à l'encéphale les impressions sensitives ; que les faisceaux antéro-latéraux sont exclusivement moteurs. Cette confirmation des idées de Ch. Bell eut avant tout le mérite d'apparaître à un de ces moments de lassitude qui, dans les choses humaines, suivent toujours les périodes de confusion. Il sembla à tout le monde qu'on avait enfin trouvé le dernier mot de la science. On était si las de ne savoir à quoi s'en tenir qu'on ne songea même plus à vérifier de nouveau les faits. De plus, cette théorie avait quelque chose de si séduisant, elle semblait si naturelle, que tous les professeurs l'acceptèrent immédiatement et l'enseignèrent avec une entente des plus parfaites ; et elle s'étale encore dans la plupart des livres modernes. Ce n'est qu'en 1855 qu'une voix hardie, celle de Brown Sequard, s'éleva et osa battre en brèche la croyance générale. Il finit par y réussir, parce qu'il avait la vérité pour lui; s'il n'est pas arrivé à faire accepter tous les détails de mécanisme que ses expériences ingénieuses lui ont fait découvrir, il a du moins fait justice de quelques erreurs rendues classiques par Longet. L'exposé du système de Brown Sequard fera l'objet de la prochaine leçon.

CINQUIÈME LEÇON.

Messieurs,

Depuis longtemps Brown Sequard avait été conduit par ses observations cliniques et par l'examen anatomique à douter de la théorie de Ch. Bell rendue classique par Longet. Dans sa carrière médicale, il avait réuni un grand nombre de cas d'altérations considérables des cordons postérieurs dans lesquels la transmission des impressions sensitives avait continué à se faire. Les cordons postérieurs n'étaient donc pas, tout au moins seuls, chargés de la conductibilité sensitive, puisque ces cordons pouvaient disparaître pathologiquement sans qu'il résultât une anesthésie complète. D'un autre côté, Brown Sequard croyait avec tout le monde que les cordons postérieurs de la moelle se continuaient avec les corps restiformes. Voyant ces derniers se jeter presque en totalité dans le cervelet, il se disait : si les impressions sensitives passent uniquement par les cordons postérieurs, il faut que le cervelet soit un centre de perception ou que les impressions aient besoin de passer par le cervelet avant de se rendre au cerveau. Dans l'un et l'autre cas, l'ablation du cervelet devrait abolir la sensibilité, car on supprimerait ainsi ou le centre perceptif ou la continuité des moyens de transmission. Or, l'ablation du cervelet ne modifie en rien la sensibilité du corps. Il était donc probable, d'après cela, que la transmission ne se faisait pas uniquement par les cordons postérieurs. Fort de ces suppositions tout à fait rationnelles, Brown Sequard entreprit de condamner, ou tout au moins de juger par de nouvelles expériences, la doctrine de Longet. Pour ce faire, il commença par rechercher ce qu'il pouvait y avoir de défectueux dans le procédé suivi par ce physiologiste. Du premier coup, il comprit que sectionner la moelle en travers dans sa totalité, c'était se placer dans des conditions par trop artificielles et qu'il valait mieux revenir aux errements anciens, c'est-à-dire respecter la continuité générale de la moelle. Il est vrai que Longet ne créait ainsi deux tronçons que pour éviter au moins dans l'un la per-

turbation qui résulte des réactions réciproques des diverses parties
du système nerveux. Mais Brown Sequard reconnut que cette période de perturbation, provoquée par la souffrance et le contact de
l'air, ne durait guère au-delà d'un quart d'heure et qu'il suffisait
d'attendre pour expérimenter dans des conditions normales; que
d'ailleurs on la rendait presque nulle en exécutant l'opération en
plusieurs temps et en laissant des moments de repos à l'animal. Il
constata en outre que les pertes de sang contribuaient beaucoup à
amener des troubles fonctionnels et qu'il était nécessaire d'arrêter
les hémorrhagies avec le perchlorure de fer, au fur et à mesure des
sections. Mais ce qui, à mes yeux, donne toute leur valeur aux
résultats de M. Brown Sequard, c'est qu'il a compris le premier que
pour déterminer les voies de transmission, il ne fallait pas stimuler
l'organe nerveux avec un scalpel ou l'électricité et se baser sur les
cris ou les mouvements obtenus, vu qu'une partie pouvait fort bien
être sensible pour elle-même sans être affectée pour cela à la sensibilité, et vu que l'irritation produite pouvait très-bien provoquer
des manifestations insolites dont les conséquences ne devaient pas
être appliquées à l'état normal. Il comprit, le premier, qu'il était
beaucoup plus rigoureux d'interrompre, successivement et sur des
animaux différents, la continuité des diverses colonnes de la moelle
et de voir si les impressions pouvaient encore arriver ou non au
cerveau, ou si les ordres de la volonté pouvaient encore parvenir
jusqu'aux muscles. Il comprit enfin que pour constater le passage
des impressions, il fallait non pas pincer ou piquer la moelle et les
nerfs, mais bien se placer dans des conditions tout à fait naturelles
en piquant ou pinçant la peau elle-même dans un point dont les
nerfs se rendent à la moelle au-dessous de la section. C'est en suivant tous ces préceptes que Brown Sequard est arrivé à élever une
théorie qui a pour elle l'avantage de concorder parfaitement avec
l'observation clinique de tous les jours. Ses expériences se comptent
par centaines. Ce qui a jeté un peu d'obscurantisme sur ses publications, c'est qu'il les a décrites toutes, même celles assez nombreuses
dans lesquelles, à l'autopsie, il constata que la section de la colonne
était incomplète ou qu'elle avait empiété sur les parties voisines
qui ne pouvaient évidemment donner que des résultats complexes
et variables. Je vais évidemment faire un choix et ne vous indiquer
que les expériences types. Pour en faciliter l'intelligence, je simulerai
l'opération sur le tableau, à l'aide de figures qui ne comprendront

que des lignes incapables de reproduire l'état de nature, mais suffisantes pour fixer les idées.

Expériences relatives à la transmission de la sensibilité.

Première expérience. — La moelle est mise à nu et la période de perturbation étant passée, les assistants s'assurent en pinçant la peau que la sensibilité existe partout à l'état normal. Brown Sequard coupe alors transversalement les deux cordons postérieurs. Pour ce faire il enfonce un tenaculum dans un sillon collatéral et le fait ressortir par l'autre sillon collatéral, puis il incise au-dessus du tenaculum.

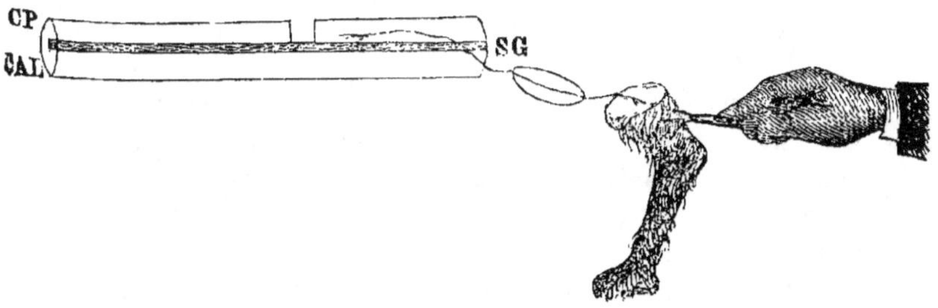

Fig. 7.

Après cette section, l'animal n'en continue pas moins à crier toutes les fois qu'on lui pince la patte ou un point quelconque du train postérieur. L'impression développée peut donc arriver encore au cerveau, quoique les cordons postérieurs sectionnés soient devenus incapables de la transporter. La conclusion qui s'impose à la suite de cette première expérience est donc que si les impressions passent par les cordons postérieurs, elles peuvent très-bien passer ailleurs.

Non-seulement après cette section la sensibilité du train postérieur est conservée, mais même elle est devenue exagérée. Il y a là une énigme que nous chercherons à expliquer plus tard.

Deuxième expérience. — Sur un autre animal, Brown Sequard enfonce le tenaculum comme précédemment, puis pressant de haut en bas il écrase tout à l'exception des cordons postérieurs, et tout le monde constate qu'on peut dès lors pincer, inciser, brûler une des

(*Fig. 7.*) C P, cordon postérieur. S G, substance grise. C A L, cordon antéro-latéral.

pattes postérieures sans que l'animal donne le moindre signe de souffrance.

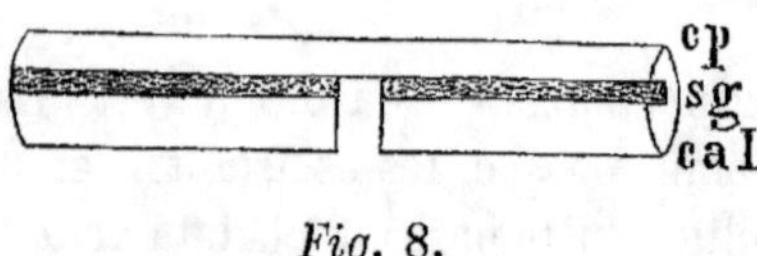

Fig. 8.

Ainsi, non-seulement la transmission des impressions sensitives se fait encore quand les colonnes postérieures sont détruites, mais en outre elle ne se fait plus lorsque ces colonnes restent seules intactes. On peut donc assurer que ce ne sont pas les cordons postérieurs qui sont chargés de transmettre au cerveau les impressions apportées par les nerfs.

Ces deux premières expériences ont été exécutées sous les yeux des membres de la Société de biologie et elles leur ont paru tellement convaincantes que, depuis, tous les savants, à l'exception de Longet, ont reconnu la nécessité de renoncer à la doctrine de Ch. Bell.

Troisième expérience. — Sur un même animal il fait en un point la section transversale des deux cordons postérieurs, un peu plus loin il fait celle des cordons antérieurs, plus loin encore celle des cordons latéraux. De cette façon, la continuité de chaque cordon blanc avec le cerveau se trouvait être interrompue. La substance grise restait seule en communication avec cet organe. Il était nécessaire d'échelonner ainsi les sections pour que la substance grise trouvât partout un support suffisant pour l'empêcher de se déchirer.

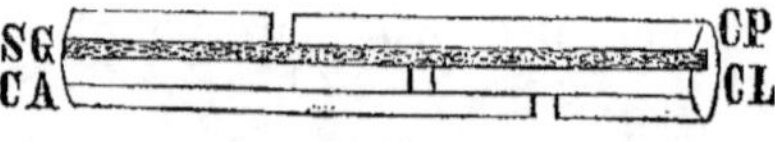

Fig. 9.

Malgré toutes ces sections, la sensibilité du train postérieur se montre parfaitement intacte. Cette expérience prouve, de la manière la plus péremptoire, qu'aucune des parties blanches de la moelle ne possède la fonction de transmettre directement au cerveau les impressions sensitives, et on doit admettre, par exclusion, que ce rôle est confié à la substance grise, rôle, du reste, que démontre d'une manière positive l'expérience suivante.

Quatrième expérience. — A l'aide d'un petit crochet de forme appropriée, introduit au fond du sillon médian postérieur, Brown Sequard est parvenu, dans plusieurs circonstances, à détruire la substance grise d'un plan transversal de la moelle dorsale, sans léser beaucoup la substance blanche, et il a trouvé la sensibilité perdue dans les membres postérieurs. C'est donc bien la substance grise qui est chargée de transmettre les impressions sensitives au sensorium commun. Et, chose remarquable ! elle possède cette propriété quoiqu'elle soit insensible par elle-même.

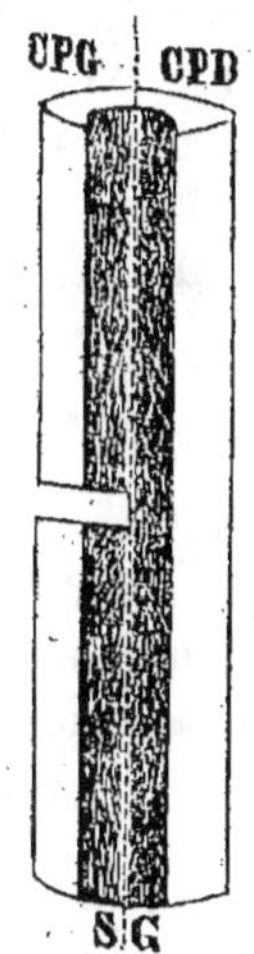

Fig. 10.

Cinquième expérience. — Il sectionne la moelle de dehors en dedans jusqu'aux deux sillons médians, de manière à intéresser les cordons antérieur et postérieur du côté gauche, ainsi que la moitié gauche de la substance grise. Il constate alors que la patte droite a perdu sa sensibilité, tandis que la patte gauche l'a parfaitement conservée. De même lorsqu'il fait l'hémisection à droite, c'est la patte droite qui conserve seule sa sensibilité. C'est donc la moitié droite de la substance grise qui est chargée de transmettre au cerveau les impressions nées dans la moitié gauche du corps et la moitié gauche de la substance grise qui transporte les impressions développées dans la moitié droite du corps. Autrement dit, pour employer les expressions consacrées, le transport des impressions dans la substance grise s'y fait d'une manière croisée.

Depuis Galien, tous les médecins ont dit et disent : « Le cerveau transmet ses ordres aux muscles et reçoit les impressions du corps d'une manière croisée, c'est-à-dire que le lobe cérébral gauche préside au mouvement et à la sensibilité de la moitié droite du corps et réciproquement. C'est pour cette raison que les lésions d'un lobe du cerveau produisent la paralysie de la moitié opposée du corps. L'entrecroisement des conducteurs s'opère entre le cerveau et la moelle. Dans celle-ci la transmission est directe tout justement parce

(*Fig. 10*) C P G, cordon postérieur gauche. C P D, cordon postérieur droit. S G, substance grise.

que l'entrecroisement se fait au-dessus. La moitié gauche de cet axe est l'agent du sentiment et du mouvement de la moitié gauche du corps et réciproquement. C'est pourquoi les lésions unilatérales de la moelle produisent toujours une paralysie du même côté. »

Le principe est assez vrai pour le mouvement. Nous verrons, en effet, que la transmission motrice reste à peu près directe dans la moelle et qu'elle ne devient totalement croisée que plus haut. Mais il n'en est plus de même pour la sensibilité. Les conducteurs s'entrecroisent de suite, et au fur et à mesure, dans la moelle; de sorte que si une moitié de cet organe tient sous sa direction les mouvements du même côté du corps, elle tient au contraire sous sa direction la sensibilité du côté opposé. Depuis que les expériences de Brown Sequard ont attiré l'attention sur ce fait, une observation plus rigoureuse des cas pathologiques a montré qu'en effet les lésions unilatérales de la moelle amènent une paralysie du mouvement du même côté et une paralysie du sentiment du côté opposé. Du reste, on a prêté à Galien une assertion qu'il n'avait point émise, car dans sa bouche le mot paralysie s'appliquait uniquement à la motilité et nullement à la sensibilité.

Sixième expérience. — Brown Sequard coupe transversalement la moitié gauche de la moelle par une première section qui s'arrête à la ligne imaginaire *A*, et il constate qu'il n'est aucun point de la

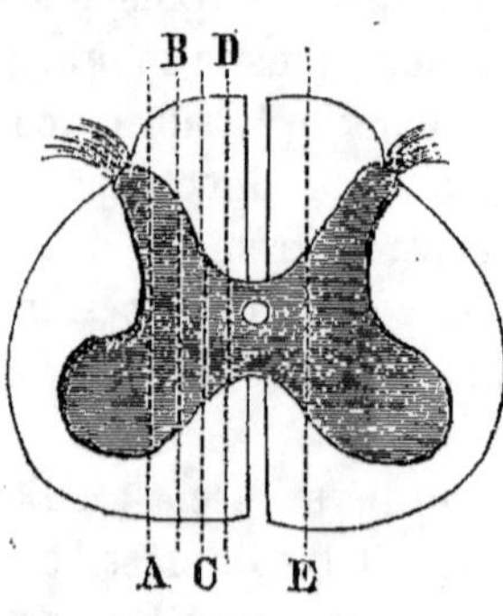

Fig. 11.

moitié droite du train postérieur qui soit complètement anesthésié, les autres points ayant conservé toute l'intégrité de leur sensibilité; mais que toute cette moitié a subi un même degré d'affaiblissement dans sa sensibilité. Il prolonge successivement la section jusqu'aux lignes *B C D*, et il voit la sensibilité s'affaiblir de plus en plus partout et au même degré. Enfin quand il arrive à la ligne *E*, qui appartient déjà à la moitié droite de la moelle, la moitié droite du train postérieur se trouve complètement paralysée du sentiment.

La conclusion à tirer de là c'est qu'une impression sensitive, si limitée qu'elle ait été à son point de départ, s'éparpille à son arrivée dans la substance grise, de façon à passer à la fois par tous les points de la demi-zone du côté opposé, et que, par suite, chaque point de cette zone livre passage à toutes les impressions venues de tous les points de la moitié opposée du corps. Il y a une différence immense entre les conditions de la conductibilité dans les nerfs et celles de la conductibilité dans les centres nerveux. Dans le système nerveux périphérique, grâce aux gaînes isolantes des tubes, ceux-ci restent complètement indépendants les uns des autres, et l'ébranlement moléculaire reste emprisonné dans le tube à l'extrémité duquel il a pris naissance. Dans la substance grise de la moelle, au contraire, les molécules deviennent pour ainsi dire solidaires les unes des autres et l'impression s'épanouit, se répand comme une fumée dans l'atmosphère qui s'ouvre devant elle. Il y a là une de ces dispositions pleines de prévoyance, comme la nature sait en prendre et qu'on ne saurait trop admirer. Grâce à elle, les lésions de la moelle n'ont pas des conséquences aussi absolues. Pourvu qu'il reste un point de la substance grise à l'état normal, les impressions, n'importe d'où elles viennent, peuvent encore partiellement parvenir au cerveau, et il n'y a jamais d'anesthésie complète nulle part. Il en résulte seulement une diminution dans l'intensité des sensations. Ceci explique pourquoi dans les maladies de la moelle une observation superficielle laisse croire qu'il n'y a jamais de paralysie du sentiment, tandis que la paralysie du mouvement est toujours complète parce qu'il n'existe pas pour les transmissions motrices les mêmes phénomènes de diffusion. Ce n'est qu'en examinant avec plus d'attention les malades qu'on s'aperçoit qu'il y a une anesthésie relative et générale qui va sans cesse en croissant au fur et à mesure que la maladie fait des progrès. Tous ces faits, que les cliniciens ont été obligés de reconnaître depuis un certain nombre d'années, ne se comprenaient pas avec la théorie Longet; car chaque point cutané aurait dû avoir son représentant dans un des tubes des cordons postérieurs, et il aurait dû y avoir autant de points complétement anesthésiés qu'il y aurait eu de tubes détruits.

Les expériences qui précèdent nous montrent que c'est la substance grise qui transmet à l'encéphale les impressions apportées par les racines sensitives. Elles nous indiquent aussi suivant quelles lois s'opère cette transmission à travers la substance grise. Mais puisque cette dernière est entourée de toutes parts par de la substance blanche il est bien évident, même à priori, que les impressions doivent traverser la substance blanche pour gagner la grise. Il est même évident que ce sont les cordons postérieurs qui sont tout d'abord traversés puisque les racines postérieures s'y engagent. Il était donc important de déterminer la manière dont se fait cette traversée. C'est ce que va nous indiquer la dernière expérience que nous allons reproduire.

Septième expérience. — Brown Sequard sectionne en travers les cordons postérieurs immédiatement au-dessus d'une paire rachidienne déterminée; il dissèque ces cordons en rasant la substance grise dans une étendue de 2 à 3 centimètres. Il obtient ainsi un lambeau qui se continue par sa partie inférieure avec le reste de la moelle et qui ne communique plus que par là avec la colonne grise. Sur un autre animal, il fait la section immédiatement au-dessous de la même paire rachidienne. Il dissèque encore de façon à obtenir un lambeau qui ne communique avec la substance grise que par son extrémité supérieure. Quand il irrite la racine postérieure, il détermine chez les deux animaux des cris de douleur, ce qui prouve d'abord que les impressions apportées par une racine ne gagnent pas, du moins en totalité, la substance grise par le trajet le plus court, et qu'elles séjournent un certain temps dans les cordons postérieurs avant de s'y engager; en second lieu, que les impressions provenant d'une même racine gagnent la substance grise, les unes en suivant un trajet ascendant, les autres un trajet descendant. En effet, l'ébranlement déterminé sur la même paire n'a pu gagner la substance grise, qui, seule, pourrait faire naître dans le cerveau des sensations de douleur, qu'en suivant chez le premier animal la ligne descendante $R A$, et chez le second la ligne ascendante $R B$. Pour déterminer l'étendue de ce trajet pro-

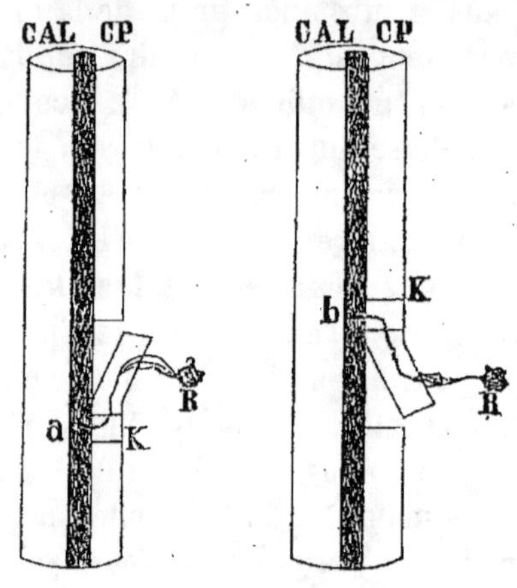

Fig. 12.

<hr>

(1) Ici j'ai réuni dans une seule expérience les conditions réalisées en détail sur plusieurs animaux pour mieux faire saisir les conclusions auxquelles conduisait un groupe donné de vivisections.

visoire que font les impressions dans les cordons postérieurs, Brown Sequard fait une section à 2 centimètres au-delà du bord adhérent des deux lambeaux. Après cette section, l'irritation de la racine détermine encore de la douleur. Donc les impressions abandonnent la substance blanche avant le point K où la section les aurait nécessairement interrompues. Il fait ensuite une autre section à un centimètre de la base du lambeau Cette fois l'irritation de la racine ne produit plus de douleur. Donc les fibres qui conduisent les impressions à travers les cordons postérieurs se jettent, pour quelques-unes, dans la substance grise après un trajet maximum qui est compris entre 4 et 5 centimètres, puisque le lambeau avait par lui-même 3 centimètres. Et comme il en est ainsi au-dessus et au-dessous du point d'émergence des racines, il en résulte que les conducteurs d'une racine s'éparpillent dans une zone blanche de 6 à 8 centimètres de hauteur avant de pénétrer dans la substance grise. C'est ainsi que l'expérimentation est venue concorder avec les résultats de l'étude miscroscopique de la moelle qui nous montre que les racines postérieures traversent les cordons postérieurs pour se rendre dans les cornes postérieures et qu'elles se disposent dans ces cordons en trois faisceaux, l'un transversal, l'autre ascendant, le troisième descendant. Cette concordance a d'autant plus de valeur que les deux ordres de recherches sont restés indépendants de la façon la plus absolue. Nous trouvons encore ici un avantage au point de vue des conséquences pathologiques. Une racine correspond toujours à une région tégumentaire déterminée. Une altération des cordons n'envahit pas d'emblée la zone d'éparpillement des tubes de cette racine. Quelques-uns seulement sont gênés dans leur fonctionnement. Il en reste encore pour assurer à la région une certaine dose de sensibilité. C'est pour cette raison que dans l'ataxie locomotrice la sensibilité n'est la plupart du temps que diminuée.

En résumé, d'après le système que je viens de vous exposer (1), les impressions apportées par les nerfs du corps s'engagent avec les racines postérieures dans les cordons postérieurs, se distribuent tout en restant localisées dans les tubes des racines dans une étendue de trois ou quatre centimètres au-dessus et au-dessous du point d'arrivée, se jettent avec les racines dans la corne postérieure du côté

(1) Les flèches ajoutées sur la ligne B indiquent ce mode de transmission.

opposé, se distribuent dans toute l'épaisseur de la demi-zone grise opposée et arrivent au cerveau dans cet état de diffusion.

Mes convictions personnelles me portent à adopter cette théorie à peu près dans tous ses détails, parce qu'elle me paraît être la meilleure expression des faits que possède la science en ce moment. Mais je manquerais à l'impartialité que doit s'imposer tout professeur si je passais sous silence d'autres opinions qui aspirent aussi à l'honneur de remplacer la doctrine de Ch. Bell. La plupart de ces opinions, du reste, ne sont que des modifications du système précédemment décrit, car presque tout le monde en accepte la base aujourd'hui et reconnaît que les cordons postérieurs ne sont pas les conducteurs des impressions et que ces dernières arrivent au cerveau par l'intermédiaire de la substance grise. Une première modification est due à Brown Sequard lui-même qui a prétendu, à une certaine époque, qu'une partie des impressions passaient par le cordon latéral. Je crois savoir qu'il a depuis renoncé à cette assertion et qu'il a été trompé par la difficulté qu'on éprouve à détruire toute la substance grise en respectant les cordons antéro-latéraux. Aussi je l'aurais négligée complétement si elle n'avait pas été reproduite et amplifiée par Ludwig Türck qui prétend que les cordons latéraux sont seuls chargés de cette transmission, et si elle n'avait pas reçu une espèce de consécration anatomique de la part de Lhuys qui pense que quelques-uns des filets radiculaires vont contribuer à la formation des cordons latéraux. Stilling, tout en attribuant la transmission sensitive à la substance grise, fait jouer le rôle le plus indispensable à la partie postérieure de cette substance. Schiff a émis une idée que rien ne justifie. Les faisceaux postérieurs ne transmettraient pas les impressions douloureuses. Ils ne transmettraient que les impressions tactiles. MM. Vulpian et Oré pensent que l'entrecroisement des conducteurs sensitifs dans la moelle est loin d'être complet. Enfin Chauveau va plus loin et ne l'admet pas même partiellement.

Pour être complet, je vais encore vous signaler les principales conclusions d'un travail plus récent de Brown Sequard, conclusions qui ne sont pas établies sur les résultats de l'expérimentation, mais sur l'analyse d'un grand nombre d'observations de maladies de la moelle. Selon lui :

1° Il doit exister dans la moelle des conducteurs spéciaux pour les diverses espèces d'impressions sensitives, douleur, toucher, température, chatouillement; car une ou plusieurs de ces espèces de sensibilité peuvent disparaître alors que les autres restent intactes.

2° Il est impossible, dans l'état actuel de la science, d'indiquer d'une manière positive le lieu occupé par ces diverses espèces de conducteurs. Mais dans la région dorsale et dans le renflement cervico-brachial, il est pourtant excessivement probable, d'après le siége des lésions, que les conducteurs pour les impressions de froid et de chaleur passent dans les parties grises centrales; que ceux des impressions de douleur sont plus disséminés et se trouvent surtout dans les parties postérieures et latérales de la substance grise, enfin que les conducteurs des impressions de toucher et de chatouillement sont principalement dans les parties antérieures.

3° Les conducteurs du sens musculaire sont aussi distincts de ceux des autres impressions sensitives. Non-seulement ils ne s'entre-croisent pas dans la moelle, mais encore ils sortent de cet organe surtout, sinon uniquement, par les racines spinales antérieures. Chez beaucoup de malades, le sens musculaire persiste dans les membres atteints d'anesthésie. Les autopsies semblent démontrer que la petite colonne longitudinale formée par les conducteurs du sens musculaire se trouve ou dans la corne grise antérieure, ou à côté d'elle et non dans les cordons postérieurs, comme on l'a supposé d'après les cas de sclérose de ces cordons postérieurs ayant produit l'ataxie.

Quoique ces conclusions nécessitent confirmation et quoiqu'elles ne soient pas en parfait accord avec ce qu'indiquent les vivisections, j'ai cru cependant, Messieurs, devoir vous les indiquer afin que vous puissiez les vérifier dans vos autopsies et vos études cliniques, et parce qu'il n'est pas tout à fait impossible que les lois de la transmission ne soient pas absolument identiques chez l'homme et chez les animaux.

SIXIÈME LEÇON.

Expériences relatives à la transmission motrice.

MESSIEURS,

Dans la recherche des lois de la transmission motrice, les expérimentateurs qui ont suivi la nouvelle voie, la voie de destruction ou de suppression d'action au lieu de la voie de l'excitation ou d'exagération d'action, sont arrivés à des résultats qui diffèrent peu de ceux obtenus par Longet. Afin de vous faire mieux saisir ces résultats, je vais employer le même procédé que pour l'étude de la transmission sensitive, c'est-à-dire que je vais faire un choix d'expériences démonstratives que j'appuierai par des figures théoriques.

Fig. 13.

Première expérience. — Sur un animal dont la moelle a été mise à nu suivant les règles posées par Brown Sequard, on coupe les cordons postérieurs en travers en un point quelconque de la région lombaire et on constate que, malgré cette interruption de continuité, tous les muscles du train postérieur peuvent se contracter volontairement; que quelques-uns seulement manquent d'harmonie dans les mouvements d'ensemble. La transmission de la volonté se fait donc encore en l'absence des cordons postérieurs. Donc ce ne sont pas eux qui sont chargés de cette transmission. Quant au défaut de coordination partiel, il s'expliquera très-bien quand nous préciserons le rôle de la moelle dans la locomotion.

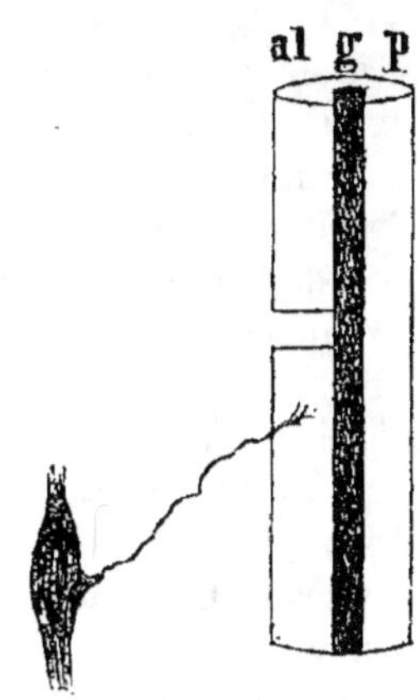

Fig. 14.

Deuxième expérience. — On coupe les cordons antéro-latéraux dans toute leur épaisseur en respectant la substance grise et les cordons postérieurs, et on constate que tous les muscles qui reçoivent leurs nerfs moteurs des portions de la moelle situées au-dessous de cette section restent complétement inertes. La volonté n'a plus aucune action sur eux. Ce sont donc les cordons antéro-latéraux qui sont chargés de transmettre aux nerfs moteurs l'impulsion cérébrale qui doit exciter les muscles à se contracter.

Troisième expérience. — On fait une section qui intéresse les cordons postérieurs et la substance grise et qui s'arrête aux cordons antéro-latéraux. Aussitôt les mouvements volontaires se montrent diminués ; quelques-uns sont même complétement abolis. Ceux qui ont pratiqué cette expérience, tels que Calmeil, van Deen, Stilling, Brown Sequard, se contentent d'en conclure que si les cordons antéro-latéraux dans les transmissions motrices jouent le principal rôle, la substance grise intervient aussi d'une façon tout au moins secondaire. Mais en rapprochant ces résultats expérimentaux de ce que le microscope nous apprend sur la structure des cordons antéro-latéraux et des cornes antérieures, il est facile de comprendre pourquoi ces deux parties de la moelle sont mises en jeu dans la conductibilité du mouvement et pourquoi la section des cordons antéro-latéraux est seule suivie d'une paralysie absolue. En effet, les cordons antéro-latéraux sont formés par des fibres qui prennent naissance successivement sur les cellules motrices, puis s'imbriquent les unes sur les autres pour se porter vers le cerveau, et par les racines motrices qui les traversent pour venir aboutir à ces mêmes cellules, de sorte que la cellule est pour l'aspect comme le levier coudé placé au point où un cordon de sonnette change de direction,

Fig. 15.

et que l'ébranlement parti du cerveau, est obligé de passer successivement par la fibre émanée du cerveau, par la cellule et par la ra-

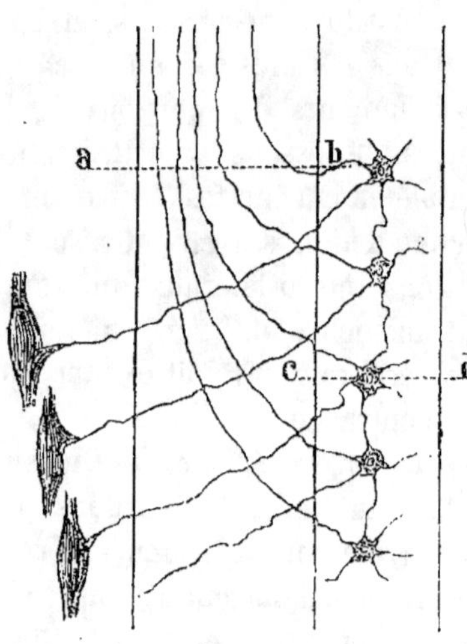

cine. Or, il est aisé de voir sur
la figure ci-contre qu'une section *a b* du cordon antéro-latéral
interrompt la continuité de toutes
les fibres qui relient au cerveau
toutes les cellules, toutes les racines et tous les muscles situés
au-dessous de la section, et que,
par conséquent, tous ces muscles
sont enlevés à l'action de la volonté cérébrale; qu'au contraire
la section *c d* de la substance grise
ne peut détruire complétement
que l'action centrale motrice d'un
certain nombre de cellules comprises dans la lésion artificielle,
tandis que celles qui sont au-
dessous continuent à être en

Fig. 16.

rapport avec le cerveau. Il est probable que s'il parait en résulter,
en dehors de cette paralysie partielle, un affaiblissement général de
tous les mouvements, cela tient à la perte de la sensibilité due à
l'interruption de la substance grise, à un certain défaut de coordination produit par la lésion des cordons postérieurs, enfin à ce
que l'altération des cellules motrices s'étend au delà des points
réellement coupés.

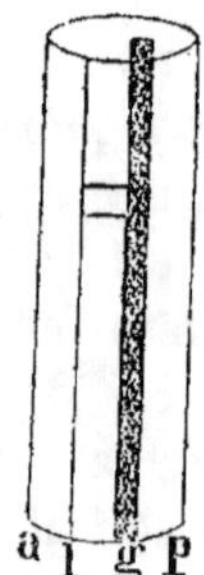

Quatrième expérience. — Si on coupe à la région
dorsale le cordon latéral, les mouvements ne sont
qu'un peu affaiblis. Donc, le faisceau antérieur joue le
plus grand rôle dans la transmission motrice au dos.

Lorsque pour faire contre-épreuve on coupe au dos
le cordon antérieur seul en ménageant le cordon latéral, le mouvement se trouve considérablement diminué.

Cinquième expérience. — Si on exécute cette double
opération à la région cervicale sur deux animaux différents, l'importance relative des rôles se trouve dis-
posée en sens inverse, c'est-à-dire que les mouvements

Fig. 17.

se trouvent beaucoup plus affaiblis après la section de la portion latérale qu'après celle de la portion antérieure.

Les archéologues de la physiologie, en présence des résultats de cette dernière expérience, avaient espéré qu'un des points de la doctrine de Ch. Bell, déjà abandonnée depuis longtemps, allait enfin voir les beaux jours qu'il méritait. Ch. Bell regardait les cordons latéraux comme les conducteurs spéciaux des phénomènes moteurs affectés aux besoins de la respiration. Il prolongeait cette colonne respiratoire au-dessus de la moelle même et en faisait émerger non-seulement les nerfs intercostaux, le nerf du grand dentelé, le nerf phrénique, mais encore le nerf facial qui dilate les narines pour offrir une voie d'entrée plus grande à l'air inspiré, et même le pathétique qui accommoderait les déplacements de l'œil avec certains états de la partie mécanique de la respiration. Mais en réalité la section du cordon latéral au cou retentit aussi bien sur les mouvements qui ne se rattachent pas à la respiration, et les actes mécaniques de cette fonction ne sont pas plus compromis que ceux de la locomotion.

Sixième expérience. — Quand on sectionne un des cordons antéro-latéraux, la paralysie des muscles du même côté n'est pas absolue. Il y a encore de légères contractions, très-faibles, dans quelques-uns de ces muscles. Et en outre il y a un peu d'altération des mouvements du côté opposé. C'est donc à tort qu'on croyait la transmission motrice tout à fait directe dans la moelle.

Conditions et caractères particuliers que présente la moelle comme foyer d'innervation.

La moelle n'est pas un simple conducteur. Elle doit aussi être considérée comme un foyer d'innervation, car elle est capable de produire des mouvements, de par elle-même, alors qu'elle est séparée complétement de toutes les autres parties du système nerveux central. Elle possède au plus haut degré ce qu'on est convenu d'appeler le *pouvoir réflexe,* c'est-à-dire qu'elle peut, lorsqu'on la stimule par l'intermédiaire des nerfs sensitifs, déterminer des mouvements qui sont, il est vrai, automatiques et même inconscients, mais qui ont tout autant d'énergie et de précision que les mouvements provoqués par la volonté cérébrale. Le pouvoir réflexe de la moelle est tellement prononcé que c'est dans cet organe qu'il a été entrevu pour la première fois en 1784 par Prochaska, et que longtemps on a cru qu'elle seule le possédait. Mais il est bien établi aujourd'hui qu'il y a aussi des phénomènes réflexes qui doivent être attribués les uns au bulbe, les autres à la protubérance, aux tubercules quadri-jumeaux ou à d'autres parties de l'encéphale et même aux ganglions du grand sympathique. Rien n'est plus facile que de démontrer que la moelle le possède réellement à un haut degré.

Décapitons une grenouille de façon à ne plus lui laisser que la moelle et même qu'une partie de la moelle en fait de centres nerveux, et respectons le tronc avec ses téguments. Pinçons exclusivement la peau d'une des pattes en évitant de toucher les muscles sous-jacents, et aussitôt, malgré cette précaution, l'animal retire sa patte. Ainsi que vous le voyez, on a beau irriter la peau d'un membre détaché du reste du corps, malgré l'intégrité des filets nerveux qui animent ce membre, on n'obtient aucune contraction. La moelle peut donc faire ce que ne peut pas faire le système nerveux périphérique livré à lui-même, elle peut donner lieu à un mouvement à la suite de l'ébranlement des filets sensitifs. Du reste, lorsque la moelle existe dans sa presque totalité, ce sont de véritables sauts, la réalisation de la locomotion que l'on obtient par l'irritation cutanée. Ce qui se produit chez les grenouilles, se produit chez tous les animaux et même chez l'homme. Flourens rapporte qu'en irritant la peau de cochons d'Inde auxquels il avait enlevé les lobes cérébraux, il les voyait marcher, sauter et trépigner, et qu'aussitôt qu'il cessait les irritations ils ne bougeaient plus. Des oiseaux décapités peuvent encore, quand on les excite, accomplir avec leurs ailes des mouvements rhythmiques qui sont identiques avec ceux du vol pendant la vie. Lallement, de Montpellier, et beaucoup d'autres auteurs ont publié des observations de fœtus anencéphales qui s'agitaient lorsqu'on les pinçait. D'ailleurs le pouvoir réflexe de la moelle se manifeste dans les maladies de cet organe aux observateurs réellement attentifs. Alors que par suite de la destruction des fibres qui s'étendent du cerveau aux cellules motrices de la moelle, les membres inférieurs sont devenus tout à fait incapables de mouvements volontaires, on voit leurs muscles s'agiter sous l'influence de la cautérisation de la peau.

Maintenant que nous avons reconnu l'existence du pouvoir réflexe de la moelle, étudions-le dans sa nature et dans ses caractères. Pour ce faire, nous allons énoncer une série de propositions que nous développerons successivement.

1° *Le pouvoir réflexe de la moelle consiste en une simple transformation de l'ébranlement sensitif en ébranlement moteur.* — Les manifestations réflexes de la moelle nécessitent, comme celles de tous les autres centres nerveux, une série d'actes qui s'enchaînent toujours dans le même ordre et qui sont les suivants : Un ébranlement est déterminé à l'extrémité périphérique d'un nerf sensitif. L'ébranlement se propage d'une manière centripète à travers le nerf sensitif jusque dans la moelle. Là il change de direction, absolument comme le ferait une bille qui vient se réfléchir contre une bande de billard. Prenant alors une direction centrifuge, il s'engage dans le nerf moteur qu'il suit jusqu'au muscle qu'il fait contracter. C'est ainsi que la moelle devient l'agent de la transformation du phénomène sensitif en phénomène moteur. Il résulte de là que cette puissance centrale de la moelle resterait latente sans le concours des nerfs sensitifs, des nerfs moteurs et des muscles qui sont les agents indispensables de ses manifestations. Aussi l'intégrité de tous ces organes est-elle nécessaire à la production des phénomènes réflexes. La transformation ou la réflexion est l'œuvre de la substance grise, car après sa destruction, les mouvements réflexes cessent de se produire, malgré l'intégrité des deux espèces de nerfs et des muscles. C'est elle qui fait de la moelle un centre. Tout le monde admet en principe que ce sont les cellules qui sont ici le véritable centre d'action, et que c'est en vertu des connexions qu'elles offrent entre elles et avec les racines, qu'une impression recueillie par elles vient se transformer en un mouvement involontaire. Mais il y a deux manières de comprendre la mise en jeu des cellules. Les uns pensent que les racines postérieures communiquent l'ébranlement dont elles sont le siége aux cellules sensitives qui le communiquent à leur tour aux cellules motrices. D'autres prétendent, avec Marshal Hall, Vagner et Jacoud, que l'impression qui doit donner naissance à un mouvement réflexe ne passe même pas par les cellules des cornes postérieures, qu'elle est amenée directement à une cellule motrice par une racine spéciale que nous avons appelée réflexo-motrice dans notre partie anatomique et qui, traversant toute l'épaisseur de la moelle, irait se terminer à une des cellules des cornes antérieures. Comme chaque cellule motrice se trouve, en outre, incontestablement réunie au cerveau par une fibre des cordons antérieurs, Schrœder l'a comparée à une petite pile qui peut être chargée par deux voies différentes, par la fibre encéphalique (a) qui lui apporte l'impulsion volontaire, et par la fibre réflexo-motrice (b) qui lui transmet l'excitation périphérique. Il est vrai que l'existence de la racine réflexo-motrice est loin d'être démontrée, mais la comparaison n'en conserve pas moins toute son exactitude. Peu importe que l'ébranlement sensitif arrive à la cellule motrice par une fibre directe ou par l'intermédiaire des anastomoses qui existent entre les cellules antérieures et postérieures (c), il n'en est pas moins certain que

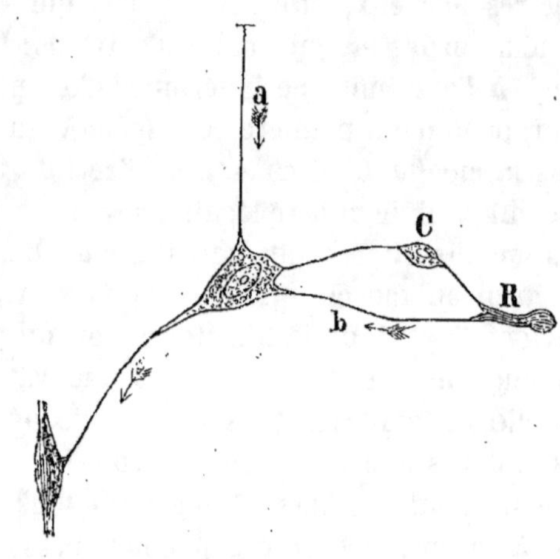

Fig. 18.

la cellule motrice est un ouvrier qui ne travaille que lorsqu'il en reçoit l'ordre ou qu'il y est excité, et cet ordre il peut le recevoir de deux côtés, du cerveau par la fibre encéphalique, et alors le mouvement est volontaire, de la périphérie par l'impression sensitive, et alors le mouvement est involontaire. Il obéit à deux maîtres, tantôt à l'un, tantôt à l'autre ; mais c'est toujours lui qui est le générateur du mouvement, et la voie de dégagement est toujours la même, la racine antérieure.

2° *Malgré les corrélations établies entre toutes les cellules de la moelle, cet organe n'a pas besoin d'exister dans son ensemble pour donner lieu à des phénomènes réflexes.* — Si, à l'exemple de Legallois, on divise la moelle par des sections transversales en plusieurs tronçons, chacun de ces tronçons peut donner lieu à des mouvements réflexes dans la zone du corps à laquelle il envoie à la fois des nerfs sensitifs et des nerfs moteurs. Chacun d'eux se trouve être un petit centre médullaire particulier et indépendant. Notre moelle représente comme une collection de petites colonies réunies en confédération, mais ayant leur autonomie et affectées chacune à l'innervation du segment du corps qui leur correspond. Considérés intérieurement et au point de vue de cette partie du système nerveux, nous sommes de véritables animaux articulés, quoique rien ne le décèle extérieurement et que la colonne vertébrale dessine seule, anatomiquement, la segmentation qui existe réellement au point de vue fonctionnel. Comme action réflexe, chaque paire rachidienne, avec la portion de la moelle d'où elle émerge, tient sous sa coupe un anneau de la statue humaine.

3° *L'ébranlement sensitif, quand bien même il est apporté par une seule racine, ne se concentre pas toujours dans une seule cellule motrice. Il peut se propager à plusieurs de ces cellules de façon à produire des mouvements multipliés et associés.* — Pincez légèrement une des pattes abdominales d'une grenouille décapitée, elle retirera simplement la patte directement touchée. Mais déjà il y a eu un commencement d'irradiation de l'impression provocatrice, car ce mouvement de retrait nécessite l'intervention de plusieurs muscles animés par des racines différentes. Pincez le même point plus fort et les deux membres abdominaux deviendront le siége de mouvements. L'ébranlement a donc franchi la commissure et s'est propagé jusque dans l'autre moitié latérale de la moelle. Pincez plus fort encore et les quatre membres prendront part aux mouvements. L'ébranlement s'est donc répandu non-seulement dans le sens transversal, mais encore dans le sens longitudinal jusque dans la région cervicale. Le phénomène de l'irradiation est donc incontestable et il est d'autant plus étendu que l'ébranlement sensitif a plus d'intensité. Cette dispersion de l'impression initiale s'opère, sans aucun doute, dans la substance grise elle-même; car si on fait une section circulaire des cordons blancs, en respectant la continuité de la substance grise, on détermine encore des mouvements réflexes dans les pattes antérieures alors qu'on pince une des pattes postérieures. Il y a plus, c'est qu'on obtient encore la même généralisation des mouvements quand bien même on entame la substance grise de façon à la réduire en un point à un filament très-grêle. Cet isthme, si étroit qu'il soit, suffit pour transmettre plus haut l'ébranlement qui, après s'être condensé, pour ainsi dire, en lui, s'épanouit de nouveau au-dessus. Cette dernière circonstance suffit, à mes yeux, pour condamner les prétendues racines excito-motrices, et me fait penser que l'agent de la dispersion est la matière granuleuse. Elle ne doit pas se faire par les anastomoses des ramifications des cellules, car au niveau de la section la chaîne des cellules motrices, comme celle des cellules sensitives, se trouve rompue. Quand on examine au microscope une coupe de la moelle, on voit qu'un grand nombre de ramifications des cellules motrices ne contractent pas d'anastomoses, qu'elles restent libres, plongées dans la matière granuleuse, prêtes à subir toutes les impulsions de cette asmosphère en vibration. Je ne serais pas éloigné de donner ce mot de vibration, que je viens de prononcer, comme une expression tout à fait en rapport avec la nature du phénomène. En voyant l'ébranlement sensitif envahir des couches de plus en plus grandes et de plus en plus nombreuses, au fur et à mesure qu'il offre lui-même plus d'intensité, on ne peut s'empêcher de penser aux cercles concentriques qui se forment autour d'une pierre jetée dans l'eau, ou plutôt au mode de propagation des ondes sonores dans un espace tubulaire limité. C'est grâce sans doute à la continuité de cette atmosphère granuleuse, qui comble tous les vides laissés par les cellules, que les impressions sensitives qui restent parfaitement localisées dans les nerfs tendent à se disperser dans la moelle avec une grande facilité, ce qui a fait dire à Flourens que « la moelle était l'organe de la dispersion des irritations ». Là se trouve l'explication de la généralisation des phénomènes convulsifs dans l'épilepsie, le tétanos, l'hystérie, le frisson. C'est ainsi que la piqûre d'un seul nerf peut produire le spasme permanent de tous les muscles du tronc, qu'une impression toute localisée peut provoquer une crise nerveuse générale. Ce pouvoir dispersif de la moelle est beaucoup plus développé chez la femme que chez l'homme. La moindre sensation suffit chez elle pour provoquer une réaction générale et amener des phénomènes hystériformes qui sont si rares chez l'homme. C'est ainsi aussi que chez elle, dans l'état normal, l'excitation des nerfs du chloris peut donner lieu à la représentation physiologique d'un accès d'hystérie.

L'étude des phénomènes de dispersion a conduit Pflüger à poser quelques lois que je crois devoir vous reproduire pour vous mettre à l'abri de toute surprise à un examen et surtout parce qu'elles jettent un certain jour sur la proposition qui suivra.

a) *Loi de la réflexion unilatérale.* — Lorsque les mouvements n'ont lieu que d'un seul côté, ils ont toujours lieu du côté de l'impression.

b) *Loi de symétrie.* — Lorsque l'impression s'irradie de façon à produire des mouvements dans l'autre côté, les muscles qui se meuvent sont toujours les congénères de ceux du côté directement impressionné.

c) *Loi de l'intensité.* — Quelquefois les mouvements congénères ont la même intensité. Mais s'il n'y a pas d'égalité d'intensité, c'est toujours dans le côté qui a reçu l'excitation que les mouvements sont le plus prononcés.

d) *Loi de l'irradiation réflexe.* — Dans la moelle le nerf moteur primitivement atteint est au même niveau que la racine de la fibre sensible excitée. Si l'effet se propage au-delà, il gagne les nerfs moteurs situés au-dessus et jamais ceux situés au-dessous. En un mot, l'irradiation se fait toujours de bas en haut. Nous verrons que les mouvements réflexes dus à l'encéphale s'irradient au contraire de haut en bas vers le bulbe, et que ce dernier segment de l'axe cérébro-spinal a la propriété de généraliser tout à fait les mouvements réflexes. Toutes les fois que l'irradiation, dans sa marche ascendante à travers la moelle, arrive à gagner le bulbe, aussitôt tous les nerfs qui émanent de l'encéphale prennent part à l'excitation.

4° *Les nerfs sensitifs et les cellules motrices sont disposés de façon à ce que chaque mouvement réflexe se trouve parfaitement approprié pour réagir contre l'impression reçue.* — Nous avons déjà constaté que lorsque l'on pince légèrement la patte d'une grenouille décapitée, elle fléchit aussitôt les divers segments de ce membre de façon à le replier sous elle-même et à le mettre ainsi à l'abri des attaques extérieures. Il y a donc un véritable choix de mouvements, car on ne peut pas dire que cette flexion a été la résultante purement mécanique et forcée de la contraction de tous les muscles du membre. Dans ce cas il y aurait eu au contraire extension, vu que les extenseurs l'emportent sur les fléchisseurs, ainsi que le démontre la strychnine. Avec cette substance, tous les muscles entrent en contraction et les membres se tendent fortement au lieu de se fléchir. Il semble donc que cette grenouille a contracté, à dessein, uniquement les muscles capables de soustraire le membre à l'irritation. Si on pince plus fort, si par conséquent on donne lieu à une irradiation plus étendue, les deux pattes se retirent, d'abord comme dans le cas précédent, puis aussitôt elles entrent en extension et il en résulte une véritable locomotion. La grenouille se déplace en totalité et se porte en avant. Il semble qu'elle s'aperçoit que l'ennemi est plus fort que la première fois et qu'il vaut la peine qu'on prenne la fuite. Si on dépose une goutte d'acide acétique près de l'anus, ou si on pince la peau près de cet orifice, l'animal porte ses deux pattes dans l'adduction et la flexion, de façon à venir positivement gratter le point irrité. Des faits analogues

se passent chez les mammifères. Volkman a enlevé tout l'encéphale
d'un chien, puis il lui a pincé fortement l'oreille. Le chien fléchit
alors le membre antérieur de ce côté pour le lever, puis il l'étend
en le portant en haut et en avant comme pour éloigner la main
qui serrait l'oreille. Auerbach rapporte une expérience beaucoup
plus curieuse encore. Il a coupé une cuisse à une grenouille décapitée. Il a mis une goutte d'acide acétique sur le côté correspondant
du dos. L'animal chercha d'abord à atteindre avec son moignon le
point irrité. Après une série d'efforts inutiles, il cessa ses tentatives,
comme s'il reconnaissait la chose impossible. Il lui déposa alors une
autre goutte sur le côté opposé du dos. Aussitôt la grenouille se mit
à essuyer la place avec sa patte correspondante qui était intacte.
Puis, comme si le succès avait fait naître en elle une idée qui ne lui
était pas venue d'abord, elle parut songer à se servir de cette patte
normale pour aller frotter le premier point humecté et elle y arriva.

Ces faits ont toujours plongé dans le plus grand étonnement ceux
qui en étaient témoins pour la première fois et ont donné lieu à
plusieurs hypothèses. Whytt a été jusqu'à les attribuer à l'âme elle-
même. Mais on pourrait donc diviser à volonté une âme en deux ou
plusieurs morceaux à l'aide d'un simple coup de ciseaux. Car la
tête de cette grenouille est en train d'exécuter bien loin, sur cette
table, des actes qui prouvent qu'elle a tout au moins conservé pour
elle la plus large part de cette âme non une et non indivisible.
D'autres, plus modestes, ont tout simplement doué la moelle d'une
faculté volonté à l'instar du cerveau. Mais à défaut de raisonnement
créant un mobile, la volonté suppose tout au moins de la spontanéité. Or, le corps de la grenouille n'exécute des mouvements que
quand on le touche. Il est donc seulement soumis à la volonté de
l'opérateur, tandis que cette tête, séparée du reste de l'animal, exécute réellement des mouvements spontanés, parce qu'elle porte
seule dans sa cavité crânienne le mécanisme indispensable à la production de la volonté. Pflüger n'a pas été beaucoup plus heureux
en descendant cependant plus bas encore dans ses prétentions. Il
n'a plus accordé à la moelle qu'un centre perceptif. Mais en admettant même que l'animal privé de sa tête puisse sentir une impression de douleur, ce que du reste Pflüger n'exigeait pas, il manque-
rait encore les moyens d'appréciation qui font remonter de l'effet à
la cause et qui permet au moi de combiner le meilleur mouvement
de réaction. Prochaska s'est peut-être plus rapproché de la vérité

en n'attribuant plus à la moelle qu'un certain instinct de conservation individuelle; car il y a dans les instincts quelque chose de machinal qui est imposé à l'être, comme dans les phénomènes d'adaptation dont la moelle est l'agent.

C'est tout justement parce que ces mouvements appropriés s'exécutent toujours de la même façon, dans les mêmes conditions d'impression, qu'ils doivent être considérés comme résultant d'une organisation préétablie que rien ne peut changer. Grâce à cette organisation, la moelle, avec son double système de nerfs et ses muscles qu'elle anime, représente un automate parfaitement conçu et parfaitement construit, à rouages très-nombreux et très-bien agencés, de telle sorte que chaque touche frappée donne la note voulue, que chaque ressort pressé provoque les mouvements qui sont le plus capables de réagir efficacement contre la cause qui a fait jouer la détente. Les cellules motrices des fléchisseurs de la jambe sont sans doute celles qui ont les connexions les plus directes avec les nerfs sensitifs de la patte. Aussi l'ébranlement ne s'étend-il que jusqu'à elles lorsqu'il est faible. Est-il plus fort, il peut envahir toutes les cellules motrices de tous les muscles du membre abdominal; tous entrent en contraction. Mais comme les extenseurs dominent, c'est l'extension qui est produite. L'intensité de l'ébranlement lui permet-il de s'étendre à toute la moelle, c'est la locomotion presque complète qui se produit, parce que, comme nous le verrons, la moelle renferme presque tous les rouages de la machine nerveuse de la locomotion. Quant au fait d'Auerbach, il n'est pas lui-même incompatible avec l'automatisme de la moelle. La goutte d'acide qui a été déposée la première a d'abord ébranlé les premières cellules que l'impression a rencontrées, c'est-à-dire celles du membre coupé. D'où sont résultés des efforts inutiles. Puis comme la goutte est restée non essuyée, l'ébranlement a persisté et a fini par gagner les cellules des muscles adducteurs de l'autre membre. Somme toute, ce que l'on doit admirer dans ces expériences extraordinaires, c'est l'intelligence de la création et non pas l'intelligence de la moelle.

Il me reste encore un certain nombre de propositions à vous énoncer. Afin de pouvoir leur donner tous les développements qu'elles comportent, je terminerai seulement dans notre prochaine réunion ce qui concerne l'étude des caractères du pouvoir réflexe de la moelle.

SEPTIÈME LEÇON.

Messieurs,

Les propositions dont j'ai encore à vous entretenir sont surtout relatives aux variations d'intensité du pouvoir réflexe et aux influences qui peuvent agir sur lui.

5° *Les manifestations du pouvoir réflexe de la moelle sont beaucoup plus intenses lorsqu'elle est séparée de l'encéphale, et cette intensité augmente encore au fur et à mesure qu'on réduit la longueur du tronçon caudal.* — Le premier fait signalé dans cette proposition a été pendant un certain temps seul connu et on regardait le cerveau comme un centre modérateur pour la moelle. On a à peu près renoncé à cette interprétation depuis que l'on sait qu'au fur et à mesure qu'on retranche de haut en bas de nouvelles portions de la moelle, le pouvoir réflexe du bout caudal devient de plus en plus intense. Néanmoins il y a du vrai dans l'idée de l'influence modératrice du cerveau. Les deux faits énoncés sont indépendants l'un de l'autre et peuvent recevoir deux explications distinctes. D'une part, la suppression du cerveau fait que la cellule échappe à l'action de la fibre volontaire que lui fournit le cordon antéro-latéral et elle n'a plus à obéir qu'à la fibre sensitive qui en accapare toute la puissance. C'est par la même raison que, dans l'échelle animale, le pouvoir réflexe se trouve d'autant plus développé que la faculté volonté est moins puissante. D'autre part, puisque l'ébranlement sensitif tend à s'irradier dans la substance grise, il est évident que plus l'espace dans lequel il pourra se disperser sera limité, plus il restera, pour ainsi dire, concentré et dense ; plus par conséquent il pourra ébranler vigoureusement les quelques cellules sur lesquelles il sera à même d'user sa puissance. Une force donnée détermine des oscillations moléculaires d'autant plus amples que le nombre des molécules, entre lesquelles elle est obligée de se répartir, est plus restreint.

6° *L'intensité du pouvoir réflexe varie avec l'espèce animale.* — Si on ne considère que les classes, on peut dire qu'en général c'est chez les oiseaux qu'il se présente avec son maximum de puissance et surtout de vivacité; viennent ensuite les mammifères. Les poissons occupent le dernier rang.

7° *Plus l'animal est jeune, plus ce pouvoir est intense.* — C'est surtout chez les mammifères que cette influence de l'âge se fait sentir. Cela tient à ce que plus on avance en âge, plus la volonté s'affermit et joue un grand rôle. Le cerveau tend de plus en plus à dominer l'action propre de la moelle. C'est là une des raisons qui font que l'enfant a si facilement des convulsions sous l'influence de causes souvent légères.

8° *Les extrémités périphériques des nerfs sensibles sont beaucoup plus aptes à déterminer des mouvements réflexes que les troncs et les racines mêmes de ces nerfs.* — Sur une grenouille, enlevez les téguments de l'une des pattes, puis irritez alternativement cette patte et une de celles dont les téguments ont été respectés; avec une irritation même très-forte portée directement sur le nerf de la première patte, vous n'obtiendrez que des mouvements très-faibles, tandis que la plus légère excitation sur la seconde déterminera au contraire des mouvements réflexes très-violents; si vous agissez sur les racines, le résultat sera encore plus faible qu'avec le tronc nerveux. Le nerf est comme un bras de levier dont la puissance augmente avec la longueur. Cela tient à ce que plus on se rapproche de la périphérie, plus le nerf offre les conditions nécessaires pour subir les impressions, et à ce qu'il trouve dans les téguments des appareils particuliers qui multiplient l'ébranlement. C'est pour cette raison qu'une légère piqûre à l'extrémité d'un doigt produit plus facilement le tétanos qu'une lésion plus grave siégeant sur la continuité du nerf.

9° *Les régions périphériques ne sont pas toutes également aptes à provoquer des mouvements réflexes.* — Les lieux d'élection sont, pour la surface cutanée, la paume de la main, la plante des pieds et le creux de l'aisselle; pour les muqueuses, la conjonctive, la pituitaire, la muqueuse de l'arrière-gorge.

10° *La nature de l'excitant a une influence incontestable.* — On n'obtient rien en exerçant une forte pression sur la plante du pied ou le creux axillaire, tandis que sur ces mêmes régions les contacts légers et intermittents du chatouillement en provoquent de très-intenses.

11° *Le pouvoir réflexe de la moelle est exalté par un certain nombre de substances.* — Il en est ainsi de l'opium. Une grenouille à laquelle on a fait absorber une petite quantité d'extrait thébaïque entre dans des convulsions violentes toutes les fois qu'on la touche avec l'extrémité d'un cheveu. Chez l'homme le sommeil produit par cet extrait est souvent très-agité du côté du système musculaire. Alors qu'il est plongé dans le coma le plus profond, le moindre contact exercé sur ses jambes donne lieu à des réactions motrices des plus violentes et tout à fait inconscientes. Il semble que l'opium, en diminuant l'activité cérébrale, agit de la même façon que la section qui sépare la moelle de l'encéphale. Il amoindrit son influence modératrice. Il a en outre toutefois une action plus directe, car il détermine une congestion de la substance grise qui doit avoir pour effet d'exagérer le travail des cellules motrices. L'alcool a un mode d'action tout à fait analogue. Le pouvoir réflexe de la moelle, qui est si difficile à constater chez l'homme bien portant, devient des plus manifestes et des plus exagérés chez l'homme ivre-mort. Ici encore il y a à la fois état congestionnel de la substance grise et affaissement du travail cérébral. Il semble donc que plus l'homme intelligent tend à s'effacer, plus l'homme machine tend à prédominer. La nicotine exalte aussi les manifestations réflexes de la moelle, et j'ai la conviction que les pathologistes n'ont pas assez tenu compte de son influence dans la production des maladies de la moelle. C'est évidemment grâce à cette influence que l'usage du tabac accélère les battements du cœur. Il en est de même de l'éther et du chloroforme. Pris par la voie stomacale, ils ont mérité le nom d'excitants diffusibles, tout justement parce qu'en augmentant les actions réflexes de la moelle, ils assurent l'exécution des phénomènes de la respiration et des autres fonctions nécessaires à la vie que compromettait un état adynamique trop prononcé. Absorbés par inhalation, ils exagèrent aussi les mouvements réflexes tout en amoindrissant la perception des sensations. C'est pour cette raison qu'ils peuvent supprimer les douleurs de l'enfantement sans nuire au travail. Quelques médecins ont prétendu que le chloroforme empoisonnait les centres nerveux de haut en bas, en procédant du cerveau à la protubérance et au bulbe, et qu'on ne le voyait jamais atteindre la moelle, parce qu'il produisait la mort auparavant en empoisonnant le bulbe. C'est une erreur. Emporté par le sang, il baigne à la fois tout l'axe cérébro-spinal. Mais tandis qu'il paralyse le cerveau, il excite la moelle, de sorte que non-seulement il n'arrête pas les contractions utérines, mais il les augmente. La substance qui doit être mise au premier rang parmi ces excitants, est certainement la strychnine qui provoque pour ainsi dire des décharges permanentes des cellules motrices. En 1857, Cl. Bernard se montrait porté à penser que ce poison agissait sur les nerfs sensitifs dont il exaltait l'action stimulante sur la moelle, et il le plaçait en regard du *curare* qui, lui, agit sur les nerfs moteurs. Il se basait sur une expérience qui consiste à couper toutes les racines sensitives, moins une, sur un animal empoisonné par la strychnine. Cette seule racine se trouve avoir assez de puissance pour entretenir les phénomènes tétaniques. Mais si on la coupe à son tour, tout tombe dans le relâchement, quoique la moelle soit restée entière et soumise à l'action toxique. Mais cela prouve seulement que lorsque le pouvoir réflexe de la moelle est ainsi exalté, il lui faut néanmoins recevoir une impression pour le manifester, et que dans ces conditions il suffit d'un seul nerf pour lâcher la détente et mettre en jeu aussitôt toutes les cellules. C'est bien sur la substance grise de la moelle que la strychnine produit son effet toxique, car chez tous les animaux morts après cet empoisonnement, on trouve toujours cette substance considérablement injectée. L'hypérémie va jusqu'à produire des épanchements sanguins. Il est vrai qu'on pourrait attribuer cette injection à l'asphyxie que détermine le tétanos des muscles de la respiration. Mais Schröder a pu constater chez deux chiens l'intégrité parfaite de l'encéphale et de la substance blanche de la moelle dont la substance grise était seule altérée. Or, une congestion purement mécanique serait évidemment générale.

12° *Il est au contraire d'autres substances qui diminuent le pouvoir réflexe de la moelle.* — Tels sont l'acide cyanhydrique, la belladone, le bromure de potassium. La physiologie justifie donc complétement l'emploi du bromure de potassium dans les névroses convulsives et de la belladone dans le tétanos.

13° *Le pouvoir réflexe augmente dans certains états morbides.*— Toutes les maladies de la moelle qui déterminent, au moins à une de leurs périodes, un travail inflammatoire, ont incontestablement cet effet. Il en est de même de celles où il y a septicémie à un titre quelconque et de l'ictère grave. La cholestérine qui résulte du travail de désassimilation des tissus nerveux constitue pour eux un véritable poison qui trouble leur fonctionnement.

14° *Le pouvoir réflexe peut s'éteindre par épuisement.* — Lorsque la moelle est soumise à une excitation très-violente ou d'une durée trop prolongée, elle devient, au moins pour un certain temps, incapable de produire des mouvements réflexes. Le travail des cellules nerveuses a besoin d'être intermittent comme celui de tous les organes. Il leur faut des périodes de repos. Lorsqu'elles ont été soumises à une dépense trop considérable, elles tombent forcément dans l'inertie. C'est pour cette raison qu'on finit par ne plus rien obtenir lorsqu'on a exposé un sujet à une faradisation trop violente et trop prolongée.

15° *La quantité et la qualité du sang que reçoit la moelle exercent une influence des plus marquées sur le pouvoir réflexe.* — Contrairement à ce que l'on pourrait penser *a priori*, les pertes de sang n'entraînent qu'exceptionnellement un affaiblissement de l'action réflexe de la moelle. Le plus souvent, au contraire, il en résulte une exaltation qui peut aller jusqu'à produire des phénomènes convulsifs, ainsi qu'on peut le constater expérimentalement en faisant des saignées successives chez un animal. Du reste, tous les médecins s'accordent à dire que les pertes utérines chez la femme amènent sinon toujours des convulsions, du moins une grande excitabilité du système nerveux. En clinique, on pose en principe depuis longtemps que les deux systèmes sanguin et nerveux sont en antagonisme. Aussi est-il irrationnel de recourir aux émissions sanguines dans les névroses actives. Ce que produit la diminution de la masse du sang, se produit encore lorsqu'il est pauvre en globules comme dans l'anémie et la chlorose, ou pauvre en oxygène comme dans l'asphyxie qui, on le sait, donne lieu à des convulsions.

Lorsque la moelle se trouve tout à coup complétement privée de sang, le pouvoir réflexe disparaît subitement et totalement. Cela ressort de l'expérience dite de Stenon. Après la ligature de l'aorte au-dessus des artères rénales, non-seulement le train postérieur d'un animal se montre privé du mouvement volontaire, mais toutes les excitations portées sur les membres abdominaux ne déterminent plus la moindre contraction réflexe; si on défait la ligature, ces mouvements redeviennent possibles. Nous savons tous enfin combien il est difficile de réveiller l'action réflexe dans les cas de syncope.

C'est la plupart du temps en vain qu'on cherche à rétablir la respiration par l'excitation des nerfs cutanés.

5° Rôles de la moelle épinière dans les diverses fonctions de l'économie.

Nous aurons à examiner successivement le mode d'intervention de la moelle dans la locomotion, la respiration, la digestion, la génération, la fonction urinaire, la circulation, la vision, la calorification et la nutrition.

Cet ordre brise complétement avec l'agencement naturel des fonctions, mais je dois me baser ici avant tout sur l'enchaînement rationnel des explications à donner.

Rôle dans la locomotion. — Depuis Longet on regardait dans l'enseignement officiel la protubérance comme le seul générateur de la force nerveuse dont le résultat est la contraction volontaire des muscles de la vie de relation. Dans les différents modes de progression, comme dans tous les mouvements partiels, on pensait que le cerveau voulait l'acte et donnait l'ordre de l'exécution ; que la protubérance créait la force motrice ; qu'enfin la moelle et les nerfs ne faisaient que transmettre aux muscles la force créée par la protubérance. J'ai vu apparaître avec plaisir, dans plusieurs publications, une opinion que je professais ici depuis un certain nombre d'années et qui donne à la moelle un rôle beaucoup plus élevé dans les divers actes de la locomotion. Je crois que la force qui excite les muscles à déplacer l'animal dans l'espace se développe, tout au moins en grande partie, dans la moelle, tout justement parce que les organes qui produisent la locomotion appartiennent pour la plupart aux segments du corps qui sont sous la coupe de cet axe. Je crois en outre que les cellules génératrices de ces actes y sont agencées de façon à s'entraîner mutuellement dans un mouvement qui suit un ordre préétabli ; en un mot, que la moelle porte en elle-même la machine nerveuse de la locomotion. Le cerveau ne fait que commander l'acte. Il le veut et force la machine médullaire à déterminer la série de mouvements nécessaires. Une fois la détente lâchée, l'engrènement des rouages fait que l'œuvre peut se continuer machinalement, sans que le cerveau ait besoin de s'en occuper ultérieurement ; et dégagé de ce soin, celui-ci peut fonctionner pour la production de phénomènes intellectuels ou autres. Admirable disposition qui laisse à l'intelligence tout son essor, même pendant l'accomplissement d'une fonction nécessaire aux besoins de la vie et qui l'amoindrirait momentanément, quoi qu'en puissent dire les philosophes. Mais le cerveau se réserve le droit et a toujours le pouvoir d'arrêter le mouvement, d'enrayer la machine quand il le veut.

Les faits imposent tellement cette interprétation que je ne comprends pas comment celle de Longet a pu tenir, même un seul instant. Vous voyez cette grenouille décapitée. Elle saute et parcourt cette table dans toute son étendue avec une régularité, une précision, une agilité telles que si la plaie résultant de la section était masquée, vous resteriez convaincus que l'animal est entier et qu'il se promène avec la spontanéité et la volonté la plus complète. On a traité de fable, probablement à tort, le fait des autruches de l'empereur Commode qui continuaient un instant leur course dans le cirque après qu'un esclave leur avait tranché la tête d'un coup de sabre. Les canards dont on vient de couper le cou agitent leurs ailes avec le rhythme du vol. Le poisson continue à nager. Dans ces circonstances, les modes de progression ne sont peut-être pas aussi parfaits qu'avec l'animal complet. Cela tient à ce que la moelle ne renferme pas tout le mécanisme. Il commence à la périphérie du cerveau, là où siègent la volonté et l'idée, pour se continuer à travers le corps strié, la protubérance, le bulbe et la moelle. L'acte intellectuel volonté ne peut pas d'emblée se transformer en force motrice. Il faut des actes multipliés de transition, de même que dans une machine industrielle le premier rouage qui saisit le chiffon n'en fait pas de suite une feuille de papier. Ce n'est que par une série de transformations produites par une série de rouages que le chiffon devient ce que l'industrie veut en faire. De même, la marche n'est parfaite qu'avec tous ses moyens d'action. Elle perd de son perfectionnement au fur et à mesure qu'elle perd de ses rouages. Sans le cerveau, elle est dépouillée de son caractère volontaire. Elle est moins complète avec la moelle seule qu'avec la conservation du bulbe et elle s'améliore encore avec la protubérance. Mais dans sa sphère d'action, la moelle se montre aussi perfectionnée et plus perfectionnée quand elle est livrée à elle-même que lorsqu'elle est soumise à l'influence du reste du système nerveux central. Les mouvements qu'elle fait exécuter ont beaucoup plus de régularité mathématique que lorsque son mécanisme peut être contrarié à chaque instant par les caprices de la volonté.

Ce qui réalise la machine locomotrice dans la moelle, ce ne sont pas seulement les connexions directes que les cellules affectent entre elles par leurs anastomoses, c'est peut-être avant tout le système de fibres en anses qui réunissent deux cellules plus ou moins éloignées. Ces fibres, qui existent en petite quantité dans les cordons antérieurs, forment la masse totale des cordons postérieurs, et font de ceux-ci les agents de coordination de la locomotion. Cela résulte de l'importante expérience de Tood. Elle consiste à faire de distance en distance plusieurs sections transversales des cordons postérieurs, de façon à détruire la continuité d'un grand nombre de ces arcs. La marche devient alors d'autant plus désordonnée et d'autant moins assurée que les sections sont plus multipliées. Nous verrons en outre que chez l'homme les altérations des cordons postérieurs déterminent de tels troubles dans la locomotion qu'on a appelé la maladie à laquelle ces altérations donnent lieu *ataxie locomotrice*. Les cellules motrices excitent les muscles, produisent les notes; les cordons postérieurs associent les muscles entre eux, combinent les notes de façon à produire des sons composés et harmonieux. La machine nerveuse de la locomotion se prolonge, comme nous le verrons, dans l'encéphale avec cette double série d'agents moteurs et coordinateurs.

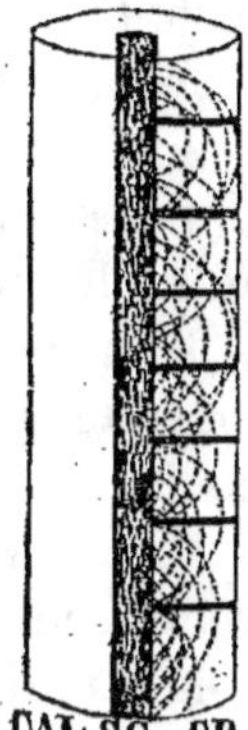

CAL SG CP

Fig. 19.

On ne sait pas d'une façon certaine si ces arcs réunissent des cellules motrices ou des cellules sensitives qui réveilleraient à leur tour les motrices correspondantes. L'examen microscopique plaide en faveur de cette dernière supposition. Mais peu importe, puisque la raison nous fait entrevoir que le même but peut être atteint dans les deux hypothèses. Dans tous les cas, il est probable que la sensibilité cutanée joue ici un grand rôle et que c'est elle qui, chez la grenouille décapitée, provoque par action réflexe la série de mouvements dont le résultat est la progression. On comprend même qu'elle arrive fatalement à la produire dans l'ordre voulu. Chaque contact avec le sol provoque un mouvement qui a pour effet de détacher du sol le membre qui a subi le contact. Puis le relâchement et la pesanteur le forcent à s'appliquer de nouveau au sol. D'où nouveau contact et nouveau mouvement de détachement. Il y a là quelque chose d'inévitable qui fait que l'animal semble exécuter une progression toute spontanée, puisqu'il marche toujours et quand même l'expérimentateur ne l'y excite pas par des attouchements.

Avec son cerveau, il resterait immobile, parce que sa volonté résisterait aux sollicitations sensitives. Mais sans ce frein d'arrêt, il va fatalement jusqu'à ce qu'un obstacle du sol vienne arrêter cet air qui se jouerait et se répéterait sans cesse sous l'impulsion sensitive sans cesse renaissante. La sensation cutanée a une telle influence que le mode de progression est imposé par le milieu même dans lequel l'animal est plongé. Il faut absolument que la grenouille nage dès qu'on la met dans l'eau; que l'oiseau vole quand on le jette dans l'air.

C'est par le même mécanisme que l'équilibre tend toujours à se rétablir chez l'animal décapité. Dès qu'on déplace son centre de gravité d'une manière quelconque, il survient une série de mouvements appropriés au rétablissement de l'équilibre, tout justement parce que ce déplacement du centre de gravité fait naître de nouvelles sensations auxquelles correspondent de nouveaux mouvements. L'exercice et l'habitude peuvent créer de nouvelles combinaisons entre les groupes cellulaires qui donnent lieu à des mouvements d'ensemble qui s'exécutent presqu'aussi fatalement que ceux qui résultent des combinaisons préétablies par la nature elle-même. Après la décapitation, les animaux âgés exécutent des mouvements que ne produiraient jamais les jeunes animaux. C'est dans cet ordre de phénomènes qu'on doit faire rentrer certains faits que l'on observe chez l'homme. A force d'exercer ses doigts, l'artiste arrive à réaliser les doigtés les plus compliqués sans que son intelligence ait à s'en occuper.

Rôle de la moelle dans la respiration. — L'influence que la moelle peut exercer sur les phénomènes mécaniques de la respiration se manifeste dans les maladies de la moelle d'une façon tellement incontestable que depuis longtemps personne ne songe à la mettre en doute. Mais beaucoup de physiologistes, interprétant mal la découverte et les expressions de Flourens, relativement au nœud vital qui siége dans le bulbe, n'attribuent ici à la moelle qu'une action purement conductrice. Le foyer générateur de toute la force motrice employée à faire contracter les muscles qui dilatent ou reserrent le thorax, se trouve, selon eux, exclusivement dans le bulbe. Elle se répand ensuite de haut en bas dans la moelle qui la distribue successivement aux muscles par l'intermédiaire des nerfs phrénique, grand dentelé, intercostaux, etc. C'est une erreur que n'autorisent nullement, du reste, les expressions de Flourens, car il avait appelé le point de bulbe dont la destruction arrête les mouvements respiratoires, non pas *centre respiratoire*, mais le *premier moteur central de la respiration*. En réalité, chaque nerf respiratoire

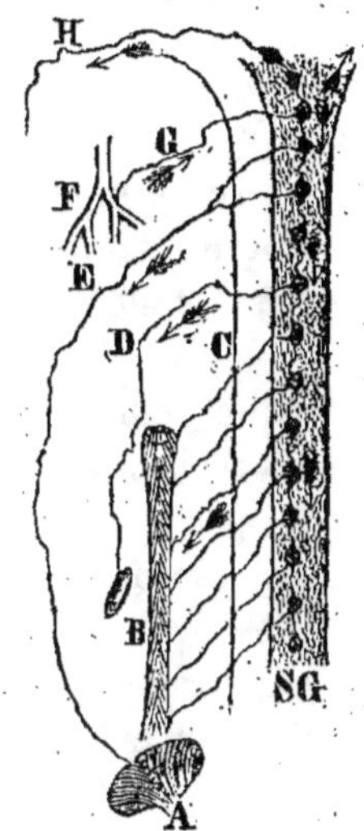

Fig. 19.

Schema du rôle de la moelle dans la respiration.

puise sa force à son point d'implantation dans la substance grise de la moelle. L'appareil central de la respiration est formé par une série de cellules échelonnées le long des régions cervicale et dorsale de la moelle, et qui remonte dans le bulbe et au-delà. Mais pour que cet ensemble entre en fonction, il faut que l'un de ces rouages commence le feu et mette tout le système en mouvement. Or, ce qui commande le feu ici, c'est l'impression née dans les bronches et apportée par le pneumo-gastrique qui a tout justement son point d'origine dans le bulbe. C'est là, par conséquent, que doit se trouver tout naturellement ce premier rouage, puisque c'est là qu'arrive l'ébranlement provocateur. Parti de là, le mouvement se propage au-dessus et au-dessous pour la réalisation complète des phénomènes mécaniques de la respiration.

Avec cette organisation on comprend, mieux même qu'avec l'idée de simple conducteur, comment la section ou la destruction morbide de la moelle donne lieu successivement, d'après son niveau, à la paralysie des divers muscles intercostaux, puis du grand dentelé, puis enfin du diaphragme. A ce moment la respiration, qui s'était montrée de plus en plus gênée, devient tout à fait impossible et la mort se produit par asphyxie.

Mais la moelle n'intervient pas seulement à titre de centre partiel dans les mouvements de la respiration; elle vient par ses nerfs cutanés aider le pneumo-gastrique à stimuler ces mouvements. Dans l'asphyxie les nerfs sensitifs rachidiens sont même capables de remplacer momentanément tout à fait le pneumo. De là l'usage rationnel et déjà ancien de rappeler la respiration et par suite la vie chez les noyés et autres asphyxiés, ainsi que dans les cas de syncope, à l'aide de frictions vigoureuses pratiquées sur la peau, de sinapismes et de douches froides. Grâce à l'intensité de l'ébranlement, ces nerfs peuvent remettre la machine en activité, quoique n'agissant pas

F, (*Fig.* 19.) A, diaphragme. B, nerfs intercostaux. C, cordon blanc. D, nerf du grand dentelé. E, nerf phrénique. F, bronches. G, pneumogastrique. H, nerf facial. SG, substance grise.

directement sur le rouage normalement initial. Il est vrai que dans les conditions ordinaires de la vie, la peau ne se trouve pas soumise à des impressions aussi intenses, mais le contact de l'air avec ses variations de température la force à apporter un certain concours au pneumo. Cette part est peut-être plus considérable qu'on ne pourrait le supposer au premier abord, car si on enduit le corps d'un animal avec un vernis, non-seulement l'hématose est diminuée puisque la respiration cutanée est abolie, mais la respiration pulmonaire est ralentie et amoindrie, et pourtant elle devrait au contraire offrir une suractivité de suppléance. Il en est de même dans la variole confluente.

Rôle de la moelle dans la digestion. — Bichat, qui mettait les mouvements intestinaux sous la présidence exclusive du grand sympathique, avait facilement fait adopter son opinion par tous les médecins, parce qu'il est incontestable que très-souvent la destruction de la moelle, loin d'abolir les mouvements de l'intestin, les rend au contraire exagérés, et parce que l'intestin continue à se contracter, même quand on l'a détaché de l'économie vivante et qu'on le place sur une table. Cependant la possibilité et même la nécessité de l'intervention de la moelle dans les phénomènes mécaniques de la digestion est démontrée par les troubles qui surviennent toujours de ce côté dans les maladies médullaires et un grand nombre de vivisections. Je ne citerai à l'appui de cette assertion que l'expérience suivante pratiquée par Cl. Bernard :

Il sacrifie un jeune chien par la section du bulbe et supprime ainsi tous les mouvements volontaires. Il simplifie ainsi l'analyse des faits et rend l'observation plus facile. Il ouvre la poitrine et galvanise le ganglion cervical inférieur. Au bout de quelques instants, les mouvements de l'intestin grêle deviennent très-violents. Il coupe les filets qui réunissent le premier ganglion thoracique au dernier ganglion cervical; il électrise le bout inférieur et l'intestin grêle reste immobile. Il électrise le bout supérieur et les mouvements se produisent comme avant la section. Or, évidemment ce bout supérieur ne peut être en rapport de continuité avec les nerfs qui se distribuent dans l'intestin grêle que par l'intermédiaire de la moelle. Elle peut donc avoir une influence sur les mouvements intestinaux. Non-seulement elle le peut, mais même cette influence est indispensable dans les conditions normales de la vie, puisqu'il survient des troubles intestinaux dans les affections qui peuvent compromettre cette influence. Mais doit-on dire pour cela avec les physiologistes modernes que la moelle seule fournit la force motrice; que le sympathique ne fait que la transmettre et la tenir en réserve pour la décharger suivant les besoins; et que si les intestins enlevés de la cavité abdominale continuent à se contracter, cela tient à l'influx nerveux accumulé dans les petits ganglions microscopiques disséminés dans les parois de l'intestin? Je ne le crois pas. Tous les ganglions du sympathique, si microscopiques qu'ils soient, renferment des cellules nerveuses tout comme la moelle, et par suite ils doivent agir à la manière des centres. L'appareil central de l'innervation de l'intestin n'est représenté exclusivement ni par la moelle, ni par le sympathique, mais bien par les deux systèmes réunis qui forment pour le tube intestinal une série de circonscriptions nerveuses de plus en plus étendues et hiérarchiquement soumises entre elles. Les ganglions microscopiques opèrent chacun dans une circonscription

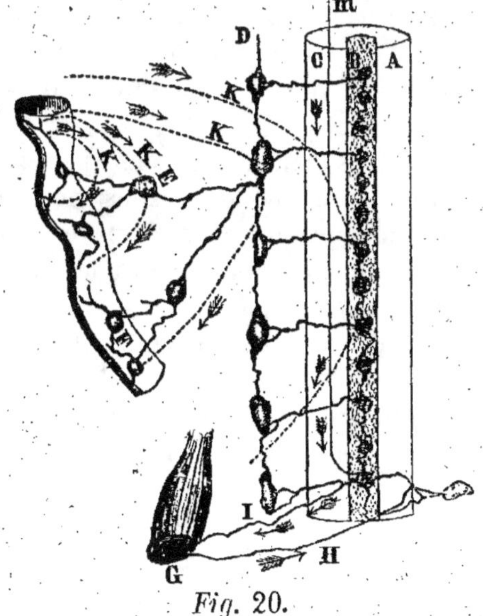

Fig. 20.

Schema des rôles de la moelle et du grand sympathique dans l'innervation de l'intestin.

A, cordon postérieur. B, substance grise avec sa chaine de groupes de cellules. C, cordon antérieur. D, grand sympathique. E, ganglion nerveux mésentérique. F, ganglion microscopique des parois intestinales. G, Sphincter de l'anus. H, filet sensitif allant de la muqueuse anale au centre ano-spinal par le cordon postérieur. I, racine motrice amenant au sphincter un filet moteur du centre ano-spinal. M, fibre encéphalique apportant les ordres de la volonté à ce centre. K, courbes emboîtées indiquant les sphères d'action des ganglions et de la moelle.

très-restreinte où ils conservent une certaine autonomie. Ils président aux réflexes qui se passent dans un point très-limité, mais ils
sont subordonnés par groupes à des ganglions plus volumineux
qui déjà commandent à un département comprenant plusieurs circonscriptions. Puis viennent les ganglions du cordon qui ont une
sphère d'action plus étendue encore, mais qui sont à leur tour soumis à la haute direction de la moelle. Cette dernière règle sans
doute l'ensemble de toute la fonction mécanique et sert de plus
d'intermédiaire pour la soumettre aux influences cérébrales. Je ne
peux m'empêcher de comparer cette disposition à l'organisation
d'une grande administration qui, en subordonnant ses employés les
uns aux autres, arrive à centraliser toutes les opérations de détail.
Dans l'intestin détaché, les mouvements sont très-irréguliers. Ils portent sur des points très-limités et très-éloignés les uns des autres,
parce qu'ils sont déterminés par les impressions qui naissent dans
la sphère de chaque petit ganglion, et l'effet réflexe ne peut pas
dépasser la circonscription de ce dernier. Avec tout le système, les
mouvements se trouvent mieux enchaînés entre eux et arrivent seulement à réaliser le but voulu, c'est-à-dire la progression normale
du contenu.

L'utilité de la moelle se fait surtout sentir par les actions réflexes
qu'elle seule peut produire à de longues distances. Quand on pince
l'intestin, on provoque un mouvement qui reste presque limité au
point touché, parce que tout se passe entre les nerfs sensitifs et les
nerfs moteurs d'un seul ganglion. Mais quand les réflexions peuvent
se faire par l'intermédiaire de la moelle, les fibres sensitives provocatrices peuvent être très-éloignées des fibres motrices mises en
activité. Ainsi une irritation des nerfs de l'estomac fait contracter
l'intestin grêle; celle des nerfs de l'intestin grêle fait contracter le
gros intestin. Il devait en être ainsi pour que le travail digestif fût
assuré. Le segment supérieur des voies digestives devait forcer le
segment suivant à se vider et le préparer ainsi à recevoir le contenu qu'il est sur le point de lui envoyer. De plus, ces contractions,
en exprimant les sucs digestifs, assurent aussi la partie chimique de
la fonction, d'autant plus que cette réflexion opère, non pas seulement sur les nerfs moteurs, mais encore sur les nerfs sécréteurs.
Grâce à cette association qui existe entre la moelle et le sympathique,
l'intestin peut à son tour agir sur les muscles de la vie animale,
c'est-à-dire sur les muscles qui sont animés directement par la

moelle. Chez les enfants, dont la moelle possède un pouvoir dispersif plus considérable que celle de l'adulte, on voit souvent les irritations du canal intestinal provoquer des convulsions. Si, à l'exemple de Volkman, on irrite l'intestin d'une grenouille décapitée, on donne lieu à des mouvements des membres, et si on a empoisonné préalablement l'animal avec de la strychnine, ce sont des convulsions très-intenses que l'on détermine. Dans les conditions ordinaires, les impressions nées dans l'intestin étant obligées de passer par ces nombreux petits centres de réflexion, sont arrêtées et réfléchies en route et n'arrivent pas jusque dans le cerveau. Aussi ne sentons-nous pas le contact des aliments et n'avons-nous pas conscience de ce qui se passe dans notre tube intestinal. La nature a voulu ainsi nous éviter des sensations inutiles. Mais dans l'état morbide, lorsque les impressions deviennent plus intenses, elles franchissent tous ces centres sans user complétement leur force et arrivent à l'encéphale. D'où douleur ou colique.

La moelle préside en outre spécialement au fonctionnement du sphincter de l'anus. La pathologie et la physiologie expérimentale s'accordent à le démontrer. D'après M. Masius, de Liége, il existe dans la moelle un centre particulier qu'il appelle *ano-spinal* et qui préside à la tonicité et à la contraction du sphincter de l'anus. Il place ce centre dans la région lombaire, et en particulier chez le lapin, au niveau de la 6ᵉ vertèbre lombaire. Si on irrite la moelle à ce niveau, on provoque des contractions des plus manifestes du sphincter. Si on irrite au-dessous, on ne produit plus rien. Les contractions reparaissent toutes les fois qu'on excite au-dessus, en suivant une colonne assez limitée du cordon latéral, colonne que l'on peut suivre avec le même résultat à travers la moelle allongée jusque dans la partie interne des couches optiques. La bande qui s'étend de cette zone lombaire au cerveau n'est qu'un faisceau de fibres conductrices qui servent à lui transmettre les ordres de la volonté, puisqu'après la section de ce faisceau le sphincter continue à se contracter par action réflexe, quoique le centre ano-spinal ne puisse plus rien recevoir de l'encéphale. C'est toujours le même plan qui a été suivi en ce qui concerne les actes moteurs. Les cellules affectées au sphincter, comme celles qui produisent la locomotion, peuvent entrer en action sous deux ordres d'impulsions. Les unes viennent d'en haut, sont apportées par des fibres encéphaliques et donnent lieu à des contractions volontaires. Les autres viennent des racines sensitives, sont amenées par les cellules des cornes postérieures, et donnent lieu à des contractions réflexes et involontaires. Voilà comment la paralysie du sphincter peut survenir dans les maladies du cerveau et celles de la moelle. Les affections du cerveau et celles des régions supérieures de la moelle détruisent la contraction volontaire. Les affections de la région lombaire détruisent à la fois les mouvements volontaires et les mouvements réflexes.

Rôle de la moelle dans la génération. — Il est un fait très-connu du vulgaire qui semble indiquer, même *a priori*, que la moelle doit exercer une grande influence sur les actes de la génération, c'est que la pendaison détermine très-souvent une érection intense et même une éjaculation. Comme chez le pendu il n'y a que la région cervicale qui puisse être lésée par ce genre de mort, beaucoup de médecins y avaient même placé le centre nerveux de ces deux phénomènes physiologiques. Cette localisation se trouva, du reste, confirmée par un grand nombre d'observations pathologiques recueillies par Ollivier, Lawrence, Réveillon et Jacoud, observations qui firent facilement justice de l'opinion de Serre. Ce dernier avait cherché à compléter le système de Gall, qui plaçait l'amour physique dans le cervelet, en attribuant aussi l'érection à cet organe. L'expérimentation physiologique, tout en respectant l'idée d'un centre génito-spinal, devait le déplacer et le reporter beaucoup plus bas, dans la région lombaire. D'après les recherches de Budge, il n'occupe qu'un espace de quelques lignes qui, chez le lapin, correspond à la 4e vertèbre lombaire. Si on opère sur une femelle, l'irritation de ce point détermine des contractions très-appréciables de l'utérus. Lorsqu'au contraire on détruit ce point, l'utérus cesse de se contracter, quand même on a administré du seigle ergoté. S'agit-il d'un mâle, on produit par excitation la contraction de l'ampoule du canal déférent qui est l'analogue des vésicules séminales. Enfin l'électrisation de cette zone amène l'érection et même l'éjaculation. Mais la preuve la plus puissante, c'est qu'après avoir isolé la partie inférieure de la moelle par une section complète, on peut, par une excitation des organes génitaux, provoquer des érections et même des mouvements lascifs et rhythmiques du bassin. Or, ici la transformation réflexe du sentiment en mouvement ne peut s'opérer que dans la moelle lombaire elle-même. On n'a pu évidemment se livrer chez l'homme à ce genre d'expériences; mais on peut cependant admettre une localisation à peu près identique dans notre espèce.

En effet, dans les maladies qui n'atteignent que la partie inférieure de la moelle, depuis les reins, il y a priapisme ou impuissance suivant qu'il y a inflammation ou destruction de cette région. C'est toujours à ce niveau que se fait sentir la douleur résultant des excès vénériens. C'est là que débutent les maladies médullaires dans l'étiologie desquelles les abus de ce genre ont pris la plus large part. Mais la raison la plus grande, à mes yeux, est encore la conviction que j'ai que dans l'animalité tout gravite autour d'un plan commun. Enfin tous les actes de la moelle doivent être soumis à la grande loi de la segmentation; les agents de la génération doivent, comme les muscles de la locomotion, puiser leur force dans la zone médullaire qui correspond à leur segment. Quant aux phénomènes constatés dans la pendaison, ils s'expliquent très-bien par le passage dans la région cervicale des fibres qui doivent relier le centre génito-spinal à l'encéphale. En effet, voici comme je comprends théoriquement l'organisation de ce centre.

Les cellules qui le composent excitent, lorsqu'elles sont en activité, les fibres musculaires des vésicules, de la prostate, des trabécules des corps caverneux. Celles-ci se contractent successivement, peu à peu, des organes génitaux internes à l'extrémité de la verge ou du clitoris. Elles compriment ainsi les veines dont elles effacent la lumière. Elles respectent la perméabilité des artères qui résistent en raison de leur disposition en bouquets spiroïdes. Le sang continue à arriver et ne peut plus sortir. La pression contractile des trabécules fait un corps commun et résistant de toutes les parties liquides et solides, et il en résulte l'érection dont le mécanisme a été si bien décrit par M. Rouget. Puis ces mêmes cellules, déployant une plus grande activité, donnent lieu à des contractions plus intenses des vésicules, et transmettant d'autre part leur état d'exaltation aux cellules voisines qui animent les muscles du bassin et de l'abdomen, elles provoquent le spasme musculaire nécessaire pour amener l'éjaculation. Il est possible aussi que des cellules du même point partent les nerfs sécréteurs capables de provoquer la sécrétion des divers liquides qui entrent dans la composition du sperme. De là viennent encore sans doute les vaso-moteurs des organes génitaux. Maintenant ces cellules peuvent travailler et produire ces actes sous deux ordres d'incitations : sous celles qui leur sont apportées par les racines sensitives et les cellules des cornes postérieures, et qui proviennent de l'état des organes génitaux eux-mêmes; soit des attouchements, soit de l'accumulation du liquide spermatique des vésicules. C'est le mécanisme réflexe ordinaire; c'est l'excitation d'origine physique. Sous celles qui leur sont apportées par des fibres encéphaliques faisant partie des cordons antéro-latéraux, et qui prennent naissance dans une idée, dans un sentiment, c'est l'excitation d'origine morale. C'est par ces fibres encéphaliques que s'établit l'influence si connue du moral sur le physique. Il est probable, d'autre part, que les impressions sensitives nées dans les organes génitaux peuvent se transmettre à travers la substance grise, comme toutes les impressions, jusque dans l'encéphale, et que l'érection ainsi que l'accumulation du sperme dans les vésicules peuvent, par cette transmission sensitive, faire naître dans le cerveau des idées érotiques. C'est ainsi que s'établit l'influence non moins incontestable du physique sur le moral. Les cellules intellectuelles qui sont ainsi directement stimulées par la sensation spermatique peuvent à leur tour stimuler les autres cellules cérébrales et apporter une certaine surexcitation dans tous les actes de l'intelligence. C'est une ivresse intellectuelle d'origine génitale.

L'action réflexe, qui a lieu ordinairement entre les nerfs sensitifs et moteurs des organes génitaux, peut s'établir à l'aide d'impressions venues d'un point plus éloigné de la moelle. C'est ainsi que la titillation de la mamelle peut amener l'érection. Elle peut même déterminer des contractions de l'utérus, au point que Scanzoni a voulu baser sur ce phénomène une méthode pour pratiquer l'accouchement artificiel. Les contractions réflexes de l'utérus, qui ont lieu pendant le travail de l'enfantement, continuent malgré le sommeil anesthésique produit par le chloroforme. Ce fait vient encore prouver que c'est bien la moelle qui est le centre de toutes les actions motrices de la génération, car elle seule, parmi les centres nerveux, n'est pas paralysée par l'effet des anesthésiques. C'est encore elle qui, à titre de centre moteur, est le point de départ de l'écoulement menstruel. Ainsi que l'a établi Rouget, l'exsudation sanguine est due à la contraction des fibres musculaires des ligaments larges qui ferment les veines par compression, à l'exclusion des artères, et forcent ainsi les capillaires de la muqueuse utérine à se rompre sous la pression du sang accumulé. Mais les cellules qui provoquent cette contraction n'échappent pas non plus à l'impulsion des fibres encéphaliques, et c'est pour cela que les influences morales peuvent encore retentir sur la menstruation. Si, dans les couvents, l'aménorrhée est si fréquente, cela tient autant à la prédominance des idées mystiques et à l'absence d'idées sexuelles qu'à un état du sang résultant du défaut d'aération. Aussi voyons-nous, ainsi que les statistiques de Parent-Duchâtelet l'ont établi, l'effet inverse se produire chez ces filles perdues pour lesquelles la corruption est devenu le but à la fois physique et intellectuel de leur misérable vie.

Enfin les phénomènes musculaires qui doivent produire l'adaptation de la trompe puisent encore leur force motrice dans ce même centre génito-spinal qui peut, sous l'influence d'une impression de douleur ou de froid apportée par les racines rachidiennes ou sous l'influence d'une émotion morale vive ayant ébranlé les fibres descendant de l'encéphale, amener la paralysie passagère ou plutôt la syncope des agents adaptateurs, et à la suite soit une hémorrhagie dans la cavité péritonéale, soit une grossesse extra-utérine.

HUITIÈME LEÇON.

Messieurs,

Avant d'aborder l'analyse physiologique des maladies de la moelle, il nous reste à examiner le mode d'intervention de cet organe dans la fonction urinaire, la circulation, la calorification et la nutrition.

Rôle de la moelle dans la fonction urinaire. — Il faut distinguer dans ce rôle l'action sur les phénomènes mécaniques et l'action sur les phénomènes sécrétoires de cette fonction.

Les médecins admettent depuis longtemps l'influence de la moelle sur la vessie, parce que de tout temps on a observé que les maladies de cette portion de l'axe s'accompagnent de rétention ou d'incontinence d'urine. On sait que le réservoir urinaire est innervé par le plexus hypogastrique, qui reçoit lui-même deux espèces de filets, les uns provenant du grand sympathique, les autres des nerfs sacrés. Classiquement, on supposait que les filets sympathiques se distribuaient exclusivement dans le corps de la vessie et que le col était seul animé par les filets sacrés. On pensait que ce dernier, qui était appelé à remplir les fonctions d'un portier intelligent, devait être seul mis à même de recevoir les ordres de la volonté transmis par la moelle. Partant de là, on expliquait la rétention, soit par la période inflammatoire qui exaltait l'action motrice de la moelle et maintenait le col dans une occlusion spasmodique, soit par une paralysie du grand sympathique, et, par suite, du corps de la vessie; et l'incontinence par la paralysie des filets sacrés. Les choses ne semblent pas se passer ainsi, ni anatomiquement, ni physiologiquement. Giannuzi a électrisé les filets provenant de la moelle et a remarqué qu'il y avait à la fois contraction du corps et du col. Il a électrisé, d'autre part, les filets provenant du grand sympathique, et il a obtenu également des contractions du col et du corps. Seulement, les contractions étaient énergiques et douloureuses quand il excitait les nerfs rachidiens, et se faisaient lentement quand il agissait sur le sympathique. En opérant ensuite sur la moelle, il constata que l'irritation du disque correspondant à la troisième lombaire ne provoquait que des contractions lentes qui cessaient après la section des filets sympathiques, tandis que celle du point correspondant à la cinquième lombaire donnait lieu à des contractions énergiques qui cessaient après la section des nerfs sacrés. Il fut donc conduit à admettre dans la moelle deux centres urinaires animant tous deux à la fois le col et le corps de la vessie, l'un situé au niveau de la troisième lombaire et agissant par des filets traversant les ganglions du grand sympathique, l'autre situé au niveau de la cinquième lombaire et agissant par des filets se rendant directement au plexus hypogastrique. Ces deux centres, ou tout au moins l'inférieur, se trouvent réunis à l'encéphale par une bande de fibres situées dans les cordons antéro-latéraux, que Giannuzi a pu suivre jusque dans les corps striés, déterminant partout, avec le scalpel, des contractions vésicales. C'est grâce à cette bande que les affections cérébrales peuvent, à leur tour, produire des troubles de la miction.

Avec cette disposition, la volonté se trouve avoir prise sur le corps aussi bien que sur le col de la vessie, à un beaucoup moindre degré, voilà tout. La miction volontaire s'explique bien mieux ainsi, à mon sens. On comprenait que la volonté pût, en faisant contracter le sphincter, s'opposer à la sortie de l'urine, quelles que soient les sollicitations du besoin d'uriner. Mais pour expliquer l'émission au moment désiré par l'individu, on était obligé de supposer que la volonté faisait relâcher le sphincter au point même de faire cesser les effets de sa tonicité. On faisait, en outre, intervenir les muscles de l'abdomen qui commandaient le feu à la vessie et finissaient par vaincre, avec elle, la résistance du sphincter.

Mais du moment où la contraction du corps n'est pas seulement réflexe, mais encore volontaire, la chose est plus simple. C'est lui-même qui lutte contre la résistance tonique du sphincter, même sans appeler à son secours les muscles de l'abdomen, car ils sont loin de se contracter toujours dans la miction facile. Cette disposition est, en outre, plus en rapport avec les lois de la nature, car je pense que tout doit se passer, comme dans la matrice où le col ne se relâche pas le moins du monde lorsque les fibres du corps font effort pour le dilater. Le doigt, introduit pendant le travail de l'accouchement, reconnaît qu'il y a réellement entre ces deux parties de la matrice une lutte acharnée où l'avantage finit par rester au corps. La même lutte doit exister entre le sphincter de la vessie et les fibres longitudinales du corps, qui sont parfaitement disposées pour tirer excentriquement les fibres circulaires de cet anneau constricteur. Il est possible que les filets nerveux volontaires du corps soient spécialement destinés à ces fibres dilatatrices.

Les nerfs vaso-moteurs des reins ne peuvent provenir que de la moelle par l'intermédiaire du sympathique. Par conséquent, l'axe spinal doit tout au moins agir d'une façon indirecte sur la sécrétion urinaire en faisant varier les conditions d'afflux sanguin et de pression dans les glomérules du rein. Mais cette influence ne se traduit guère d'une manière appréciable que dans l'état pathologique. Dans les maladies de la moelle, on voit souvent la quantité d'urine réduite jusqu'à 2 onces dans les 24 heures. Ce liquide est aussi très-alcalin, mais comme cette alcalinité est due à la transformation de l'urée en carbonate d'ammoniaque, on attribue le fait au long séjour de l'urine dans la vessie paralysée. C'est peut être aller au delà de la vérité ; car si, à l'aide d'une sonde à double courant, on lave parfaitement le réservoir urinaire et si on retire de suite les premières gouttes déversées par les uretères, on les trouve déjà très-alcalines. Un autre fait dont il faut tenir compte, c'est la présence dans les urines d'une grande quantité de sels calcaires. Les sondes introduites à demeure se trouvent incrustées beaucoup plus rapidement et beaucoup plus complétement dans les affections de la moelle que dans les rétrécissements de l'urèthre. Enfin on remarque une injection, des hémorrhagies et même de la suppuration dans les reins. Nous reviendrons sur tous ces faits dans la partie pathologique.

Rôle de la moelle dans la circulation. — Il doit être envisagé séparément dans le fonctionnement du cœur et dans celui des vaisseaux.

Action sur le cœur. — Le système d'innervation de ce moteur central est assez compliqué au point de vue anatomique. Les rameaux qui se distribuent dans cet organe sont fournis par un plexus qui est lui-même alimenté par des filets provenant de deux sources différentes. Les uns proviennent du grand symphathique, les autres du pneumo-gastrique, et, par conséquent, du noyau d'origine de ce nerf dans le bulbe. Le cœur ne reçoit donc pas directement de la moelle, et celle-ci ne peut exercer d'influence sur lui que par l'intermédiaire du grand sympathique avec lequel elle communique. Dans l'épaisseur du muscle cardiaque, les filets puisés à cette double origine se jettent, chemin faisant, dans un grand nombre de petits ganglions intra-pariétaux dont trois ont même reçu des noms particuliers. On comprend qu'avec un appareil nerveux aussi compliqué, l'influence indirecte que peut exercer la moelle sur les battements du cœur ait donné lieu à un grand nombre d'interprétations, et qu'elle ne soit pas encore déterminée aujourd'hui d'une manière précise.

C'est Legallois qui, le premier, attribua à la moelle une action sur le fonctionnement du cœur. Il exagéra même cette action au point de prétendre que le cœur soutire uniquement d'elle le principe de ses battements par l'entremise du grand sympathique. Il se basait sur ce que la destruction même d'une partie de la moelle, à l'aide d'une tige de fer enfoncée suivant l'axe du canal vertébral, faisait cesser les battements du cœur en peu d'instants et, par suite, déterminait la mort. Une assertion aussi exclusive devait naturellement provoquer une réaction trop exagérée à son tour. On objecta qu'un petit morceau du cœur pris sur un animal vivant et placé sur une table, continuait à battre d'une façon rhythmique, fait qui, avant la découverte des ganglions microscopiques, était bien de nature à faire admettre, avec Haller, l'indépendance du muscle cardiaque vis-à-vis du système nerveux. On cita des observations de fœtus amyélencéphales chez lesquels les mouvements cardiaques avaient existé jusqu'à la naissance.

Un grand nombre d'expérimentateurs vinrent successivement démontrer que chez la grenouille on peut détruire complétement la moelle sans arrêter la circulation cardiaque; que les mammifères eux-mêmes survivaient assez longtemps à une destruction presque complète, si on avait soin de se mettre à l'abri des hémorrhagies en se servant d'une tige rougie par le feu. Wilson-Philips, d'un autre côté, attribua l'arrêt du cœur chez les animaux de Legallois à la douleur éprouvée, et déclara que, si on a recours à l'anesthésie avant l'opération, la moelle peut être totalement détruite sans qu'il se produise un arrêt du cœur.

Au fond, tous ces faits ne prouvaient qu'une chose, c'est que le cœur pouvait se passer de la moelle, du moins pendant un certain temps. Mais ils n'étaient pas de nature à démontrer qu'elle n'exerçait aucune influence sur ces mouvements. En 1846, Weber, en se servant de l'excitation pure et simple au lieu de la destruction qui ne pouvait donner que des résultats contradictoires, en raison même de l'étendue et de la gravité de la lésion, mit hors de doute cette influence trop exagérée par Legallois, trop niée par ses successeurs. Il montra, et tout le monde a été obligé de le reconnaître depuis, que l'excitation directe de la moelle, soit par le scalpel, soit par l'électricité, soit par l'alcool, accélère considérablement les battements du cœur, même quand on l'a séparée de l'encéphale. Comme l'irritation directe des filets cardiaques émanés du grand sympathique produisait la même accélération, il sembla assez naturel de penser que les ganglions cervicaux recevaient cette influence accélératrice de la moelle par l'intermédiaire des communications établies entre ces deux parties nerveuses.

Budge vint avec Weber compléter le système physiologique de l'innervation du cœur, en signalant un fait qui ne laisse pas que d'être bien surprenant au premier abord, c'est que l'excitation du pneumo-gastrique et de ses filets cardiaques arrête aussitôt et brusquement les mouvements du moteur central. L'existence d'un antagonisme établi entre le bulbe et le pneumo-gastrique d'une part, et la moelle et le grand sympathique d'autre part, était la conséquence forcée de ce fait. On admit, et tout le monde admet à peu près aujourd'hui, que les seconds tendent à activer les contractions du cœur, tandis que les premiers tendent à les ralentir. Le pneumogastrique serait, pour ainsi dire, le frein qui modérerait et régulariserait la course folle et vagabonde que lui imprimerait la moelle si elle était libre; ou plutôt il jouerait le rôle de la roue et du trembleur des machines électriques qui viennent à chaque instant interrompre le courant et le rendre intermittent. C'est lui qui régulariserait ainsi le rhythme du cœur. On lui a donné depuis, pour cette raison, le nom de *nerf d'arrêt*, et il a été le premier l'objet d'un système qni s'est beaucoup étendu ; car, avec les tendances actuelles des physiologistes, les nerfs d'arrêt vont sans cesse en se multipliant. On a voulu en trouver pour plusieurs autres fonctions.

En 1863, Bezold confirma, par de nombreuses expériences, l'action accélératrice de la moelle; de plus, il montra que son excitation augmentait en même temps la tension sanguine, ce qui indiquait une augmentation de la force des battements; de sorte que la moelle dut être considérée comme étant capable de multiplier à la fois la fréquence et l'intensité des mouvements cardiaques. Le système d'innervation indiqué par Weber et Budge était devenu ainsi l'opinion classique, lorsque Ludwig et Thyri s'aperçurent que l'excitation de la moelle augmentait encore la tension sanguine lorsqu'on avait préalablement sectionné les filets cardiaques fournis par le sympathique, lorsque, par conséquent, la moelle était devenue incapable d'exercer une action directe sur le cœur et ne pouvait plus agir que sur les vaisseaux à l'aide des vaso-moteurs. Comme on savait déjà par l'étude des conditions hydrauliques de la circulation que le cœur déploie d'autant plus de force que les vaisseaux sont plus resserrés et lui offrent un débouché moins considérable, on pensa que la moelle, qui distribue les nerfs vaso-moteurs, pouvait fort bien n'influencer l'intensité des battements du cœur que par l'intermédiaire des vaisseaux en les resserrant. Ludwig parvint même à constater que la moelle exerce cette influence indirecte, surtout à l'aide des vaisseaux de l'abdomen qu'elle anime par les nerfs splanchniques. En effet, l'électrisation de ces nerfs produit exactement, sur les vaisseaux abdominaux, la tension sanguine et le cœur, le même effet que l'électrisation de la moelle. D'un autre côté, l'action accélératrice pouvait, au besoin, recevoir une explication analogue, puisqu'un piston répète son excursion d'autant plus souvent qu'il rencontre moins de résistance dans la traction qu'il est chargé d'opérer. En dilatant les vaisseaux, la moelle peut diminuer la résistance à vaincre, et le cœur, n'éprouvant plus autant de peine à se débarrasser du sang qu'il renferme, peut répéter plus souvent ses alternatives de dilatation et de contraction.

Cyon, par des recherches qui datent à peu près de la même époque, confirma ces résultats, mais sut les ramener à leur juste valeur. Il rendit à la moelle un peu de l'influence directe que Thiry et Ludwig lui refusaient complétement. Il montra que l'excitation du troisième rameau que reçoit de la moelle épinière le ganglion cervical inférieur précipite les battements du cœur, et cela sans qu'on puisse invoquer une modification quelconque des vaisseaux abdominaux ou autres. On peut donc dire, d'après cela, que la moelle a le pouvoir d'agir sur les battements du cœur de deux manières différentes qui peuvent se combiner entre elles de façon à régler la circulation générale : d'une manière directe par les filets cardiaques sympathiques qui augmentent la fréquence des battements sans en influencer l'intensité ; d'une manière indirecte par les nerfs splanchniques qui, en resserrant les vaisseaux abdominaux, font refluer le sang ou plutôt maintiennent le sang vers le cœur et le forcent ainsi à déployer une plus grande énergie.

Cyon a en outre perfectionné sa théorie par la découverte d'un nerf qui a reçu son nom et qui mettrait le cœur à même de régler le jeu de ce déversoir variable des vaisseaux abdominaux. Un des rameaux sensitifs du pneumo-gastrique aurait pour rôle de transmettre à l'axe cérébro-spinal l'impression pénible qui résulte pour le cœur de l'accumulation du sang dans ses cavités. Grâce à cette impression, la moelle, comme centre réflexe, dilaterait les vaisseaux abdominaux et ouvrirait ainsi les écluses devant le cœur prêt à éclater.

En résumé, dans l'état actuel de la science, on admet généralement que le bulbe et la moelle président à l'innervation du cœur, le premier par le pneumo-gastrique, la seconde par le sympathique ; que la moelle stimule par les filets cardiaques les battements du cœur et tendrait à les rendre trop fréquents si le pneumo ne venait les modérer et les régler ; qu'elle peut en outre faire varier la force, peut-être même la fréquence des battements en dilatant ou resserrant les vaisseaux abdominaux par l'intermédiaire des nerfs splanchniques ; enfin que, dans l'emploi de ce moyen indirect de modification, elle est dirigée par l'impression que subit un rameau particulier du pneumo, dit nerf de Cyon.

Je viens d'être fidèle historien. Qu'il me soit permis maintenant de faire connaître mon sentiment personnel sur cette grave question. Il existe certainement dans le système nerveux central des centres spéciaux pour plusieurs fonctions ; mais ces centres ne sont pas aussi indépendants qu'on est porté en général à le supposer. L'axe cérébro-spinal est, au contraire, constitué de telle façon que ses diverses parties sont solidaires les unes des autres, et par l'intermédiaire de ses nerfs il rend même les fonctions jusqu'à un certain point solidaires les unes des autres. Le système nerveux, avec son réseau périphérique, est comme un réseau d'irrigation dans lequel tout ébranlement, tout changement de niveau survenu en un point, retentit à la fois sur toutes les parties du grand bassin d'alimentation et sur toutes ses ramifications. C'est pour cela que, quelle que soit la place occupée par les centres particuliers qui président au jeu normal du cœur, une irritation portée en un point quelconque de la moelle peut se faire sentir sur les mouvements cardiaques, pourvu que la moelle soit encore en communication avec le cœur par des filets nerveux. C'est pour cela aussi que les ébranlements nés dans les couches intellectuelles et affectives du cerveau peuvent à leur tour se propager jusque dans le cœur et faire de cet organe un moyen d'expression. C'est pour cela enfin que, dans l'ordre pathologique, les maladies de la moelle et du cerveau amènent souvent des troubles fonctionnels plus ou moins passagers du côté du cœur, et même qu'une maladie de l'intestin, de l'utérus etc., peut, en ébranlant la moelle, retentir exceptionnellement sur les nerfs cardiaques.

Mais, au fond, il faut bien qu'il y ait quelque part dans l'axe des rouages spéciaux qui soient chargés, par leurs excitations, d'entretenir les mouvements normaux et rhythmiques du cœur. Je pense même que ces rouages sont les noyaux d'origine de tous les tubes qui aboutissent au plexus cardiaque, et par conséquent dans les noyaux d'origine du pneumo et des filets qui unissent les ganglions cervicaux à la moelle. Si on pouvait suivre ces derniers jusqu'aux cellules qui leur donnent naissance dans l'axe médullaire, on localiserait par cela même le véritable centre cardiaque de la moelle. Mais on n'aurait encore déterminé ainsi qu'une partie de l'appareil nerveux du cœur. Il comprend non-seulement le centre bulbaire, le centre médullaire, mais encore les glanglions cervicaux, mais encore toute la série de petits ganglions logés dans les parois cardiaques. Je répéterai ici ce que j'ai dit à propos de la digestion. Tous ces ganglions ont des cellules nerveuses et ont par conséquent le droit de jouer un rôle, sinon identique, du moins analogue à celui des cellules de l'axe. Et c'est cette réunion de cellules bulbaires, médullaires, cervicales et cardiaques qui, par leur travail d'ensemble, donnent au fonctionnement du cœur les caractères que nous lui connaissons. Les petits ganglions intra-musculaires de Remack administrent les petites sections du muscle cardiaque dont il sont les chefs immédiats. Mais ils sont tous subordonnés aux ganglions cervicaux qui, à leur tour, sont soumis à la haute direction de l'axe cérébro-spinal.

Enfin ce pouvoir central, grâce aux relations qu'il possède avec toutes les parties de l'organisme, peut faire ressentir à tous ses subordonnés les influences les plus éloignées. C'est parce qu'il en est ainsi que le cœur peut fonctionner pendant la vie fœtale des amyélencéphalés. Chez eux, en l'absence de la moelle et du bulbe, le sympathique peut encore diriger, tant bien que mal, les affaires du département. C'est parce qu'il en est ainsi qu'un fragment du cœur peut, hors de l'économie, continuer à se contracter d'une manière rhythmique, vu qu'il porte en lui un petit ganglion qui est le chef de la petite circonscription que représente ce fragment.

La plupart des auteurs modernes pensent que tous ces rouages fonctionnent par action réflexe, lorsqu'ils y sont provoqués par l'impression du sang sur les cavités du cœur, et que le rhythme, ainsi que l'ordre des contractions des diverses cavités de cet organe, est la conséquence de l'ordre tout mécanique des contacts du sang. Le flot sanguin apporté par les veines impressionnerait les oreillettes et les cellules centrales capables de faire contracter leurs parois. Elles lanceraient ainsi leur contenu dans les ventricules qui impressionneraient, à leur tour, d'autres cellules capables de les faire entrer en contraction. Une difficulté se présente cependant, c'est la persistance des battements dans les fragments dont les surfaces n'ont plus le contact du sang. Il est possible que l'air puisse remplacer ici le sang. Il se peut encore, comme le veut Brown-Sequard, que l'impression provocatrice soit déterminée par l'acide carbonique du sang contenu encore dans les capillaires du fragment et qui ne peut plus être remplacé par du sang oxygéné. Aussi je n'hésite pas à voir un phénomène réflexe dans les mouvements du cœur, d'autant plus que les filets sensitifs apportés par le pneumo ne peuvent pas avoir d'autre but que de fournir le premier élément de ce phénomène.

Je ne nie pas non plus la destination spéciale du nerf de Cyon dont les impressions auraient pour effet de réagir sur les vaso-moteurs des vaisseaux de l'abdomen. Je me représente parfaitement le système vasculaire périphérique comme un cœur étalé et divisé, en antagonisme avec le cœur proprement dit. A eux deux ils peuvent être comparés à deux pelotes de caoutchouc qui se renvoient mutuellement leur contenu sous l'influence d'une pression extérieure. Et j'admets très-bien que la pelote centrale ait un nerf particulier qui lui permette de forcer la pelote périphérique à se dilater; mais j'ai du mal à accepter le rôle d'arrêt que l'on fait jouer au pneumo et je crois que si l'électrisation de ce nerf fait tomber le cœur dans le relâchement, cela tient plutôt à un fait d'épuisement résultant de la trop grande intensité de l'excitant. C'est comme une syncope articielle du muscle que l'on produit. Peut-être est-ce dû; comme le veut Brown-Sequard, à ce que les vaso-moteurs des capillaires du cœur sont fournis par ce nerf qui, trop excité, les fait se contracter au point d'effacer leur lumière, de sorte que l'impression due à l'acide carbonique qui doit provoquer le mouvement vient à manquer. Je reviendrai, du reste, sur cette question à propos du bulbe.

Action sur les vaisseaux. — Cette influence consiste dans la part que la moelle peut réclamer dans l'innervation vaso-motrice. Pour arriver à la déterminer, il nous faut compléter, au point de vue spécial de la moelle, l'historique dont nous avons posé les principaux jalons dans nos généralités.

L'idée de l'innervation vaso-motrice a pris naissance dans la fameuse expérience de Cl. Bernard sur le sympathique cervical, expérience que Pourfour-du-Petit avait faite avant lui, mais qu'il n'avait pas su interpréter. Elle consiste dans la section du sympathique à la région cervicale. Aussitôt après cette section opérée, il survient, dans le côté correspondant de la tête, de la rougeur et une élévation de température. Si on applique l'électricité au bout supérieur, on voit la pâleur succéder à la rougeur, et l'abaissement à l'élévation de la température, en deux mots le resserrement à la dilation des vaisseaux. Pensant avec raison qu'en coupant le sympathique on paralysait son action, tandis qu'on l'exagérait en l'électrisant, Cl. Bernard se crut autorisé à déclarer que les fibres musculaires des vaisseaux du cou et de la tête sont animées par des filets cervicaux du sympathique ; et que très-probablement il en était de même pour tous les vaisseaux du corps que chaque segment de cette portion du système nerveux présidait à l'innervation vaso-motrice de la région du corps qui lui correspondait. Cela paraissait d'autant plus probable que l'anatomie nous montre que la plupart des nerfs qui émergent des ganglions sympathiques suivent la distribution des vaisseaux qu'elles entourent à la façon d'une résille. On se rangea facilement à cette idée de faire du sympathique un centre vaso-moteur à l'exclusion des autres centres nerveux.

La moelle resta donc un instant tout à fait hors de cause dans la question des circulations locales. Mais Budge et Valler ayant fait une section de la moelle entre la 5e cervicale et la 4e dorsale, virent survenir du côté du cou et de la tête les mêmes phénomènes qu'après la section du sympathique. Les vaisseaux de cette région se dilatèrent, et ils leur firent au contraire éprouver un resserrement exagéré en appliquant l'électricité sur cette même partie de la moelle. Des expériences nombreuses et d'origines diverses firent voir que ce n'était pas seulement à l'extrémité céphalique que le sympathique fournissait des vaso-moteurs, mais qu'il en distribuait à toutes les parties du corps. Toutefois, comme on agissait aussi bien sur ces mêmes vaisseaux en opérant sur certaines régions de la moelle que sur les filets émanés du sympathique lui-même, on fut naturellement conduit à admettre que ce cordon ne faisait que l'office de conducteur et qu'il puisait sa force vaso-motrice dans la moelle; de sorte que cet organe, à l'intervention duquel on n'avait d'abord pas songé, se trouva ensuite avoir détrôné complétement le sympathique quant au fonctionnement des vaisseaux.

Des recherches faites par Cl. Bernard sur le mécanisme des sécrétions vinrent bientôt faire entrer la question dans une nouvelle phase.

Ayant mis à découvert la glande sous-maxillaire, les artères et les veines de cet organe, les filets sympathiques qui s'y rendent et la corde du tympan, de façon à pouvoir agir facilement sur toutes ces parties et juger des phénomènes dont elles seraient le siége, il constata que l'électrisation des filets sympathiques resserrait les vaisseaux et tarissait l'écoulement de la salive, tandis que celle de la corde du tympan dilatait les vaisseaux, activait la circulation de la glande et la production salivaire. Il en fut de même pour la parotide. Il obtint la dilatation des vaisseaux en électrisant des filets émanés de la 5ᵉ paire, mais qui paraissaient en dernière analyse se rattacher au facial. De cette expérience naquit l'idée de la possibilité d'une dilatation active. Généralisant même immédiatement les faits observés, Cl. Bernard admit deux espèces de nerfs vaso-moteurs les uns constricteurs fournis par le sympathique, les autres dilatateurs fournis par l'axe cérébro-spinal. La moelle se trouva donc avoir une influence vaso-motrice distincte et même opposée à celle du sympathique.

Il est vrai que cette théorie ne se conciliait avec l'expérience de Budge qu'en admettant que la moelle fournissait aussi des nerfs constricteurs qui ne se seraient distingués des dilatateurs que par leur passage dans les ganglions sympathiques avant d'arriver à destination. Néanmoins, l'idée fut assez bien accueillie, et on ne se préoccupa plus que de savoir comment les nerfs dilatateurs pouvaient dilater les vaisseaux, car la difficulté était de trouver des fibres musculaires dilatantes, alors que jusque-là les micrographes n'avaient signalé l'existence que de fibres circulaires naturellement resserrantes. A force de chercher, Gimbert crut avoir entrevu dans quelques artères de nombreuses fibres musculaires longitudinales et obliques. En se contractant, pensa-t-il, ces fibres ne pouvaient que raccourcir les vaisseaux et, par suite, augmenter leur lumière, puisqu'il est établi en physique que la capacité d'un tube élastique diminue ou augmente suivant qu'il est distendu ou raccourci longitudinalement. Duchenne vint l'appuyer en déclarant qu'il n'était pas même nécessaire de chercher à voir ces fibres musculaires dilatatrices, qu'elles devaient exister en vertu de cette loi générale qui veut que, dans l'économie, chaque muscle ait son antagoniste ; que du moment où les parois des vaisseaux renfermaient des fibres constrictantes, elles devaient aussi en avoir de dilatantes. Schiff, grand partisan aussi des nerfs dilatateurs, ne crut pas cependant devoir admettre l'existence trop problématique de fibres musculaires ayant cet effet ; et il pensa que la dilatation était produite par l'intermédiaire des tissus ambiants. Cl. Bernard éprouva les mêmes scrupules relativement aux fibres musculaires, et, en approfondissant les résultats de son expérience sur les glandes salivaires, il arriva à une explication qui ne pèche pas par trop de simplicité. Selon lui, il y a dans chaque glande, et probablement dans chaque organe, un ganglion nerveux ultime d'où émanent les nerfs vaso-moteurs définitifs. A ce ganglion se rendent les vaso-moteurs fournis par le sympathique et le filet cérébro-rachidien qui doit remplir le rôle de dilatateur. Ce dernier peut agir dans l'intérieur du ganglion de façon à paralyser les premiers, de telle sorte que les vaso-moteurs cérébro-rachidiens dilateraient les vaisseaux en empêchant les vaso-moteurs sympathiques de les resserrer. Ils rempliraient l'office du bistouri qui paralyse les vaisseaux en coupant le sympathique. Seulement, dans le premier cas, la paralysie serait pour ainsi dire une œuvre active du système nerveux.

Je vous ai dit, dans les généralités, qu'une nouvelle interprétation avait été mise au jour récemment par MM. Onimus et Legros. Je vous ai même déclaré que mes tendances actuelles me faisaient pencher vers leur opinion. D'après eux, il n'y a qu'une seule et même espèce de nerfs vaso-moteurs, et ils sont toujours constricteurs. Ils ne dilatent les vaisseaux qu'en diminuant leur action première. Lorsque la dilatation est uniforme, il y a simplement afflux de sang sans tendance à l'inflammation ; et celle-ci ne se manifeste que lorsqu'ils se dilatent par place, se resserrant spasmodiquement en d'autres points. Jusqu'à eux aussi, on n'accordait à l'innervation vaso-motrice qu'un seul but final qui était de régler la quantité de sang afférente à chaque organe en donnant plus ou moins de capacité aux vaisseaux de cet organe. On pensait que les fibres musculaires des vaisseaux ne venaient aider en rien le cœur à faire progresser la colonne sanguine. Ces Messieurs, exhumant une idée qui avait eu cours un instant à l'époque de la découverte des fibres musculaires de la tunique moyenne des artères, pensent qu'en dehors des variations de capacité générale qu'ils produisent, les vaso-moteurs provoquent constamment dans les vaisseaux des mouvements réguliers et péristaltiques qui aident à la progression du sang, comme les mouvements de l'intestin font progresser la masse alimentaire. Quoiqu'il en soit, que l'innervation vaso-motrice serve seulement à répartir d'une manière variable le sang dans les tissus, ou qu'elle concoure en même temps à la progression du sang; qu'il y ait aussi, oui ou non, deux espèces de nerfs vaso-moteurs, il n'en est pas moins incontestable que la moelle exerce une grande influence sur ce mode d'innervation et, par conséquent, sur le fonctionnement des vaisseaux. Demain nous chercherons à faire la part de cette influence.

NEUVIÈME LEÇON.

Messieurs,

La moelle renferme-t-elle les rouages initiaux, les cellules créatrices de l'innervation vaso-motrice? Ou bien ces cellules se trouvent-elles plus haut et la moelle ne sert-elle que de voie de transmission? C'est cette dernière opinion qui est généralement admise aujourd'hui. On se base sur ce que la section de la moelle au cou est suivie de la dilatation de tous les vaisseaux du tronc et des membres, ce qui semble indiquer que cet axe abandonné à lui-même est devenu incapable d'entretenir la tonicité et la contraction des fibres vasculaires. On s'appuie aussi sur ce que l'irritation de la protubérance des pédoncules cérébraux et même du cervelet, détermine le rétrécissement de presque tous les vaisseaux du corps, tandis que la destruction partielle des pédoncules cérébraux donne lieu, au contraire, d'après Schiff, à une congestion de tous les viscères abdominaux. Plaçant ainsi les centres vaso-moteurs dans cette région élevée, les physiologistes ne se sont plus préoccupés que de déterminer les voies de transmission de cette action dans la moelle.

Schiff, en explorant par voie d'irritation, a été conduit à parquer les conducteurs vaso-moteurs de la manière suivante : Les vaso-moteurs du pied et de la jambe émergeraient de la région lombaire par groupes échelonnés de bas en haut. Ils resteraient dans le côté correspondant de la moelle, de sorte que celle-ci exercerait sur la vascularisation du pied et de la jambe une action directe et non croisée. Ceux de la cuisse, du bassin et des parois abdominales, émergeraient de la partie inférieure de la région dorsale. Ils s'entre-croiseraient de façon que la vascularisation de la cuisse droite serait, comme conductibilité, sous la dépendance de la moitié gauche de la moelle. Ceux de la main et de la partie inférieure de l'avant-bras viendraient de la partie inférieure de la région cervicale, où ils ne s'entrecroiseraient pas. Ceux du reste du bras et de l'épaule éprouveraient, au contraire, dans l'axe une décussation complète et se détacheraient de la partie supérieure de la région dorsale. Enfin, toutes ces fibres se prolongeraient au delà de la moelle dans l'encéphale.

Brown Sequard, dont les idées semblent de plus en plus prévaloir relativement aux lois de la transmission dans la moelle, conclut de ses vivisections et des nombreuses observations pathologiques qu'il a su réunir avec une grande patience et analyser avec une grande perspicacité, que, dans leur trajet médullaire, les conducteurs vaso-moteurs se trouvent en général dans les cordons antéro-latéraux, puisque leur section et leurs lésions amènent plus spécialement des paralysies vasculaires; qu'ils ne s'entrecroisent pas dans la moelle, comme le prétend Schiff, puisque la paralysie vaso-motrice se montre toujours du même côté que la lésion; mais qu'ils s'entrecroisent immédiatement au-dessus de la moelle, puisque les lésions de l'encéphale déterminent toujours des paralysies vaso-motrices du côté opposé.

De son côté, Cl. Bernard a démontré, par des expériences inattaquables, qu'ils quittent la moelle en s'associant aux racines antérieures, de sorte qu'ils se conduisent dans tout leur trajet comme les conducteurs volontaires. En procédant toujours par des sections, il a constaté, en outre, qu'ils quittent le nerf rachidien pour contribuer à constituer les filets de communication qui relient la moelle au sympathique; qu'à leur sortie des ganglions de ce cordon, ils se divisent le plus souvent en deux groupes. Les uns se portent directement sur les vaisseaux qu'ils accompagnent dans leurs divisions; les autres viennent se joindre de nouveau aux nerfs rachidiens auxquels ils s'associent complétement jusqu'à leur destination vasculaire. Ceci explique pourquoi la section ou les lésions des nerfs sciatique, radial, circonflexe, déterminent non-seulement une paralysie du sentiment et du mouvement, mais encore une paralysie des vaisseaux.

L'interprétation classique qui fait de la moelle un simple conducteur de l'action vaso-motrice qui aurait son foyer plus haut, est parfaitement en rapport avec les faits expérimentaux et pathologiques; mais ceux-ci se concilient aussi très-bien avec l'hypothèse que je vais faire et qui est l'expression de mes croyances personnelles.

Les cellules de Jacubowitch ont réellement des caractères très-distincts de ceux des cellules motrices et sensitives. Par conséquent elles doivent avoir aussi une destination différente. Elles ont la plus grande analogie, sinon une identité parfaite, avec les cellules des ganglions sympathiques. Donc, il doit aussi exister entre elles une certaine analogie de fonctionnement. Or, le sympathique paraissant indispensable à la réalisation de l'innervation vaso-motrice dont elle représente le dernier terme nerveux, il est rationnel de supposer que les cellules de Jacubowitch sont aussi affectées à la contraction des fibres vasculaires. Ces cellules n'existent pas seulement dans les parties inférieures de l'encéphale, mais aussi, et avant tout, dans la moelle où elles forment une colonne continue qui se prolonge plutôt qu'elle ne naît dans les parties encéphaliques. Évidemment elles ne sont pas là uniquement pour transmettre quelque chose et ne rien créer par elles-mêmes, pas plus que les cellules motrices qui reçoivent, il est vrai, les ordres de la volonté ou l'impression sensitive, mais qui provoquent bien, de par elles-mêmes, la contraction des muscles à l'aide des racines auxquelles elles donnent naissance. Si l'irritation des pédoncules cérébraux, ou de la protubérance, ou du bulbe, peut retentir sur tous les vaisseaux du corps, ce n'est pas parce que là se trouve la seule chaudière génératrice de toute la force vaso-motrice, mais parce qu'on a fait naître en ce point un ébranlement qui s'est propagé successivement dans toute la chaîne non interrompue des cellules de Jacubowitch, de même que dans un système de rouages engrenés les uns dans les autres, le mouvement d'un seul peut entraîner celui des autres. C'est grâce à cette disposition que les émotions morales qui prennent naissance dans le cerveau peuvent aller mettre en jeu les vaso-moteurs de la tête et traduire extérieurement le sentiment éprouvé, soit par la rougeur, soit par la pâleur des joues, quoique ces nerfs semblent émaner de la partie de la moelle qui est comprise entre la 6e cervicale et la 5e dorsale, d'après l'expérience de Budge. Cette expérience ne se comprend même pas avec un centre unique supérieur à la moelle, car, dans ce cas, on ne devrait agir que sur les conducteurs qui existeraient naturellement aussi au-dessus de la 6e cervicale, et l'excitation devrait avoir le même résultat, qu'elle soit appliquée au-dessus ou au-dessous de cette vertèbre. Il est bien certain qu'on agit sur des cellules génératrices.

Je suis porté à croire que ce n'est pas seulement par leurs anastomoses que les cellules de Jacubowitch peuvent combiner leurs actions entre elles, et qu'elles ont sans doute des connexions identiques à celles que présentent les cellules motrices, d'autant plus qu'au fond elles sont aussi motrices dans une autre sphère. Il est probable que chacune d'elles reçoit une fibre du cordon latéral qui va la relier à l'encéphale, et donne, d'autre part, naissance à un filet radiculaire qui se rend au sympathique et de là au vaisseau. Il est même possible qu'elles se relient, de même que les cellules motrices, aux racines postérieures par des anastomoses avec les cellules sensitives, de sorte qu'elles réaliseraient le même mécanisme. Ce serait la cellule médullaire qui, par la voie de dégagement représentée par la racine, ferait resserrer ou dilater le vaisseau, et elle le ferait lorsqu'elle y serait sollicitée, soit par la fibre encéphalique qui la soumettrait aux influences émotionnelles, fonctionnelles et pathologiques du cerveau, soit par la fibre sensitive qui emprunterait l'impression provocatrice à la région même du vaisseau mis en jeu.

Par cette dernière, la cellule et le vaisseau subiraient les influences locales. Ce serait l'analogue du mouvement réflexe. C'est ainsi qu'une piqûre provoque une rougeur inflammatoire autour du point touché, par une véritable action réflexe. Par la fibre encéphalique ils subiraient les influences générales. Ce serait l'analogue du mouvement volontaire.

Il reste cependant à expliquer pourquoi une excitation qui porte sur les portions supérieures, particulièrement sur le bulbe, retentit sur tout le système vaso-moteur plus facilement que celle qui s'applique à un point quelconque de la moelle, fait incontestable qui a conduit les physiologistes à créer là un centre général. Dans toute machine, il y a un rouage initial qui entre le premier en jeu et qui entraîne tous les autres à sa suite, c'est celui qui est directement en rapport avec le moyen moteur et qui est le mieux placé pour agir sur l'ensemble. Or, pour l'harmonie de la circulation générale, les vaisseaux doivent être subordonnés au cœur et combiner leurs conditions de contractilité et de capacité avec l'état de ce moteur central. Cet état est transmis à l'axe par le nerf de Cyon, c'est-à-dire par le pneumo-gastrique qui vient aboutir au bulbe.

Là, par conséquent, doit commencer la série d'actions qui, en dehors des modifications de détail qui peuvent apparaître accidentellement dans telle ou telle région, doivent adapter la circulation vasculaire à la circulation cardiaque. Il se passe là pour la circulation ce qui se passe pour la respiration. Le besoin de respirer, amené par le pneumo, met en jeu un premier rouage qui entraîne au-dessous de lui tous ceux des muscles inspirateurs et au-dessus ceux qui déterminent la dilatation rhythmique des narines. Ce rapprochement dans un même point, du premier moteur central de l'innervation vaso-motrice et du premier moteur central de la respiration, avait sa raison d'être, puisque les deux fonctions, circulation et respiration, sont intimement liées l'une à l'autre. Cela explique pourquoi, dans la fièvre typhoïde, l'état adynamique qui paralyse le bulbe donne lieu, à la fois, à l'affaiblissement des phénomènes mécaniques de la respiration et à des congestions passives dans un grand nombre d'organes.

Dans la moelle, l'innervation vaso-motrice présenterait ainsi la même disposition en segments correspondant aux diverses zones du corps que nous avons vue exister pour les mouvements musculaires. Mais, pour des raisons qui nous échappent, le sympathique, où les nerfs vaso-moteurs viennent chercher leur complément cellulaire, dérange la symétrie qui existe dans la moelle. Ainsi les vaso-moteurs du bras viennent par un trajet ascendant du cordon thoracique qui les puisent dans la moelle dans un point situé bien au-dessous de la naissance des membres supérieurs. Ceux du membre abdominal viennent par un trajet descendant d'un point très-élevé de la moelle lombaire, bien au-dessus des noyaux d'origine du nerf sciatique. Ceux de l'œil viennent de la partie supérieure de la moelle dorsale. Enfin je ferai observer en dernier lieu que l'intervention nécessaire du sympathique nous reproduit encore la disposition en circonscriptions ; et on comprend pourquoi le sympathique, livré à lui-même, peut encore produire des phénomènes vaso-moteurs, mais qui sont beaucoup plus restreints que ceux qui sont l'œuvre de l'axe cérébro-spinal et du sympathique réunis.

Rôle de la moelle dans la vision. — Je vous ai dit qu'il y avait dans la moelle une région qui intervenait dans l'innervation vaso-motrice de la tête et du cou, par l'intermédiaire du sympathique, région étendue de la 6ᵉ cervicale à la 5ᵉ dorsale. Cette même région intervient dans les mouvements de l'iris, et par conséquent dans le dosage de la lumière qui vient frapper la rétine, puisque tel est le but principal de ce diaphragme. Il y a dans l'iris des fibres circulaires qui obéissent au nerf moteur oculaire commun et par suite au cerveau, qui resserrent la pupille lorsqu'on excite ce nerf et qui la laissent se dilater lorsque ce nerf est détruit ou comprimé.

Il y a en outre des fibres radiées qui obéissent à des filets ciliaires émanant du sympathique cervical et qui ont pour office de dilater activement la pupille. Aussi quand on coupe le sympathique, cet orifice se resserre parce qu'on paralyse les fibres radiées ou dilatatrices et on détruit l'antagonisme des fibres circulaires ou resserrantes. Mais quand on électrise le sympathique, il se dilate d'une manière active, parce qu'on exagère l'action des fibres radiées. Eh bien, pour cette action sur les fibres rayonnées, comme pour son action vaso-motrice, le sympathique est sous la coupe de la même région de la moelle. C'est même pour cette raison que Budge et Valler l'ont appelée *cilio-spinale*. En effet, la section et l'électrisation de cette région produisent sur l'iris les mêmes effets que la section et l'électrisation du sympahique.

Peut-être l'action de la moelle sur les mouvements de l'iris rentre-t-elle dans le domaine de son innervation vaso-motrice. Car quelques physiologistes pensent que l'iris n'est pas un muscle, mais un lascis vasculaire riche en fibres musculaires, et expliquent ainsi l'action directe de la lumière et de la chaleur sur les modifications pupillaires. L'iris consisterait en un tissu érectile dont la turgescence produirait la contraction pupillaire, et la déplétion la dilatation de cet orifice.

Rôles de la moelle dans la calorification et la nutrition. — La température d'un organe est liée, avant tout, à la quantité de sang qui le traverse dans un temps donné et par conséquent elle dépend des variations survenant dans l'innervation vaso-motrice. Elle dépend en outre de l'activité de l'organe qui brûle ainsi plus ou moins des matériaux que lui fournit son système d'irrigation, et cette activité est elle-même réglée par les nerfs qui sont les excitateurs fonctionnels des organes. A ce double titre, on comprend que la moelle puisse exercer une influence sur la calorification du tronc et des membres. Le thermomètre en main, les cliniciens sont d'abord arrivés à des résultats contradictoires, les uns trouvant une élévation, les autres un abaissement de température dans les maladies de la moelle. On crut juger la question en attribuant l'abaissement au défaut de mouvement, et l'élévation au séjour dans le lit, qui accumulerait le calorique en supprimant le rayonnement. La vérité est que dans les affections de la moelle, il peut se présenter deux cas : ou bien il y a état irritatif de la moelle, et l'action contractile exercée sur les vaisseaux se trouve exagérée, par suite peu de sang et peu de calorique ; ou bien il y a suppression d'action de la moelle, paralysie et dilatation des vaisseaux, et par suite accumulation de sang et de calorique.

L'influence sur la nutrition ressort incontestablement des nombreuses altérations de tissus que déterminent les maladies de la moelle et que nous relaterons dans l'analyse physiologique de ces affections. Rappelons seulement ici que la moelle peut retentir sur la nutrition de deux manières : par les vaisseaux, en augmentant ou diminuant l'apport des matériaux, en surexcitant ou paralysant l'activité des organes, et en accumulant ainsi en eux, soit des produits de combustion, soit des produits non utilisés.

6° Analyse physiologique des maladies de la moelle.

La pathologie a certainement été dans le vrai en créant des entités morbides ayant leurs caractères distincts et pouvant donner lieu à une classification assez naturelle. Mais on a aussi trop blâmé les quelques cliniciens qui ont prétendu qu'il y a, non pas des maladies, mais des malades présentant des associations de symptômes variant à l'infini, absolument comme les combinaisons qu'un compositeur peut obtenir avec les sept notes de l'échelle musicale. Car, quand on a pratiqué un certain temps, on s'aperçoit bien vite que la plupart de ces entités ne sont admissibles que d'autant qu'on les considère seulement comme représentant des types autour desquels gravitent les divers groupes de malades. Cette observation est surtout applicable aux affections de la moelle. En effet, ce qu'on appelle myélite est un véritable caméléon pathologique qui peut se montrer sous les aspects les plus variés. Ce mot myélite, qui devrait signifier *inflammation de la moelle*, est devenu tellement vague qu'aujourd'hui on ne peut plus guère lui accorder qu'une valeur tout à fait générique. Non-seulement l'inflammation pure et simple devrait forcément se montrer avec des appareils de symptômes essentiellement différents, suivant son siége, puisque les diverses parties de la moelle n'ont pas du tout les mêmes fonctions et que les troubles fonctionnels doivent toujours être des déviations du fonctionnement normal; mais en outre on a confondu, sous ce couvert *inflammation*, des altérations pathologiques très-distinctes, la prolifération de la névroglie ou sclérose, les dégénérescences granuleuse et graisseuse des éléments nerveux, etc. Même en restant sur le terrain de l'anatomie pathologique, on rencontre une certaine confusion dans l'application clinique, car le mot ramollissement est employé pour désigner des altérations qui sont loin d'être identiques. Aussi, tout en tenant un grand compte des dénominations et des classifications fournies par les descriptions de la pathologie, le médecin doit toujours se rappeler que les cas qu'il observe ne sont le plus souvent que les ombres amplifiées ou restreintes des types que ses études théoriques ont fixés dans sa mémoire, et qu'il lui sera souvent difficile de rapporter ce qu'il voit plutôt à tel type qu'à tel autre. Dans ce labyrinthe de l'observation clinique, le meilleur guide est encore une certaine habitude de la comparaison à établir entre les phénomènes physiologiques et les phénomènes pathologiques, habitude qu'on peut surtout acquérir à l'aide d'un cours de physiologie pathologique.

Si on jette un coup d'œil d'ensemble sur tous les faits que possède la science sur ce sujet, on est obligé de reconnaître que parmi les malades qui ont présenté des troubles afférents à la moelle, les uns ont offert à l'autopsie des altérations matérielles de cet organe, tandis que chez les autres il a été impossible de trouver une modification anatomique quelconque avec les moyens d'investigation dont on a pu disposer jusqu'alors. Il y a donc deux catégories de maladies de la moelle, des maladies avec lésions ou organiques, et des maladies *sine materia*, dites fonctionnelles. Il est vrai que le cercle de ces dernières se restreint de plus en plus, au fur et à mesure qu'on observe mieux et qu'on est mieux outillé pour le faire. Il est possible que dans l'avenir ce groupe disparaisse. Mais, pour le moment, il y a lieu de le maintenir. Avant de toucher, au point de vue physiologique, les diverses espèces appartenant à ces deux catégories, plaçons-nous d'abord à un point de vue tout à fait général. Non-seulement nous prendrons ainsi les données peut-être les plus utiles pour la pratique, mais nous serons ensuite plus en position de faire avec justice le procès des diverses entités morbides admises par les cliniciens. En conséquence, notre programme devra comprendre 1° une étude générale des altérations matérielles et des troubles fonctionnels de la moelle, que nous intitulerons: *Anatomie et physiologie pathologiques générales des maladies de la moelle*; 2° une étude spéciale des diverses maladies de la moelle, que nous intitulerons: *Anatomie et physiologie pathologiques spéciales des maladies de la moelle*. Cette seconde division se subdivisera elle-même en deux sections, l'une comprenant les maladies matérielles, l'autre les maladies fonctionnelles.

Anatomie et physiologie pathologiques générales des maladies de la moelle.

Anatomie pathologique générale. — Les altérations que l'on rencontre à l'autopsie des malades qui ont succombé à une affection de la moelle épinière, peuvent appartenir à la névroglie ou aux éléments nerveux eux-mêmes.

Le plus souvent ces deux ordres d'altérations se rencontrent chez un même sujet et s'influencent réciproquement. Mais, dans une analyse générale, il convient de les étudier à part, en raison de la différence de leur nature et de leurs conséquences.

Lésions de la névroglie.—Leur point de départ est toujours le même. C'est toujours un état de suractivité nutritive, un état d'irritation dont le résultat est une exubérance de formations histologiques dans le tissu. Le premier phénomène paraît être une hypérémie. C'est la réponse ordinaire des vaso-moteurs à toute espèce d'excitation ou d'irritation, réponse sans laquelle un travail de prolifération ne saurait se faire, puisque pour produire il faut de la matière première, et puisque les éléments primordiaux ne sauraient se multiplier considérablement sans une grande dépense de sang. Grâce à cet afflux de liquide nutritif, les noyaux enchâssés dans la substance fondamentale de la névroglie se multiplient avec une grande rapidité et bientôt ces éléments dominent de beaucoup sous le champ du microscope. Il est des points dans lesquels l'œil n'aperçoit presque rien autre chose, et, partout ailleurs, chaque unité nerveuse se trouve comme entourée d'une atmosphère nucléaire. C'est surtout dans la substance grise qu'on les voit le plus pulluler. Cela se comprend. La charpente connective n'est pas seulement un moyen de soutien, elle est aussi un moyen d'irrigation et de nutrition pour ce qu'elle renferme dans ses cavités. Sa vitalité est en raison de celle de son contenu. A ce titre, la névroglie qui entoure les cellules nerveuses, dont la dépense d'activité est considérable, devait être plus vivante que celle qui forme des gaînes autour de tubes remplissant un rôle secondaire : et ce qui existe dans l'état physiologique se reproduit dans l'état pathologique. Plus tard, ce tissu devenu si riche en noyaux se transforme peu à peu en tissu fibrillaire dont les faisceaux tendent à se durcir et à se serrer de plus en plus. Tout cela est dans l'ordre des choses. Ce n'est que la reproduction de la période de formation du tissu connectif qui, de l'état mou et nucléaire passe à l'état solide et fibreux dont les tendons et les aponévroses représentent le plus haut degré de condensation. C'est une nouvelle masse de tissu conjonctif qui vient s'ajouter à la masse originelle. Ce processus morbide est l'analogue de celui qui se produit dans la cyrrhose du foie. Ici on lui réserve particulièrement la dénomination de *sclérose*. Sous la forme nucléaire, la sclérose prend l'épithète d'*aiguë* ; sous la forme fibreuse, celle de *chronique*. Mais au fond il n'y a pas là deux maladies distinctes. Il y a deux phases d'une seule et même affection matérielle qui peut tuer le sujet avant que la deuxième phase ait eu le temps de succéder à la première.

Mais la mort n'est pas seule capable d'empêcher cette seconde période de se produire. L'excès d'hypérémie et de prolifération nucléaire peut amener une véritable liquéfaction de la névroglie, et les noyaux dissociés, nageant dans ce liquide, sont arrêtés dans leur développement et deviennent des leucocythes ou globules de pus.

Il en résulte ce que les cliniciens appellent une *myélite suppurative*, et qui n'est en réalité qu'une sclérose déviée de ses destinées ordinaires. C'est la suppuration du tissu connectif enflammé. Le tissu nerveux n'y est pour rien. Les globules du pus sont identiques avec les globules blancs du sang. Aussi, il y a déjà longtemps que Zimmermann a eu l'idée d'attribuer les phénomènes de suppuration à la sortie des globules blancs à travers les parois des vaisseaux. Cette hypothèse a pris du corps dans ces derniers temps, grâce aux expériences sérieuses de Conheinn. Mais, même en admettant la possibilité de cette transsudation, on serait encore obligé d'admettre, au moins partiellement, l'origine par prolifération nucléaire dont nous venons de parler.

Quant à décider si les cellules de la névroglie produisent du pus lorsque leurs noyaux se multiplient sans que la cellule se divise elle-même, comme le veut Cornil, c'est là une question qui n'a point d'intérêt ici. Tout ce que nous devons noter, c'est que le travail prolifératif de la névroglie peut, lorsqu'il est trop actif, amener la suppuration au lieu de la formation de nouvelles couches conjonctives.

Les noyaux ne sont pas les seuls éléments qui semblent se multiplier dans la névroglie en train de passer à l'état scléreux. Le plus souvent on voit apparaître une grande quantité de corpuscules dits *amyloïdes*. Cs sont des corps arrondis dont le volume varie et qui se montrent, le plus souvent, formés de couches concentriques. Traités par l'iode et l'acide sulfurique, ils prennent une teinte violette. Parfois ils deviennent bleus au contact de l'iode seul. Ces réactions, jointes au volume et à la disposition en lamelles concentriques, les ont fait comparer, avec une certaine raison, aux grains d'amidon. On a cru, un certain temps, que ces singuliers éléments appartenaient exclusivement à l'état pathologique. Mais il est bien démontré au-

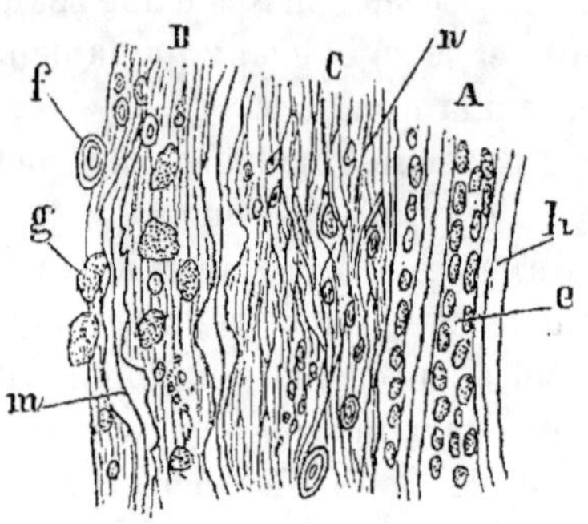

Fig. 22.

Sclérose de la névroglie.

A, phase de début. B, phase intermédiaire. C, phase terminale. E, prolifération de noyaux. F, corps amyloïdes. G, corps granuleux. H, tubes presque intacts. M, tubes déformés. N, état fibreux terminal.

jourd'hui qu'ils existent à l'état normal dans deux points différents de l'économie : dans les centres nerveux et dans la prostate. Il est à remarquer que, comme matériaux chimiques, les organes de l'innervation ont beaucoup d'analogie avec ceux de la génération. La spermatine se rapproche, en effet, de la cérébrine. La présence des corps amyloïdes vient encore ajouter à cette analogie. Dans la moelle, ces grains se montrent normalement en grande quantité dans le voisinage de l'épendyme. Partout ailleurs ils sont généralement assez rares pour passer presque inaperçus. Dans la sclérose, ils peuvent devenir partout excessivement nombreux. Mais ce n'est là qu'une affaire de plus ou de moins. Ce n'est pas un produit nouveau. Qu'ils soient des parties anatomiques utiles ou qu'ils soient un produit de la dénutrition, peu importe. Lorsque tout prolifère dans le tissu conjonctif, ils devaient naturellement se multiplier aussi. Une chose digne de remarque, c'est que les corps amyloïdes se produisent dans la névroglie, surtout autour des vaisseaux dont ils jalonnent, pour ainsi dire, le trajet. On dirait que la matière propre à les former se solidifie immédiatement après son exhalation avant d'avoir pu arriver à sa destination.

La sclérose peut, dans sa marche envahissante, se propager soit de haut en bas, soit de bas en haut, en restant à peu près localisée dans l'un des cordons de la moelle. Elle est dite alors *rubanée*. D'autres fois elle se montre par îlots isolés plus ou moins éloignés les uns des autres, et elle est dite *en plaques*. Mais il ne faut jamais oublier que toutes les parties du squelette connectif de la moelle se tiennent entre elles, comme les différentes pièces d'une même charpente, et que, tôt ou tard, l'altération tend, par la continuité de tissu, à dépasser les diverses frontières de l'anatomie descriptive et à se généraliser de plus en plus. Si, dans certaines circonstances et d'un premier jet, elle reste confinée dans un département déterminé, c'est qu'elle y rencontre des conditions de continuité plus complètes. D'autre part, si elle se dispose quelquefois en plaques, c'est qu'il y a eu à la fois plusieurs petits centres d'irritation d'où la lésion rayonne en effaçant de plus en plus les lacunes interposées. Grâce à cette marche fatalement envahissante, la physionomie de la symptomatologie se modifie d'une manière incessante.

Le travail sclérotique s'étend généralement aux parois des capillaires et des petits vaisseaux. Cela se comprend, puisque la trame connective se continue, pour ainsi dire, dans leurs parois en se modifiant seulement. Le tissu conjonctif, faisant partie intégrante du vaisseau, est en connexion avec son atmosphère celluleuse qui, elle-même, se fusionne peu à peu avec la névroglie. Dans les points sclérosés il n'y a pas que la gangue connective qui soit altérée, mais encore les éléments nerveux eux-mêmes. Le contenant entraîne le contenu dans la voie anormale. Pendant la période nucléaire, les tubes nerveux se trouvent tout d'abord dissociés et comprimés par les noyaux sans cesse naissants qui s'interposent entre eux. Il est vrai que la moelle, à cette période, augmente de volume dans son ensemble, et qu'elle fait, dans les points malades, des saillies appréciables pour l'œil, même à distance. Mais la distension ne saurait être indéfinie, et quand elle a produit tout ce que lui permettaient les méninges, le liquide céphalo-rachidien et le canal vertébral, c'est en refoulant les éléments nerveux que les trabécules s'épaississent. Les tubes se déforment ; leur myéline se désagrége et se dispose çà et là par plaques plus ou moins grandes. Elle finit par disparaître en grande partie et les tubes s'atrophient, tendant à se perdre de plus en plus avec le tissu connectif. Dans la substance grise, les cellules s'atrophient plus rapidement encore et prennent une teinte jaunâtre. Elles finissent par disparaître en laissant souvent à leur place, comme dans le ramollissement cérébral, des corpuscules de Gluze. C'est ainsi que la sclérose supprime peu à peu les diverses fonctions partielles de la moelle en étouffant leurs agents. Ces transformations des éléments nerveux sont-elles uniquement la conséquence de la compression qu'ils subissent? Je ne le crois pas. Il doit y avoir de leur part une certaine initiative d'altération, car celle-ci commence de bonne heure et l'hypérémie ambiante doit troubler directement leurs conditions de nutrition. Vous voyez d'après cela qu'une classification basée même sur le siège et la nature des lésions anatomiques serait défectueuse, puisque l'état scléreux se complique forcément d'une dégénérescence des éléments nerveux à laquelle il faudrait appliquer les épithètes de ramollissement, ou de dégénérescence graisseuse, ou d'atrophie. Mise aux prises avec la symptomatologie, cette classification viendrait se heurter contre de bien plus grandes difficultés encore, car l'appareil symptomatique varie avec la fonction que remplit la portion de la moelle altérée. Aussi, je ne saurais trop vous le répéter, le meilleur criterium pour vous au lit du malade est certainement une série de principes généraux sur l'anatomie et la physiologie pathologiques. Vous trouverez toujours là un guide sûr pour juger de la véritable situation pathologique d'un individu donné. Il y a cependant un moment où la sclérose se dégage de toutes ces complications, c'est lorsque, par le fait de l'ancienneté de la maladie, tous les vestiges des éléments nerveux atrophiés ont disparu par résorption et lorsque le tissu connectif, devenu de plus en plus fibreux et de plus en plus dense, a fait succéder une rétraction considérable au gonflement de la période nucléaire. A ce moment la moelle n'existe plus en réalité. Il n'existe plus qu'un cordon de tissu fibreux, inerte, rétréci et dur.

DIXIÈME LEÇON.

Messieurs,

La sclérose que je vous ai décrite dans la dernière leçon ne constitue pas le seul processus morbide dont la névroglie soit capable, car la plupart des anatomistes s'accordent avec Virchow pour la regarder comme étant non-seulement le siége primitif, mais l'agent formateur de toutes les tumeurs que l'on peut rencontrer dans la moelle. Cet organe peut, en effet, comme tous les autres, payer son tribut aux diathèses tuberculeuse, cancéreuse et syphilitique, si diathèse il y a. Ce sont les manifestations de ce dernier genre qui

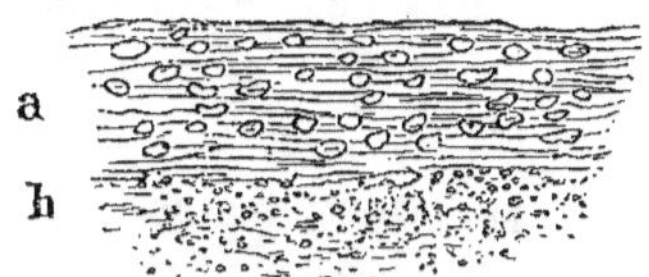

Fig. 23.

Tumeur gommeuse.

A, partie corticale où les éléments viennent d'être formés. B, partie centrale ramollie qui n'est qu'un détritus résultant de la régression des éléments précédents.

paraissent être les plus fréquentes dans la moelle. Chez un assez grand nombre d'individus atteints incontestablement de syphilis constitutionnelle, on a rencontré de petites tumeurs se fondant peu à peu avec la névroglie ambiante et appartenant au groupe des gommes. Ce sont des productions ovoïdes qui peuvent facilement être prises pour des tubercules. Mais elles s'en distinguent en ce qu'elles n'ont pas l'aspect homogène et caséeux des tumeurs tuberculeuses, en ce qu'elles sont composées de zones de colorations différentes, et en ce qu'elles sont très-riches en vaisseaux dont la plupart sont probablement de nouvelle formation. Au centre se trouve une matière pulpeuse et jaunâtre où nagent des éléments en voie de destruction et souvent informes, ce qui prouve que cette partie a été la plus anciennement formée. La substance corticale est plus dense. C'est là qu'on trouve les éléments intacts qui consistent en une trame de fibrilles très-délicates s'entre-croisant dans tous les sens et qui est parsemée par une grande quantité de corpuscules parfaitement ovoïdes et transparents. Ces corpuscules m'ont toujours fourni une sensation analogue à celle que produiraient des pépins excessivement petits. Ils résistent à l'acide acétique. M. Robin en fait des éléments particuliers qu'il appelle *cytobbastions*. La plupart des auteurs les regardent comme des noyaux embryonnaires résultant de la prolifération des cellules conjonctives, et qui se sont atrophiées par compression réciproque.

J'ajouterai que ma pratique personnelle m'a convaincu que l'influence de la syphilis ne se manifeste pas seulement sous cette forme de gomme et qu'elle peut amener aussi la sclérose des cordons postérieurs. Ainsi que l'a dit Virchow avec raison, la division soi-disant chronologique des manifestations syphilitiques en accidents primitifs ou locaux, accidents secondaires ou tégumentaires, et accidents tertiaires ou osseux, n'est pas l'expression de la vérité. Car les os peuvent être malades à une époque qui, sous tous les rapports, est réellement secondaire, et les téguments ainsi que les viscères peuvent l'être à une époque réellement tertiaire. Pour être dans le vrai, il faut envisager, non pas le siége, mais la nature de l'altération. La période secondaire est caractérisée par des lésions de nature inflammatoire qui peuvent apparaître dans tous les tissus, dans les téguments, les os, le poumon, le foie. Ce sont alors des inflammations diffuses, interstitielles, qui envahissent spécialement le tissu conjonctif des organes. La période tertiaire est caractérisée par la formation de tumeurs qui peuvent aussi se rencontrer dans tous les organes, aussi bien dans la peau et les viscères que dans les os. Les gommes de la moelle correspondent donc à cette troisième période. La sclérose d'origine syphilitique appartiendrait à la seconde. Ce serait l'inflammation conjonctive interstitielle. En général les manifestations de ce genre apparaissent plus volontiers dans le tissu conjonctif des organes doués d'une grande activité Et sous ce rapport la moelle occupe peut-être un rang plus élevé que le foie et le poumon.

Vous savez, Messieurs, que le tubercule se rapproche beaucoup de la tumeur gommeuse, quoiqu'il n'y ait pas longtemps qu'une pareille assertion aurait été regardée comme une profonde hérésie. A l'état caséeux, état sous lequel on se le représentait autrefois, il n'a rien de caractéristique, car cet aspect peut se montrer dans bien des circonstances, notamment dans les masses de pus passé à l'état concret. Ce n'est que sous la forme de granulation grise semi-transparente, forme qui précède l'état caséeux, que le tubercule mérite d'être regardé comme une altération spéciale. Et encore sous cette forme il semble être un processus analogue à la gomme. Ce sont encore des noyaux embryonnaires qui se sont multipliés par prolifération du tissu conjonctif et qui sont en train de s'atrophier. Au centre se trouve encore un détritus de noyaux en voie de dégénérescence graisseuse d'où naît l'aspect caséeux. Il n'y a qu'une chose qui puisse permettre d'établir une différence bien nette : c'est l'oblitération des vaisseaux qui est constante dans la granulation tuberculeuse, tandis qu'il y a, au contraire, une certaine richesse vasculaire dans les gommes. Il est probable et même certain que la granulation grise constitue dans la moelle, comme partout, la première étape du tubercule. Mais je ne crois pas qu'on l'y ait jamais constatée, parce que sa présence n'amène pas une mort rapide comme elle peut le faire dans les méninges cérébrales. Au moment où l'autopsie peut se faire, l'état caséeux est depuis longtemps établi, de sorte que c'est surtout la présence de tubercules dans le poumon qui peut fixer le diagnostic.

Les tumeurs auxquelles on peut appliquer le mot de cancer devenu si vague aujourd'hui, du moins au point de vue morphologique, sont dans la moelle beaucoup plus rares que les tubercules et les gommes. Elles naissent particulièrement aux environs de l'épendyme. Elles appartiennent à la forme de sarcome que Virchow a appelée gliôme en raison de leur consistance qui rappelle celle de la glue. Cette variété paraît ne pouvoir se produire que dans un terrain nerveux, car on ne la rencontre que dans les centres nerveux et la rétine. Au microscope, on y trouve, au milieu d'une substance fondamentale très-molle, une quantité prodigieuse de petits noyaux qui rappellent tout à fait les éléments nucléaires que nous avons rencontrés à l'état normal dans la substance grise, et auxquels M. Robin a donné le nom de myélocytes. Comme ces myélocytes existent aussi, et même en plus grande quantité, dans le cervelet et la rétine ; comme dans ces organes le cancer se montre encore comme étant formé d'éléments analogues, Robin a été conduit à penser que ces tumeurs n'étaient que le résultat d'une génération exubérante de ces corpuscules normaux. C'est pourquoi il les a appelées *tumeurs à myélocytes*. A ce compte, le cancer cessait d'être un produit de la névroglie et devenait celui du tissu nerveux lui-même. Il était alors assez curieux de voir des agents nerveux pouvoir se multiplier pendant la vie adulte et donner naissance à des tumeurs suivant la marche des cancers. Cela laissait, en outre, entrevoir la possibilité d'une augmentation normale de ces agents dans de plus faibles proportions. Mais cette interprétation est de plus en plus abandonnée aujourd'hui, et on regarde les prétendus myélocytes comme des cellules de la névroglie qui se sont multipliées à l'infini et qui n'ont point subi d'atrophie, comme dans le tubercule, parce qu'elles sont plongées dans une gangue molle et vasculaire. Le tissu nerveux, loin d'être amplifié, serait étouffé par sa charpente. Ce serait bien un sarcome ordinaire, c'est-à-dire un tissu morbide rappelant la période embryonnaire du fœtus, en rapport seulement avec la nature particulière de la névroglie. On trouve encore assez souvent chez le nouveau-né une tumeur congéniale et volumineuse qui, en raison de son siége, est appelée *sacro-périnéale*. Par la dissection on voit qu'elle se continue avec la moelle épinière dont elle représente comme un prolongement épanoui. C'est comme un cerveau caudal. Au miscroscope, on n'aperçoit tout d'abord que les éléments précédemment indiqués, de sorte que beaucoup d'auteurs regardent cette tumeur congéniale comme un sarcome médullaire beaucoup plus développé que ceux que l'on rencontre chez les adultes. On comprend, du reste, qu'un produit caractérisé par du tissu embryonnaire se rencontre plus fréquemment et avec un bien plus grand développement chez des êtres qui touchent encore à la vie embryonnaire. Mais, comme à côté de ces noyaux on trouve souvent les acini glandulaires, des fibres musculaires, des cartilages, des plaques osseuses, quelques médecins regardent, avec Constantin Paul, ces productions morbides comme résultant d'un fait d'inclusion fœtale ou tout au moins comme constituant un kyste desmoïde de Lebert. Quoique dans un travail spécial sur ce sujet, je me sois rangé à l'opinion de Constantin Paul, je dois déclarer ici qu'aujourd'hui ma conviction n'est plus aussi ferme, et que je ne rejette plus aussi complètement l'idée d'un sarcome.

Toutes les altérations de la névroglie que nous avons signalées, quelle qu'en soit la nature, agissent de la même façon sur la symptomatologie des maladies de la moelle. Au début elles exaltent le fonctionnement des éléments nerveux enveloppés, et suivant le point occupé, donnent lieu à de l'hyperesthésie, des convulsions et des contractures musculaires, des spasmes des vaisseaux et par suite des congestions actives ou des anémies locales avec refroidissement. Plus tard, par la compression et la résorption des éléments nerveux, elles en amoindrissent l'action qu'elles finissent par annihiler tout à fait, d'où paralysie du mouvement ou du sentiment, relâchement des vaisseaux et congestions passives avec élévation de température. Ces deux résultats peuvent, du reste, pendant un certain temps, alterner entre eux et se combiner de mille manières. Mais le second finit toujours par subsister seul. Lorsque la lésion occupe spécialement les cordons postérieurs, il en résulte des troubles du mouvement que nous apprécierons dans la physiologie pathologique spéciale.

Lésions des éléments nerveux. — Les altérations qui débutent d'emblée dans les éléments nerveux ne restent pas non plus toujours isolées. Tôt ou tard elles se compliquent à leur tour d'un état phlegmasique de la névroglie ambiante, de sorte que les maladies de ces éléments n'ont pas plus que les scléroses un droit absolu à une existence exclusive. Faisons cependant abstraction de ce qui se passe simultanément dans le tissu connectif, et décrivons les diverses modifications matérielles que peuvent éprouver les tubes et les cellules.

Dans toutes les circonstances où les tubes s'altèrent, ils semblent

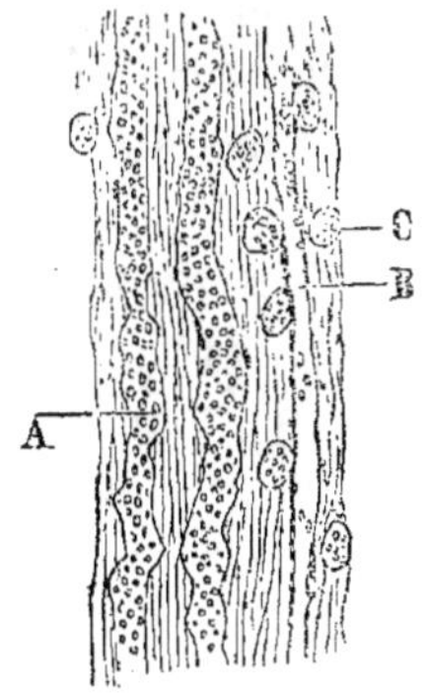

Fig. 24.

A, tube granulo-graisseux. B, tube en voie de résorption. C, corpuscules de Gluze.

suivre toujours la même marche. Ils s'atténuent d'abord par une simple concentration de leur substance médullaire. En même temps qu'ils s'amincissent, ils perdent de leur transparence, prennent une teinte grisâtre et deviennent variqueux. Puis leur contenu se solidifie, en se divisant en petits fragments de forme et de volume variables. Mais l'enveloppe extérieure et le cylindre de l'axe restent encore parfaitement intacts. En masse, ils donnent encore quelque chose de plus ferme et de plus sec. D'autre fois, au contraire, lorsque la partie est très-hypérémiée, et lorsqu'il y a eu par suite une plus grande exsudation de plasma, la consistance se montre diminuée. Le tissu est un peu ramolli. Les fragments primitifs se divisent en granulations de plus en plus petites. Celles-ci, d'abord opaques et d'un gris noir, deviennent d'un jaune ambré. Elles se laissent traverser par la lumière qu'elles réfractent considérablement. Elles se sont alors transformées en graisse. C'est là ce qu'on appelle la dégénérescence *granulo-graisseuse*. Puis ces granulations traversent peu à peu la gaîne qui persiste encore, et se groupent entre elles pour former des corps granuleux de Gluze qui restent plongés dans la névroglie. Bientôt le cylinder axis devient lui-même granuleux et finit par se segmenter. Enfin les tubes finissent peu à peu à se fusionner complétement avec le tissu connectif, laissant seulement çà et là de petits bâtonnets jaunâtres.

Ce qu'il y a de remarquable, c'est que les tubes éprouvent cette série d'altérations, non-seulement quand ils se trouvent au foyer même de la maladie, c'est-à-dire dans le point de la moelle qui est le véritable siége du processus irritatif, et où tous les éléments de l'organe se montrent détériorés, mais même bien au delà de ce point, alors que tout ce qui les entoure reste intact. Ces dégénérescences qui se propagent dans les cordons au delà de la zone de la substance grise ramollie ou détruite, sont appelées secondaires. Classiquement on les regardait d'abord comme étant la conséquence de la destruction d'une partie avec laquelle ces tubes sont normalement en relation physiologique, et à laquelle ils sont hiérarchiquement soumis. Conducteurs d'un acte qui prend naissance en dehors d'eux, ils n'avaient plus leur raison d'être du moment où cet acte ne pouvait plus être produit, et ils devaient tendre à disparaître, comme le thymus lorsqu'il a accompli sa carrière utile.

La dégénérescence secondaire ne suit pas plus la même marche dans les cordons postérieurs que dans les cordons antéro-latéraux. Dans ces derniers, elle se fait uniquement au-dessous du foyer morbide et se propage du centre à la péryphérie. Elle suit une marche descendante. Dans les premiers elle s'opère, au contraire, au-dessus de ce foyer et suit une marche ascendante. On s'est basé sur ce fait pour donner un nouvel appui à la doctrine de Longet, en établissant un rapprochement entre la marche des dégénérescences secondaires et les directions que suivent les transmissions sensitives et motrices. Dans les cordons antéro-latéraux, a-t-on dit, la marche de l'altération est centrifuge, comme la transmission motrice dont ils sont chargés. Dans les postérieurs, elle est centripète, comme la transmission sensitive dont ils sont les agents. En envahissant un segment des cordons antérieurs, la maladie primitive frappe de nullité physiologique les portions de tubes qui sont au-dessous et les condamne à une mort par inaction, puisque l'influx moteur ne peut pas leur arriver. En envahissant un segment des cordons postérieurs, la maladie entraîne, au contraire, les mêmes conséquences pour les portions de tubes situées au-dessus, parce que l'ébranlement sensitif né à la surface des téguments est arrêté en route par la lésion et ne peut plus arriver jusqu'à elles. Plongées ainsi dans une inertie constante, elles doivent disparaître.

Les expériences de Valler sont venues confirmer seulement en partie ces vues. Si, à l'exemple de ce physiologiste, on coupe une racine antérieure un peu au-dessus de sa réunion avec la postérieure, le bout périphérique qui n'est plus en rapport avec les cornes antérieures, s'altère, tandis que le bout qui tient encore à la moelle et aux cellules motrices, est intact. Si on coupe une racine postérieure entre son ganglion et la moelle, on voit, au contraire, le bout périphérique rester normal, tandis que le bout central dégénère. Si on fait la section au delà du ganglion, le résultat change et cette fois c'est le bout périphérique qui s'altère; de sorte que pour le nerf sensitif, c'est toujours la partie restée en communication avec le ganglion rachidien correspondant qui se conserve à l'état normal, tandis que la portion qui en est séparée devient granulo-graisseuse. Valler a conclu de ces faits, tout au moins avec les apparences de la logique la plus pure, que les tubes moteurs sont sous la dépendance trophique des cellules antérieures de la moelle ; que les tubes sensitifs sont sous celle des ganglions rachidiens; que les lésions secondaires ne peuvent être attribuées qu'à la perte de ces centres trophiques et qu'on ne saurait les mettre sur le compte d'une cessation de fonctionnement, puisque le nerf sensitif périphérique, qui est séparé de son ganglion spinal, est encore parcouru par l'ébranlement né à la surface de la peau, tandis que le tronçon qui est encore appendu au ganglion et qui reste intact, ne reçoit plus cet ébranlement. Etendant depuis ces conclusions aux cordons, on a dit que les cordons antéro-latéraux dégénèrent au-dessous de la zone malade, non pas parce qu'ils ne fonctionnent plus, mais parce qu'ils ont perdu leur rapport avec leur centre trophique, les cellules du corps strié. De même, les cordons postérieurs s'altèrent au-dessus parce que la zone malade interrompt leurs communications avec les ganglions rachidiens.

Il faut en convenir, ces deux interprétations, celle du défaut de fonctionnement et celle des centres trophiques, laissent à désirer, si on réfléchit à tout ce que nous enseignent l'anatomie et la physiologie. En effet, la masse des cordons antéro-latéraux est formée par des fibres qui vont du cerveau aux cellules antérieures, et par des fibres qui vont de ces cellules aux nerfs. Quand un segment de la moelle est pathologiquement détruit, les fibres encéphaliques qui sont au-dessus de ce point ont bien perdu leurs rapports avec leurs centres trophiques des corps striés, mais les racines qui naissent au-dessous de la lésion aboutissent à des cellules antérieures intactes et possèdent encore leur prétendu centre trophique.

En réalité, il n'y a qu'une chose de supprimée : c'est la communication avec le cerveau.

Aussi, la théorie Vallerienne, qui paraît si vraie quand on n'agit que sur les nerfs moteurs, vient-elle se heurter contre une difficulté quand il s'agit des cordons antérieurs. Relativement à ces derniers, il n'y a d'explication possible que celle de la suppression de fonction ou plutôt d'excitation. L'excitation cérébrale arrive encore dans les fibres encéphaliques jusqu'au niveau de la lésion. Elle ne peut pas, il est vrai, s'y traduire par un mouvement, mais l'action moléculaire, quoique latente, n'en a pas moins lieu jusque-là et suffit pour y entretenir une nutrition normale. Arrêté par la lésion, cet ébranlement d'origine cérébrale ne gagne plus ni le segment inférieur des fibres encéphaliques, ni les cellules antérieures, ni les racines antérieures, ni les nerfs. Aussi tout cet ensemble s'altère-t-il par inertie. La théorie nutritive de MM. Onimus et Legros semble donc trouver ici pleine et entière confirmation au détriment de celle de Valler. Mais il n'en sera plus de même si nous considérons maintenant ce qui existe et ce qui se passe du côté des racines et des cordons postérieurs. Au premier abord, la structure et le rôle physiologique de ces cordons ne se prêtent pas parfaitement ni à l'une ni à l'autre des deux doctrines, puisque les fibres en arcs qui les forment ne se continuent pas avec les racines postérieures, et puisque ces cordons ne tendent pas à conduire les impressions, mais très-probablement à coordonner le mouvement. Toutefois, il est à remarquer que les arcs paraissent associer non des cellules motrices, mais des cellules sensitives qui, à leur tour, mettent en jeu les premières par action réflexe. De sorte qu'il y a encore une continuité indirecte entre eux et les racines, et on comprendrait jusqu'à un certain point que leur inertie soit subordonnée à celle des racines, ou encore que leur centre trophique soit le même que celui des racines. De sorte que les deux opinions peuvent encore tenir au besoin. Mais malheureusement la théorie du défaut d'excitation trouve une pierre d'achoppement considérable dans l'intégrité de la portion de nerf qui tient au ganglion spinal et qui, étant séparée de l'extrémité périphérique de ce même nerf, ne reçoit plus d'impression. Somme toute, dans le département de la motilité, les dégénérescences secondaires sont favorables à la théorie de l'inaction, et défavorables à la théorie des centres trophiques. L'inverse a lieu dans le département de la sensibilité, mais il n'y a pas lieu, pour cela, de prononcer une condamnation définitive ni pour l'une ni pour l'autre, car, au fond, il règne encore un certain vague sur la question des dégénérescences secondaires. On rencontre des anomalies qui ôtent beaucoup de leur valeur aux règles générales qu'on avait cru pouvoir poser. Ainsi, contrairement à ce qui avait été dit, les cordons postérieurs ne s'altèrent jamais dans toute leur étendue. La transformation granulograisseuse va en diminuant à mesure qu'on s'éloigne du foyer réel de la maladie. Je saisis, chemin faisant, l'occasion de vous faire observer que cet état incomplet de la lésion consécutive s'accorde bien avec le microscope qui nous montre que ces cordons sont formés par des fibres en anse d'un court trajet, et non pas par des fibres continuant les racines jusqu'au cerveau, comme on avait voulu le faire admettre pour satisfaire à des vues purement théoriques. On comprend que l'inertie de quelques racines et de quelques cellules sensitives ne retentissent que sur un nombre assez restreint de ces anses. En second lieu, dans les scléroses en plaques des cordons antéro-latéraux, comme des postérieurs, on ne voit pas en général de dégénérescences secondaires, et cependant il y a çà et là des destructions complètes qui rendent toute action nerveuse impossible et qui séparent encore les tubes de leurs centres trophiques. Enfin

Vulpian n'a jamais pu en produire chez les animaux en faisant des sections complètes de la moelle, et cependant ici encore il y a destruction de toutes les communications nerveuses et cessation absolue de fonctionnement. Aussi Vulpian, qui, dans ses leçons sur la physiologie du système nerveux, semblait s'être rangé à l'interprétation de Valler, a depuis changé d'avis. Il croit que la séparation ou la suppression des centres trophiques ne suffit pas seule pour amener ces dégénérescences, et qu'elles sont dues surtout à l'état d'irritation des parties. C'est pour cette raison qu'on ne les rencontrerait pas chez les animaux soumis à des sections de la moelle, parce qu'il n'y aurait qu'une irritation de courte durée, tandis que dans les maladies spontanées, l'épine serait en permanence. Nous verrons, du reste, dans l'étude des troubles de nutrition que déterminent les maladies de la moelle, que les lésions cutanées nécessitent, en effet, un état d'irritation des nerfs sensitifs. J'espère, dans cette étude, trouver des documents capables d'éclairer un peu la question que je viens de traiter.

Les dégénérescences secondaires de la moelle n'ont pas toujours leur point de départ dans une maladie de la moelle. Elles peuvent avoir une origine cérébrale. Nous parlerons de celles-ci dans l'étude physiologique et pathologique de l'encéphale.

Pour terminer ce qui est relatif aux tubes de la moelle, je signalerai encore une altération mentionnée par MM. Frommann et Charcot, et qu'ils auraient rencontrée dans quelques cas de myélite aiguë. Elle consisterait dans l'augmentation du volume de la fibre axe qui deviendrait en même temps variqueuse. Le fait ne peut encore être accepté que sous réserves. Mais s'il se confirme, on aurait ainsi un des véritables représentants de la période inflammatoire, l'état granulo-graisseux représentant plutôt la période de régression.

L'exubérance de sucs nutritifs et l'hypertrophie des éléments nerveux se trouveront précéder l'affaissement et la mort de ces éléments. Peut-être aussi y aura-t-il concomitance de cette hypertrophie avec l'époque de suractivité nerveuse, d'hyperesthésie et de spasmes convulsifs.

Lésions des cellules. — Les cellules, lorsqu'elles tendent à disparaître comme éléments actifs, passent par des phases qui rappellent celles éprouvées par les tubes. Leur contenu s'épaissit et se dispose aussi en grumeaux opaques qui, bientôt, deviendront granulo-graisseux. Leur contour apparaît de plus en plus irrégulier. Elles se ratatinent; leurs prolongements disparaissent, et à la forme rameuse succède une forme irrégulièrement ovoïde. Elles sont devenues des corpuscules de Gluge qui, pour prendre l'aspect globuleux ordinaire de ces derniers, n'auraient besoin que d'être plongés dans un milieu liquide. Plus tard, si ce milieu ne se réalise pas (par le fait d'un ramollissement général du tissu), l'enveloppe finit par se briser, et les granulations devenues libres se disséminent dans la gangue ambiante où elles disparaissent par résorption. Les cellules offrent toutefois un autre genre de mort qui ne se rencontre pas pour les tubes. Elles peuvent se cristalliser pour ainsi dire. Toutes leurs parties se fondent en une seule masse homogène solide, jaunâtre, et d'un aspect vitreux. On dirait une petite masse d'eau jaunâtre qui s'est congelée. Elles conservent une existence anatomique, mais elles sont mortes physiologiquement. Ce sont des momies, comme l'a dit Luys, ou si vous aimez mieux, des fossiles qui se sont enchâssés dans ce sol, naguère le théâtre de leurs manifestations vitales.

En même temps qu'il constatait l'hypertrophie des fibres axes chez quelques individus morts pendant la période aiguë d'une myélite, Charcot observait le même développement exagéré des cellules antérieures, de sorte que l'inflammation semblerait avoir pour premier effet d'exagérer la nutrition des éléments nerveux.

Enfin, sous le nom de *désintégration granuleuse*, mot créé par Lockhart-Clarcke, les pathologistes désignent une transformation générale de tous les éléments d'un point plus ou moins étendu de la substance grise en un coagulum albumineux parsemé de granulations.

Altérations des vaisseaux. — La moelle ne comprend pas seulement de la névroglie et des éléments nerveux, mais encore des vaisseaux qui concourent pour une large part à la production de la résultante morbide de chaque malade. Dès le début de tout travail pathologique, les capillaires se dilatent d'une manière générale tout en offrant de distance en distance de véritables ampoules variqueuses. Les globules y affluent en bien plus grande quantité. Arrêtés dans leur marche par l'encombrement, ils s'agglutinent bientôt ensemble et se déforment. Ils perdent une partie de leur matière colorante qui s'infiltre dans les parois des capillaires sous forme de granulations rougeâtres ou de cristaux teintés d'une manière analogue. La partie liquide du sang va d'abord seule au-delà et œdématie le tissu ambiant; mais bientôt elle entraîne avec elle la matière colorante qui vient encore donner lieu en dehors des vaisseaux à des dépôts de granulations ou de cristaux. Ces transsudations et ces turgescences des vaisseaux donnent à la substance grise une teinte rosée et quelquefois même rouge et une consistance très-molle. C'est déjà un commencement de ramollissement. La substance blanche, dont la névroglie est plus ferme, résiste plus à ces modifications de consistance. C'est pourquoi le ramollissement s'y établit beaucoup plus difficilement que dans la grise. Dans d'autres circonstances, les vaisseaux sont dilatés d'une façon uniforme et manifestement passive. L'œil sent que leurs parois relâchées se sont laissées distendre et qu'ils étaient paralysés. Quoiqu'il n'y ait pas ici d'excitation trophique capable d'amener un véritable travail inflammatoire, cet afflux de sang finit toujours par donner lieu à une transsudation et à de véritables dépôts d'alluvion qui épaississent les parois des vaisseaux. C'est tout justement parce que cette congestion passive et cet épaississement des vaisseaux se rencontre avec les mêmes caractères chez les individus atteints de paralysie générale des aliénés et chez les animaux auxquels on a fait la section du sympathique cervical, que j'ai pensé que cette affection devait être due à une paralysie des vaso-moteurs déterminée par une altération du sympathique. Des autopsies faites en commun avec M. Bonnet ont semblé justifier cette supposition. Je dois dire que cette sclérose spéciale aux capillaires est toujours moins marquée et moins fréquente dans la moelle que dans l'encéphale. Dans l'un et l'autre cas, mais particulièrement dans le premier, les parois des vaisseaux finissent par être criblées de granulations graisseuses qui leur donnent un très-grand degré de friabilité. Aussi à la moindre circonstance il se produit une rupture et une hémorrhagie interstitielle. En général, ces ruptures sont beaucoup plus fréquentes dans la substance grise. Elles peuvent ne produire qu'une simple imbibition sanguine ou amener un foyer hémorrhagique qui ne dépasse jamais guère le volume d'une grosse noisette (1). Dans ce cas, le sang épanché a une tendance à rester liquide. Sa teinte devient de plus en plus livide, passe ensuite au rouge-brique et successivement au rouge-jaunâtre et au jaune. En fait d'éléments solides, le microscope y décèle des granulations couleur de rouille, des corps ovoïdes de volume très-variable, offrant la teinte de la terre de Sienne et qui semblent résulter de l'agglomé-

______

(1) Cependant M. Liouville a rencontré dans la substance grise une hémorrhagie occupant une étendue de 15 centimètres.

ration d'un grand nombre des granulations précédentes ; enfin, plus rarement, des cristaux d'hématoïdme.

Dans d'autres circonstances, l'altération, soit sclérotique, soit graisseuse des vaisseaux, détermine, au contraire, un épaississement de leurs parois, tel que peu à peu leurs lumières s'obstruent, et la partie de la moelle qui relève de ce département vasculaire se trouve privée de ses moyens de nutrition. Le plus souvent l'obstruction est achevée et hâtée par la coagulation du sang au niveau de la lésion. D'autres fois, enfin, sans qu'il y ait maladie préalable des parois, un vaisseau se trouve brusquement oblitéré par l'arrivée d'une embolie qui a pris naissance dans un point plus ou moins éloigné du corps. Dans tous ces cas les résultats sont les mêmes. Les éléments nerveux et les cellules de la névroglie éprouvent la dégénérescence graisseuse qui, ultérieurement, peut se présenter sous deux formes. Ou bien le tissu dégénéré se liquéfie par dissociation de ses éléments. Il en résulte une cavité plus ou moins étendue remplie d'un liquide qui ressemble à un lait de chaux et dans lequel le microscope fait apercevoir des granulations graisseuses libres, des corps granuleux et des filaments flottants, débris des vaisseaux de la région. Ou bien, au contraire, le tissu par le fait d'un travail de résorption se sèche, s'affaisse et forme une plaque d'un jaune mat qui ressemble à de la graisse solidifiée.

En dehors des fibrilles et des granulations graisseuses non résorbées, le microscope y fait apercevoir des cristaux de stéarine. Malgré leur siccité, les plaques sont très-friables et se dissocient très-facilement. Mises dans l'eau, elles lui donnent de suite une apparence laiteuse. Evidemment c'est le cas précédent dont la partie aqueuse a été résorbée. Les anatomo-pathologistes modernes réservent spécialement pour ces deux aspects le mot ramollissement.

Travail prolifératif de la névroglie pouvant aboutir à la sclérose parachevée, c'est-à-dire la transformation fibreuse ; dégénérescence granulo-graisseuse ou transformation vitreuse des éléments nerveux ; dilatation active ou passive des capillaires ; dégénérescence graisseuse de leurs parois ; rupture de ces vaisseaux et production soit de foyers hémorrhagiques, soit d'hémorrhagies interstitielles ; obstructions vasculaires et nécrose graisseuse du tissu non nourri, telles sont, en définitive, les altérations que les micrographes rencontrent dans les maladies matérielles de la moelle, en dehors des cas de tubercule et de cancer. Ces diverses altérations élémentaires peuvent tour à tour marquer le point de départ; mais elles s'appellent, pour ainsi dire, l'une l'autre et se mélangent en des proportions variables pour constituer les divers cas pathologiques. Ces mélanges donnent lieu, pour l'œil nu, à des aspects variables dont les premiers anatomo-pathologistes ont voulu à tort faire des espèces distinctes. C'est ainsi qu'au fond le mot ramollissement n'a sa raison d'être que d'autant qu'il exprime uniquement une consistance, car l'inflammation de la moelle de même que son inertie et sa privation d'aliments peuvent amener ce résultat.

L'anatomie pathologique vient de nous faire assister aux divers modes de destruction de la moelle. Elle peut aussi exceptionnellement nous rendre témoins de sa réparation, car la moelle paraît être, de même que les nerfs, susceptible de régénération. Brown Sequard a pratiqué des coupes soit complètes, soit partielles de la moelle chez un grand nombre de mammifères et d'oiseaux, et il a vu le mouvement volontaire reparaître au bout d'un temps plus ou moins long. Après avoir sacrifié ces animaux, il a pu constater à l'autopsie la soudure des deux segments à l'aide d'un tissu cicatriciel dans lequel le microscope faisait apercevoir des tubes nerveux de nouvelle formation et des cellules nerveuses assez rares, du reste, qui, au lieu de se grouper en substance grise centrale, restaient disséminées au milieu des tubes. Chez l'homme, ces phénomènes de réparation doivent être plus difficiles sans doute, surtout lorsqu'il s'agit d'une lésion pathologique qui reste là, empêchant par sa présence la formation de nouveaux éléments nerveux, ou qui consiste en une sclérose trop dense pour leur offrir un milieu convenable. Mais il y a là un fait d'expérimentation qui peut tout aussi bien se reproduire dans les sections faites par un coup d'épée. D'ailleurs, MM. Lebert, Follin et Laboulbène ont rapporté chacun un cas de cicatrices de plaies anciennes de la moelle épinière renfermant beaucoup de fibres nerveuses.

ONZIÈME LEÇON.

Physiologie pathologique générale.

MESSIEURS,

Quelle que soit la nature de la lésion dont la moelle est atteinte, on peut dire d'une manière générale qu'elle a pour résultat d'exagérer ou d'amoindrir la fonction de la région qu'elle occupe. Le plus souvent les deux résultats se montrent dans une même maladie et correspondent à deux périodes différentes. Dans une première période il y a afflux sanguin, une espèce de travail inflammatoire, suractivité de la partie et exagération de ses manifestations physiologiques. Dans une seconde période, le processus a abouti à la destruction plus ou moins complète des éléments histologiques, et alors la cessation succède à l'exagération de fonctionnement.

Tout en réservant une étude particulière pour les cas qui s'offrent avec des appareils symptomatiques réellement caractéristiques, on peut et on doit, surtout dans une analyse physiologique, passer en revue les modifications fonctionnelles susceptibles de se montrer dans toutes les circonstances. Dans cette revue nous trouverons l'application la plus directe des données de la physiologie et nous serons même naturellement conduits à créer ici les mêmes coupes que pour l'étude des divers rôles que la moelle est appelée à remplir, puisque les symptômes morbides ne sont que l'expression des troubles survenus dans le fonctionnement normal.

C'est ainsi que nous aurons à examiner successivement les troubles que les maladies de la moelle peuvent déterminer dans l'exercice de la sensibilité, de la motilité, de l'innervation vaso-motrice, de la calorification, de la nutrition, de la circulation cardiaque, de la vision, de la respiration, de la sécrétion et de l'excrétion urinaire, de la digestion, de la génération et de la locomotion. Cette étude nous fournira en outre les données les plus précieuses pour le diagnostic, plus précieuses peut-être que celles que procure l'étude spéciale des diverses maladies, car les déterminations nosologiques ont forcément toujours quelque chose d'arbitraire. Pour apprécier un morceau de musique, il vaut mieux conaître les règles de l'harmonie que d'avoir appris par cœur un grand nombre d'airs.

Troubles de la sensibilité. — Dans l'état pathologique, la sensibilité peut être, comme toutes les autres fonctions, ou diminuée et même abolie complétement, ou exagérée, ou enfin pervertie. Suivant l'usage établi, nous désignerons la première modification par le mot *anesthésie*, et la seconde par celui d'*hypéresthésie*.

Lorsque la maladie porte à la fois sur les deux moitiés latérales de la moelle, l'anesthésie est le cas qu'on rencontre le plus fréquemment. Du reste, quand l'exagération de la sensibilité se montre dans ces circonstances, elle est suivie tôt ou tard d'une diminution, parce que le processus inflammatoire finit toujours par aboutir à la destruction partielle des agents histologiques de cette fonction. Quoique plus fréquente, l'anesthésie échappe plus facilement à l'observateur que l'hypéresthésie, parce qu'elle ne s'établit que lentement et par progression insensible. Si la cause de l'anesthésie siége dans les cordons postérieurs, comme il y a dispersion des filets de chaque racine dans une assez grande étendue, il en résulte qu'un certain nombre d'entre eux échappent aux effets de la lésion ambiante. La région cutanée correspondante se trouve avoir perdu seulement un certain nombre de ses jalons nerveux. Ceux qui restent sont seulement plus espacés, et la conséquence qui en résulte ne peut être appréciée qu'à l'aide d'un compas. Sur cette région, le moi ne distingue plus l'existence de deux branches qu'au prix d'un écartement plus considérable qu'à l'état normal. Pour ce genre d'exploration clinique, on a fait construire, il y a quelques années, un petit instrument appelé *æsthésiomètre* et tout à fait analogue au compas gradué dont se servent les cordonniers.

Comme dans l'état normal il faut varier, suivant les régions, l'écartement des deux pointes pour obtenir la double sensation, on a cru devoir fournir une base en dressant une table des moyennes d'ouvertures qu'exigent les diverses parties du corps. Mais ce ne sont jamais là que des moyennes, et les variantes individuelles normales pourraient exposer à des erreurs; de sorte que ce n'est qu'à la suite de plusieurs examens faits à différentes époques sur un sujet donné que l'on peut être autorisé à admettre une diminution morbide de la sensibilité. Un terme de comparaison, peut-être plus sûr, est celui que l'on trouve dans les membres supérieurs, lorsqu'on a toutes les raisons de les croire à l'état normal. Car, comme finesse de sensibilité, les diverses zones des deux membres supérieur et inférieur se correspondent assez exactement.

Ce premier mode d'altération du tact ne reste pas toujours limité à une seule région. Au fur et à mesure que l'altération des cordons postérieurs s'étend, il y a un plus grand nombre de racines partiellement compromises. Mais la généralisation de ce trouble sensitif se fait toujours avec une excessive lenteur, et le plus souvent d'une façon très-irrégulière. Si la cause de l'anesthésie siége dans la substance grise, ce n'est plus une perte de quelques tubes qui se produit, mais celle d'une portion plus ou moins grande des vibrations sensitives apportées par chaque tube. Ce n'est plus un défaut de finesse, c'est un défaut de délicatesse qui se montre. Pour qu'il y ait réellement sensation, il faut que la pression extérieure soit plus forte et plus prolongée. De plus, cet état plus ou moins obtus de la sensibilité n'est pas localisé dans une seule région d'un membre ou du tronc. Dès le début, il se manifeste à la fois dans toutes les parties du corps situées au-dessous de la lésion. Il est probable que, chez l'homme comme chez les animaux, chaque impression se distribue entre toutes les molécules d'une des deux colonnes de substance grise. Il en résulte que la paralysie du sentiment n'est complète que lorsque toute une zone de substance grise est détruite. Comme cette destruction se fait peu à peu, pendant longtemps la sensibilité n'est que diminuée partout au même degré, et elle diminue de plus en plus à mesure que le nombre des conducteurs diminue lui-même. Jamais, dans un même membre, il n'y a des points cutanés complétement paralysés, les autres ayant conservé toute leur sensibilité. Elle baisse partout à la fois et dans les mêmes proportions. Cette lente extinction de la sensibilité échappe d'autant plus facilement que, même à l'état normal, elle est loin d'être également développée chez tous les individus. Comme il est rare que la substance grise ou les cordons postérieurs soient engagés d'une manière exclusive, il en résulte que ces deux modes d'altération, défaut de délicatesse et défaut de finesse, se mélangent souvent chez le même sujet. Il est encore une autre forme que l'on voit s'ajouter aux précédentes : elle consiste dans la lenteur avec laquelle le moi a conscience des impressions reçues, lenteur qui tient évidemment ici à ce que l'ébranlement, tout en pouvant arriver à l'encéphale, rencontre dans la moelle des obstacles matériels qui retardent plus ou moins sa propagation.

La marche que je viens de vous indiquer comme étant suivie par l'anesthésie résultant des maladies de la moelle épinière, est ressortie d'une manière incontestable pour moi des cas que j'ai déjà pu rencontrer dans ma carrière médicale. Je crois que tous ceux qui ont apporté une certaine attention dans leur examen, ont dû arriver à la même conclusion, et qu'il est inutile de donner ici à l'appui des observations qui trouveront mieux leur place dans la discussion que nous aurons à établir plus tard au sujet de l'ataxie locomotrice. Il suffit d'en appeler à l'expérience de tout le monde et de tous les jours. Au cas particulier, l'expérimentation physiologique et la pathologie s'accordent parfaitement, et on peut dire que la conductibilité des impressions sensitives s'opère chez l'homme exactement comme chez les animaux. En voyant les maladies des cordons postérieurs donner lieu, non pas à une perte absolue de la sensibilité des parties situées au-dessous, mais à une anesthésie incomplète d'une région très-restreinte, on assiste pour ainsi dire à la première expérience de Brown Sequard (page 45). En voyant l'anesthésie ne devenir générale pour toutes les régions inférieures que lorsque la substance grise est compromise ou détruite à un titre quelconque, on assiste aux expériences 2ᵉ, 3ᵉ et 4ᵉ (pages 46 et 47). Enfin, en voyant, dans ce cas, la sensibilité s'affaiblir partout à la fois, peu à peu et d'une manière égale jusqu'à ce qu'elle soit complétement éteinte, on assiste à la 6ᵉ (page 48). L'expérimentation nous montre aussi que chez les animaux la transmission sensitive se fait d'une manière croisée (5ᵉ expérience, page 48), c'est-à-dire que les impressions nées dans la moitié droite du corps sont transmises par la moitié gauche de la substance grise, et réciproquement. Nous devons donc encore rechercher s'il en est de même chez l'homme. Relativement à cette question, je n'ai pas été favorisé dans ma pratique personnelle, car je n'ai pas rencontré de malades ayant une lésion n'intéressant exactement qu'une des moitiés de la moelle. Je vais donc être obligé de m'adresser aux annales de la science pour y chercher la preuve d'une conformité parfaite entre ce qui se passe dans les vivisections et ce qui existe dans les cas pathologiques. Comme il s'agit ici de faits exceptionnels, j'ai même cru devoir dresser un tableau des principales observations de ce genre qui ont été livrées à la publicité. J'y ai inscrit non-seulement les faits relatifs aux troubles de la sensibilité, mais encore ceux qui concernent les autres actes de la vie, de sorte que ce tableau sera à consulter aussi pour les sujets qui suivront.

RELEVÉ

DES CAS DE LÉSION UNILATÉRALE

DE LA MOELLE

Nos.	NOMS des auteurs.	NATURE ET SIÉGE de la lésion.	TROUBLES du mouvement.
1.	Monod.	Hémorrhagie occupant la moitié droite de la substance grise à la région dorsale inférieure.	Paralysie à droite.
2.	Oré.	Végétation fongoïde ayant atrophié la moitié droite de la moelle à la région dorsale.	Paralysie incomplète
3.	Oré.	Caillot sanguin occupant la moitié gauche de la moelle cervicale.	Paralysie du bras jambe gauche.
4.	Gendrin.	Tubercule comprimant la moitié gauche de la moelle à sa partie inférieure.	Faiblesse musculaire gauche. Contractures des extens du pied gauche.
5.	Chélius.	Fracture des 1re, 2e et 5e cervicales. Hémorrhagie intramédullaire en face de la 5e.	Paralysie complète à incomplète à gauche
6.	Viguès.	Pas d'autopsie. Blessure par un coup d'épée. Très-probablement lésion de la moitié gauche de la région dorsale.	Paralysie des deux mais elle disparaît droite et très-lente gauche.
7.	Boyer.	Coup de sabre sur la partie latérale postérieure droite du cou. Pas d'autopsie.	Paralysie à droite.
8.	Brown Sequard.	Plaie de la moelle cervicale, très-probablement à droite. Pas d'autopsie.	Paralysie à droite. Phénomènes d'épilep nale.
9.	Brown Sequard.	Coup de couteau à la partie postérieure et inférieure du cou. Pas d'autopsie.	Paralysie complète à Mouvements spasm suivis de contractu la jambe droite.
10.	Brown Sequard.	Gommes syphilitiques dans diverses parties du corps. Pas d'autopsie.	Paralysie à droite. Contractures tétaniq membres inférieurs. Mouvements réflexes provoqués par le lement du pied gau Chaire de poule provenant de la con des muscles contrac qu'on découvre le plus prononcée à dr

TROUBLES DE LA SENSIBILITÉ.	TROUBLES de nutrition.	TROUBLES urinaires et intestinaux.	OBSERVATIONS diverses.
…hésie à gauche. …bilité intacte à droite. …urs vives le long du rachis. …musculaire intact à gauche.	Escarres considérables.	Constipation et rétention d'urine. Urines chargées de sang.	
…hésie incomplète à gauche. …musculaire intact à gauche. …urs lombaires très-vives.		Rétention d'urine. Constipation.	
…hésie incomplète à droite.			
…hésie incomplète du pied droit. …resthésie du membre abdominal gauche. …eurs lombaires vives. …urs spontanées dans le membre gauche. …tion de froid aux pieds.		Urines et selles d'abord involontaires, puis retour à l'état normal.	
…hésie à gauche. …resthésie à droite. …eurs locales à la partie postérieure du cou. …que ses bras sont croisés sur sa poitrine.			
…resthésie à gauche pour les sens du tact et de …pérature. …hésie à droite pour le tact, la température et …douleur.	Escarre à droite seulement. Œdème et écailles épidermiques du membre gauche.	Rétention d'urine. Constipation.	Guérison.
…thésie à gauche pour les douleurs. …blissement pour le toucher et le chatouil-…ment. …musculaire intact à gauche.			Gêne de la respiration. Guérison.
…thésie à gauche. …resthésie à droite pour le toucher, le chatouil-…ment, la douleur et la température.	Altération des ongles du pied gauche.		Affaiblissement pouvoir sexuel. Paralysie vaso motrice à la face et dans les membres du côté droit.
…thésie à la douleur, au toucher, au chatouil-…ment et à la température à gauche. …servation du sens musculaire à gauche. …resthésie à droite. …eurs subjectives. …e de la notion d'emplacement sous l'influence …inflammation consécutive.		Selles et urines involontaires. Urine ammoniacale.	Resserrement de la pupille à droite. Conjonctive injectée. Oreille droite plus rouge. Face droite plus chaude.
…thésie au toucher, au chatouillement, à la …leur et à la température, avec conservation …sens musculaire à la jambe gauche. …nution du sens musculaire et hypéresthésie …née à droite. …eurs à la pression à la région lombaire. …tard douleurs spontanées à cette région. …de notions exactes d'emplacement.	Arrêt des ongles. Suppuration sous l'ongle des deux gros orteils. Hypertrophie du premier os du métatarse.	Rétention d'urine due au spasme du col. Urine normale.	Puissance sexuelle perdue. Abaissement de température à gauche.

PHYSIOLOGIE

Nᵒˢ.	NOMS des auteurs.	NATURE ET SIÉGE de la lésion.	TROUBLES du mouvement
11.	Dundas.	Chute de vingt pieds. Pas de lésions extérieures. Pas d'autopsie.	Paralysie complète à [...] Contractions spasmo[diques] côté droit, puis p[lus] gauche.
12.	Russel.	Maladie des vertèbres du cou exerçant une pression surtout sur la moitié droite de la moelle.	Paralysie à droite.
13.	Lente.	Fracture des dixième et onzième dorsales. Compression surtout à gauche.	Paralysie surtout à g[...]
14.	Lente.	Chute. Concussion du rachis.	Paralysie surtout à g[...]
15.	Carter.	Chute. Concussion du rachis. Pas d'autopsie.	Paralysie à droite.
16.	Bland-Radcliffe.	Excès sexuels et action à frigore. Très-probablement hemorhagie intra-médullaire. Pas d'autopsie.	Paralysie à gauche. Mouvements réflexe[s] marqués.
17.	Bazine.	Excès vénériens, syphilis Très-probablement hémorrhagie. Pas d'autopsie.	Paralysie incomplète [gau]che.
18.	Kennion.	Excès vénériens et action à frigore.	Paralysie incomplète [...] très-complète à gau[che] Mouvements spasmo[diques] droite.
19.	Jackson.	Chute et coup à la réunion des régions cervicale et dorsale.	Paralysie à gauche s[...] Crampes dans le côt[é] ou épilepsie spinale.
20.	Jackson.	Très-probablement un dépôt syphilitique ayant comprimé la moitié droite de la moelle.	Paralysie incomplète [...]
21.	Ley.	Méningite cérébro-spinale. La moelle n'a pas été examinée.	Paralysie du côté d[...] [...]resthésie.

TROUBLES DE LA SENSIBILITÉ.	TROUBLES de nutrition.	TROUBLES urinaires et intestinaux.	OBSERVATIONS diverses.
...érésthésie à gauche. ...esthésie à droite. ...ervation du sens musculaire à droite. ...e de la sensibilité à la douleur à droite. ...leurs subjectives dans les membres gauches. ...leur vive à la pression sur la septième dorsale.	Suppression de la sueur.	Constipation. Miction moins facile. Dépôt crétacé des urines.	Elévation de température à gauche. Respiration légèrement affectée.
...esthésie à gauche.			Pupilles dilatées. Guérison relative
...esthésie surtout à droite. ...leurs spontanées dans les deux membres.	Amaigrissement des muscles des deux jambes.	Rétention d'urine. Urine très-brune et ammoniacale.	Refroidissement rapide des deux membres inférieurs. Guérison relative
...esthésie surtout à droite. ...leurs à la région lombaire. ...leurs vives au genou droit.		Rétention d'urine.	
...esthésie à la douleur, au toucher, au chatouil- ...ent et à la température à gauche. ...s musculaire intact à gauche. ...ères douleurs à la pression sur les dernières ...rvicales.		Incontinence des urines et des selles.	Respiration exclusivement diaphragmatique.
...esthésie à la douleur, au toucher, au chatouil- ...ent et à la température à droite. ...éresthésie à gauche. ...leur spontanée à la région lombaire.		Vessie paresseuse. Quelquefois selles involontaires.	Membre gauche plus chaud que le droit. Impuissance sexuelle. Guérison relative
...esthésie à la douleur, au toucher, au chatouil- ...ent et à la température à droite. ...ervation du sens musculaire à droite.		Selles involontaires. Difficultés d'uriner.	Guérison relative. Impuissance sexuelle.
...esthésie à droite. ...leur à la pression du côté gauche de la colonne ...rsale.		Incontinence d'urine et des selles.	Guérison complète.
...esthésie à la douleur, à la température, au tou- ...er et au chatouillement à droite. ...ervation du sens musculaire à droite, ...inution du sens musculaire à gauche. ...éresthésie à gauche. ...ation subjective d'excessive chaleur à droite.		Incontinence d'urine et des selles.	Quelquefois diminution légère de la température à droite.
...esthésie complète à la douleur, à la chaleur et froid, et anesthésie incomplète au toucher et chatouillement à gauche. ...ation subjective de chaleur brûlante à gauche. ...leur très-vive dans le côté droit de la colonne.			Température un peu plus é'evée dans la jambe droite. Guérison complète.
...esthésie d'un côté. ...éresthésie de l'autre côté. ...ations subjectives de chaleur.			

POINCARÉ.

N°ˢ	NOMS des auteurs.	NATURE ET SIÉGE de la lésion.	TROUBLES du mouvement
22.	Tœrg.	Probablement apoplexie cérébrale. Mais, en tous cas, troubles consécutifs de la nutrition de la moelle.	Paralysie à droite.
23.	Cherr.	Pas d'autopsie. Causes et nature inconnues.	Paralysie à droite.
24.	Radcliffe.	Gonflement des vertèbres cervicales. Syphilis et goutte.	Paralysie du membre cique droit. Mouvements réflexes membre.
25.	Copland.	Plusieurs cas d'épilepsie.	Paralysie d'un côté.
26.	Ramazzini.		Paralysie d'un côté.
27.	Senac.		Paralysie d'un côté.
28.	Heister.		Paralysie d'un côté.
29.	Leroy d'Etiolles.	Hystérie.	Paralysie d'un côté.
30.	Joffroy et Solmon.	Coup de couteau-poignard au niveau de la troisième vertèbre dorsale, à cinq centimètres à gauche de l'apophyse épineuse.	Paralysie complète à
31.	Ogle.	Déchirure de la moelle cervicale, principalement du côté gauche, déterminée par une luxation vertébrale.	

Ce tableau démontre d'une manière incontestable que les impressions sensitives s'entrecroisent dans la moelle chez l'homme comme
chez les animaux. Dans tous les cas où l'autopsie a pu être fai...
l'anesthésie a existé du côté opposé à la lésion médullaire et à ...
paralysie musculaire. Il est vrai que dans beaucoup de ces obser...
tions, le défaut d'examen nécroscopique a empêché de bien pré...
ser le siége et la nature de la lésion. Mais elles sont tout aussi sig...
ficatives, puisqu'il y a toujours eu alternance entre la paralysie ...
muscles et celle des nerfs sensitifs. Il s'est présenté cependant qu...
ques exceptions à cette règle générale. Chez plusieurs de ces ma...
des il y a eu anesthésie générale d'un côté et en même temps an...
thésie dans une très-petite région de l'autre côté. Or, il est à rem...
quer que dans ces faits la lésion occupait toute l'épaisseur de ...

TROUBLES DE LA SENSIBILITÉ.	TROUBLES de nutrition.	TROUBLES urinaires et intestinaux.	OBSERVATIONS diverses.
...sthésie du côté gauche. ...éresthésie à droite.			
...sthésie à la douleur et au toucher à gauche.			
...sthésie à la douleur, à la température, au tou-...r et au chatouillement à gauche. ...éresthésie du membre thoracique droit. ...leur cervicale.			
...sthésie de l'autre côté.			
...sthésie de l'autre côté.			
...sthésie de l'autre côté. ...éresthésie du côté de la paralysie musculaire.			
...o.			
...n.			
...sthésie à droite pour le contact, le chatouil-...ment, la douleur. ...éresthésie à gauche pour le contact, le cha-...illement.	Escharre de la fesse gauche. Arthropathie du genou gauche.	Incontinence d'urine et des selles.	
...le de la sensibilité au toucher et au pincement ...s une partie du bras droit, dans les deux mem-...s inférieurs.			

...demi-zone latérale de la moelle, de sorte que par la destruction de ...la substance grise elle arrêtait, après leur entrecroisement opéré, ...toutes les impressions nées au-dessus de l'autre côté du corps, et ...que par la destruction d'une partie des cordons postérieurs elle com-...promettait le passage des impressions dans quelques-uns des filets ...radiculaires avant leur entrecroisement. Par conséquent, ces résul-...tats de la clinique viennent encore confirmer le mécanisme physio-...logique que nous avons admis pour la conductibilité sensitive par la ...moelle.

...Vous pouvez voir aussi que l'entrecroisement a lieu non-seulement ...pour les impressions tactiles proprement dites, mais encore pour ...celles du chatouillement, de la douleur et de la température, puisque ...la paralysie de ces divers sens a lieu du côté opposé à la lésion.

Remarquez encore que ces modes de sensibilité, malgré leur communauté d'entrecroisement, ne sont pas toujours amoindris ou détruits en même temps. Chacun d'eux peut disparaître ou persister seul. Il peut y avoir à ce sujet toutes les combinaisons possibles. Un malade, capable d'apprécier parfaitement le contact des objets, ne sent nullement la douleur provoquée par un instrument tranchant ou piquant. Un autre ne juge pas de la température des corps tout en s'apercevant très-bien qu'il les touche. Un troisième sera impropre à subir les impressions de température et de chatouillement, et cependant il aura conscience d'un simple contact. La conclusion à tirer de là, c'est que ces diverses espèces d'impression ne suivent pas les mêmes voies dans la substance grise, fait qui n'avait pas été déterminé chez les animaux, et qu'il appartenait à la pathologie humaine de mettre hors de doute. C'est donc avec raison que beaucoup de physiologistes ont décomposé le sens général du tact en plusieurs sens distincts. L'idée de Buffon, qui admettait un sixième sens, le sens génital, n'est peut-être pas aussi absurde qu'on a bien voulu le dire, puisque dans l'observation 6ᵉ il y eut anesthésie complète et persistance des sensations voluptueuses à chaque coït. Les Allemands vont, du reste, beaucoup plus loin que nous dans la création de ces subdivisions. Ils admettent une sensibilité particulière de l'humidité et de la sécheresse, une autre pour le galvanisme, une autre enfin pour la pression. C'est peut-être aller au delà de la vérité, car la notion d'humidité et de sécheresse doit résulter d'une combinaison des impressions de température et de toucher. Celle de pression est due à une association en proportions variables d'impressions de toucher, de douleurs et du sens musculaire. Il est bien vrai que des malades qui ont perdu le toucher perçoivent l'action de l'électricité; mais comme cet agent met très-probablement en jeu toutes les impressions possibles, il peut encore se faire sentir, pourvu que l'une de ces impressions, soit de température ou de douleur, trouve le passage libre.

La suppression de ces divers modes de sensibilité entraîne des conséquences qu'il est facile de comprendre. Si la lésion médullaire occupe la région cervicale, si les mains sont anesthésiées, le malade apprécie mal les accidents de surface et la consistance des objets. S'il ferme les yeux, ces notions lui font complétement défaut, et il laisse tomber souvent ce qu'il tient, même quand son sens musculaire est intact, parce qu'il ne sait plus bien saisir. En tous cas, les yeux ouverts, il montre toujours une certaine maladresse. Avec ces notions, il perd aussi celle d'emplacement. Beaucoup ne savent plus, les yeux fermés, où repose leur corps. La perte du sentiment dans les pieds, qui est le fait le plus fréquent, empêche les malades de sentir distinctement le sol sur lequel ils marchent. Il y a, non pas comme on l'a dit, une ataxie véritable, il y a simplement une marche un peu hésitante. Ils ont perdu la stimulation sensitive qui vient aider à l'accomplissement des actes réflexes de la locomotion, mais la machine nerveuse de cette fonction est restée intacte et possède encore ses agents de coordination. Aussi est-elle seulement moins assurée et pêche-t-elle surtout sous le rapport de la direction, particulièrement quand la vision n'est pas là pour la rectifier. La perte du sens de la douleur, qui se rencontre fréquemment avec l'intégrité du toucher, donne lieu à des faits qui étonnent beaucoup l'observateur. On ne peut s'empêcher d'être surpris de voir des sujets qui n'accusent qu'un contact lorsqu'on leur fait une opération quelconque. Marcé cite l'exemple d'un paralytique qui s'était arraché tous les ongles des pieds sans éprouver la moindre souffrance.

Jusqu'à présent j'ai laissé de côté le sens musculaire afin de mieux vous faire comprendre qu'il est réellement à part quant à sa marche et peut-être même quant à sa nature. Son existence ne saurait être contestée aujourd'hui. Dans tous les muscles on trouve de nombreux filets sensitifs qui ne peuvent avoir d'autre but que de lui donner naissance. Leur présence y est, pour cette raison, tellement indispensable que nous voyons les nerfs crâniens exclusivement moteurs s'associer toujours des filets empruntés aux nerfs sensitifs voisins. Enchevêtrés dans les fibres musculaires, ces filets sont parfaitement placés pour subir, lors de la contraction, une pression qui est toujours proportionnelle à la force de ce phénomène. Par elle les centres nerveux reçoivent donc des impressions qui leur permettent ainsi de juger de ce qui se passe dans les muscles et de bien régler leur action. Ce sont elles enfin qui rendent les crampes musculaires si douloureuses.

Au premier abord il semble difficile, sinon impossible, de reconnaître l'état de ce sens chez un malade; mais on y arrive d'une manière assez satisfaisante à l'aide de la méthode imaginée par Weber, et qui n'a été appliquée par lui qu'aux membres supérieurs. Le bras est mis dans l'extension : on applique un bandeau sur les yeux du sujet, on attache successivement à la main des poids différents et on voit s'il est capable d'apprécier les différences de ces poids. Puisque plus les objets à supporter sont lourds, plus les muscles sont obligés de se contracter vigoureusement pour résister à l'entraînement de la pesanteur, il est évident que ce genre d'expérience peut donner une idée de la diminution ou de la disparition du sens musculaire. Comme terme de comparaison, Weber a trouvé que dans l'état normal le membre thoracique peut apprécier les différences de poids qui sont entre elles comme 39 à 40. Jaccoud a depuis appliqué le même procédé aux membres inférieurs. Il s'est servi de deux sacs qui pouvaient être fixés rapidement par des cordons au cou de pied. Il plaçait dans ces sacs deux poids différents. Il faisait coucher le malade de façon à ce que ses deux membres abdominaux dépassassent de toute leur longueur le bord du lit. Il bandait les yeux, puis attachait successivement les deux sacs, en remplaçant le premier par le second avec le plus de rapidité possible. Il a vu ainsi qu'à l'état normal, pour les membres inférieurs, la différence minimum capable d'être appréciée est de 50 à 70 grammes.

En se servant de ces procédés, la plupart des auteurs des observations notées sur notre tableau ont pu indiquer les modifications éprouvées par le sens musculaire. Tous s'accordent à dire que ce sens était toujours intact du côté où il y avait anesthésie tactile, et qu'il était toujours altéré ou détruit du côté de la paralysie musculaire, c'est-à-dire du côté de la lésion. La transmission des impressions musculaires se fait donc d'une manière directe, tandis que celle de toutes les autres espèces de sensibilité s'opère d'une manière croisée. La pathologie humaine était encore seule capable de nous apprendre cette particularité, puisque les animaux ne peuvent pas rendre compte de leurs impressions musculaires. Elle nous montre en même temps que le sort du sens musculaire est toujours lié à celui des parties motrices du système nerveux. Il disparaît avec le mouvement et reste intact là où la motilité persiste. Il meurt avec la fonction à laquelle il est affecté. Il est vrai que la méthode Weber et Jaccoud ne permet pas de juger de son état dans un membre complétement paralysé du mouvement. Mais puisque cette méthode nous prouve qu'elle est normale dans un membre qui jouit de toute sa motilité, et qu'il est affaibli dans un membre atteint de paralysie incomplète, nous sommes parfaitement autorisés à admettre qu'il doit être tout à fait anéanti là où la paralysie musculaire est absolue. D'après les autopsies, ce qui paraît le compromettre, ce sont les lésions des cornes antérieures et non celles des cornes postérieures. Brown Sequard a cru devoir conclure de ses propres observations que les tubes du sens musculaire entrent dans la moelle en s'ajoutant aux racines antérieures et non aux racines postérieures, et qu'ils gagnent l'encéphale en suivant la colonne grise antérieure.

Dans mes idées personnelles, il y aurait une tout autre organisation. Les filets sensitifs des muscles sortiraient de la moelle avec les racines postérieures, mais ils y rentreraient accolés aux racines antérieures. Comprimés dans leurs anses périphériques, ils deviendraient le siége d'un ébranlement moléculaire qui se propagerait à la fois dans la portion directe et dans la portion réfléchie du filet nerveux. Par la portion directe, il viendrait aboutir aux cellules sensitives et pourrait gagner par là le centre cérébral en y faisant naître une véritable sensation. Par la portion réfléchie, il viendrait apporter aux cellules motrices antérieures une stimulation en rapport avec la compression éprouvée. Ce serait un autre genre d'action réflexomotrice. Je discuterai cette hypothèse dans l'étude de la sensibilité récurrente. Ici je ne fais que la signaler, tout en reconnaissant qu'elle s'accorde moins que l'explication de Brown Sequard avec les faits pathologiques rapportés dans notre tableau. Mais il faut avouer qu'il règne encore sur la question du sens musculaire assez d'obscurité pour autoriser toute espèce de supposition.

Les physiologistes et les médecins se montrent pour la plupart portés à exagérer l'influence de la perte du sens musculaire et prétendent qu'elle équivaut presque à la paralysie des nerfs moteurs. Chez les animaux ayant peu de spontanéité et de volonté, comme la grenouille, les centres nerveux n'étant plus stimulés par des impressions, n'auraient même plus l'idée de se servir de muscles et de nerfs moteurs dont le mécanisme aurait cependant conservé toute sa vigueur. Chez les animaux supérieurs, et chez l'homme particulièrement, la volonté mettrait encore les muscles en mouvement; mais comme le cerveau agirait alors sans son régulateur indispensable, il ne produirait que des mouvements désordonnés et il en résulterait l'ataxie locomotrice. Dans l'étude physiologique spéciale de cette maladie, ce sera le lieu de juger la valeur de cette assertion et d'interpréter les expériences de Ch. Bernard et de Panizza qui s'y rapportent.

L'hypéresthésie ou exagération de la sensibilité attire de très-bonne heure l'attention des malades, non pas parce qu'elle fait naître dans leur esprit des craintes sérieuses, non pas non plus parce qu'elle est une cause de vives douleurs, mais parce qu'elle donne lieu à des phénomènes réellement agaçants. Le moindre frôlement, un contact léger et qui serait passé inaperçu dans les conditions ordinaires, devient l'occasion d'une impression désagréable qui fait même tressaillir le malade. Il arrive aussi que quand on touche un des membres, on provoque en même temps une sensation douloureuse dans le membre non touché. Evidemment, dans ce cas, il se produit dans le centre gris une réflexion de l'ébranlement non pas vers un nerf moteur, mais vers un nerf sensitif. Ce symptôme indique un état d'activité morbide des cellules de la moelle, une lésion organique qui est dans sa période inflammatoire et n'a pas encore amené la destruction des éléments nerveux. Les malades peuvent apprécier les deux pointes de l'œsthésiomètre avec un écartement beaucoup plus faible que dans l'état normal. Cette exagération de la sensibilité déjà si marquée dans les maladies de la moelle l'est encore plus dans la méningite spinale. La notion des deux pointes peut alors être obtenue avec un écartement soixante fois moindre. Cette plus grande puissance de l'hypéresthésie tient-elle à ce que les racines postérieures sont directement en rapport avec les enveloppes de la moelle, ou à ce qu'il n'y a guère de méningite concomitante sans une congestion de la moelle qui, dans ce cas, devient rapidement générale? Je crois que cette dernière explication est la meilleure, et qu'en général, dans les maladies de la moelle, l'hypéresthésie est due à une excitation congestionnelle ou inflammatoire de la substance grise. Celle-ci, dans l'état normal, ne fait que traduire dans l'encéphale l'ébranlement qu'elle a reçu des racines, en en respectant l'intensité. Mais il n'en est plus de même lorsqu'elle est dans un état de surexcitation provoquée par un travail inflammatoire. Elle multiplie alors ce que les racines la chargent de transmettre et donne lieu ainsi à des sensations qui sont bien au delà de l'impression extérieure et initiale.

L'hypéresthésie, en général, ne porte pas comme l'anesthésie sur un ou plusieurs des sens composant la sensibilité, à l'exclusion des autres. Elle se généralise toujours. Elle envahit à la fois les sens du toucher, du chatouillement, de la température et de la douleur. Cela s'explique puisque la congestion ou l'inflammation sont, par leur nature, aptes à la diffusion. Elles siégent d'emblée dans toute une région et surtout dans toute une agglomération du même tissu. Elles occupent à la fois toutes les colonnes de transmission de ces diverses impressions. L'anesthésie nécessite, elle au contraire, plus qu'une inflammation, elle est la conséquence d'une destruction du tissu, et cette destruction reste souvent localisée dans de petits groupes d'éléments histologiques. En raison même de cette généralisation inévitable, le malade, qui sent d'une manière exagérée le moindre contact, accuse une impression de cuisson vive lorsqu'on le touche avec un corps à peine tiède. Il est pris de véritables convulsions, même quand on le chatouille d'une manière insignifiante.

D'après le tableau, dans les maladies qui n'intéressent qu'une des moitiés de la moelle, l'hyperesthésie siége toujours du côté de la lésion et du même côté que la paralysie musculaire. Mais comme les conducteurs des impressions sensitives s'entrecroisent dans la moelle, il est évident que la cause de ce phénomène doit se trouver dans la moitié de la moelle qui n'est pas le siége de la maladie. C'est pourquoi je suis porté à penser qu'il y a toujours dans cette moitié supposée saine, une inflammation ou une congestion de voisinage. De l'autre côté se trouve la véritable altération matérielle, celle qui est capable de détruire le fonctionnement des éléments et d'amener l'anesthésie dans la partie opposée du corps. Mais cette lésion, tout en restant localisée dans sa demi-colonne, détermine une congestion dans l'autre demi-colonne qui reçoit et multiplie les impressions nées sur l'autre partie du corps. Cette explication si simple n'a pas cependant paru sans doute admissible à tous les auteurs, tout au moins d'une façon générale; comme au moment où l'hyperesthésie apparaît l'anesthésie est à peine marquée dans l'autre membre, quelques-uns ont pensé que l'observateur était victime d'une illusion; qu'il croyait la sensibilité augmentée d'un côté, par cette seule raison qu'elle était diminuée de l'autre côté. Mais il faut avoir examiné bien superficiellement les faits pour émettre une pareille opinion, car il y a une telle différence entre l'hyperesthésie pathologique et la sensibilité physiologique, même de la personne la plus impressionnable, qu'on ne peut songer un seul instant à un simple effet de comparaison. Brown Sequard, tout en reconnaissant que la congestion ou l'inflammation de la substance grise peut donner lieu à de l'hyperesthésie, prétend qu'elle apparaît aussi dans d'autres conditions, et qu'il y a lieu d'admettre trois espèces d'hyperesthésie :

1° Une qui serait toute locale, qui ne trouverait pas sa cause dans un état anormal des centres nerveux sensitifs, mais dans la production d'une inflammation subaiguë des articulations, des muscles et du

tissu cellulaire sous-cutané des membres paralysés. Cette inflammation tiendrait elle-même à une irritation des centres vaso-moteurs et
se rencontrerait plutôt dans les maladies de la base de l'encéphale
que dans celles de la moelle.

2° Une qui serait due à une congestion ou à une inflammation de
la moelle ou de ses enveloppes. C'est celle qui accompagnerait toutes
les lésions spontanées de la moelle et que j'avais surtout en vue tout
à l'heure dans l'explication que je vous proposais. Selon Brown Sequard, elle n'aurait jamais qu'une durée limitée. Elle disparaîtrait
même en général assez vite. Je vous ferai observer cependant que je
possède plusieurs faits d'hypéresthésie, par lésion spontanée, qui
durent depuis un assez grand nombre d'années.

3° Une d'origine exclusivement traumatique que le physiologiste
provoquerait chez les animaux à l'aide d'une section incomplète de
la moelle et qui apparaîtrait chez l'homme dans les cas de blessures
par un coup d'épée ou de couteau. Celle-ci se montrerait à un bien
plus haut degré que les précédentes. Ce serait chez le lapin qu'elle
atteindrait son plus grand développement. En outre, elle serait persistante. Chez l'un des sujets signalés dans notre tableau d'observations, elle existait encore vingt-cinq ans après l'époque de la blessure
Dans le cas de vivisections elle ne s'éteint qu'avec la vie, quand même
on attend une mort naturelle. Brown Sequard croit qu'on ne peut pas
l'attribuer à une inflammation provoquée par la blessure, parce
qu'elle apparaît trop tôt après l'opération pour qu'un travail inflammatoire ait eu le temps de s'établir, et parce qu'elle persiste bien
au delà de la durée possible d'un état phlegmasique. Il se montre
porté à penser qu'elle est le résultat d'une espèce de compensation
qui s'établirait dans l'appareil sensitif après la cessation d'action
d'une de ses moitiés, de même qu'un poumon resté sain exagère son
fonctionnement pour suppléer son congénère malade. Il faut avouer
qu'au point de vue du résultat final, le but serait ici complètement
manqué, et que la nature aurait là une idée malheureuse que ses
allures habituelles ne nous autorisent pas à admettre. Si on veut
absolument refuser la possibilité d'un état d'irritation permanent, je
n'entrevois qu'une explication admissible. C'est que la blessure entame toujours plus ou moins la substance grise de l'autre moitié de la
moelle et qu'en limitant ainsi le champ de dispersion des ébranlements sensitifs elle expose les cellules persistantes à des secousses
plus violentes.

En dehors de cette hyperesthésie périphérique, la plupart des maladies de la moelle donnent lieu à une exagération de la sensibilité propre de cet axe qui fait que la moindre pression exercée sur la colonne vertébrale donne lieu à des douleurs excessivement vives. Il suffit même, pour les provoquer, d'une faible impression de température que l'on obtient en passant au niveau du point malade une éponge imprégnée d'eau froide ou d'eau tiède. Il semble donc que la moelle, dont les éléments propres sont tout à fait insensibles dans l'état physiologique, acquiert une sensibilité anormale dans l'état pathologique. Du reste, il est plus probable que cette pression agit en réalité sur les racines dont les impressions sont ensuite multipliées par la substance grise enflammée. Toutefois, cette exagération de la sensibilité centrale peut très-bien se montrer sans qu'il existe de lésion matérielle, au moins apparente. Axenfeld a même voulu faire de cette sensibilité, *sine materia*, une maladie spéciale qu'il a appelée : *Irritation spinale*. Selon lui, dans cette affection, en dehors de la rachialgie, il y a des troubles fonctionnels très-variables et très-mobiles. Mais, en réalité, ce n'est dans ces circonstances qu'un des phénomènes si nombreux d'une maladie plus générale, l'*hystérie*. Il est probable, du reste, que cette rachialgie passagère, dans l'hystérie, n'est pas complétement fonctionnelle et qu'elle est la conséquence d'une congestion de la moelle. Dans cette maladie, en effet, il y a de grands troubles de l'innervation vaso-motrice, comme le prouvent les changements de coloration de la face et l'irrégularité des sécrétions. Sans doute que la douleur spinale correspond à des périodes de congestion de la moelle.

A côté de ces douleurs qui n'apparaissent que sous l'influence d'une impression extérieure, il en est d'autres qui naissent spontanément sans aucune provocation extérieure. Ces douleurs spontanées constituent déjà, au fond, un fait de perversion, puisque ce sont des sensations subjectives qui n'ont rien de normal et qui traduisent toujours une cause intérieure d'irritation. La plupart des malades atteints d'une affection organique de la moelle se plaignent d'éprouver une douleur fixe qui fait le tour du corps, occupant ainsi une zone circulaire assez étroite. Elle n'est pas, comme on l'a dit, le résultat d'une paralysie des muscles respirateurs correspondants, car elle peut exister au-dessous des muscles de la respiration. Chose remarquable, elle siége toujours au niveau de la limite supérieure de la lésion. Je crois que la chose peut s'expliquer : sur les frontières des parties complétement altérées, il y a une zone qui est comme une pénombre morbide, où l'altération est à son début et consiste, tout au moins, en une injection de voisinage. Là, il y a exagération et non suppression d'action. D'où des sensations subjectives de douleur. A la frontière inférieure existe la même exaltation des cellules sensitives. Mais comme elles ne sont plus en communication avec le cerveau, cette exaltation reste inconsciente. Dans beaucoup de circonstances, il y a en outre des douleurs qui s'irradient dans tous les membres, même quand ceux-ci sont anesthésiés, ce qui a donné naissance à la dénomination d'*anesthésie douloureuse*. Ces douleurs sont quelquefois déchirantes. Elles traversent comme l'éclair les nerfs dont elles dessinent le trajet. D'où l'épithète de *fulgurantes*. Elles sont profondes, par ce fait qu'elles occupent les troncs nerveux; aussi la plupart des sujets les rapportent-ils aux os. Quand, au début d'une maladie, elles se montrent à la fois générales et atroces, on peut assurer qu'il existe une vive inflammation des méninges, une *méningite spinale*. Non-seulement les résultats nécroscopiques ont prouvé jusqu'à présent qu'il en était ainsi, mais la physiologie autorise pleinement cette conclusion. Nous avons vu que la substance grise normale, même celle des cornes postérieures qui est affectée à la sensibilité, est cependant tout à fait insensible à toute espèce d'irritation. Elle ne produit dans l'encéphale un ébranlement appréciable ou douloureux pour le moi qu'à la condition d'avoir été préalablement ébranlée elle-même, non pas par un scalpel, un agent chimique, ou l'électricité, mais par les racines postérieures. Celles-ci seules sont capables de forcer la substance grise à faire naître dans le cerveau une sensation. Elles sont à la fois l'unique clef s'adaptant au mécanisme de cette colonne sensitive et le bras de levier propre à multiplier l'ébranlement des cellules qui la forment. Voilà pourquoi l'irritation des racines est si douloureuse, tandis que celle de la substance grise ne l'est pas, quoique l'ébranlement qui provoque une douleur, lorsqu'il est appliqué sur une racine, est obligé de passer par la substance grise avant de devenir cette douleur. Par conséquent, toute cause morbide capable d'irriter les racines et d'en exalter le fonctionnement aura pour effet de multiplier outre mesure leur action sur la substance grise et, par l'intermédiaire de celle-ci, sur le centre de perception cérébrale. Or, rien n'est mieux placé que les méninges pour produire cet état d'exaltation des racines qui sont là, isolées de tout entourage d'autres éléments nerveux et en contact direct avec elles. Elles ressentent la pression que fait naître le moindre épaississement des enveloppes, la moindre congestion. Elles partagent pour ainsi dire les destinées inflammatoires des méninges. De plus, dans celles-ci comme dans toutes les membranes, l'inflammation rencontre une forme de terrain très-favorable à une extension rapide, de sorte que l'influence se porte très-vite sur toutes les racines et que les douleurs sont alors non-seulement très-vives, mais encore générales.

Plongées dans l'épaisseur des cordons postérieurs, ces mêmes racines y subissent encore le contre-coup des modifications matérielles de ces colonnes blanches dont les maladies se signalent encore par des douleurs relativement assez vives. Mais alors ces douleurs sont moins générales et plus disséminées, tout justement parce que les fibres des racines y sont très-éparpillées et ne passent pas toutes à travers les parties malades. Les méninges agissent sur le faisceau et, par conséquent, sur l'ensemble des fibres. Les cordons n'agissent que sur quelques-unes de ces fibres. D'où une somme de souffrance beaucoup moindre.

Enfin, les douleurs spontanées existent aussi dans tous les cas où la substance grise est irritée. Les cellules vibrent pour ainsi dire d'elles-mêmes sans y avoir été provoquées par un ébranlement apporté par un nerf; et le moi rapporte la sensation qui en résulte au trajet des nerfs afférents à ces cellules. Ces douleurs spontanées ont une grande valeur diagnostique. Car on peut assurer que tout paraplégique qui en éprouve est atteint d'une maladie matérielle de l'axe spinal.

Les sensations subjectives peuvent varier non-seulement avec le sujet, mais encore chez le même individu, parce qu'elles peuvent porter sur les diverses espèces de sensations tactiles. Il en est qui ressentent des impressions non motivées de chaleur ou de froid très-intenses. D'autres qui ne s'aperçoivent pas de l'application réelle d'un fer rouge et qui cependant accusent à chaque instant des sensations de brûlure alors que rien ne les touche. La congestion des conducteurs des impressions de température produit des illusions de calorique, comme celle de la rétine produit des illusions de lumière, comme celle du centre et du nerf auditifs produit des illusions de sons. Un singulier genre de sensations subjectives sont celles qui donnent lieu à des illusions d'emplacement. Dans l'une des observations inscrites sur le tableau, le sujet était convaincu que ses membres thoraciques restaient toujours croisés sur la poitrine. Enfin, un dernier mode de perversion consiste dans la possibilité de mettre en action les conducteurs médullaires d'une espèce de sensibilité par les agents excitateurs d'une autre espèce. Un simple contact peut donner lieu à une sensation erronée de température, de froid ou de chaleur excessifs. L'application d'un corps froid peut donner lieu à une sensation de chatouillement.

DOUZIÈME LEÇON.

Messieurs,

Troubles du mouvement. — Nous suivrons ici l'ordre que nous avons adopté pour les troubles de la sensibilité, c'est-à-dire que nous étudierons successivement les modifications en moins et les modifications en plus de la motilité.

Les paralysies musculaires qui dépendent des maladies de la moelle frappent généralement toutes les parties situées au-dessous de la lésion et elles prennent le nom de *paraplégies*. La perte complète du mouvement volontaire du tronc et des membres indique toujours ou une affection organique très-grave de la moelle ou une paraplégie hystérique. Car, en fait de paraplégie de nature fonctionnelle, il n'y a que celle-là qui puisse paralyser complétement les muscles de la locomotion. Dans les maladies organiques, la paralysie occupe le tronc et les quatre membres, si la lésion existe à la région cervicale ; elle envahit seulement les membres inférieurs lorsqu'elle a pour siége la partie inférieure de la moelle. Il y a, en cela, entre la physiologie et la pathologie, un accord parfait qui est devenu une connaissance tout à fait élémentaire. En général, le mouvement est aboli dans les deux congénères à la fois. Cela tient à ce que la moelle forme un cordon si étroit que l'altération envahit presque fatalement les deux moitiés latérales. Il arrive quelquefois, cependant, que la paralysie n'existe que d'un côté et, dans ce cas, la pathologie vient confirmer ce que nous enseigne la physiologie expérimentale, à savoir que la transmission du mouvement est directe dans la moelle. Car on trouve toujours la lésion du même côté que la paralysie, ainsi que vous pouvez vous en assurer en consultant le tableau. Du reste, l'affection reste rarement unilatérale. Bientôt la lésion s'étend de l'autre côté et la paralysie devient double. Dans les diverses combinaisons, auxquelles peuvent donner lieu les altérations matérielles de la moelle, il en est beaucoup qui, pendant longtemps, ne déterminent qu'une paraplégie incomplète, tout justement parce que celle-ci ne peut être absolue que lorsque toutes les cellules des cornes antérieures du segment inférieur de la moelle ont été totalement détruites, ou lorsque les cordons antéro-latéraux ont été détruits en un point dans toute leur épaisseur, et cette destruction ne peut se faire, la plupart du temps, que peu à peu. Ainsi que je viens de le sous-entendre dans la phrase précédente, la clinique démontre, de la manière la plus incontestable, qu'une paralysie organique du mouvement est toujours due à une altération, soit des cordons antéro-latéraux, soit des cornes antérieures, soit des deux à la fois. Elle vient donc encore justifier les enseignements de la physiologie. Jaccoud et Billod ont cependant rapporté des faits de ramollissement porté au dernier degré et occupant une petite étendue de toute l'épaisseur des cordons antéro-latéraux et n'ayant pas donné lieu à une paraplégie pendant la vie. Comme dans ces cas la substance grise était parfaitement intacte, ces auteurs ont rapproché ces résultats de l'observation pathologique de ceux obtenus par quelques vivisecteurs qui ont vu aussi la section complète des cordons antéro-latéraux n'être pas toujours suivie de l'impossibilité de la marche. Et ils en ont conclu que les cornes antérieures concourent avec les cordons à la transmission motrice, et qu'elles peuvent même y suffire. Cette assertion est en désaccord avec les lois de la conductibilité que nous avons posées dans nos premières leçons, puisque, d'après ces lois, les cellules motrices recevraient de la volonté l'ordre d'entrer en action par l'intermédiaire des fibres que nous avons appelées encéphaliques et qui font partie de ces cordons. Il est vrai que les faits pathologiques et expérimentaux cités forment l'exception. Il est vrai aussi qu'on peut se demander s'il n'y a pas eu une observation insuffisante. Mais, même en les considérant comme offrant toute la rigueur nécessaire, ce que, du reste, je suis porté à faire, on peut encore tout concilier à l'aide d'une hypothèse qui entre dans ma manière de voir, en dehors même de ces faits. En effet, les cellules motrices sont réunies entre elles par des anastomoses directes et forment une chaîne continue dans toute l'étendue de la moelle. Elles sont en outre reliées, de distance en distance, par les fibres en anse du cordon antérieur, peut-être même par celles du cordon postérieur. Enfin, chacune d'elles reçoit une fibre partant du corps strié. C'est la fibre encéphalique. Celle-ci est certainement la voie la plus directe et la plus rapide pour la transmission des ordres de la volonté. Mais peut-être sert-elle surtout à la production des mouvements partiels. C'est le doigt qui vient frapper instantanément sur une seule touche. Dans la locomotion, qui résulte de la combinaison des mouvements partiels entre eux, il y a un ordre préétabli qui fait que les cellules s'excitent mutuellement à entrer en action, soit par l'intermédiaire de leurs anastomoses, soit par l'intermédiaire des fibres en arc. De plus, elles y sont excitées d'une façon réflexe et tout aussi régulière par les racines sensitives qui apportent les impressions de contact, de sorte que dans ces circonstances les fibres encéphaliques semblent n'avoir pas à intervenir. La preuve qu'il peut au moins en être ainsi, c'est que la grenouille décapitée marche, et cependant les fibres encéphaliques sont comme non avenues, puisque leur continuité se trouve interrompue avant leur arrivée dans les corps striés. Eh bien, dans les maladies des cordons antérieurs, il n'y a de sacrifié que les touches encéphaliques indispensables aux mouvements isolés. On comprend donc que, malgré leur destruction morbide, les malades puissent encore exécuter des mouvements d'ensemble de locomotion. Il suffit que les cellules supérieures soient mises en train par des fibres volontaires; elles entraînent ensuite dans le mouvement voulu les cellules inférieures qui sont intactes, mais qui sont privées de fibres encéphaliques. On se demande alors pourquoi il n'en est pas ainsi chez tous les malades. Mais d'abord l'altération exclusive des cordons antérieurs est rare. Ensuite tout le monde n'est pas également apte à la réalisation involontaire du mécanisme de la marche, de même que tout le monde n'est pas également apte au doigté d'un instrument. Il doit y avoir là des conditions individuelles très-variables qui sont surtout très-marquées quand on compare les espèces. Ainsi la grenouille décapitée marche beaucoup mieux que d'autres animaux.

Deux observations encore pour terminer ce qui concerne la diminution ou l'abolition du mouvement volontaire.

Quand le clinicien voit le mouvement volontaire reparaître un peu dans les régions qui en ont été longtemps privées, il est porté à penser qu'il a fait une erreur dans son diagnostic et que la lésion matérielle, primitivement admise, n'existait pas ou n'était pas aussi complète qu'il l'avait supposée. Mais l'idée d'une réparation ultérieure des parties détruites ne lui vient jamais à l'esprit. C'est peut-être à tort, car nous avons vu, à la fin de l'anatomie pathologique, que la moelle pouvait se régénérer comme les nerfs. Non-seulement le fait est fréquent chez les animaux, mais il a été observé plusieurs fois chez l'homme.

Bouchut prétend que toutes les paraplégies n'ont pas leur cause dans le système nerveux. D'après lui, la paralysie peut dépendre d'une altération primitive de la fibre musculaire, occasionnée par différentes causes, et il l'appelle alors *myogénique*. Elle pourrait être la conséquence de la commotion des muscles à la suite d'une contusion, du froid exerçant son action sur une région musculaire, de l'épuisement de la force musculaire par un exercice continuel trop actif, des troubles et des arrêts de circulation dans un ou plusieurs muscles. Mais, évidemment, quand il s'agit de la paralysie d'un ou de quelques muscles, personne ne songe à l'attribuer à la moelle. De plus, dans ce cas il est bien difficile de séparer la part d'influence subie par les muscles de celle des nerfs qui rampent dans leur épaisseur. Lorsque la paralysie est générale et affecte la forme paraplégique, nous verrons, dans la physiologie pathologique spéciale, que presque toujours il est facile de mettre le doigt sur un mécanisme réellement central.

Lorsque les cordons antéro-latéraux sont seuls atteints ou lorsque l'altération de la substance grise n'occupe qu'une zone et a respecté un segment caudal plus ou moins étendu, les muscles qui sont animés par ce segment et qui sont tout à fait incapables d'obéir à la volonté, peuvent encore exécuter des mouvements réflexes. Ces mouvements sont même beaucoup plus intenses que dans l'état normal, sans doute parce que, dans l'impossibilité où il est d'aller plus loin, l'ébranlement sensitif se concentre dans le segment. Les choses se passent absolument comme chez les animaux auxquels on a fait une section transversale complète de la moelle épinière. Il est vrai de dire qu'en général le phénomène est plus marqué chez les animaux que chez l'homme. Pour les premiers, la moindre sensation cutanée peut en provoquer. Pour l'homme, on ne les produit souvent que par des excitations portées sur la plante des pieds, l'anus, le gland, ou dans le canal de l'urètre. Il faut chez lui une impression plus forte et appliquée sur des régions ayant un appareil sensitif plus perfectionné. Mais les phénomènes réflexes obtenus n'en sont pas moins beaucoup plus intenses que dans l'état normal.

Cette exagération a une grande valeur diagnostique, car elle indique à coup sûr que la transmission au cerveau est interrompue par une lésion organique. Aussi dans les paraplégies fonctionnelles, dans lesquelles la moelle est cependant restée intacte, non-seulement les mouvements volontaires sont abolis, mais les mouvements réflexes sont presque nuls ou tout au moins restent ce qu'ils sont à l'état normal, parce que l'impression provocatrice n'est pas limitée dans sa sphère d'expansion. On voit souvent, dans les maladies de la moelle, les mouvements réflexes, qui ont survécu aux mouvements volontaires, disparaître à leur tour. On peut assurer alors que la lésion a envahi la substance grise du segment caudal. Pour toutes ces raisons, il est important en clinique de rechercher la situation des actes réflexes. On a recours généralement à l'électricité pour chercher à les provoquer. Mars-Hall a eu raison de poser en principe que, toutes les fois qu'on obtient chez les paraplégiques des contractions en électrisant la peau des membres inférieurs, c'est qu'il s'agit d'une paraplégie fonctionnelle ou d'une lésion matérielle très-limitée qui a respecté tout le segment alimentant ces membres; que, du moment où les muscles. ne réagissent plus contre la faradisation localisée, c'est que la lésion a envahi tout le segment caudal. Il est vrai que les muscles portent en eux-mêmes la propriété contractile et que l'électricité peut la mettre en jeu sans le concours du système nerveux. Mais alors il faut agir directement sur les muscles et de plus la contraction reste à peu près limitée au point touché. D'ailleurs, comme les muscles s'altèrent du moment où ils sont plongés dans l'inactivité, ils ont bientôt perdu cette propriété inhérente à leur matière. Il est vrai aussi que le même résultat négatif peut avoir lieu après l'empoisonnement des muscles par le plomb sans que ni la moelle ni les nerfs ne soient malades. Mais nous indiquerons dans la physiologie spéciale les moyens d'éviter l'erreur. Il est vrai, enfin, que les lésions des nerfs moteurs ont aussi le même effet, mais alors on se trouve en présence d'une paralysie toute partielle et non pas en présence d'une paraplégie.

Un phénomène d'exaltation motrice qu'on rencontre fréquemment chez les paraplégiques, c'est celui qu'on désigne par le mot *crampes*. Il consiste dans la contraction violente et continue d'un plus ou moins grand nombre de muscles. Cette contraction dure une ou deux minutes en s'accompagnant de douleurs excessivement vives. Les muscles qui en sont le siége forment une saillie dure et résistante que l'observateur peut apprécier même à distance. C'est là encore un mode particulier de manifestation de l'exagération morbide du pouvoir réflexe sous l'influence d'un processus irritatif.

Chez quelques malades, les membres inférieurs paralysés sont parfois agités passagèrement par des tremblements et même par des secousses convulsives qui se montrent sous la forme de véritables accès. C'est à ces convulsions, qui relèvent exclusivement de la moelle, qui n'envahissent que des muscles animés par des nerfs rachidiens et même que les muscles des membres inférieurs atteints de paralysie volontaire, qu'on doit réserver, suivant Brown Sequard, la désignation d'*épilepsie spinale*. C'est bien là en effet une épilepsie partielle qui, comme cause et comme effets, n'appartient qu'à la moelle et à laquelle les autres centres nerveux ne prennent aucune part. Elle indique encore, comme les crampes, que la substance grise, située au-dessous de la lésion principale, est le siége d'une injection plus ou moins passagère qui a exalté son pouvoir réflexe. Au premier abord, ces convulsions réflexes semblent être tout à fait spontanées. Mais il est probable qu'il y a encore ici, comme toujours, une impression empruntée au contact du lit, ou d'une main, ou d'une tout autre nature. C'est d'autant plus probable que les tremblements surviennent surtout au moment où le malade est mis dans un lit relativement froid, ce qui fait qu'il l'attribue lui-même à une sensation de froid qu'il ne perçoit cependant pas toujours; ou bien lorsqu'on cherche à lui déplacer un membre à l'aide des mains. Ces impressions faibles, qui, dans les conditions ordinaires, seraient tout à fait incapables de provoquer une réaction motrice, le peuvent lorsqu'elles aboutissent à un centre exalté. Il est à remarquer que l'exagération des mouvements réflexes, que les crampes et l'épilepsie spinale se rencontrent surtout chez les sujets atteints d'hyperesthésie ou d'anesthésie douloureuse. L'exaltation du système central sensitif coexiste avec l'exaltation du système central moteur. C'est encore là une application de cette loi qui veut que les mouvements réflexes soient proportionnels à l'intensité des ébranlements sensitifs.

Il y a quelques années, Brown Sequard a démontré qu'on pouvait à volonté créer chez les animaux une maladie convulsive, ressemblant en tous points à l'épilepsie générale ordinaire, en dilacérant avec un scalpel un point de la moelle épinière, soit à la région dorsale, soit à la région lombaire. Quelques semaines après l'opération, des attaques convulsives ont lieu spontanément plusieurs fois par jour, ou une fois au moins tous les deux ou trois jours. On peut en outre en provoquer, n'importe à quel moment, en pinçant simplement la peau au niveau de l'angle de la mâchoire. L'excitation cutanée remplace l'*aura epileptica*, ou plutôt en est une véritable. Quand on n'a lésé qu'un côté de la moelle, c'est de ce côté qu'il faut pincer la peau. Ces attaques consistent en convulsions cloniques de presque tous les muscles de la tête, du tronc et des membres. Elles ne sont pas localisées, comme dans la véritable épilepsie spinale, dans les muscles situés au-dessous de la lésion médullaire. Il y a généralisation des mouvements convulsifs comme dans l'épilepsie ordinaire dont le siége se trouve presque toujours dans l'encéphale. La physionomie de l'attaque est, du reste, identique avec celle de cette épilepsie. Enfin ce qui complète l'analogie ou plutôt l'identité, c'est que pendant chaque accès la sensibilité cutanée semble abolie. C'est donc une véritable épilepsie qui a bien sa cause première et permanente dans la moelle, mais dont les effets ne restent pas limités aux départements musculaires de la moelle. C'est pourquoi Brown Sequard pense qu'on ne doit pas lui appliquer la dénomination d'épilepsie spinale. On rencontre dans l'espèce humaine des faits analogues à ceux que Brown Sequard a artificiellement provoqués. Le sujet de l'observation 8 de notre tableau, qui était atteint d'une plaie de la moelle épinière, eut une première attaque d'épilepsie quelques semaines après la blessure : « Tout à coup, dit l'auteur de la relation, les mâchoires se rapprochèrent spasmodiquement et il fut pris d'une raideur tétanique dans les quatre membres et le tronc, raideur qui dura quelques secondes. Après la raideur, il y eut des secousses épileptiformes pendant près d'une demi-minute dans les membres du côté droit. Les attaques ont eu lieu trois ou quatre fois par semaine pendant plusieurs années. Il n'y en a maintenant que cinq ou six par mois, et elles sont d'une intensité bien moindre. » Ce que peut faire une blessure peut aussi être déterminé par une maladie spontanée. Plusieurs cas d'épilepsie ayant apparu pendant le cours d'affections organiques de la moelle et en ayant suivi toutes les destinées, ont été cités par Olivier d'Anger, Abercrombie, Romberg, Rayer, Hutin. Le docteur Geddings, de Baltimore, en a rapporté un fait dû à une exostose de la deuxième vertèbre cervicale. Je donne des soins en ce moment à une dame semi-paraplégique dont les membres inférieurs offrent des accès de convulsions épileptiformes qui, peu à peu s'étendent à tous les muscles du corps, et à ce moment on a le spectacle d'une véritable attaque d'épilepsie. D'après les autopsies faites jusqu'à présent, ces troubles particuliers du mouvement coïncident surtout avec les altérations de la moitié postérieure de la moelle. Il est probable, sinon certain, qu'à des moments plus ou moins rapprochés, il se fait une congestion assez étendue qui exagère le pouvoir réflexe et qui, en même temps, multiplie l'impressionnabilité des parties sensitives de la moelle. Dans cet état d'exaltation, la titillation due à la lésion organique donne lieu à un ébranlement plus considérable qui se propage bien vite au bulbe et à la partie inférieure de l'encéphale, et dès lors la loi de généralisation que nous avons posée dans l'étude du pouvoir réflexe de la moelle trouve son application.

Quoi qu'il en soit, il est donc bien établi que l'épilepsie proprement dite peut avoir sa cause première et permanente dans la moelle. Mais même quand cette affection puise sa source dans l'encéphale ou ailleurs, la moelle, tout en étant intacte elle-même, intervient forcément dans la production de l'accès. Elle vient inévitablement jouer sa partie dans ce délire des mouvements. Puisque les muscles du tronc et des membres tirent leur force excitatrice des cellules antérieures du segment de la moelle qui leur correspond, évidemment ces muscles ne peuvent entrer en convulsions sans la mise en jeu de ces cellules. Ce qui prouve, du reste, que la moelle préside seule aux convulsions des muscles qui sont de son domaine, c'est qu'un animal décapité en éprouve lorsqu'on lui a introduit sous la peau certaines substances toxiques; c'est qu'un mammifère, qui a la moelle complétement sectionnée en travers, peut même en éprouver dans son train postérieur. Ainsi s'expliquent les tremblements convulsifs que nous avons vus apparaître dans les jambes des individus qui ont un segment de leur moelle complétement détruit par une altération pathologique. Ces membres sont anesthésiés d'une façon absolue, parce que les impressions ne peuvent gagner l'encéphale. Ils sont complétement paralysés du mouvement volontaire, parce que la continuité des fibres encéphaliques est interrompue, et, malgré cela, une excitation cutanée de la jambe peut, par action réflexe exagérée, produire des spasmes musculaires. Dans les maladies convulsives comme dans le fonctionnement normal, le cerveau et la moelle sont solidaires l'un de l'autre. L'encéphale prend part aux troubles de la moelle, comme celle-ci prend part aux siens. L'axe médullaire peut entrer en activité convulsive sous l'excitation d'un nerf crânien comme d'un nerf rachidien, et même sur une incitation qui lui arrive par l'intermédiaire du grand sympathique. C'est ce qui peut arriver sous l'influence de vers intestinaux, de calculs dans les voies urinaires ou hépatiques.

Enfin la coordination que présentent les mouvements convulsifs et qui est toujours la même dans toutes les espèces de crises de ce genre, coordination qui suit même les lois ordinaires de la propagation de l'ébranlement nerveux dans l'axe spinal, prouve encore la participation de la moelle. Les excitations cutanées qui, dans les conditions habituelles, provoquent l'activité motrice des différents segments de la moelle, peuvent aussi provoquer des crises convulsives chez ceux qui y sont prédisposés. Dans tous les cas, elles les exagèrent quand elles existent, et toujours l'exagération ou la production débute d'abord par les muscles qui sont en connexion réflexo-motrice avec le point cutané touché, puis elles se propagent, suivant les lois de Pflüger, pour devenir générales. C'est pour cette raison que les applications d'eau froide ou de sinapismes, que de fausses idées théoriques ont établies dans la pratique médicale, ne font qu'augmenter les convulsions. C'est aussi de l'observation mal comprise de ce fait qu'est né sans doute le préjugé vulgaire qui défend de toucher les enfants pendant les convulsions. On peut ainsi, non pas provoquer des déviations, comme le croient les personnes étrangères à la médecine, mais on peut augmenter le spectacle pénible dont on est témoin. Il est vrai qu'une impression douloureuse forte peut faire cesser des convulsions par épuisement ou plutôt par saisissement, mais les dérivatifs ordinaires ne peuvent jamais avoir cette puissance d'arrêt.

Troubles de l'innervation vaso-motrice et de la calorification. — Ces deux genres de troubles sont naturellement enchaînés l'un à l'autre, puisque les modifications vaso-motrices ont pour résultat de faire varier la quantité de sang en circulation dans une région donnée, et puisque la température d'une partie est toujours en raison à peu près directe de la quantité de sang qui la traverse. Dans les maladies de la moelle il peut se présenter deux cas opposés qui, très-souvent, alternent ou même se mélangent entre eux. Lorsque la lésion est très-avancée et qu'elle a détruit, pour la généralité des physiologistes, les conducteurs vaso-moteurs renfermés dans la moelle, pour moi, les cellules vaso-motrices de cet axe, les vaisseaux animés par ces conducteurs ou ces cellules sont paralysés. Ils se laissent dilater. Il y a afflux de sang plus considérable. D'où plus de coloration et plus de chaleur. Cet accroissement de chaleur s'accompagne presque toujours d'une abondante moiteur qui sert pour ainsi dire de détente à la turgescence sanguine et à l'accumulation de calorique. Les vaisseaux gorgés de sang donnent lieu à une exhalation plus grande de plasma que les glandes sudoripares s'approprient et rendent à la surface sous forme de sueur. Celle-ci, en se vaporisant, dégorge d'autant la partie si surabondamment imprégnée de liquide et de plus, en vertu des lois de la physique, amène une déperdition de calorique. Si, au contraire, il y a irritation, inflammation des parties vaso-motrices de la moelle, les vaisseaux se resserrent. Les colonnes sanguines qu'ils renferment diminuent de diamètre. D'où pâleur, froid et sécheresse de la peau. Il est à remarquer que le système vaso-moteur est organisé de telle façon qu'il provoque des phénomènes qui paraissent actifs (chaleur, rougeur, sueurs), alors qu'il est lui-même plongé dans l'inactivité, alors qu'il est paralysé; tandis que lorsqu'il fonctionne d'une manière exagérée, il semble retirer la vie des régions qu'il anime.

Quand on irrite directement la moelle chez un animal, on peut déterminer un resserrement vasculaire tel que la circulation soit entièrement interrompue. La température des membres, et surtout celle des orteils, diminue plus rapidement qu'après la mort, et l'équilibre s'établit très-vite avec la température de l'atmosphère. Il arrive à un tel degré qu'on peut amputer alors le membre sans qu'il s'écoule une goutte de sang. Les choses ne vont peut-être pas aussi loin dans la pathologie humaine. Toutefois, dans le choléra, l'empoisonnement aigu par l'arsenic et les antimoniaux, le spasme vasculaire peut atteindre un degré très-considérable. Dans tous les cas, c'est à ce resserrement qu'on doit attribuer le froid aux pieds et aux mains dans les maladies de la moelle. D'une manière générale, on peut dire que le refroidissement s'observe surtout au début et l'augmentation de température à la fin des affections médullaires. Mais le froid n'est jamais permanent, même dans les premiers temps, parce que les cellules ne sont pas constamment dans l'état d'exaltation. Un muscle ne saurait être toujours contracté. Sa contraction est à chaque instant coupée par des moments de relâchement. C'est ce qui explique, avec les variations des conditions de rayonnement, les résultats contradictoires que les cliniciens ont rencontrés dans les recherches thermométriques.

Pendant la période d'irritation, la contraction réflexe des vaisseaux obéit beaucoup plus rapidement et beaucoup plus complétement aux influences sensitives. Tholozan a montré qu'à l'état normal ·les vaisseaux sanguins d'une main se contractent considérablement quand l'autre main est plongée dans de l'eau à 1 degré. Dans ces expériences, plus la douleur provoquée par l'eau froide est vive, plus la contraction des vaisseaux de la main non plongée est grande. Chez les malades, dont la moelle est exaltée par un état inflammatoire, la moindre impression de froid ou de contact suffit pour réveiller cette contraction dans une région non directement impressionnée. Quelquefois il suffit d'irriter un point quelconque de la peau pour donner lieu, au loin, à une contraction vasculaire réflexe dans le pavillon de l'oreille dont les vaso-moteurs émanent de la région cilio-spinale.

Dans le cas d'une hémisection de la moelle ou d'une lésion unilatérale de cet organe, la paralysie vaso-motrice a toujours lieu du côté de la lésion, de sorte que, généralement, le membre correspondant à l'altération médullaire se trouve à la fois atteint de paralysie musculaire volontaire, d'hyperesthésie et d'élévation de température, tandis que de l'autre côté existe l'anesthésie. On trouve ici une preuve nouvelle que les nerfs vaso-moteurs sortent avec les racines antérieures et suivent les destinées du mouvement. L'hémisection ou l'altération unilatérale de la moelle n'entraîne pas, à tous les moments, une paralysie vasculaire et une élévation de température. Immédiatement après l'opération chez l'animal ou l'accident chez l'homme, il y a, en effet, dilatation des vaisseaux. Mais il survient ensuite une inflammation dans la partie divisée qui donne lieu, au contraire, à une contraction et au refroidissement. Le fait se présente beaucoup plus fréquemment chez l'homme que chez les animaux, parce que ceux-ci sont moins aptes à la production d'une myélite que nous. Du reste, le spasme vasculaire chez l'homme n'est que temporaire et est bientôt suivi d'une dilation définitive. Au moment où il y a paralysie vasculaire du côté de la lésion, il y a souvent, au contraire, spasme vasculaire de l'autre côté; double phénomène qui tend à augmenter la différence de température entre les deux membres. Au premier abord on est tenté d'attribuer ce résultat à la dilatation des vaisseaux d'un côté qui fait que ce membre accapare plus de sang au détriment de l'autre membre. Mais l'explication n'est pas admissible. En effet, si on applique une ligature sur l'artère iliaque droite d'un chien chez lequel on a divisé la moitié latérale droite de la moelle, la température s'élève à peine à l'extrémité du membre gauche, malgré que la part de sang de l'iliaque droite est presque forcée de se porter sur l'iliaque gauche; ce qui prouve bien, du reste, que les vaisseaux du côté opposé à l'hémisection sont contractés, c'est que l'opérateur est obligé de faire un effort considérable pour y pousser une injection de sang. Les troubles de calorification sont loin d'être constants dans les maladies de la moelle, et quand ils se montrent, le plus souvent l'affection est déjà ancienne. Cela tient peut-être à la situation profonde de la colonne de Jacubowitch. Les altérations destinées à devenir générales débutent rarement par le centre de l'axe gris. Le plus souvent elles procèdent de la périphérie vers l'épendyme, parce que la plupart du temps la cause première de la lésion se trouve dans les méninges ou la colonne vertébrale.

Dans les névroses ou maladies fonctionnelles, les troubles vaso-moteurs qui relèvent de la moelle sont excessivement variables et excessivement mobiles. Brusquement il se fait une bouffée de chaleur dans un point très-limité, tandis que les points ambiants se montrent pâles et refroidis. Un instant après, le froid succède à la chaleur, et la même série de phénomènes peut se répéter un grand nombre de fois ou se produire en même temps dans des régions différentes et plus ou moins éloignées les unes des autres. Cela tient à ce que chaque petit département vasculaire a ses cellules vaso-motrices particulières et à ce que toutes les cellules affectées à un membre ne sont pas en même temps dans un état identique. Les unes peuvent être passagèrement excitées, les autres paralysées. Du reste, la turgescence n'indique pas toujours une paralysie des cellules. Elle peut être due, d'après les déductions qu'on est en droit de tirer de l'idée de MM. Onimus et Legros, à une contraction spasmodique et irrégulière. La congestion, en un mot, peut être active au lieu d'être passive et les deux états peuvent parfaitement coïncider et alterner entre eux dans la même période de la maladie.

La moelle intervient aussi très-probablement avec le reste du système nerveux dans la production du calorique de la fièvre, non-seulement en déterminant une paralysie générale de tous les vaso-moteurs, mais en outre peut-être par une transformation de force. Je viens de toucher, sans le vouloir, à une hypothèse que je développerai dans une autre circonstance. Je crois que dans l'état normal le système nerveux dépense, sous forme de mouvements ou d'autres actions nerveuses, une grande quantité de force provenant en partie des phénomènes de combustion dont l'économie est le siége, et en partie des impulsions extérieures. Dans la fièvre, les combustions continuent et sont même exagérées. M. Hirtz l'a démontré. Mais en même temps il y a collapsus général; tout reste inerte, les muscles, le système nerveux, la pensée elle-même. Tout ce que dépensait le système nerveux, en fait d'équivalent mécanique de la chaleur, reste du calorique qui se répartit partout.

Troubles de nutrition. — Énonçons d'abord les faits, nous les interpréterons après. Les troubles nutritifs qu'engendrent les maladies de la moelle ont été longtemps méconnus à cause du défaut d'investigation. L'esprit humain est ainsi fait qu'il passe à côté des faits les plus clairs et les plus nets sans les apercevoir, jusqu'au jour où le hasard vient éveiller son attention. Du reste, ces maladies ne s'accompagnent pas toujours de troubles de nutrition. Cela tient à ce que toutes les parties de la moelle ne sont pas aptes à les produire. Ainsi, pour les cordons blancs, la pathologie semble avoir démontré qu'ils n'ont aucune influence de ce genre ; ce n'est que lorsque la substance grise est elle-même compromise qu'on les voit apparaître.

Si on laisse de côté les altérations viscérales, encore mal étudiées, du reste, on peut les rapporter à deux systèmes bien distincts : le système sensitif et le système locomoteur.

Celles du système sensitif ou cutané s'accompagnent d'une hypéresthésie très-marquée et souvent même de douleurs excessivement violentes. C'est là un fait que je demande à souligner, comme ayant de la valeur au point de vue de l'interprétation qui suivra. Les plus simples portent sur l'épiderme. On le voit s'épaissir par places et en général sur le trajet des nerfs. Les points épaissis se dessèchent et finissent par se détacher sous forme d'écailles volumineuses qui sont bientôt remplacées par de nouvelles couches épidermiques. Ces plaques, en voie de prolifération et de desquamation incessantes, rappellent tellement l'aspect du psoriasis qu'un médecin allemand a prétendu que ce genre de dartre traduisait toujours une maladie du système nerveux. Il y a incontestablement de l'exagération dans cette pensée. Mais il est à remarquer que Hardy, qui ne pouvait être accusé d'avoir une idée préconçue à ce sujet, a lui-même signalé l'hyperesthésie qui accompagne presque toujours le psoriasis. Chez d'autres malades, la desquamation se montre encore sur le trajet des nerfs, mais elle n'est pas précédée d'une hypertrophie de l'épiderme. Une modification pathologique qui accompagne souvent la desquamation ou qui peut même exister seule, c'est le dépôt de pigment dans les cellules épidermiques, dépôt qui donne lieu à des taches variant du jaune au brun, suivant la quantité de pigment déposé. Beaucoup d'auteurs ont vu cette pigmentation se faire par bandes qui semblaient être les ombres des filets nerveux dont elles photographiaient la distribution. Pour moi, je l'ai toujours rencontrée par plaques plus ou moins grandes siégeant surtout sur la face dorsale de la main ou du pied.

Un second genre de trouble nutritif de la peau consiste dans la production d'un érythème qui occupe toujours une partie sous-jacente au segment de la moelle malade. Les plaques érythémateuses ont, dans ce cas, pour caractères particuliers d'être luisantes, d'une teinte un peu violacée et d'offrir une grande tendance à s'ulcérer. On dirait des engelures. Elles s'accompagnent de fourmillements, de cuissons très-vives. Au moindre contact, le malade pousse des cris. Le simple frôlement des draps le fait souffrir atrocement. Fischer a eu l'occasion d'examiner au microscope la peau ainsi altérée et il a pu s'assurer qu'il se fait alors non pas une simple congestion, mais une véritable inflammation, car le tégument se montre imbibé d'une sérosité qui renferme une grande quantité de leucocytes. De plus, on y trouve des accumulations de ces petites cellules que Wolkmann et Stendiner ont rencontrées dans l'érysipèle. L'érythème se présente encore tout aussi fréquemment sous la forme dite *noueuse.* Le plus souvent il siége alors au niveau des articulations qui sont comme tuméfiées et très-douloureuses. C'est donc la reproduction de ce que les cliniciens appellent l'*érythème noueux rhumatismal.* Quelques auteurs ont même pensé que ce trouble nutritif était dû au transport du rhumatisme sur la moelle ou ses enveloppes. Moi, je suis convaincu que l'axe médullaire, alors même qu'il n'est pas atteint d'une affection organique, intervient toujours dans le mécanisme de l'érythème noueux rhumatismal. Cette maladie apparaît généralement à la suite d'un froid intense ou humide. Il est probable que l'impression cutanée vient ébranler et irriter la moelle qui réagit par ce trouble réflexe de nutrition. Cet hiver, j'ai pu observer dans un village des environs de Nancy une épidémie de cet érythème à marche aiguë. J'ai constaté en même temps chez tous les malades une rachialgie très-prononcée. Quelques-uns ont eu en outre des crampes très-violentes dans les muscles des membres abdominaux.

Lorsque le travail phlegmasique provoqué par la moelle est porté à un plus haut degré, la sérosité des capillaires turgescents transsude à la surface du derme, soulève l'épiderme sur une multitude de petits points en formant de fines vésicules, et l'érythème primitif se transforme en un *eczéma* qui se rapproche de l'espèce que les médecins nomment *rubrum.* Que l'état d'éréthisme de la moelle soit plus grand encore, ce qui se traduit, du reste alors, par des douleurs spontanées très-violentes, l'exhalation se fera avec plus d'énergie; les vésicules formées seront plus grosses et ce sera un *herpès* qui apparaîtra, herpès qui sera disposé le long du trajet des nerfs à la manière du *zona*. Plus rarement enfin, l'exhalation soulève l'épiderme dans une plus grande étendue; les vésicules deviennent des bulles et c'est du *pemphygus* qui se produit. Il siége ordinairement aux jambes, aux talons et aux malléoles. Il se forme très-vite. Dans un cas de fracture de la colonne vértébrale à la région dorsale, observé par Laugier, il apparut dès le quatrième jour après l'accident. Ultérieurement les phlyctènes, au lieu de s'affaisser, peuvent prendre les caractères des bulles de l'*ecthyma*. Leur liquide se trouble, prend une teinte noirâtre sanieuse, puis se concrète sous forme d'une croûte noire et épaisse, au-dessous de laquelle le derme se montre d'un gris noir.

Toutes ces affections cutanées peuvent aussi se rencontrer localement dans le cas de blessure des nerfs, sans que la moelle soit malade. Mais, encore ici, il y a incontestablement intervention de l'axe médullaire, à titre d'action réflexe nutritive. La lésion du nerf vient titiller la moelle qui réagit par une manifestation nutritive. C'est tellement vrai qu'à la suite de ces blessures l'altération cutanée ne se fait pas toujours au niveau du nerf lésé, mais dans l'autre membre sur le trajet du tronc nerveux congénère.

Les annexes de la peau peuvent aussi prendre part aux troubles nutritifs de l'appareil sensitif dont ils font partie, du reste. Les ongles deviennent ternes et d'un brun sale. Ils s'incurvent tantôt dans le sens transversal, tantôt dans le sens longitudinal. Ils finissent par ressembler tout à fait à des griffes. D'autres fois ils se fendillent, deviennent rugueux et jaunâtres. Ils s'épaisissent par places et prennent un aspect crustacé. Quelquefois ils tombent et sont remplacés par de nouvelles productions cornées plus difformes encore. Ou bien, enfin, il se fait une suppuration sous-unguéale qui les détache sans qu'ils se soient déformés auparavant. Les poils eux-mêmes subissent l'influence des maladies de la moelle. Toutes les fois que l'épiderme s'épaissit, les poils se multiplient et deviennent rapidement très-grands. Le fait frappe d'autant plus que très-souvent cette exagération des productions pileuses n'envahit qu'un seul membre. C'est peut-être à tort que le public prétend que l'état velu est l'indice d'un tempérament vigoureux. Car pour l'organisme, la formation de l'épiderme et des poils est presque une excrétion dont les produits restent un certain temps adhérents à la frontière de l'organisme qu'ils vont quitter. C'est une destruction de la matière animale au détriment des parties utiles à la vie. Lorsque l'effort phlegmasique, dont le derme est le siége, est plus considérable et qu'il se produit un érythème ou toute autre affection dartreuse, les poils s'amincissent, au contraire, comme l'épiderme et disparaissent très-vite. Tels sont, Messieurs, les troubles de nutrition qu'on peut observer dans le système sensitif. Demain nous passerons en revue ceux qui appartiennent au système loco-moteur.

TREIZIÈME LEÇON.

Dans l'étude des troubles de nutrition de l'appareil locomoteur, nous étudierons successivement ceux qui concernent les agents actifs et ceux qui siégent dans les agents passifs de la locomotion.

Les muscles ou agents actifs peuvent éprouver deux modes d'altération bien distincts. Ou bien il y a paralysie pure et simple, et les muscles, condamnés à une inaction forcée, s'émacient très-lentement et ne commencent même à le faire que longtemps après le début de la paralysie. Leurs fibres ne fonctionnant plus, le travail d'assimilation et de désassimilation languit de plus en plus. Elles diminuent peu à peu de volume sans toutefois s'altérer dans leur forme et leur structure. C'est une résorption lente de l'organe, identique à celle qu'éprouve le thymus après la septième année de la vie. C'est un organe qui s'annihile au point de vue matériel par ce seul fait que les circonstances l'ont annihilé au point de vue fonctionnel. Ce résultat se produit aussi bien à la suite de l'immobilité artificielle nécessitée par le traitement d'une fracture que dans le cas de paralysie d'origine médullaire. Ou bien l'atrophie se manifeste dès le début de la maladie et commence avant la paralysie. On sent que c'est une atrophie par irritation et non par inaction. Elle s'accompagne toujours de douleurs névralgiques profondes. Sans doute que le travail d'irritation dont les muscles sont le siége retentit sur les nerfs du sens musculaire. Elle devient rapidement considérable. Très-souvent, dans les premiers temps, le muscle est sujet à des contractions toniques ou des frémissements fibrillaires, nouvel indice d'un état d'excitation. Après même la cessation des douleurs névralgiques spontanées, il reste une forte hyperesthésie des muscles. Ceux-ci ne réagissent plus contre l'application de l'électricité à une époque peu avancée de la maladie, tandis que dans l'atrophie passive la contractilité faradique persiste longtemps. L'examen microscopique fait constater, dans les premières phases, une hyperplasie du tissu conjonctif, une prolifération des noyaux du sarcolemme. A ce moment les fibres musculaires ont conservé leur striation. Mais bientôt elles se remplissent de granulations opaques qui, à leur tour, se transforment en granulations graisseuses.

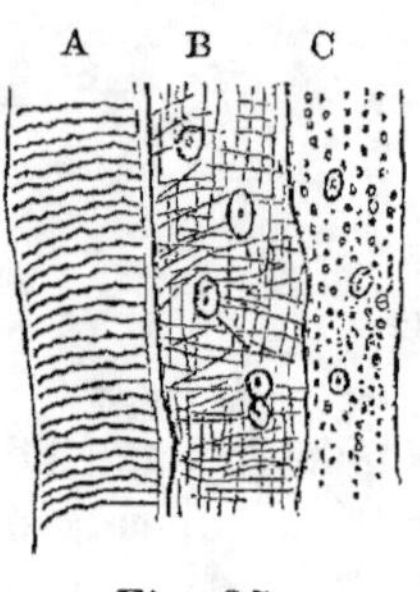

Fig. 25.

A, fibre normale. B, fibre en voie de dégénérescence. C, fibre dégénérée.

Les altérations des agents passifs sont surtout représentées par des *arthropathies* qui ressemblent beaucoup au rhumatisme articulaire à marche subaiguë. Elles envahissent de préférence les articulations des doigts et des orteils. Elles peuvent apparaître une ou deux semaines après le début de la maladie médullaire, mais le plus souvent elles le font beaucoup plus tard. Au niveau des articulations, la peau n'est point rouge et conserve son aspect habituel; mais il y règne une excessive sensibilité et une tuméfaction qui tient à un certain degré d'hydarthrose, à l'épaississement des tissus péri-articulaires, et plus tard au gonflement ostéitique des extrémités articulaires. A une époque plus avancée encore, il se forme des nodosités sur les jointures de la main. Les ligaments s'épaississent; il se forme des fausses membranes; les franges synoviales bourgeonnent, se réunissent à travers la cavité articulaire et produisent ainsi des adhérences qui entraînent une ankylose incomplète. Dans beaucoup d'articulations, il se produit une subluxation qui, commencée par l'épanchement intra-articulaire et le gonflement des extrémités articulaires, s'achève sous l'influence du défaut d'équilibre des muscles antagonistes dont quelques uns s'atrophient. Avant même que M. Charcot n'ait attiré l'attention des médecins sur les arthropathies qui accompagnent certaines maladies de la moelle épinière, j'avais été frappé dans ma pratique des liens de parenté qu'en observant avec attention, on finit par entrevoir entre l'état morbide que les cliniciens appellent *rhumatisme goutteux* et les affections chroniques de l'axe médullaire. Je suis convaincu que bien des cas déclarés rhumatismes goutteux auraient dû être inscrits à l'avoir de la pathologie de la moelle. Dans beaucoup de ces prétendus rhumatismes, en outre des tophus, des gonflements et des déformations des extrémités articulaires que nous venons de voir apparaître dans les maladies franchement spinales, il y a une paralysie musculaire très-incomplète, il est vrai, mais incontestable. L'état des articulations n'explique pas le degré d'impotence observé. Il y a de plus des déviations des doigts et des orteils qui, évidemmment, ne sont pas la conséquence des déformations articulaires, mais de la traction exercée par certains muscles dont les antagonistes sont ou affaiblis ou paralysés.

Dans les affections organiques de la moelle, les leviers osseux ne s'altèrent pas toujours seulement dans leur partie articulaire, mais encore dans leur ensemble. C'est ce qui arrive dans la paralysie infantile où le squelette tend de plus en plus à s'atrophier dans son ensemble.

Le tissu cellulaire, qui n'appartient en propre ni au système sensitif, ni au système locomoteur, peut cependant être rattaché à ce dernier, parce qu'il représente l'atmosphère où s'exécutent les actions musculaires. Chez beaucoup de paraplégiques, il s'empâte par places et vient ainsi gêner les mouvements. Les points empâtés se tuméfient, s'indurent et offrent tous les caractères d'un phlegmon à marche subaiguë qui n'arrive pas à suppuration. Dans d'autres circonstances le travail phlegmasique aboutit à la formation de vastes abcès qui peuvent être multiples. Il est un dernier genre de trouble nutritif d'origine médullaire qui, débutant par la peau, finit par envahir le tissu cellulaire et les muscles, et qui, par conséquent, appartient aux deux systèmes. C'est celui qui aboutit à la formation d'*eschares*. Les eschares, qui ont été signalées de tout temps et par tous les observateurs, peuvent, comme l'atrophie musculaire, se produire dans deux conditions différentes. Chez les vieillards qui depuis longtemps sont paralytiques et condamnés à garder le lit, il se produit au niveau du sacrum des plaques gangréneuses qui sont incontestablement une conséquence mécanique d'une compression prolongée. Dans l'état d'amaigrissement où ces vieillards sont tombés, les vaisseaux de cette région subissent forcément la compression que détermine d'une manière constante le décubitus dorsal. Ils sont là serrés entre deux plans résistants, le sacrum et le lit. Leur lumière s'aplatit et la circulation s'y affaiblit d'autant plus facilement que pour d'autres raisons elle est devenue languissante partout. Les tissus, mal ou point nourris, finissent par se mortifier. L'eschare, qui apparaît alors, aurait tout aussi bien pu se produire dans toute autre circonstance ayant nécessité un séjour prolongé au lit. Mais chez les jeunes sujets on voit souvent survenir très-rapidement des eschares qui ne peuvent plus être attribuées à la compression et qui sont certainement le résultat d'un état inflammatoire de la moelle. Dès 1837, Brodie avait déclaré que, dans ces cas, la pression ne jouait que le rôle de cause occasionnelle, vu qu'elles se produisent presque dès le début de la maladie médullaire, alors que le tissu cellulaire sous-cutané forme encore un coussin protecteur suffisant et que le malade possède encore tous les attributs d'une puissante organisation. Dans le cas de blessure de la moelle, elles peuvent même se montrer dès le deuxième jour. Dans les myélites spontanées, elles apparaissent généralement au bout d'une semaine ou deux; mais on en a vu survenir au bout de quatre jours. D'ailleurs, ce n'est pas seulement au sacrum qu'on les observe, mais encore aux chevilles, alors même qu'on prend toutes les précautions pour éviter le frottement et que l'urine ne peut pas descendre aussi bas.

Voilà, Messieurs, les faits tels qu'ils s'imposent à l'observateur. Cherchons quelles déductions on peut en tirer au point de vue du mode d'intervention de la moelle dans les phénomènes nutritifs. Une chose m'a frappé, dans l'examen minutieux que j'ai fait des détails nécroscopiques de la plupart des observations qui ont été publiées jusqu'à ce jour, c'est que les parties du corps qui servent au mouvement, telles que les os, les articulations et les muscles, s'altèrent toutes les fois que les portions du système nerveux affectées à la motilité sont elles-mêmes malades, et que les parties du corps qui servent à la sensibilité, c'est-à-dire les téguments, s'altèrent, au contraire, lorsque les portions du système nerveux affectées à la sensibilité sont elles-mêmes atteintes. De sorte que pour la moelle on peut poser en principe que la nutrition des agents de la locomotion est surtout sous la dépendance des parties antérieures de la moelle, c'est-à-dire des racines antérieures, des cordons antéro-latéraux et des cornes antérieures, tandis que celle des téguments dépend des parties postérieures de la moelle, c'est-à-dire des cornes postérieures et des racines postérieures. Une seule exception apparente pourrait être opposée à cette loi générale. C'est que, ainsi que l'a établi M. Charcot, les arthropathies se montrent fréquemment dans l'ataxie locomotrice, maladie dont le siége est dans les cordons postérieurs et qui est regardée par beaucoup de médecins comme résultant de la perte de la sensibilité. Mais non-seulement nous avons démontré que les cordons postérieurs ne servent pas à la transmission du sentiment, mais à la coordination du mouvement; non-seulement nous démontrerons que la sensibilité est intacte dans l'ataxie, mais on voit, par la lecture des travaux de M. Charcot, que toutes les fois qu'il y a altération des articulations, la maladie est complexe, et que la sclérose des cordons postérieurs s'accompagne d'une atrophie des cellules antérieures. Nous pouvons donc maintenir la règle posée. Rien que ce fait donne à penser qu'il n'y a pas de cellules trophiques spéciales, car elles devraient se trouver dans la colonne de Jacubowitsch. Sans doute que celles-ci sont uniquement affectées à l'innervation vaso-motrice et aux phénomènes de sensibilité de la vie végétative. Elles sont comme une prolongation du grand sympathique dans la moelle. L'examen des faits semble aussi donner raison à MM. Onimus et Legros. En effet, c'est lorsque les cellules antérieures sont irritées ou paralysées que l'on voit s'altérer successivement les racines antérieures et les muscles, parce que c'est dans cet ordre que s'établit la mise en jeu de ces diverses parlies. Les cellules réveillent l'activité des racines qui réveillent celle des muscles. Les cellules elles-mêmes peuvent être mises en jeu par les fibres encéphaliques qui trouvent leur stimulant dans les corps striés. Voilà pourquoi les dégénérescences secondaires qui surviennent dans les maladies des corps striés envahissent successivement de haut en bas les cordons antéro-latéraux, les cellules antérieures, les racines antérieures et les muscles. Il semble donc que c'est bien l'excès ou le défaut de fonctionnement qui entraîne l'altération de tous ces rouages, du premier au dernier. C'est la reproduction de ce qui se passe chez l'homme entier. L'inertie et l'immobilité sont aussi nuisibles à la santé que l'excès de fatigues. Les premiers amènent la goutte, le diabète, et les seconds épuisent l'économie. Il faut de l'activité; mais il ne faut pas être surmené. Il faut un juste équilibre. Ce qui semblerait bien indiquer aussi que c'est en excitant l'action des muscles que les cellules antérieures ont une influence trophique sur eux, c'est que, si on a soin d'entretenir les mouvements des muscles à l'aide de l'électricité, après la section des nerfs, ces muscles ne s'atrophient pas ou ils reprennent leur volume, s'ils s'étaient antérieurement atrophiés. Il y aurait un complément néces-

saire pour juger d'une manière plus rigoureuse l'opinion de MM. Onimus et Legros, ce serait l'analyse chimique comparative des muscles
altérés par excitations et de ceux qui le sont devenus par suite d'inertie. Il faudrait rechercher si les premiers renferment surtout des produits d'oxydation et les seconds des produits non comburés.

Quant aux altérations des organes sensitifs, la chose est moins nette
au premier abord. L'ordre de la mise en activité est physiologiquement disposé en sens inverse. L'ébranlement commence au tégument.
Il se propage ensuite dans le nerf, puis dans les racines postérieures,
de là dans les cornes postérieures, et enfin dans les couches optiques.
Dans les paralysies du sentiment comme dans l'hyperesthésie, les
altérations sembleraient donc devoir suivre une direction centripète
et non centrifuge et procéder des nerfs aux racines, de celles-ci aux
cornes postérieures, puis aux couches optiques ; ou plutôt elles
devraient commencer à partir du point où une lésion vient interrompre la transmission de l'ébranlement cutané. Car jusque-là les
parties restent en activité latente, c'est-à-dire que l'ébranlement qui
va de la peau à la lésion ne semble pas exister, parce qu'il ne peut
pas aller provoquer un acte réflexe ou un acte de perception qui le
rende manifeste. Il n'en est pas tout à fait ainsi, puisque Valler nous
a montré que le bout de nerf qui est appendu à un ganglion spinal
reste intact, quoiqu'il ne puisse plus recevoir les excitations cutanées.

Mais, au fond, les choses ne se passent peut-être pas exactement
comme on le suppose classiquement. On trouve dans la peau des
cellules nerveuses où viennent aboutir des tubes sensitifs. Quoiqu'on
n'ait pas encore pu le constater d'une manière générale, il est probable qu'il existe un véritable centre nerveux périphérique et que
chaque tube sensitif est un trait d'union entre deux cellules nerveuses, une qui est à l'extrémité cutanée et l'autre à l'extrémité médullaire. Ce sont deux postes télégraphiques qui peuvent l'un et l'autre
recevoir des dépêches et en expédier, en donnant lieu à des courants
tantôt centrifuges, tantôt centripètes. Dans les conditions normales,
le courant est toujours centripète. C'est toujours la cellule cutanée
qui, ébranlée dans sa sphère d'action par un contact quelconque, va,
par l'intermédiaire du nerf sensitif, ébranler la cellule des cornes
postérieures qui, à son tour, ébranlera une cellule cérébrale pour
faire naître la sensation. Mais le courant peut se renverser, et la
cellule cérébrale, ainsi que la cellule médullaire, peut accidentellement, presque pathologiquement, prendre l'initiative et donner ainsi

naissance à ce qu'on appelle une sensation subjective. Mais dans ce cas l'ébranlement, né spontanément dans une cellule médullaire, ne se propage pas seulement au-dessus vers le cerveau, mais encore au-dessous vers la cellule cutanée, de sorte que dans les sensations subjectives comme dans les sensations externes, tout est mis en jeu dans le système sensitif, d'un bout à l'autre. C'est sans doute pour cette raison que dans le cas de sensation subjective le *moi* rapporte toujours à la périphérie la sensation éprouvée. C'est pour cela que le nerf cubital froissé derrière le coude donne lieu à des fourmillements que le moi rapporte aux doigts qu'il anime. Ce sont là, sans doute, des vues hypothétiques exprimées nulle part encore, mais qui sont parfaitement en rapport avec les expériences de boutures nerveuses de MM. Philippeaux et Vulpian, expériences que je vous relaterai dans l'étude du système nerveux périphérique. Au cas particulier qui nous occupe, il est facile de comprendre que les cellules médullaires sensitives, irritées par un état morbide, peuvent ébranler les cellules nerveuses cutanées, absolument comme une cause irritante extérieure; que ces dernières peuvent ainsi être aussi bien surmenées par une cause centrale que par une cause externe, et qu'elles peuvent ainsi, par voie d'irritation extraordinaire, déterminer des troubles nutritifs dans leur département cutané. C'est alors (la comparaison est juste) un sinapisme venant de l'intérieur et non de l'extérieur. Ce qui donne à penser qu'il en est ainsi, c'est que toutes les affections cutanés dues à la moelle épinière sont précédées et accompagnées de douleurs spontanées très-vives et en outre d'une hypéresthésie permanente, indice d'une suractivité morbide. Remarquez en outre que dans le cas d'hypéresthésie, il y a toujours dilatation des vaisseaux et un afflux de sang qui prête la main aux modifications nutritives. Mais il reste toujours l'observation de Valler relativement à l'influence nutritive des ganglions spinaux, qui fait ombre ici et qui empêche de faire ma conviction de l'hypothèse que je viens d'imaginer.

Jusqu'à présent, je n'ai parlé que des troubles nutritifs que la moelle peut déterminer lorsqu'elle est altérée dans sa propre texture. Mais, sans être malade elle-même, elle peut en provoquer par action réflexe, lorsque quelques-uns de ses nerfs sensitifs sont le siége d'une vive irritation. C'est ainsi qu'il faut comprendre les lésions viscérales qui viennent compliquer les brûlures. Sous l'influence des impressions irritantes qu'elle reçoit incessamment de la partie brûlée, la moelle produit par action réflexe des vaso-moteurs des troubles dans un ou plusieurs des viscères contenus dans les trois cavités splanchniques, troubles qui aboutissent à un travail complet d'inflammation. Dans l'abdomen, ces inflammations réflexes se font le plus souvent sur la muqueuse gastro-intestinale. Curling rapporte dix cas d'ulcération du duodénum causée par la brûlure de la peau. Par ordre de fréquence viennent ensuite le péritoine et enfin le foie, la rate. Dans la poitrine, c'est l'ordre inverse qui existe. Le parenchyme du poumon tient le premier rang; la plèvre et le péricarde, le second; et la muqueuse bronchique, le troisième. Dans le crâne, la réflexion se fait plutôt sur les méninges que sur le cerveau.

Quelques-uns ont cherché, il est vrai, à attribuer les lésions viscérales qui surviennent à la suite des brûlures, à l'altération des globules du sang dans la région brûlée; d'autres, à la diminution du fonctionnement cutané qui viendrait troubler l'équilibre et qui nécessiterait une exagération des sécrétions antagonistes. Mais les lésions viscérales peuvent encore se montrer, lorsqu'il n'y a qu'une partie très-restreinte de la peau brûlée, alors, par conséquent, qu'il n'y a eu qu'un très-petit nombre de globules altérés et qu'une suppression insignifiante dans le fonctionnement de la peau. D'ailleurs, ces explications ont le tort de mettre la moelle hors de cause, car Brown Sequard a fait des expériences qui démontrent la nécessité de son intervention.

Il coupa la moelle, chez des animaux, au niveau de la troisième vertèbre lombaire. Il leur brûla la patte avec de l'eau bouillante, les sacrifia au bout de trois ou quatre jours et l'autopsie ne montra aucune modification viscérale. Chez d'autres, il fit la section de la moelle au niveau de la troisième dorsale et deux ou trois jours après la production de la brûlure, il trouva des congestions et même des inflammations viscérales, avec des infiltrations séreuses et des ecchymoses. Il faut donc qu'il y ait un certain segment caudal pour que ces phénomènes morbides réflexes puissent se produire. Comme autres expériences démonstratives, il a coupé, chez deux animaux, le nerf sciatique et le nerf crural. Il a brûlé une patte jusqu'à carbonisation, et il n'y eut aucune trace de congestion intérieure, parce que l'impression irritante ne pouvait plus arriver jusqu'à la moelle. C'est donc bien cet axe qui est l'agent central de toutes les lésions viscérales causées par les irritations cutanées. C'est aussi lui qui est l'agent central de toutes les sympathies morbides que le médecin observe au lit du malade.

Ce qui précède nous amène à rapprocher des troubles de nutrition les modifications morbides que la moelle peut faire éprouver aux sécrétions à titre de centre réflexe. Dans l'état physiologique, une injection d'eau chaude dans le rectum d'un chien, porteur d'une fistule gastrique artificielle, détermine immédiatement une hypersécrétion de suc gastrique considérable. Dans la pathologie humaine, on constate journellement que toutes les causes capables d'irriter les nerfs de l'anus et du rectum retentissent par l'intermédiaire de la moelle sur la sécrétion stomacale et altèrent le suc gastrique au point de rendre la digestion presque impossible. Un individu ayant des vers dans le rectum vomissait à chaque instant une grande quantité de suc gastrique excessivement acide. Après l'expulsion des parasites, les vomissements cessèrent. Whytt dit que la douleur provoquée par les hémorrhoïdes s'accompagne quelquefois de nausées et de défaillance. On sait aussi qu'à l'état normal on peut augmenter la sécrétion du lait par une excitation de l'utérus ou de la muqueuse du vagin. Les Indiens rendent leurs femmes bonnes nourrices en irritant le vagin à l'aide de fumigations de *Jatropha curcas*. La même influence se traduit d'une autre façon lorsque le vagin ou l'utérus sont atteints d'une maladie quelconque. Le lait se supprime ou s'altère dans sa composition et le trait d'union de cette sympathie est encore forcément la moelle, avec le grand sympathique pour intermédiaire. Un dernier exemple encore : un calcul est arrêté dans un uretère, en raison de son volume ou pour toute autre cause. Il irrite les fibres nerveuses sensitives de ce canal. Celles-ci transmettent l'irritation à la moelle épinière qui la réfléchit sur les fibres musculaires des vaisseaux des reins. Ceux-ci se contractent : par suite moins de sang et diminution ou arrêt de la sécrétion urinaire.

Troubles cardiaques. — D'après Olivier d'Angers les diverses affections de la moelle, surtout celles qui siégent dans la région dorsale, s'accompagnent de palpitations et de battements de cœur irréguliers. Dans les myélites aiguës, il arrive souvent, au début, que ces symptômes se présentent avec un certain caractère de continuité. Dans les myélites chroniques, ils se montrent, au contraire, uniquement le matin, au moment où le malade se lève. Olivier attribue ce résultat aux congestions hypostatiques rachidiennes que détermine le décubitus dorsal. Nous n'avons pas lieu d'être surpris de voir survenir des palpitations pendant la période inflammatoire des maladies, puisque le processus irritatif spontané doit agir absolument comme l'excitation provoquée par le scalpel, l'électricité ou l'alcool. Nous avons constaté, en effet, que ces agents exagéraient l'influence accélératrice de la moelle sur le cœur. Si ces palpitations sont loin de se rencontrer chez tous les malades, c'est que les cellules d'origine des filets cardiaques médullaires n'occupent qu'un petit espace et qu'elles ne sont pas toujours dans le foyer inflammatoire. Il est bien probable, d'après les données fournies par les observations pathologiques, qu'elles siégent dans la région dorsale. Toutefois l'existence de troubles cardiaques dans les lésions qui se trouvent en dehors de cette région s'explique encore par ce fait que la moelle influence les battements du cœur, non-seulement d'une manière directe par ses filets cardiaques, mais d'une manière indirecte par ses nerfs vaso-moteurs qui peuvent dilater ou resserrer les vaisseaux, particulièrement les vaisseaux abdominaux. En dilatant le système vasculaire, elle fait le champ libre devant le cœur qui, n'éprouvant que peu de résistance, peut répéter son effort systolique plus souvent. Quant aux irrégularités matinales, qui se remarquent chez presque tous les malades, quel que soit le siége de la lésion, elle s'explique très-bien par cette influence vaso-motrice, plutôt que par la congestion hypostatique invoquée par Olivier. Au réveil et après le passage de la position horizontale à la position verticale, il se fait forcément un dérangement dans l'équilibre de la circulation, et la moelle malade n'arrive à régulariser le rapport qui doit exister entre le système vasculaire et le cœur qu'à l'aide de tâtonnements, d'alternatives de dilatations et de constriction des vaisseaux abdominaux qui accélèrent et ralentissent alternativement les battements du cœur.

De nombreuses expériences de Cl. Bernard ont démontré que dans l'état physiologique, une douleur vive, provoquée en irritant un nerf rachidien, peut arrêter brusquement les mouvements du cœur et même déterminer la mort. Chez l'homme on a vu pareil effet se produire à la suite d'un coup ou de projection d'eau froide sur l'abdomen. Les lésions subites du sympathique abdominal agissent de même. Il s'arrête brusquement, quand on écrase le ganglion semi-lunaire. Du reste, chez l'homme, on voit aussi les douleurs abdominales très-vives causer la syncope. Ce sont ces faits qui avaient conduit les anciens à placer leur *archée* au centre phrénique. On admet généralement que, dans ces circonstances, l'impression douloureuse, qu'elle naisse dans les nerfs rachidiens ou dans le sympathique, est transmise par la moelle au bulbe qui arrête le cœur par l'intermédiaire du pneumo-gastrique. On s'appuie sur ce que la section de la moelle ou du nerf vague empêche la douleur d'avoir le même résultat. Que le pneumo soit un nerf d'arrêt, comme on le veut, ou qu'il cesse ici d'agir par paralysie réflexe, comme je le crois, peu importe; c'est toujours la moelle qui opère la transmission, et lorsqu'elle est à la période d'irritation d'une maladie de sa propre substance, elle peut multiplier les impressions qu'elle transmet : de sorte que l'accident précité est beaucoup plus à craindre dans les affections de la moelle que dans l'état normal.

Troubles de l'appareil de la vision. — Après ce que nous avons dit de l'influence de la région cilio-spinale sur les vaso-moteurs de l'œil et sur les fibres radiées de l'iris, on n'a pas lieu de s'étonner de voir quelquefois des troubles survenir dans l'appareil de la vision pendant le cours des maladies de la moelle. Chez deux des malades inscrits sur notre tableau, les paupières restaient demi-closes. Je ne suis pas tenté d'attribuer ce fait, avec Brown Sequard, exclusivement à une semi-contracture de l'orbiculaire. Il est vrai qu'il y avait une hyperesthésie de la face et que le spasme de l'orbiculaire pouvait bien être déterminé par une action réflexe se passant entre le trijumeau et le facial. Il y a d'autant plus lieu de tenir compte de cet élément qu'il y avait, en même temps, contracture d'autres muscles de la face. Mais je crois que l'occlusion était aussi en partie la conséquence de la turgescence sanguine dont les paupières et l'orbiculaire étaient le siége avec le reste de la face, ces parties relevant toutes de la moelle comme innervation vaso-motrice. Chez l'un d'eux, il y avait en outre congestion et rougeur de la conjonctive ainsi qu'un resserrement de la pupille; les fibres radiées se trouvaient paralysées. Dans l'ataxie locomotrice, on voit souvent des modifications de l'iris qui consistent le plus souvent dans une mydriase. Les radiées seraient donc dans ce cas plutôt surexcitées. Mais il est vrai de dire que dans l'ataxie locomotrice, ainsi que nous le verrons, il y a presque toujours en même temps altération des tubercules quadrijumeaux, de sorte que les troubles visuels ne seraient pas attribuables à la moelle elle-même.

Un Anglais, Clifford Allbutt, a, dans ces derniers temps, appliqué l'emploi de l'ophthalmoscope à l'étude des maladies de la moelle, ainsi que Bouchut l'avait fait antérieurement pour l'étude des maladies de l'encéphale. Sur trente cas de lésions traumatiques de la moelle, il a rencontré huit fois des lésions oculaires consistant en une hypérémie chronique de la rétine. Dans cinq cas de myélite aiguë, siégeant au niveau des dernières vertèbres dorsales, il constata une seule fois

des troubles visuels qui, en outre, n'apparurent qu'après trois mois
de maladie. Enfin, sur neuf malades atteints d'affections chroniques de
la moelle, cinq présentèrent une atrophie du nerf optique. Il a remarqué aussi que l'affection oculaire se montrait à une époque d'autant plus rapprochée que l'altération occupait un point plus élevé de
la moelle. Évidemment la moelle ne peut exercer une influence aussi
éloignée que parce qu'elle préside à l'innervation vaso-motrice du
globe oculaire par l'intermédiaire du grand sympathique. Il est vrai
que la lésion médullaire ne siégeait pas toujours dans la région cilio-
spinale. Mais quels que soient son siége et sa nature, l'altération de
la moelle peut, par action réflexe, retentir sur le fonctionnement de
cette région.

Troubles de la respiration. — Il n'y a pas lieu de s'arrêter sur les
troubles de la respiration. Il suffit de rappeler que c'est la moelle qui
provoque directement, non pas à titre de conducteur, mais à titre de
foyer moteur, la contraction des muscles inspirateurs et expirateurs.
Par conséquent, au fur et à mesure que la lésion envahit les noyaux
d'origine des nerfs intercostaux, du nerf du grand dentelé, du nerf
phrénique, la partie mécanique de la respiration se trouve perdre de
plus en plus de ses moyens d'action et la gêne de la fonction va sans
cesse en augmentant jusqu'au moment où cette fonction est devenue
impossible. Du reste, comme beaucoup d'affections médullaires restent
limitées à la région lombaire, il s'en suit que les troubles respiratoires
ne se manifestent pas.

Troubles urinaires. — Je vous ai dit qu'il y a dans la moelle
deux centres moteurs affectés exclusivement au mécanisme de la
vessie; que l'un d'eux envoie ses filets directement à la vessie, tandis
que l'autre envoie les siens en les faisant préalablement passer par
le sympathique; enfin que, contrairement à l'opinion généralement
admise, le corps et le col reçoivent tous les deux à la fois des filets
de ces deux centres et de ces deux voies. Il est assez difficile de concilier ces nouvelles conditions anatomiques avec ce qui se passe
dans l'état pathologique. Généralement, lorsque le fonctionnement
de la vessie est atteint par les blessures ou par les maladies spontanées de la moelle, il se présente deux phases bien distinctes. Au
début de l'affection, il y a rétention d'urine, ce qu'on explique naturellement par la paralysie du corps avec conservation de la tonicité
et de la contractilité du col. Plus tard, survient de l'incontinence,
qui, du reste, n'est quelquefois qu'apparente et est le résultat d'un

phénomène passif de regorgement, mais qui souvent semble due à une paralysie du col.

Pendant le règne des idées de Bichat, qui faisaient de l'axe cérébro-spinal et du sympathique deux centres essentiellement distincts qui n'étaient reliés entre eux que dans un but d'influence légère et réciproque, ces manifestations pathologiques s'expliquaient parfaitement. La paralysie du col et l'incontinence indiquaient toujours une maladie de la moelle; celle du corps et la rétention, une maladie du sympathique. Vint ensuite une période de réaction qui, comme toujours, dépassa le but. Le sympathique fut dépossédé du pouvoir central et ne fut plus regardé que comme un conducteur complexe de la force nerveuse, créée uniquement par la moelle. L'explication à donner aux faits pathologiques devint un peu plus embarrassante. On s'en tira cependant en disant : Le sphincter, seul, obéit à la volonté et, par conséquent, ses filets nerveux, qui doivent gagner le cerveau, ne font que passer dans les cordons blancs de la moelle. La contraction du corps est involontaire et les filets qui la déterminent s'arrêtent dans la substance grise de la moelle, où ils trouvent leurs cellules d'origine. Les éléments nerveux du corps et du col de la vessie n'ont donc pas la même position dans la moelle; par conséquent, la lésion médullaire peut détruire les uns en respectant les autres. Restait à expliquer pourquoi le corps était toujours paralysé avant le col, même quand la lésion semblait siéger exclusivement dans la substance blanche. A part cette objection, à laquelle on affectait de ne pas accorder l'importance qu'elle méritait, l'esprit général se montrait assez satisfait.

Aujourd'hui, les choses semblent se compliquer encore. Le corps reçoit aussi bien que le col des fibres qui ne passent pas par le sympathique, et tous deux peuvent, par conséquent, subir l'influence de la volonté. Tous deux reçoivent aussi des fibres qui traversent le sympathique où ils se mettent à l'abri de l'action volontaire. Tous deux, par conséquent, peuvent être aussi le siége de contractions réflexes involontaires. Il y a deux centres dans la moelle, l'un est le centre des actions réflexes, l'autre celui des contractions à détente céphalique. Dans l'hypothèse première, il n'y avait de paralysie concomitante du col et du corps que lorsque la lésion s'était étendue transversalement et avait envahi toute l'épaisseur de la moelle. Avec la nouvelle, pour qu'il y ait le même résultat, il faut que l'altération se soit propagée dans le sens vertical et ait détruit les deux centres urino-spinaux. Quand l'un des deux persiste, l'ensemble de la vessie conserve exclusivement ou la contractilité volontaire ou la contractilité réflexe. Dans le premier cas, le malade peut encore résister au besoin d'uriner, mais il y résiste moins que dans l'état normal, puisque le sphincter a perdu une partie de ses filets moteurs. Il peut encore contracter le corps de sa vessie et produire l'expulsion, puisqu'il n'a perdu que ses filets à action réflexe. Mais la contraction est beaucoup plus faible et la miction se fait mal. Avec ces deux forces d'occlusion et d'expulsion plus ou moins inégalement affaiblies, on comprend que le paraplégique puisse avoir tantôt de l'incontinence, tantôt de la rétention, ou un de ces deux phénomènes à l'état incomplet, ou même encore ni l'un ni l'autre. De même, dans le deuxième cas, le résultat ne saurait être absolu. Les fibres réflexes sont toujours là pour donner assez de contractilité inconsciente au corps et le rendre capable de chasser son contenu et aussi assez de contractilité inconsciente au sphincter pour qu'il se crispe, à l'insu de la personne, au contact de l'urine qui veut obéir à l'impulsion reçue. Mais, dans ces dernières conditions, l'incontinence doit certainement dominer, car le sphincter est avant tout volontaire. Enfin il est encore un dernier élément dans le problème, c'est que le sympathique est aussi un centre et qu'il peut encore agir un peu sur le corps et sur le col, alors que la moelle est réduite complétement à l'impuissance. Avec des conditions aussi complexes, on s'explique mieux pourquoi, dans les maladies de la moelle, les paralysies vésicales se présentent avec des formes et des degrés si variables. Là se trouve aussi peut-être une des raisons qui font que la paralysie de la vessie n'a pas toujours lieu chez les paraplégiques. Alors que tous les mouvements sont abolis, le mécanisme de la vessie reste souvent intact. Il en est ainsi toujours, comme nous le verrons, dans la paralysie infantile et dans l'atrophie musculaire progressive. Il y a là, du reste, en outre, une autre cause, c'est que, dans ces deux maladies, la lésion est nettement limitée aux cellules antérieures, et il est probable que les cellules du mouvement à distribution sympathique se trouvent près ou dans la colonne de Jacubowitch.

Si nous jetons un coup d'œil sur notre tableau, nous pouvons voir qu'une blessure amenant une hémi-section plus ou moins complète de la moelle suffit pour déterminer des désordres dans l'émission des urines. Il paraît nous indiquer aussi que les lésions de la moelle lombaire amènent plutôt une rétention, tandis que celles de la moelle cervicale donnent lieu plutôt à l'incontinence. Cela se concilie encore avec ce que nous venons de dire. En effet, la section au cou ne peut détruire que les fibres encéphaliques ou volontaires qui agissent surtout sur le sphincter.

Les troubles urinaires ne portent pas seulement sur l'excrétion, mais encore sur la sécrétion. En général, la quantité d'urine diminue. Chez un malade atteint de fracture de la colonne vertébrale, Brodie ne put retirer que 120 grammes d'urine au bout de vingt-quatre heures. Elle peut même être supppimée totalement pendant un temps plus ou moins long. Le fait fut observé par Diday, à la suite d'une luxation de la 3° cervicale.

Dès le début d'une affection de la moelle, l'urine devient alcaline et l'acidité normale de ce liquide ne reparaît qu'au moment de la guérison. Il ne s'agit pas ici d'une alcalinité due à une décomposition de l'urée, car elle est déjà alcaline à son arrivée dans la vessie.

Elle est excessivement chargée de phosphates terreux, ce qui donne lieu à une incrustation rapide et exagérée des sondes. Le fait signalé par Dupuytren l'a été depuis, avec une plus grande conviction, par Laugier et Robin. A propos des arthropathies dues aux maladies de la moelle, j'ai établi un rapprochement entre ces maladies et un grand nombre d'affections caractérisées *rhumatisme goutteux*. C'est ici le lieu de compléter l'ébauche de la pensée que j'ai émise alors. On voit dans quelques familles et même chez un seul individu apparaître alternativement la goutte, la gravelle et certaines dartres. J'aurai à établir plus tard, à propos du bulbe, les corrélations qui existent non-seulement entre ces trois affections, mais encore entre elles et le diabète. Pour le moment, je tiens seulement à vous faire constater que le bulbe n'est pas le seul centre mis en jeu de ces maladies, que la moelle y prend une certaine part, et que si, en modifiant l'innervation vaso-motrice des articulations, elle peut y faire naître des altérations, elle peut aussi fort bien, par les nerfs vaso-moteurs et peut-être par les nerfs sécréteurs qu'elle fournit aux reins, modifier la composition de l'urine, en donnant lieu surtout à une transsudation plus considérable de substances propres à se disposer en calculs.

On voit quelquefois chez les paraplégiques survenir une légère albuminurie. Du reste, Schif a déterminé artificiellement l'élimination d'albumine par les reins en lésant la moelle dorsale chez les animaux. Ce résultat n'a rien d'étonnant, puisque les troubles vaso-moteurs, que la moelle détermine dans les reins, amènent des changements de pression très-propres à produire l'exosmose de l'albumine du sang. Mais au point de vué de la symptomatologie, comme au point de vue de la gravité, il n'y a pas lieu de confondre cette albuminurie d'origine purement médullaire avec celle dont nous placerons le siége principal dans le bulbe. Ce dernier organe est, pour l'innervation vaso-motrice, ce qu'il est pour la respiration. Il est probablement à cause du nerf de Cyon, le premier moteur de la série d'actions échelonnées le long de la colonne de Jacubowitch, et, par suite, ses altérations peuvent retentir sur toute l'innervation vaso-motrice et, par conséquent, sur les reins. Mais ce n'est pas lui qui anime directement les vaso-moteurs destinés aux reins. Ceux-ci trouvent probablement leurs cellules d'origine dans le segment de la moelle qui correspond à cette région. Aussi les affections de la moelle qui se trouvent intéresser ces cellules peuvent-elles troubler la sécrétion urinaire d'une façon tout à fait directe, sans avoir subi une influence venue de plus haut. Le fait est assez rare, parce que ces cellules échappent plus à l'altération que les cellules des cornes antérieures et postérieures, ce que démontre déjà la rareté des modifications de température. De plus, il faut que la maladie envahisse une région déterminée. Lorsque ce symptôme existe, il indique une altération plus profonde. Mais il n'a pas la gravité qu'il acquiert lorsqu'il dépend d'un état du bulbe, parce qu'alors peuvent se trouver compromises toutes les fonctions indispensables dont est chargé cet organe, et aussi parce que le voisinage de l'encéphale fait que cette partie principale de l'axe peut s'altérer à son tour.

Enfin, l'état de la circulation rénale, dans certaines maladies de la moelle, peut aboutir à une inflammation et à une suppuration du bassinet, de l'urètre et de la vessie. Ces pyélites et ces cystites s'accompagnent de douleurs rénales, douleurs au col et hypogastriques, urines sanguinolentes et purulentes.

Par le même mécanisme, on voit apparaître des hémorrhagies dans les capsules surrénales. Du reste, Brown Sequard, après avoir pratiqué une hémisection de la moelle chez un cochon d'Inde, a constaté la présence d'hémorrhagies dans ces glandes vasculaires sanguines.

Troubles intestinaux. — Les troubles de l'intestin accompagnent généralement ceux de la vessie, ce qui semble indiquer que les nerfs de ces deux organes suivent des voies voisines et aboutissent dans des points rapprochés de la moelle. Comme il s'agit de filets passant par le grand sympathique, il est probable qu'ils émanent des parties centrales et profondes de la substance grise. Cette situation explique pourquoi ces deux organes restent toujours indemnes dans les maladies qui n'intéressent que les cornes antérieures, comme la paralysie infantile. Dans tous les cas, lorsque l'intestin se trouve paralysé par suite d'une maladie de la moelle, il en résulte un défaut de progression du contenu. D'où constipation opiniâtre et tympanite. Plus rarement on voit le sphincter paralysé et donner lieu à l'incontinence des selles. Cette paralysie doit théoriquement faire admettre une altération des fibres encéphaliques et, par conséquent, des cordons latéraux.

Troubles génitaux. — On a pu être étonné de voir des paraplégiques pouvoir, alors qu'ils étaient tout à fait perclus de leurs membres inférieurs, entrer en érection, pratiquer le coït et obtenir des éjaculations. Cette conservation de la puissance génitale ne tient pas toujours à ce que la lésion qui a détruit les fibres encéphaliques locomotrices, a respecté celles qui réunissent les organes génitaux à l'encéphale, d'autant plus que ces rapports sexuels ont lieu le plus souvent sans provoquer de sensations. Cela prouve seulement qu'il existe bien dans la moelle un centre génito-spinal qui peut encore fonctionner, par action réflexe, lorsque toute relation a cessé d'exister entre lui et le cerveau. L'expérimentation en a montré la possibilité chez les animaux. Brachet et Brown Sequard ont constaté, chez plusieurs espèces d'animaux, que, très-peu de temps après la section de la moelle au dos, les mâles se livrent au coït et peuvent même féconder des femelles non opérées. Le résultat n'est pas le même quand la section a été faite sur la femelle. Le coït est possible, puisqu'elle peut rester passive dans cet acte; mais jusqu'ici la fécondation n'a pas été observée.

Lorsque l'altération existe en dehors de la colonne de Jacubowitch, qui anime l'utérus, ou au-dessus, celui-ci peut opérer l'accouchement avec la plus grande énergie, même chez les femmes qui sont atteintes de la paraplégie la plus complète. L'utérus se trouve, en effet, avoir son système nerveux au complet, le sympathique avec la partie correspondante de la moelle. Mais, comme par suite de l'altération d'une zone située plus ou moins haut au-dessus, les impressions douloureuses nées dans les organes génitaux sont arrêtées là et ne peuvent plus gagner l'encéphale, on assiste à ce singulier spectacle d'une femme qui accouche sans la moindre douleur. On cite des accouchées qui ne se sont aperçues de ce qui venait de se passer qu'en entendant les cris de l'enfant et en constatant l'affaissement de leur abdomen.

Les médecins ont une tendance presque générale à regarder les pollutions nocturnes et diurnes comme l'expression d'un affaiblissement. Lorsque ces pollutions sont sans sensation, c'est pour eux le signe du plus haut degré d'affaiblissement. C'est tout au moins être trop exclusif. C'est même une erreur, lorsqu'il s'agit d'une affection de la moelle épinière. Les évacuations multipliées sont, au contraire, le résultat d'une surexcitation du centre génito-spinal. La présence d'une très-petite quantité de sperme dans les vésicules séminales, envoie à ce centre une impression qui suffit dans ces conditions pour provoquer un spasme réflexe capable de vaincre la résistance des canaux éjaculateurs, qui ne sont pas le moins du monde paralysés. C'est comme dans les cystites, où la plus petite goutte d'urine suffit pour provoquer un impérieux besoin d'uriner. C'est tellement vrai, que ces pollutions ne se montrent qu'au début des maladies de la moelle, c'est-à-dire pendant la période inflammatoire ou irritative, tandis qu'elles cessent tout à fait plus tard, lorsque la lésion a détruit le centre, c'est-à-dire au moment où la faiblesse aurait plus le droit d'être invoquée. Les pollutions sans sensations indiquent un degré intermédiaire d'altération matérielle. Le centre est respecté ou n'est qu'irrité, et il peut encore agir par phénomènes purement réflexes. Il n'y a de supprimé complétement dans un point quelconque au-dessus, que les fibres qui relient ce centre à l'encéphale. Les impressions nées dans les organes génitaux peuvent encore y arriver et s'y réfléchir avec d'autant plus d'intensité qu'il est plus irrité. Mais elles ne peuvent plus passer au delà et arriver jusqu'à la conscience.

Dans une forme moins grave et qui n'implique pas l'existence d'une lésion organique, tout au moins définitive, les érections peuvent encore se produire, surtout pendant la nuit, mécaniquement, par le fait de la compression due à l'accumulation de l'urine dans la vessie. Mais, au moment du coït, elles sont toujours très-faibles. De plus, très-souvent, l'éjaculation a lieu avant l'introduction de la verge dans le vagin. Généralement cet acte n'indique qu'un épuisement plus ou moins prolongé du centre génito-spinal par des abus vénériens ou des pertes séminales. D'autres fois, il est la conséquence d'une anesthésie de toute la région cutanée des organes génitaux. Le stimulus que doit apporter l'impression cutanée manque ou est insuffisant.

Lorsqu'il y a impossibilité absolue d'érection, même la nuit, on peut assurer qu'il y a réellement lésion grave de la moelle, ayant détruit complétement le centre génito-spinal, et il y a impossibilité de guérison pour le symptôme.

Troubles de la locomotion. — Ils ne donnent lieu à aucune remarque générale. Ou bien la marche est rendue lente et gênée par une semi-paralysie du mouvement, ou bien elle est rendue complétement impossible par une paralysie absolue, ou bien elle s'exécute avec désordre, parce qu'elle manque de coordination. Dans ce dernier cas, elle traduit une maladie spéciale qui trouvera sa place dans l'analyse particulière des maladies de la moelle.

Messieurs, les données générales qui précèdent suffiraient au besoin pour vous faire comprendre le mécanisme physiologique de tous les phénomènes que l'on peut observer dans les maladies de la moelle. Ce sont même les seules qu'il convient de présenter, relativement aux tumeurs, aux hémorrhagies et à ces maladies, à aspect tout à fait inconstant, que l'on comprend sous le nom de myélites diffuses. Mais il faut convenir qu'on rencontre des affections, à physionomie tout à fait caractéristique et à peu près constante, qui semblent se spécialiser à la fois par leur symptomatologie et par leur siége exclusif. Nous ferons le procès de toutes ces entités morbides, non-seulement de celles qui ont déjà reçu leurs lettres de naturalisation, mais même de celles qui sont encore en instance pour obtenir leur admission, dans la seconde partie de cette analyse physiologique que nous sommes convenu d'intituler : *Physiologie pathologique spéciale.* Elle comprendra deux catégories de maladies : celles qui se présentent avec des altérations de la moelle, et celles dont la lésion possible a échappé jusqu'alors à l'investigation. Pour les affections matérielles, nous les grouperons d'après leur siége. Ce mode de groupement est évidemment le plus physiologique, puisqu'il sera basé sur les rôles respectifs des diverses parties de la moelle. C'est ainsi que nous aurons à examiner successivement :

1° Les maladies de la substance grise, qui se distinguent elles-mêmes en maladies des cornes antérieures, comprenant : la *paralysie infantile* et l'*atrophie musculaire progressive*, en regard de laquelle nous mettrons la *paralysie pseudo-hypertrophique* de Duchenne, dont la nature nerveuse est plus que douteuse ; en maladies des cornes postérieures, où nous tenterons de placer la *chorée*, en ce qui concerne la part de la moelle dans cette affection.

2° Les maladies de la substance blanche, comprenant : l'*ataxie locomotrice* ou sclérose des cordons postérieurs et les scléroses des cordons antéro-latéraux.

Dans l'étude des maladies fonctionnelles, trouveront place : les *paraplégies dites réflexes*, dont le mécanisme physiologique soulèvera des questions du plus haut intérêt ; les *paraplégies* d'origine toxique ; celles qui sont consécutives à certaines maladies aiguës et qu'on nomme, avec plus ou moins de raison, *exanthématiques* ; celles qui relèvent d'un état du sang ; celles qui sont dues à un état cachectique. Enfin, nous toucherons à quelques-unes des névroses générales auxquelles la moelle prend une certaine part.

QUATORZIÈME LEÇON.

Physiologie et Anatomie pathologiques spéciales.

Messieurs,

Dans la physiologie pathologique spéciale, nous ferons précéder l'analyse physiologique de chaque entité morbide d'une description très-sommaire ayant pour but de réveiller en vous des souvenirs que vous avez dû acquérir dans d'autres cours.

MALADIES DE LA SUBSTANCE GRISE.

MALADIES DES CORNES ANTÉRIEURES.

Paralysie infantile.

Sommaire descriptif. — Au milieu des meilleures conditions de santé, éclate chez l'enfant, subitement et sans causes appréciables, un état fébrile s'accompagnant des signes d'une hypérémie cérébrale. Exceptionnellement on observe au début des phénomènes convulsifs. Le plus souvent il y a simplement un collapsus général que l'on est tenté de mettre sur le compte de la fièvre. Lorsque celle-ci cesse, on constate avec étonnement l'existence d'une paralysie complète de tous les mouvements volontaires, avec conservation de la sensibilité. Jamais il ne se produit de troubles dans la motilité de la vessie et de l'intestin. Un certain nombre de muscles reviennent, au bout d'un temps variable, à leur fonctionnement normal : mais la plupart restent complétement paralysés. Les membres se montrent flasques et perdent de plus en plus de leur volume primitif. La peau, le tissu cellulaire, les muscles, les os eux-mêmes vont sans cesse en s'atrophiant. Il y a un abaissement de température qui est surtout très-prononcé aux extrémités. La peau y prend une teinte livide qui rappelle l'aspect des engelures. Le retour à l'état normal de quelques-uns des muscles a pour fâcheux résultats de détruire l'équilibre établi entre les antagonistes. De là naissent successivement une série de déformations du rachis, des genoux et des pieds, et même des luxations spontanées.

Après la mort, qui quelquefois est longue à se produire, vu le jeu à peu près régulier des fonctions végétatives, on constate :

1° Que les muscles, dont les fibres se sont atrophiées sans éprouver elles-mêmes la dégénérescence graisseuse, sont en grande partie remplacés par du tissu adipeux qui s'est peu à peu substitué à leurs faisceaux en voie de résorption ;

2° Que les nerfs moteurs ne sont plus composés que de tubes atrophiés et ayant éprouvé la dégénération graisseuse ;

3° Que les tubes des cordons antéro-latéraux sont aussi atrophiés et dégénérés, tandis que la névroglie ambiante est plutôt hypertrophiée et se montre en outre très-riche en corpuscules amyloïdes ;

4° Que la lésion principale et primitive semble résider dans les cornes antérieures. Ainsi que l'a établi Vulpian, elle se traduit à l'œil nu par une diminution de volume considérable et par une déformation des plus accentuées. Au microscope, on reconnaît que toutes les cellules de la colonne motrice sont atrophiées et en voie de destruction. Par places souvent très-étendues, elles ont complétement disparu et sont remplacées par une substance transparente finement grenue. Une chose digne de remarque, c'est que les racines sont d'autant plus dégénérées qu'elles correspondent à des points plus altérés des cornes antérieures.

Analyse physiologique. — Cette maladie, qui a frappé et frappe tous les observateurs par son cachet réellement spécial, a été regardée autrefois comme étant de nature purement fonctionnelle, c'est-à-dire comme n'étant pas le résultat d'une altération matérielle primitive ; c'est sous l'influence de cette idée qu'on lui a donné le nom de *Paralysie essentielle* qu'adoptent encore, du reste, un certain nombre de médecins, et qui figure même dans le traité de MM. Rillet et Barthez. Mais aujourd'hui cette opinion est devenue insoutenable pour tous ceux qui se tiennent au courant des progrès de la science. Les altérations signalées à la fin du sommaire descriptif n'ont échappé aux premiers observateurs qu'à cause du soin généralement trop peu minutieux qu'on apporte dans les autopsies. La nature matérielle de l'affection étant reconnue, étant admis aussi qu'il y a à la fois des modifications de tissus, et dans les muscles, et dans les nerfs, et dans la moelle, on peut encore varier d'opinion sur le point de départ de cette série de lésions.

Bierbaum, qui ne livre pas sa pensée d'une façon très-claire, semble placer l'origine de la maladie dans l'extrémité périphérique des nerfs.

Un homme d'une grande autorité, M. Bouchut, la place dans le système musculaire lui-même. Ce seraient les muscles qui s'altéreraient les premiers. Les lésions des nerfs et de la moelle, quand elles existeraient, seraient simplement secondaires. C'est dans cette vue qu'il a donné à la paralysie infantile le nom de paralysie myogénétique, nom qu'il a remplacé depuis par celui d'*amyotrophique*. Il la regarde comme une affection de nature rhumatismale. Il a été conduit à cette interprétation par l'influence que le froid semble exercer sur le développement de cette maladie et par l'existence de douleurs locales excessivement vives. Mais la cause invoquée et ces douleurs font souvent défaut. D'ailleurs ces faits seraient-ils constants que pour nous ils ne sauraient avoir la signification que M. Bouchut veut bien leur accorder, puisque nous savons que les maladies de la moelle peuvent donner lieu à des troubles de sensibilité et de nutrition qui simulent parfaitement les affections rhumatismales. Il se base surtout sur ce qu'on pourrait faire contracter les muscles, en électrisant la peau, jusqu'au moment où ils sont assez altérés pour avoir perdu toutes leurs propriétés de tissus ; et il fait observer, non sans raison, que la chose serait impossible si les centres nerveux étaient devenus incapables de fonctionner. En effet, toute contraction réflexe provoquée par l'électrisation des nerfs sensitifs suppose l'intervention et, par conséquent, l'intégrité des cellules motrices qui deviennent le centre de réflexion. Mais outre qu'il est bien difficile d'assurer, quoi qu'on en dise, que l'électricité appliquée sur les téguments ne peut pas se propager et aller agir directement sur les muscles, je crois que Duchenne a eu raison de déclarer que dans la paralysie infantile on n'obtient pas tout justement de contractions réflexes. Il en a été ainsi dans les quelques cas que j'ai rencontrés. Je soigne en ce moment une petite fille chez laquelle je n'ai pas pu réveiller la contractilité musculaire, même au début, alors que certainement les muscles n'étaient pas encore altérés. De ce que l'atrophie s'établit lentement et longtemps après l'apparition de la paralysie, de ce qu'elle consiste pour les muscles en une véritable substitution graisseuse et non en une dégénérescence graisseuse des fibres musculaires qui se réduisent et disparaissent simplement par résorption, on est en droit de conclure que l'altération de l'appareil locomoteur est ici un effet et non une cause. D'ailleurs Parrot a rapporté une observation qui, à elle seule, a plus de puissance que tous les raisonnements. Chez un enfant, dont il a pu faire l'autopsie peu de temps après le début de la maladie, l'altération de la moelle était complète et les muscles étaient intacts. Il n'y avait pas le moindre indice d'un travail de prolifération ou d'une transformation granulo-graisseuse. Ajoutons enfin que la rachialgie, les mouvements choréiques ou tétaniques, que l'on observe quelquefois au début de la paralysie infantile, viennent encore plaider en faveur d'une origine médullaire.

Cette origine acceptée, il reste à circonscrire dans la moelle même la lésion initiale. Cornil, tout au moins à une certaine époque, a attribué la maladie à une atrophie des cordons antéro-latéraux. Mais depuis que l'attention a été attirée sur l'état des cornes antérieures, on s'est aperçu que leur altération est beaucoup plus constante, beaucoup plus générale, beaucoup plus complète que celle des cordons. Aussi la localisation dans les cellules motrices compte-t-elle aujourd'hui le plus de partisans. Pour moi en particulier, je ne suis pas aussi exclusif. J'admets très-bien que les cornes antérieures sont malades dès le début, qu'elles surtout sont le siége de l'altération la plus profonde et la plus irrémédiable; mais je crois, d'après ce dont j'ai été témoin, que dans les premiers jours de la maladie, tout l'axe cérébro-spinal est mis en cause; que les portions encéphaliques ne vont pas au delà d'une période purement congestionnelle qui se dissipe rapidement, tandis que les cornes antérieures arrivent presque toujours à un véritable état de destruction. Ce qui prouve l'intervention de l'encéphale, c'est que le facial peut aussi être momentanément paralysé. C'est l'apparition encore assez fréquente de convulsions initiales; car c'est dans la protubérance, les corps striés et le cervelet, que nous trouverons les tendances aux manifestations convulsives. C'est qu'on observe aussi des troubles de la respiration et de la cyanose, ce qui implique des aberrations dans le fonctionnement du bulbe. C'est enfin qu'il se présente parfois des troubles cérébraux consistant en un assoupissement presque comateux, en strabisme et en modifications de la pupille. Aussi Heine, qui, avec Duchenne, est le plus convaincu de la nature spinale de la paralysie infantile, s'est-il vu forcé d'admettre en outre une variété cérébrale.

Cette réserve faite, il est incontestable que la destruction de la plus grande partie des cellules des cornes antérieures de la moelle constitue la caractéristique anatomique de la paralysie infantile. Une pareille destruction ne doit pas être possible exclusivement pendant la période de l'enfance. Elle doit pouvoir se produire aussi chez l'adulte. Pourquoi donc n'observe-t-on pas chez ce dernier une symptomatologie identique? Pourquoi l'affection qui nous occupe semble-t-elle être l'apanage de l'enfant? Brunniche a fait à cet égard une remarque très-judicieuse, mais que sa plume a laissée à l'état de germe et dont il n'a pas su tirer tout le parti possible. Il a dit que pendant la première enfance le système nerveux présentait des conditions particulières qui ne se rencontraient pas chez l'homme fait, et que ce sont ces conditions particulières qui donnent à la paralysie un cachet spécial et en font une entité morbide bien distincte. La sphère d'activité n'est pas tout à fait la même chez l'enfant et chez l'adulte. Chez ce dernier l'intelligence joue le rôle capital et s'approprie, comme aliments d'excitation, toutes les impressions ressenties. Chez l'enfant l'intelligence se meut dans un cercle beaucoup plus restreint. Elle est moins développée et d'un fonctionnement moins étendu. Par contre, les réactions motrices sont plus vives chez lui. Chaque impression tend à réveiller le pouvoir réflexe qui, à cet âge, est beaucoup plus considérable. Elle suscite chez lui des mouvements, tandis que chez l'homme elle fait plutôt naître des idées. De plus, la volonté peut, à l'âge adulte, retenir des mouvements que la machine-enfant subit, parce que ce frein lui manque. C'est pour cela que les convulsions surviennent dans l'enfance à la moindre occasion, tandis qu'elles sont très-rares chez l'homme. En un mot, chez l'enfant, la partie motrice du système nerveux a plus de vitalité que la partie intellectuelle, aussi absorbe-t-elle à son profit toutes les forces vives de l'économie. Mais si elle a plus d'aptitude à s'exalter, à se convulser, elle doit aussi avoir plus d'aptitude à obéir aux influences paralysantes et aux causes de destruction. Il faut évidemment des conditions de ce genre pour que tout d'un coup la presque totalité des cellules motrices s'altèrent et se détruisent sous l'influence d'une cause qui, chez l'adulte, n'aurait eu qu'un retentissement très-limité. Il faut en outre, pour ainsi dire, un terrain tendre, un terrain à mouvements moléculaires rapides, pour que des modifications nutritives aussi profondes se produisent dans un laps de temps si court. Ce sont tout justement cette prompte généralisation et cette prompte destruction qui donnent à la paralysie infantile son aspect particulier. L'anatomie pathologique nous montre, en effet, que les cellules des cornes antérieures de l'adulte sont aussi susceptibles de s'atrophier et de se fondre en une matière granuleuse. Mais elles le font lentement et dans un espace très-circonscrit. Aussi, chez lui, il en résulte une paraplégie ordinaire, une myélite dont la marche et la symptomatologie se trouvent toutes tracées par les généralités que nous avons présentées. Il n'y a plus une entité à physionomie fixe et constante, mais un état morbide de la moelle qui peut varier à l'infini suivant que la lésion rayonne dans telle ou telle direction, gagne transversalement les cordons postérieurs ou antérieurs, ou s'étend plus ou moins loin dans le sens vertical. Cependant Duchenne admet pour l'adulte une paralysie identique en tous points avec celle de l'enfance et il la décrit sous le nom de *paralysie spinale antérieure aiguë* de l'adulte. Mais le seul fait qui puisse réellement être assimilé à la paralysie infantile est celui que M. Liouville a observé dans le service de M. Ball, et encore il s'agissait d'un jeune homme qui avait conservé tous les attributs physiques et intellectuels de la première enfance, de sorte que le terrain avait conservé les conditions particulières propres au développement de l'affection.

C'est parce que les centres nerveux peuvent se troubler chez l'enfant sous la moindre influence que l'étiologie de la paralysie infantile est si vague et ne signale que des causes qui, au premier abord, paraissent trop insignifiantes pour pouvoir être acceptées. Ainsi on mentionne surtout la dentition. Cette cause peut parfaitement être admise comme étant réelle. Elle est capable, on ne saurait le nier, de provoquer des convulsions réflexes. Elle peut, par conséquent, produire aussi l'inverse, c'est-à-dire une paralysie réflexe. Quand nous établirons expérimentalement le mécanisme des paralysies réflexes chez l'adulte, nous verrons que l'impression périphérique détermine très-probablement une contraction réflexe des fibres musculaires des vaisseaux de la moelle et, par suite, une anémie dont la conséquence est l'impossibilité des manifestations motrices. L'irritabilité des vaso-moteurs de la moelle est encore plus marquée chez l'enfant que chez l'adulte. Une douleur vive et permanente, comme celle que provoque la dentition, peut très-bien déterminer soit une contraction générale des vaisseaux de la moelle, et comme résultat un arrêt plus ou moins complet de la nutrition du tissu médullaire, soit une contraction irrégulière et spasmodique et comme résultat un travail inflammatoire. Dans l'un et l'autre cas, le tissu finit par s'altérer et se détruire, soit par défaut, soit par excès et déviation de la nutrition. Ces conséquences se produisent surtout dans la partie motrice, parce que c'est elle qui offre le plus d'activité. On comprend aussi que cette modification réflexe des vaso-moteurs de la moelle puisse n'être que passagère et que la paralysie se guérisse rapidement comme cela se voit souvent. On comprend surtout, comme cela arrive toujours, que tous les muscles ne soient pas définitivement paralysés, que quelques-uns retrouvent au bout de plusieurs jours la motilité perdue. Avec ce mécanisme on s'explique très-bien que l'affection ne soit pas toujours étendue à tous les muscles qui sont animés par la moelle et qu'elle ne porte parfois que sur certains groupes musculaires; que, par contre, elle envahisse aussi l'encéphale qui paraît, du reste, pouvoir secouer plus rapidement cette influence réflexe que la moelle; qu'on ait rencontré dans certains cas des signes de méningite, vu que l'action réflexe peut aussi bien retentir sur les vaisseaux des méninges; enfin qu'on ait pu observer des mouvements choréiformes, car le trouble vasculaire peut gagner les cornes postérieures, et nous verrons que la chorée semble être due à une lésion de cette région.

Il est probable aussi que lorsqu'il y a des convulsions ou des contractures au début, cela tient à ce que l'impression irritante a produit tout d'abord une influence réflexe sur les centres moteurs avant d'agir sur les centres vaso-moteurs.

Des causes, qui peuvent avoir le même retentissement et qui cependant sont moins puissantes que la précédente, sont une pression exercée à un titre quelconque sur un tronc nerveux, la présence de vers intestinaux, l'irritation des parties génitales par des oxyures, des troubles gastriques, le froid et même l'insolation dont j'ai vu dernièrement un exemple incontestable. Dans toutes ces circonstances, c'est toujours une paralysie du mouvement par action réflexe, mais qui ne ressemble pas aux paralysies réflexes de l'adulte, parce que le terrain est différent.

Les troubles de nutrition qui surviennent ultérieurement dans le système locomoteur, muscles et os, s'expliquent très-bien par l'altération des cellules des cornes antérieures. Ce résultat s'accorde à la fois avec la théorie trophique de Valler et avec l'interprétation nutritive d'Onimus et Legros. Si les cellules des cornes antérieures représentent les centres trophiques des organes qu'elles sont destinées à mettre en mouvement, on comprend qu'elles entraînent, en même temps que la paralysie musculaire, des troubles de nutrition et dans les muscles et dans les os. D'autre part, avec l'idée d'une simple influence excitatrice, on s'explique aussi que le défaut d'excitation, en condamnant les os et les muscles à une inaction permanente, les voue par le fait à une atrophie sans cesse croissante.

Dans l'une et l'autre théorie, l'altération consécutive ne devrait porter que sur l'appareil locomoteur, les nerfs et les racines antérieures. Les fibres encéphaliques, c'est-à-dire les fibres propres des cordons antéro-latéraux devraient être indemnes, puisque leur centre trophique ou leur foyer de stimulation se trouve plus haut dans le corps strié, et cependant elles peuvent s'altérer, puisque Cornil a voulu en faire le siège principal de l'affection. Mais l'altération de ces cordons est loin d'être constante. En outre, ils ne sont pas exclusivement formés par les fibres encéphaliques. Il y a aussi des fibres en anse qui plongent par leur deux extrémités dans la moelle et qui doivent y trouver leurs centres trophiques et qui, comme les racines, doivent subir les conséquences du défaut d'action de la moelle. D'autre part, cela peut tenir à ce que l'encéphale subit souvent lui-même le trouble vaso-moteur. Enfin on s'est montré trop exclusif en disant que le trouble réflexe ne retentit que sur les cornes antérieures. Evidemment il peut parfois se faire sentir directement dans les cordons. C'est pour cette raison que Cornil y a rencontré non pas des traces d'un défaut d'action, mais des signes d'un travail prolifératif, multiplication des noyaux de la névroglie et production abondante de corps amyloïdes.

L'atrophie des muscles n'est peut-être pas seulement la conséquence du défaut de mouvement, mais peut-être encore d'un défaut de circulation, car on constate un abaissement de température qui indique que le fonctionnement des nerfs vaso-moteurs des membres est lui-même altéré.

Une chose bien remarquable, c'est qu'on n'observe jamais dans la paralysie infantile d'escarres, ni de lésions quelconque de la peau, ce qui prouve bien que l'appareil sensitif est, sous le rapport de la nutrition, soumis aux cornes postérieures qui seules restent intactes au cas particulier. Remarquons aussi qu'il n'y a jamais de troubles mécaniques dans le fonctionnement de la vessie et de l'intestin, ce qui semble indiquer que les cellules qui animent la partie musculeuse de ces réservoirs sont situées probablement plus profondément que celles qui animent les muscles des membres.

En résumé, la paralysie infantile résulte plus spécialement d'une destruction ou d'une atrophie des cellules des cornes antérieures. Quoiqu'une destruction analogue puisse se rencontrer chez l'adulte, il y a cependant lieu d'en faire une entité morbide, à cause de la rapidité avec laquelle cette altération se produit et se généralise chez l'enfant, rapidité qui communique réellement à sa symptomatologie une physionomie spéciale. Quant au mécanisme de cette destruction, il semble consister le plus souvent en un trouble se produisant, par action réflexe, dans la vascularisation des cornes antérieures, sous l'influence d'une impression sensitive variable dans sa nature.

Atrophie musculaire progressive.

Sommaire descriptif. — Au début le malade éprouve, dans un certain nombre de muscles, un sentiment de faiblesse. Comme il n'en résulte d'abord qu'une simple gêne pour l'exécution des mouvements dont ces muscles sont chargés, il ne s'en préoccupe que médiocrement. Mais peu à peu la faiblesse augmente et la gêne finit par devenir une véritable impossibilité. Au fur et à mesure que le mouvement perd de sa force et de son étendue, on voit, même à travers la peau, que le muscle perd de plus en plus de son volume primitif. On assiste à son atrophie progressive et bientôt là où le muscle faisait une saillie qui soulevait le tégument, on n'aperçoit et on ne sent plus qu'un vide. Mais tant qu'il reste un faisceau à peu près intact, il obéit à la volonté. Quand le malade le veut, il se contracte autant que le lui permettent ses faibles moyens. Il semble, pour l'observateur, que c'est le muscle qui fait défaut et non le système nerveux. De même, tant qu'il reste du muscle, l'électricité met ses débris en contraction. Avant de disparaître, chaque faisceau est longtemps le siége de contractions fibrillaires spontanées qui se répètent d'une manière intermittente. On dirait que le muscle est soumis constamment à une série de petites décharges électriques. Ces crispations spasmodiques communiquent un léger tremblement à la partie correspondante du tégument. Elles peuvent être provoquées d'une manière réflexe, en soufflant sur la peau, ou en exposant celle-ci au froid, ou bien en la pinçant. Ces mouvements spontanés ne sont pas toujours aussi faibles. Parfois ils peuvent déplacer un segment du membre. Le plus souvent ce sont les muscles de la main et en particulier ceux de l'éminence thénar qui sont les premiers atteints, ou bien encore ceux de l'épaule. L'affection peut même rester limitée à ces régions. Mais chez beaucoup de sujets, l'affection s'étend successivement à la presque totalité des muscles. Jamais il n'y a de fièvre. La digestion s'exécute parfaitement jusqu'au jour où, l'atrophie ayant envahi les muscles du pharynx et des mâchoires, la déglutition et la mastication sont devenues impossibles. Comme dans la paralysie infantile, la vessie et le sphincter de l'anus restent respectés. La respiration se maintient normale jusqu'au moment où les muscles inspirateurs se trouvent dans l'impossibilité de fonctionner d'une manière convenable. La gêne qui en résulte finit par amener une bronchite ou une pneumonie qui détermine la mort du malade.

A l'autopsie on constate 1° du côté des muscles, une atrophie des fibres primitives qui perdent de plus en plus de leur diamètre normal. A mesure qu'elles diminuent ainsi de volume, leurs stries s'effacent davantage. Quand la fibre en est réduite à n'avoir plus que la moitié de son épaisseur, les stries sont remplacées par une multitude de fines granulations qui deviennent graisseuses, se résorbent peu à peu, laissant le sarcolemme se fusionner avec le tissu conjonctif. Suivant Hayem, il y aurait à une certaine époque un travail inflammatoire se traduisant par une multiplication des noyaux du sarcolemme.

2° Du côté du système nerveux, une atrophie des racines antérieures, un état sclérotique des faisceaux antéro-latéraux, et un haut degré d'atrophie des cellules des cornes antérieures, surtout de celles du groupe antérieur et interne. Suivant Charcot, beaucoup de cellules sont 6 ou 7 fois plus petites qu'à l'état normal. Mais elles ont conservé leur forme et leurs prolongements. D'autres ne sont plus représentées que par des petites masses irrégulières, anguleuses, sans prolongements et d'un aspect vitreux. Çà et là on trouve des lacunes plus ou moins considérables qui sont remplies par une matière amorphe. Un fait digne de remarque, c'est qu'il y a toujours concordance entre le siége des altérations des cornes antérieures et l'émergence des nerfs moteurs qui aboutissent aux muscles atrophiés.

Analyse physiologique. — C'est à M. Aran que revient l'honneur d'avoir reconnu le premier l'existence de cette maladie qui a dû incontestablement se montrer de tout temps et près de laquelle bien des médecins étaient passés sans vouloir ouvrir les yeux. C'était à une époque où on ne songeait même pas à attribuer au système nerveux une influence trophique quelconque, et il vit naturellement dans le fait le plus apparent le phénomène primordial. Il considéra la maladie comme une affection du tissu musculaire, une atrophie qu'il attribua à un excès de travail, à une véritable usure, parce qu'il l'observait surtout chez des ouvriers, dont certains groupes de muscles avaient été surmenés par le fait même de leurs professions. Comme le même résultat se montrait aussi très-souvent sous l'influence du froid et surtout du froid humide, il pensa, en outre, que l'altération du tissu musculaire pouvait être et était, avant tout, de nature rhumatismale. Cruveilhier partagea un certain temps cette erreur et, dans les premières observations qu'il publia, il négligea, à l'instar d'Aran, de pousser l'investigation nécroscopique au delà des muscles. Ce n'est que plus tard que l'idée lui vint que la lésion anatomique pouvait remonter au delà et que le froid agissait peut-être avant tout sur le système nerveux périphérique. Il examina ce dernier avec précaution dans les nouveaux cas qu'il eut l'occasion de rencontrer, et il constata que les racines antérieures correspondantes aux muscles altérés étaient toujours dans un état d'atrophie des plus patents. Le fait se confirma dans une nouvelle série d'observations qui firent l'objet d'un second mémoire. Il devina même ce que le défaut d'emploi du microscope ne lui permettait pas de constater, et il annonça à la fin de ce mémoire que très-probablement on trouverait plus tard la véritable lésion initiale dans les cordons antérieurs. Si la physiologie eût été plus avancée et si on eût connu alors la constitution réelle des cordons antérieurs, ainsi que les véritables connexions de leurs fibres et des racines avec les cornes antérieures, il eût sans doute prédit la vérité tout entière. Les travaux de l'École française, en particulier ceux de Duchenne et de Charcot, vinrent bientôt justifier ces prévisions et démontrer que toujours, dans l'atrophie musculaire progressive, les cellules motrices sont altérées, et que celles qui offrent le plus haut degré d'altération sont tout justement celles qui se trouvent en connexion fonctionnelle avec les muscles les plus détériorés.

Forcés de se rendre à l'évidence, beaucoup de pathologistes crurent devoir encore enlever à la modification des cornes antérieures sa véritable signification en lui contestant le droit de priorité, et prétendirent qu'il ne s'agissait pas ici d'une lésion du système nerveux déterminant ultérieurement des troubles nutritifs dans les muscles, mais, au contraire, d'une affection primitive des fibres musculaires amenant consécutivement, par une marche ascendante, des altérations dans les nerfs, les racines, les cordons et les cornes antérieures. Duchenne, qui a tant fait pour la pathogénie des maladies de la moelle, Duchenne qui, je n'hésite pas à le déclarer, n'a pas reçu en France, dans le monde officiel, toute la considération scientifique qu'il mérite et qu'on lui accorde beaucoup plus largement à l'étranger, a lui-même regardé, à une certaine époque, l'atrophie musculaire progressive comme une maladie primitivement périphérique. Mais c'est surtout en Allemagne que cette idée se trouve le plus profondément enracinée et, pour ainsi dire, imposée par le principe autoritaire qui s'y montre aussi puissant sur le terrain scientifique que sur le terrain des armes. Les Allemands, qu'on vante tant et qui savent surtout si bien se vanter, gâtent certainement leurs grandes qualités de labeur par leur obstination systématique et parfois même par une certaine étroitesse de vue. Virchow, leur pathologiste le plus éminent, a professé que puisque la maladie débute par les muscles des extrémités des membres et se propage ensuite peu à peu à ceux des segments supérieurs, elle ne doit gagner les centres nerveux que par le fait de cette marche ascendante. A mes yeux, c'est une véritable énormité. C'est presque dire que les nerfs commencent à la racine des membres. Les muscles de la main sont, sous le rapport des connexions fonctionnelles et nutritives, aussi rapprochés des centres nerveux qu'un muscle des gouttières vertébrales. Et si les muscles de la main sont les premiers et quelquefois les seuls atteints, c'est qu'ils sont plus que d'autres exposés aux intempéries de l'air ou à un travail exagéré. Un Allemand auquel on accorde aussi une grande valeur pratique, Niemeyer, abonde dans le même sens que Virchow, mais en s'appuyant sur une argumentation d'un autre genre. Il prétend que puisqu'on peut obtenir des contractions avec l'électricité tant qu'il reste un faisceau du muscle intact, cela indique que le nerf moteur n'est devenu incapable d'entrer en fonction que lorsqu'il a perdu son seul moyen de manifestation, le muscle, et que par conséquent l'altération du nerf ne précède pas celle du muscle. Telle est, du moins, la pensée qu'on entrevoit à travers la zone obscure dont s'entoure ordinairement le langage germanique. Mais dans un même système fonctionnel, tous les rouages ne deviennent-ils pas assez solidaires les uns des autres pour paraître se détraquer simultanément, alors même que dans leur destruction ils obéissent à une filiation préétablie? D'un autre côté, la contractilité n'est-elle pas une propriété inhérente aux muscles et ne peut-elle pas être mise directement en jeu par l'électricité, sans intervention de l'excitabilité des nerfs? Si un faisceau quelconque persiste encore à côté de ses congénères détruits, c'est que les tubes nerveux et les cellules motrices qui lui correspondent ne sont pas plus avancés que lui dans la voie de destruction au terme de laquelle sont arrivés les systèmes partiels à la fois musculaires et nerveux du voisinage. Il est vrai qu'on peut encore objecter ici les observations faites sur un autre terrain par Vulpian et Diekinson. Ces Messieurs ont constaté une diminution du volume de la substance grise chez les amputés ayant survécu plusieurs années. L'altération était bien ici la conséquence de la suppression des muscles. Mais outre que ce n'est là qu'une application de cette loi générale qui veut qu'un organe disparaisse du moment où il ne sert plus à rien, l'atrophie qui existe alors n'a pas le moindre rapport avec celle qu'on rencontre dans l'atrophie musculaire progressive. D'ailleurs il existe maintenant un assez grand nombre d'autopsies qui prouvent que la lésion nerveuse précède celle des muscles. J'ajouterai enfin, comme argument indirect, que la généralisation, la propagation à la plupart des muscles, plaide en faveur d'une origine centrale, vu que tous ces muscles n'ont pas été soumis aux mêmes influences étiologiques, froid et excès de fatigue.

En 1834, Schneevoogt a voulu placer le point de départ de la maladie dans le grand sympathique. Il s'appuyait sur un cas d'atrophie musculaire progressive dans lequel il avait rencontré une dégénérescence graisseuse des portions cervicales et dorsales du grand sympathique. Le même fait a été observé depuis chez quatre autres malades. Mais le nombre des cas où le sympathique a été trouvé intact est trop considérable pour qu'on puisse voir là autre chose qu'une exception ou plutôt qu'une propagation exceptionnelle. Je ne suis pas partisan (je vous l'ai donné à entendre) de l'exclusivisme en fait de pathologie. L'histoire des maladies ne saurait être exploitée par coupes réglées et la perversion anatomique du système nerveux ne saurait être toujours confinée dans les cornes antérieures par ordre des médecins. D'ailleurs les troubles trophiques des muscles doivent souvent s'associer et se composer avec des troubles vasomoteurs, et par conséquent la lésion des cellules motrices doit pouvoir se compliquer d'altérations de la colonne de Jacubowitsch et de la chaîne ganglionnaire qui n'est qu'une dépendance plus excentrique du système vaso-moteur central.

Le siége véritable de la lésion initiale étant ainsi déterminé, cherchons encore à en apprécier la nature ainsi que le mécanisme symptomatologique de la maladie.

Le travail pathologique dont les diverses parties du système loco-moteur, tant nerveux que musculaire, sont le siége, est incontesta-blement de nature inflammatoire. Dans les cornes antérieures les vaisseaux montrent leurs parois hypertrophiées, par l'apparition de tissu conjonctif de nouvelle formation. On y remarque une proliféra-tion nucléaire des plus manifestes. Leur gaîne sympathique est remplie de corps granuleux. Du côté des muscles, la dégénérescence graisseuse est précédée d'une transformation simplement granuleuse qui, elle-même, est précédée de la multiplication des noyaux du sarcolemme.

Partout donc, il y a des traces matérielles d'un état d'irritation, d'un état d'inflammation marchant à pas modérés, d'un état, par conséquent, qui n'a aucun rapport avec celui qui se rencontre dans la paralysie infantile où on voit survenir subitement une destruction complète des cellules motrices. Aussi les conséquences sont-elles toutes différentes. Dans la paralysie infantile, les manifestations motrices sont abolies brusquement de la façon la plus entière. Dans l'atrophie musculaire progressive, au contraire, les mouvements restent possibles jusqu'au moment où le centre moteur et le muscle ont disparu. A aucune époque il n'y a de paralysie dans le sens du mot. Il y a amoindrissement progressif, puis suppression des parties nerveuses et musculaires de l'appareil de la locomotion. Aussi Duchenne a-t-il pensé que cette maladie était la confirmation patho-logique de la doctrine de Valler. Vous vous rappelez que, d'après cette doctrine, les cellules des cornes antérieures sont chargées de deux rôles distincts : 1° d'exciter la contraction des muscles ; 2° de présider à leur nutrition intime. Elles sont à la fois motrices et tro-phiques. Dans la paralysie infantile, ces deux propriétés disparaî-traient simultanément. Dans l'atrophie musculaire progressive, l'action trophique serait seule atteinte. La propriété motrice subsisterait. Suivant Duchenne, cette maladie prouverait à la fois l'existence et l'indépendance de la propriété trophique des cellules antérieures. Cette action serait non pas supprimée, mais exaltée et déviée. L'in-flammation des centres trophiques donnerait lieu dans les muscles à des processus irritatifs, de même que les altérations cutanées n'appa-raîtraient qu'à la suite de l'irritation du système nerveux sensitif.

Moi je vois, au contraire, dans la maladie qui nous occupe, un argument favorable à la théorie d'Onimus et Legros. Car, non-seule-ment il n'y a pas de paralysie, mais il y a suractivité motrice en même temps que suractivité nutritive. Elle se traduit par ces contractions fibrillaires incessantes auxquelles on n'a pas accordé une importance suffisante. On a dit qu'on ne les rencontrait pas chez tous les malades. Mais elles échappent facilement à l'observation trop rapide et trop superficielle du médecin qui est obligé de satisfaire aux exigences d'une clientèle trop nombreuse, et il est probable qu'elles sont beaucoup plus constantes qu'on ne le croit. Je ne les ai jamais vues manquer. Ces petites décharges qui se répètent chaque seconde constituent, en définitive, par leur somme totale une dépense considérable de force motrice. Sous l'influence de l'inflammation subaiguë dont elles sont le siége, les cellules motrices viennent tour à tour traduire, d'une façon isolée, le maximum de leur exaltation en faisant contracter exclusivement le faisceau qu'elles animent. Ces contractions, si faibles elles soient, n'en finissent pas moins par accumuler des produits d'oxydation et user ce faisceau qui n'a, pour ainsi dire, pas de repos. De sorte que l'altération du tissu musculaire serait, dans l'atrophie musculaire progressive, de la nature de celle que détermine un excès d'excitation, tandis que dans la paralysie infantile elle serait de la nature de celles que peut produire un défaut d'excitation. Dans cet état d'exaltation inflammatoire, les cellules obéiraient à la moindre influence sensitive. C'est pour cette raison qu'il suffit d'effleurer la peau ou de souffler sur elle pour provoquer des oscillations fibrillaires. L'inflammation des cornes antérieures paraît elle-même pouvoir être provoquée par un mécanisme réflexe, puisque le froid humide est un des éléments les plus incontestables de l'étiologie de cette affection. On comprend aussi et peut-être mieux que l'excès de travail imposé aux muscles par certaines professions puisse avoir la même conséquence. Les cornes antérieures surmenées finissent par s'enflammer comme la rétine sous l'influence d'un exercice exagéré de la vision ; et une fois enflammées, elles courent à leur perte en continuant, fatalement et sans la moindre trève, un travail qui, par le fait même de sa continuité, ne peut plus être qu'inutile et tout à fait insuffisant. C'est le travail psychique, dévié, irrégulier et intermittent qui trouble le sommeil de l'homme qui vient de se livrer à un travail intellectuel trop considérable. C'est le priapisme incomplet et persistant de l'homme qui a créé un trop grand besoin d'activité à ses fonctions génitales. C'est le délire subaigu et incessant de l'homme qui a cru longtemps devoir exciter ses facultés intellectuelles par l'absinthe, délire qui doit aussi aboutir à la mort de l'organe de l'intelligence.

Paralysie pseudo-hypertrophique.

Je ne fais figurer ici cette singulière affection que pour passer condamnation sur sa nature spinale et pour l'éliminer du groupe des maladies franchement médullaires. Une autre raison m'engage à en parler à la suite de l'étude de l'atrophie musculaire progressive, c'est le désir de mettre en regard de l'atrophie des muscles un état d'apparence inverse, consistant dans l'augmentation de volume de ces organes et déterminant cependant une faiblesse d'action motrice équivalant presque à une véritable paralysie, et tout cela sans que le système nerveux, ou tout au moins la moelle, semble intervenir.

Sommaire descriptif. — Cette affection, dont Duchenne a essayé le premier de faire une entité morbide, ne se montre que chez les jeunes sujets, beaucoup plus souvent chez les garçons que les filles. Au début, on remarque un affaiblissement des membres inférieurs qui donne à la station et à la marche un aspect singulier. Les malades se dandinent et se tiennent les jambes écartées, à l'instar des marins. Pendant un mois et même quelquefois un an, l'examen physique ne fait découvrir qu'une certaine courbure lombo-sacrée. On constate une ensellure des plus caractéristiques. Puis on voit les muscles prendre un volume de plus en plus considérable. Ils forment sous la peau des saillies exorbitantes. Ce sont généralement les jumeaux qui ouvrent la marche. Au fur et à mesure que l'hypertrophie musculaire se prononce, la faiblesse va en augmentant et on assiste à un singulier spectacle. On est en présence d'individus qui sont taillés comme de véritables petits hercules et qui sont cependant d'une faiblesse énorme. Ils sont, en général, enlevés par une maladie intercurrente.

L'autopsie démontre que pour l'altération musculaire il existe deux périodes bien tranchées. Dans une première période, il se forme entre les fibres musculaires de nouvelles couches de tissu conjonctif. Au fur et à mesure que ces couches se déposent et forment des travées de plus en plus larges, les fibres musculaires se resserrent, mais tout en conservant leur striation. Celle-ci persiste jusqu'au moment où le tissu musculaire disparaît tout à fait. Il disparaît sans éprouver lui-même la moindre dégénérescence. Il cède la place au tissu cellulaire qui est en train de s'hypertrophier. C'est une véritable cyrrhose du muscle. Dans une seconde période, le tissu conjonctif cède lui-même peu à peu la place à des cellules adipeuses, dont les rangées se multiplient de plus en plus, augmentant les proportions des masses musculaires en leur donnant une consistance mollasse.

Analyse physiologique. — Plusieurs pathologistes ont tenté de rapporter aussi cette maladie des muscles à une lésion spinale primitive et même à une altération des cellules antérieures. Mais le seul cas sur lequel on puisse s'appuyer est celui qui a été recueilli par Barth, de Leipsick.

Il s'agissait d'un homme de 44 ans, dont les muscles présentaient, en effet, exactement le mode d'altération que nous venons de décrire et chez lequel il existait en même temps une sclérose des cordons latéraux et une atrophie des cellules motrices des cornes antérieures. Mais cet homme avait présenté, pendant la vie, des douleurs, des fourmillements, des contractions fibrillaires. Ces symptômes, joints à l'âge du sujet, prouvent que Barth a eu affaire à une affection mixte, particulière, signalée par Charcot, et dont nous parlerons à propos des maladies des cordons antéro-latéraux. Dans tous les autres cas où l'autopsie a pu être faite, on n'a rien rencontré dans la moelle. Charcot a même trouvé dans l'épaisseur des muscles atteints les filets nerveux parfaitement intacts. Aussi dans l'état actuel de la science, la paralysie pseudo-hypertrophique est-elle généralement regardée comme une affection du tissu musculaire qui est tout à fait indépendante du système nerveux. Cependant ma conviction personnelle est qu'il n'existe point de troubles nutritifs de tissu sans que le système nerveux n'intervienne d'une façon quelconque. Aussi je regrette que les observateurs qui ont été assez heureux pour rencontrer un de ces faits extraordinaires n'aient pas pu examiner le grand sympathique, et qu'il ne soit fait non plus mention nulle part de l'état de la colonne de Jacubowitsch.

QUINZIÈME LEÇON.

MALADIES DES CORNES POSTÉRIEURES.

MESSIEURS,

Nous avons rencontré deux maladies tout à fait caractéristiques, qui peuvent être réellement considérées, dès aujourd'hui, comme ayant leur siége anatomique dans les cornes antérieures. Mais on n'a pas encore trouvé d'unités morbides pouvant être exclusivement rapportées aux cornes postérieures et se présentant avec une physionomie particulière. Il va sans dire qu'elles sont souvent envahies par un ramollissement ou toute autre lésion. Mais alors l'altération n'est pas primitive ou s'étend plus ou moins dans les parties voisines, et la symptomatologie qui en résulte n'a rien de caractéristique. Le fait qu'on a sous les yeux rentre dans l'histoire multiforme de la myélite diffuse et trouve son interprétation dans les données que nous avons groupées sous le titre de physiologie pathologique générale de la moelle. Cependant des expériences faites, dans ces derniers temps, par MM. Onimus et Legros, semblent placer le siége anatomique médullaire de la chorée dans les cellules postérieures. Certes, il n'a pas été dans la pensée de ces messieurs, pas plus que dans la mienne, de faire de cette affection une maladie appartenant en propre à la moelle. Elle est trop évidemment une affection générale de tout le système nerveux pour qu'une pareille erreur puisse même traverser un instant l'esprit d'un médecin. Non-seulement les premiers symptômes se montrent, le plus souvent, dans le département du facial qui n'est pas une émanation de la moelle; mais il y a des troubles psychiques qui viennent montrer que les lobes cérébraux entrent en scène. Néanmoins, il est bien certain que lorsque la maladie a pris toute son extension, la moelle se trouve jouer le rôle principal dans le délire de mouvements qui la caractérise, puisque tous les muscles du tronc relèvent d'elle d'une manière immédiate. Il y a donc lieu de faire ici la part de la moelle dans cette œuvre pathologique commune, nous réservant toutefois de compléter l'analyse physiologique de la chorée dans l'étude de l'encéphale.

Chorée.

Sommaire descriptif. — Au début, le malade grimace involontairement lorsqu'il veut faire entrer en action les muscles de la face, ou bien on observe une certaine bizarrerie dans la marche, ou bien encore le malade laisse tomber, à chaque instant, les objets qu'il veut porter. Pendant cette première période, il n'y a jamais de mouvements désordonnés tant que le sujet est dans l'état de repos et ne cherche pas à mouvoir ses membres. Mais bientôt des contractions irrégulières et involontaires se manifestent en dehors des moments où le malade veut lui-même se servir de ses muscles. Dès lors, à chaque instant on voit des contractions incoercibles agiter en tous sens différents groupes musculaires. On a sous les yeux, suivant l'heureuse expression de Bouillaud, une véritable folie musculaire. Les contorsions des muscles faciaux viennent à la fois peindre la joie, le chagrin et la colère. La tête, dans son ensemble, est à chaque instant projetée dans diverses directions. Les membres thoraciques gesticulent de la manière la plus incohérente. Les membres abdominaux, quoique moins atteints en général, donnent cependant à l'allure ce caractère qui a fait appeler la maladie : *Danse de Saint-Guy.* Un fait remarquable pour le physiologiste, c'est que la chorée n'offre pas toujours le même degré dans les deux moitiés du corps et qu'alors elle est toujours plus marquée à gauche. Elle peut même être franchement unilatérale. Un autre fait tout aussi remarquable et dont nous ne fournirons l'interprétation physiologique que dans l'étude de l'encéphale, c'est que les mouvements choréiformes ne cessent pendant le sommeil que quand le malade n'est pas agité par des rêves. En tout temps le pouvoir réflexe se montre considérablement exalté. Le moindre contact produit des réactions réflexes. Le sujet est beaucoup plus sensible à l'action de l'électricité, surtout au niveau de la colonne vertébrale. On observe fréquemment des troubles cardiaques consistant en battements irréguliers et tumultueux. Assez souvent aussi les pupilles se montrent dilatées et paresseuses. Enfin, il y a généralement un affaiblissement considérable de la mémoire et de l'attention, un amoindrissement de la sensibilité morale, des hallucinations et même un certain délire maniaque.

Analyse physiologique. — Comme cette maladie se rencontre encore assez fréquemment chez les chiens, elle se prête admirablement aux recherches de pathologie expérimentale. C'est là une circonstance que plusieurs physiologistes ont eu l'heureuse idée de mettre à profit. On a pu acquérir ainsi la preuve que la cause des mouvements choréiformes ne gît ni dans les muscles, ni dans les nerfs, puisque les secousses cessent de se produire dès qu'on sectionne les troncs nerveux et qu'on supprime ainsi l'influence des centres nerveux. On a pu s'assurer aussi que, dans la production des mouvements morbides des muscles du tronc, la moelle agissait de par elle-même sans obéir à une incitation partie de plus haut d'un point quelconque de l'encéphale ; car les contractions rhythmiques continuent à se produire après qu'on a coupé transversalement la moelle et qu'on l'a mise hors de la portée physiologique de l'encéphale. Chauveau, Carville et Bert ont publié un certain nombre d'expériences qui prouvent que chez les chiens atteints de chorée, la section de la moelle à sa partie supérieure ne fait que supprimer les mouvements volontaires, sans faire cesser les tremblements choréiformes. Depuis, Onimus et Legros ont constaté le même résultat en faisant la section entre les 3ᵉ et 4ᵉ cervicales. Ces vivisections présentent d'assez grandes difficultés, parce qu'on est obligé d'entretenir la vie par la respiration artificielle. Mais avec un peu d'habitude elles sont faciles à vaincre. L'opération apporte d'abord par elle-même un certain trouble dans la circulation et la nutrition de la moelle, de sorte que, dans les premiers moments, les mouvements choréiques se montrent ralentis. Mais au bout de 4 à 5 minutes, ils reparaissent avec leur intensité primitive. Du moment où on cesse la respiration, ils vont en diminuant jusqu'à ce qu'ils s'éteignent tout à fait, ce qui arrive généralement après deux minutes de suspension de la fonction respiratoire. Mais ils reparaissent peu à peu si on a recours de nouveau à l'insufflation pulmonaire. Il est donc bien évident que pour les muscles qui, physiologiquement, relèvent de la moelle, la cause immédiate, créatrice des manifestations choréiformes, siége dans cette partie de l'axe cérébro-spinal. L'encéphale, comme centre de mouvement, n'intervient que pour les muscles qui relèvent de lui par ce seul fait qu'ils sont animés par des nerfs crâniens. La chorée est une maladie générale du système nerveux qui peut être limitée à un de ses segments ou qui peut l'envahir dans sa totalité. Mais pour chaque muscle atteint, le foyer morbide se trouve toujours au niveau de l'origine centrale du nerf qui anime ce muscle.

Toutefois, dans l'état pathologique comme dans l'état physiologique, la moelle et le cerveau sont toujours susceptibles de s'influencer mutuellement. C'est ainsi que les émotions morales peuvent momentanément augmenter le désordre moteur qu'engendre la moelle.

Chez les chiens choréiques les caresses tempèrent les mouvements. La frayeur, un bruit quelconque peuvent les augmenter ou les faire cesser brusquement. C'est en vertu des connexions anatomiques et physiologiques qui existent entre la moelle et le cerveau que l'affection peut même se développer dans l'axe médullaire sous l'influence de lésions primitives siégeant dans l'encéphale, telles que hémorrhagie, ramollissement.

MM. Onimus et Legros, allant plus loin que leurs devanciers, ont cherché à circonscrire davantage dans la moelle le foyer générateur de la chorée. Ils ont fendu la moelle le long de la ligne médiane chez des chiens choréiques et ils ont vu les mouvements continuer, de sorte que chaque moitié de cet organe conserve son pouvoir morbide sur la moitié correspondante du corps, même quand elle se trouve isolée.

Ils ont ensuite, avec des ciseaux courbes, excisé une partie des cordons postérieurs et des cornes postérieures. Les mouvements se sont aussitôt montrés très-affaiblis dans le segment musculaire correspondant. Cet affaiblissement ne fut pas seulement constaté par une simple appréciation approximative, mais avec une rigueur tout à fait mathématique à l'aide de tracés graphiques. Les muscles en observation étaient mis en rapport par des fils avec un levier dont le crayon traçait sur un cylindre en rotation les excursions qui lui étaient communiquées. L'affaiblissement alla en augmentant à mesure qu'ils enlevèrent des couches de plus en plus profondes. Ils cessèrent tout à fait lorsque les cornes postérieures furent complétement détruites.

Or, à ce moment les parties de la moelle affectées à la motilité se trouvaient parfaitement intactes. La cause première de ces mouvements désordonnés ne se trouve donc pas dans les parties qui sont chargées de les produire d'une manière immédiate, puisqu'ils ne peuvent être engendrés que par les cellules antérieures et qu'ils cessent lorsque celles-ci sont livrées à elles-mêmes. Évidemment dans la production des mouvements choréiformes elles n'agissent que parce qu'elles y sont provoquées par une autre partie du système nerveux. Cette autre partie n'est pas dans l'encéphale, puisque la chorée des membres persiste après que la moelle en a été séparée et puisque, dans cette dernière expérience, les secousses musculaires cessent, quand bien même les fibres encéphaliques de la moelle et l'encéphale ne sont pas lésés. Par conséquent, la cause qui excite les cellules motrices à donner lieu à ces mouvements désordonnés, ne peut se trouver que dans les portions de la moelle dont la suppression les fait cesser, c'est-à-dire dans les cellules sensitives ou dans l'ensemble des cornes postérieures. Ce sont elles qui, se trouvant anatomiquement et physiologiquement dans un grand état d'exaltation, condamnent d'une manière réflexe les cellules motrices à des décharges incessantes. En face de cette expérience, qui a été répétée plusieurs fois et qui a toujours donné les mêmes résultats, la logique veut qu'on localise le siége de la maladie dans les cornes postérieures.

Il est vrai que jusqu'à présent l'anatomie pathologique n'est pas encore venue à l'appui de l'expérimentation physiologique. Si on consulte, en effet, les observations dont les sujets ont pu être autopsiés, on voit que : Ogle a rencontré plusieurs fois une congestion cérébro-spinale ; que Rokitansky a trouvé un ramollissement de la moelle ; Demme une sclérose de cet organe ; Lockhart Clarke une dégénérescence granuleuse de la substance grise ; enfin qu'Eisenmann a fait un grand nombre d'autopsies tout à fait négatives. C'est ce qui a conduit Jaccoud à penser que toutes les lésions signalées jusqu'à présent n'étaient point primitives, mais des effets secondaires produits à la longue par l'irritation fonctionnelle de l'organe. Quant à Onimus et à Legros, ils déclarent eux-mêmes qu'ils n'ont rencontré qu'un état congestionnel des régions médullaires d'où partaient les nerfs des membres choréiques. Mais maintenant que l'attention est attirée et que l'art des autopsies va sans cesse en se perfectionnant, il est probable que les recherches ultérieures donneront des résultats conformes à ceux qu'ont fournis les vivisections.

Je ferai remarquer qu'il y a peut-être lieu de faire rentrer aussi dans ce siége les fibres en arc des cordons postérieurs qui sont destinées à relier entre eux les différents groupes de cellules et qui forment avec elles le système coordinateur des mouvements d'ensemble. Car le désordre choréique commence déjà à s'affaiblir lorsqu'on n'a encore entamé que les cordons postérieurs, de sorte que la chorée serait, comme l'ataxie locomotrice, une maladie de l'organe de la coordination. Mais tandis que dans l'ataxie le désordre ne se montrerait que lorsque la volonté voudrait un mouvement et serait l'expression d'une impuissance, d'une insuffisance du système coordinateur, la chorée serait l'expression d'une surexcitation, d'une folie de ce même système.

Je trouve, du reste, dans le travail de ces messieurs une expérience qui démontre, d'une manière diamétralement opposée, l'intervention des cordons postérieurs. Sur un chien choréique, ils ont excité ces cordons en les frottant légèrement avec le dos d'un scalpel, et les contractions sont devenues énormes; de sorte que si leur suppression d'action diminue les secousses choréiques, leur exagération d'action les augmente au contraire. Si les cellules des cornes postérieures stimulent celles des cornes antérieures, elles peuvent être à leur tour stimulées par les fibres en arc des cordons postérieurs.

Une autre observation a été faite aussi sur le même chien et mérite d'être signalée parce qu'elle montre ce que la thérapeutique serait en droit, peùt-être, d'attendre de l'application de la glace sur la colonne vertébrale. A mesure que la moelle se refroidissait par le fait de son exposition à l'air, les mouvements s'affaiblissaient et finissaient même par s'éteindre tout à fait. Mais on les voyait renaître lorsqu'on recouvrait de nouveau la moelle en rabattant les couches musculaires sectionnées. Le retour des secousses se faisait bien plus rapidement encore si on réchauffait directement l'axe médullaire avec une éponge imbibée d'eau chaude.

La suractivité des cornes postérieures et des cordons postérieurs s'entretient d'une manière autogène. Elle n'a pas besoin de stimulant provenant de la périphérie et apporté par les racines postérieures, car les mouvements ne sont pas le moins du monde enrayés par la section de ces racines. Ils continuent avec leur intensité première. Ce n'est pas à dire pour cela que les impressions extérieures et les nerfs sensitifs ne puissent exercer une influence modificatrice sur l'activité spontanée des cellules postérieures, car si on électrise les racines postérieures, on exagère les mouvements que ces cellules produisent spontanément. Les nerfs sensitifs ne sont pour rien dans la production du mouvement, mais ils peuvent le modifier. Comme les racines postérieures aboutissent aux cellules des cornes postérieures, cette influence, démontrée par l'expérimentation physiologique, vient encore à l'appui de la localisation de la chorée dans les cornes postérieures.

En voyant les soubresauts choréiques s'exécuter d'une manière rhythmique et presque isochrone, Onimus et Legros avaient eu la pensée que cet isochronisme pouvait bien être lié à la circulation, que les pulsations artérielles, en secouant les cornes postérieures, pouvaient bien ainsi provoquer de leur part des décharges intermittentes. Pour vérifier la chose, ils adaptèrent à la fémorale d'un chien choréique un manomètre enregistreur. D'autre part, ils fixèrent un muscle par un fil au levier d'un autre appareil enregistreur. Ils purent prendre ainsi simultanément le tracé de la circulation et celui du tic choréique. Mais il n'y eut pas de concordance et la croissance des mouvements ne fut pas en raison de l'augmentation du nombre des battements cardiaques.

La chorée nous montre que la moelle est comme le cerveau, susceptible de sommeil, car l'agitation choréique cesse pendant toute la durée de cet acte. Elle nous montre aussi que, de même que le cerveau, la moelle obéit aux agents anesthésiques, car en soumettant l'animal à des inhalations de chloroforme, on voit les secousses s'affaiblir et finir par cesser. L'administration du chloral, qui du reste se transforme en chloroforme dans le sang, agit de la même manière.

Si on consulte l'étiologie de cette affection, on est porté à penser que la lésion encore indéterminée qui doit la caractériser, se produit, comme beaucoup d'autres, sous l'influence d'incitations périphériques trop vives ou trop répétées. Ainsi on la voit apparaître sous l'influence de la dentition, de la puberté, de l'onanisme, des vers intestinaux, de la grossesse ; sous l'influence, par conséquent, de titillations qui peuvent peut-être amener une congestion réflexe des cornes postérieures. Il se produirait ici un effet inverse à celui que nous verrons avoir lieu dans le mécanisme des paralysies réflexes. L'impression apportée relâcherait les vaisseaux au lieu de les resserrer. La même congestion semble pouvoir être déterminée par un ébranlement moral, tel que la frayeur ou la colère. L'intoxication mercurielle paraît aussi conduire au même résultat. Enfin j'ai vu une chorée des plus violentes et des plus incurables se déclarer à la suite d'une trop forte dose de seigle ergoté administrée pendant un accouchement difficile. Cette substance ne produit peut-être des contractions réflexes de l'utérus qu'en déterminant d'abord une irritation des cellules sensitives ou des fibres réflexo-motrices.

Dans le classement des entités morbides susceptibles de prendre place dans l'étude de la physiologie pathologique spéciale de la moelle, je n'ai point signalé de maladie affectant, comme siége exclusif, la partie centrale de la substance grise. Un travail récent de M. Michaud fait entrevoir la possibilité de combler, dans l'avenir, cette lacune de notre classification. Les tristes événements qui viennent de frapper notre malheureux pays, lui ont permis de faire, avec le concours de M. Charcot, des recherches sur l'anatomie pathologique du *tétanos*, et il résulte de ces recherches qu'en ce qui concerne la moelle, les altérations matérielles se localisent dans la substance grise centrale et particulièrement dans la commissure grise postérieure. Le tétanos qui, symptomatologiquement, se caractérise avant tout par une contraction permanente, tonique, de presque tout le système musculaire, contraction qui donne lieu non pas à un déplacement des leviers osseux, mais à une raideur considérable de tous les segments du corps ; le tétanos ne constitue point, pas plus que la chorée, une maladie exclusivement parquée dans la moelle épinière. A l'exception peut-être des lobes cérébraux, tout y prend part dans l'axe cérébro-spinal. Le système nerveux périphérique lui-même se montre souvent matériellement malade. Mais comme la moelle tient directement sous sa coupe la plus grande partie des muscles du corps, il en résulte que cet organe joue certainement le rôle capital dans les manifestations du tétanos. Cette affection aurait donc les mêmes titres que la chorée à être étudiée dans la physiologie pathologique de l'axe médullaire. Mais je me réserve d'en présenter l'analyse physiologique à propos de la protubérance, parce que c'est de cet organe que part la fusée de signal du tétanos. En effet, généralement le premier symptôme tétanique consiste dans le trismus qui résulte lui-même de la contraction permanente des muscles masticateurs. Or, ceux-ci sont animés par la petite racine du trijumeau dont le noyau d'origine se trouve dans la protubérance. Cette considération pourra, il est vrai, être regardée par beaucoup comme étant insuffisante. Mais il fallait bien saisir un prétexte pour décharger un peu l'histoire de la moelle qui sans cela se trouverait par trop encombrée.

MALADIE SPÉCIALE DES CORDONS POSTÉRIEURS.

Ataxie locomotrice.

Sommaire descriptif. — Très-souvent les premiers symptômes appartiennent à la sphère visuelle. Les malades se plaignent d'avoir la vue un peu affaiblie, ou de voir les objets doubles. Bientôt ils ressentent dans les membres de ces douleurs que nous avons appelées *fulgurantes* et qui sont remarquables par leur intensité et leur marche rapide. Ils se sentent peu solides sur leurs jambes, surtout quand il fait obscur. Dans cette première phase, l'instinct génital se montre souvent exalté. Les érections sont très-fréquentes et très-fatigantes, mais elles sont incomplètes et de courte durée. L'éjaculation est presque immédiate dans le coït. Le moindre frottement des vêtements la détermine. Le défaut de sûreté de la marche qui, au début, n'était apparent que dans l'obscurité, le devient même dans le milieu le plus éclairé. La démarche devient de plus en plus vacillante, surtout au moment de se mettre en train. Ils projettent leurs jambes à droite et à gauche, de la façon la plus irrégulière. Ils font des enjambées trop grandes et inégales, frappent le sol avec le talon. Il leur est impossible de se retourner subitement ou de s'arrêter court. Les fonctions digestives se font bien, mais il y a souvent de la constipation. Il y a de fréquentes envies d'uriner qui se transforment plus tard en véritable incontinence. L'excitation génitale de la première période va en s'éteignant et est remplacée par une impuissance absolue. Les symptômes visuels s'accentuent de plus en plus et l'amaurose peut devenir complète. Souvent on constate des paralysies de la 3e et de la 6e paires se traduisant par les diverses variétés de strabisme et par la dilatation de la pupille. A certains moments il y a, au contraire, paralysie des fibres radiées de l'iris et la pupille est resserrée. La mort est excessivement tardive et est généralement l'œuvre d'une complication cérébrale ou autre.

A l'autopsie on trouve les cordons postérieurs atrophiés, indurés et d'une teinte verdâtre. L'examen microscopique montre les caractères histologiques particuliers à la sclérose que nous avons décrits dans l'anatomie pathologique générale. Les racines postérieures peuvent être intactes, ou simplement plus transparentes et plus petites. Les tubercules quadrijumeaux, les bandelettes et les nerfs optiques, la pupille, le nerf auditif et le grand hypoglosse sont atrophiés. On trouve dans le névrilemme de ces nerfs des corpuscules amyloïdes absolument comme dans la névroglie des cordons postérieurs.

Analyse physiologique. — Un physiologiste, bien convaincu par les vivisections, ne saurait penser, même un seul instant, que les troubles de la locomotion que l'on observe dans la sclérose des cordons postérieurs puissent être attribués à une faiblesse musculaire.

à une paralysie incomplète du mouvement, puisque les cordons antéro-latéraux et les cornes antérieures qui sont les seules parties de la moelle affectées à la transmission de la motilité volontaire se trouvent être intacts. Il n'en est plus de même du pathologiste qui n'a foi que dans ses impressions cliniques. Aussi on comprend que beaucoup de médecins, partageant l'erreur de leurs malades, aient admis avec eux l'existence d'une diminution de la force musculaire. Niemeyer, lui-même, semble avoir cédé à l'illusion, car il parle d'un certain défaut de conductibilité motrice. Mais un examen sérieux et scientifique montre bien vite que la pathologie se trouve ici en parfait accord avec la physiologie, car si on explore la force musculaire à l'aide du dynamomètre, on voit qu'elle n'a rien perdu. Les malades peuvent soulever les fardeaux les plus lourds. Ils résistent parfaitement lorsqu'on veut ployer leurs membres malgré eux. Dans la marche, ils font au contraire une dépense de force bien supérieure à celle qui est nécessaire pour la progression normale la plus énergique. Mais cet excès de dépense se fait en pure perte. Il est inutile et même nuisible. En deux mots, il y a évidemment désordre et non faiblesse. Aussi le nom d'ataxie locomotrice, qui a été donné à la sclérose des cordons postérieurs, exprime-t-il parfaitement la véritable nature des symptômes auxquels elle donne lieu. Il y a incoordination. La puissance musculaire persiste. Ce qui est perdu c'est, comme l'a fort bien dit Axenfeld, la faculté d'employer habilement cette puissance.

Comment, maintenant, l'altération des cordons postérieurs peutelle amener cette inhabileté?

La première idée qui vint naturellement à l'esprit, idée qui est encore acceptée par un grand nombre de médecins, fut d'attribuer l'ataxie à la perte de la sensibilité. On était convaincu que les cordons postérieurs étaient seuls chargés de transmettre au cerveau les impressions sensitives; que, par conséquent, leur altération devait rendre cette transmission difficile ou impossible et priver ainsi le cerveau de certains renseignements qui lui sont indispensables pour bien régler les mouvements de la locomotion.

Longet, qui s'était fait le défenseur heureux de la théorie de Ch. Bell, devait inévitablement appuyer cette idée de toute son autorité. Aussi a-t-il écrit dans son *Traité d'Anatomie et de Physiologie du système nerveux :* « Comment voudrait-on qu'un homme ou un animal qui a perdu la sensation des mouvements exécutés par ses membres, qui ne peut plus juger de leur attitude, de leurs rapports avec les objets extérieurs, qui ne sait même pas s'ils existent, qui enfin ne sent plus, avec ses membres, le sol sur lequel il pose, pût marcher régulièrement, conserver son équilibre et faire agir ceux-ci avec leur énergie, leur promptitude et leur harmonie première? »

Cl. Bernard est venu lui apporter un appui plus puissant encore, en démontrant que la perte de la sensibilité pouvait avoir pour les mouvements des conséquences plus considérables encore qu'on ne pouvait le supposer. Il fit voir que chez la grenouille la section des racines postérieures amène une paralysie apparente du mouvement. L'animal ne songe même plus à se servir de muscles qu'il ne sent plus et dont il ne peut plus diriger l'action. Il reste tout à fait immobile, à moins qu'une forte excitation d'une partie restée sensible ne vienne réveiller cette spontanéité qu'il semble avoir perdue. La grenouille à laquelle on a coupé toutes les racines postérieures conserve encore évidemment la sensibilité de la tête. Si on pique un point quelconque de cette région, elle sort de son immobilité. Elle agite ses quatre membres, mais sans la moindre harmonie. Elle ne peut réaliser la natation.

La section de toutes les racines postérieures est une opération excessivement longue et nécessite en outre des délabrements considérables, de sorte que l'inertie observée pourrait être attribuée en grande partie au trouble apporté dans l'économie par une opération aussi grave. Aussi Bernard a-t-il depuis simplifié le procédé opératoire.

Chez deux grenouilles il coupe les nerfs des deux membres antérieurs et de l'un des membres postérieurs. Il les paralyse ainsi à la fois du mouvement et du sentiment. Quoique ces trois membres ne doivent pas servir de termes de comparaison, il est cependant nécessaire de leur enlever la sensibilité, car l'intégrité des impressions d'une seule des quatre pattes suffit pour régler les mouvements des trois autres. Chez l'une des deux grenouilles, il laisse intact le second membre postérieur. Chez l'autre, il lui laisse le mouvement mais il le prive du sentiment par la section des racines postérieures afférentes à ses nerfs. Il place sur le dos et dans l'eau les deux grenouilles. La dernière y reste dans un repos complet et ne remue même pas la patte qui a encore ses nerfs moteurs. L'autre fait avec la patte qui lui reste des mouvements volontaires dans le but de se retourner.

Cl. Bernard a aussi, chez un chien, sectionné les racines postérieures d'une patte. Celle-ci devint aussitôt traînante. Elle ne fut plus désormais agitée que par des mouvements incertains et sans but. Lorsque le chien voulait se tenir sur sa patte anesthésiée, la jambe fléchissait et il tombait. Lorsqu'il marchait plus vite, il ne marchait réellement que sur ses trois pattes. Il ne se servait pas de celle qui était privée du sentiment.

Panizza a reproduit sur le cheval la première expérience de Bernard. Les effets de la suppression de la sensibilité ne furent pas aussi complets. L'animal fit à chaque instant, sans y être provoqué par une excitation extérieure, des efforts pour se relever, mais il n'y parvint pas, parce que les mouvements énergiques et spontanés qu'il produisait ne s'associaient pas entre eux de façon à réaliser le but voulu. Il semble donc que plus on s'élève dans l'échelle animale, moins les conséquences musculaires de l'anesthésie sont prononcées. Sans doute qu'à mesure que la volonté et l'intelligence deviennent plus développées, l'animal possède plus d'initiative motrice et peut mieux se passer du stimulant et du guide qu'il trouve dans la sphère de la sensibilité. A ce titre, l'homme doit pouvoir, plus que tout autre être de la création, encore se mouvoir lorsqu'il a perdu le sentiment. Il est vrai que, même pour l'espèce humaine, on ne peut pas poser de règle absolue. Comme l'a fort bien remarqué Liégeois, à un autre sujet, tout dépend du caractère. Il est des natures molles qui, dans ces circonstances, restent presque complétement inertes. Mais il est incontestable que celles qui ont l'énergie nécessaire pour se servir encore volontairement de leurs muscles, le font d'une manière plus ou moins maladroite; de sorte que le désordre, observé dans le cas de sclérose postérieure, pourrait rationnellement s'expliquer par la perte de la sensibilité.

Aussi n'est-ce pas sous ce rapport qu'il peut y avoir une contestation sérieuse. Mais la question est de savoir si les ataxiés ont réellement perdu la sensibilité. Nous, nous sommes d'autant plus en droit de le mettre en doute que les vivisections nous ont conduit à refuser aux cordons postérieurs la transmission du sentiment. Il est vrai que ces cordons sont traversés par les racines postérieures qui se rendent à la substance grise, dernière voie de transmission des impressions. Mais l'anatomie pathologique semble avoir à peu près établi que ces racines ne prennent qu'une part très incomplète à l'altération du terrain qu'elles traversent et qu'elles ne sont qu'un peu atrophiées. Toutefois la rigueur scientifique exige que nous cherchions d'une manière plus directe l'existence ou la non existence de l'anesthésie.

Or, j'ai compulsé à cet effet toutes les observations que j'ai pu trouver soit dans les traités spéciaux, soit dans les publications périodiques. J'ai réuni ainsi 64 cas d'ataxie locomotrice bien caractérisés. Sur ces 64 malades, 8 seulement sont signalés comme ayant perdu la sensibilité dans une partie plus ou moins étendue du corps; 31 sont indiqués comme ayant offert simplement une diminution de la sensibilité dans une ou plusieurs régions; 25 avaient conservé l'intégrité de leur sens tactile.

Il est donc bien certain que dans l'ataxie la sensibilité est loin d'être toujours compromise; que très souvent elle reste intacte; que, le plus généralement, elle est seulement un peu affaiblie, et que ce n'est qu'exceptionnellement qu'elle est complétement abolie, et que même dans ces circonstances la perte absolue n'occupe ordinairement qu'une partie qui n'est pas toujours représentée par les membres inférieurs. Du reste, n'y aurait-il qu'un seul cas négatif, on serait parfaitement en droit de déclarer que la perte de la sensibilité n'est pas une condition *sine quâ non* de l'ataxie; qu'elle n'est jamais qu'un épiphénomène plus ou moins important; que par conséquent ce n'est pas elle qui engendre la maladie. D'ailleurs il est des affections d'une autre nature, l'hystérie, par exemple, où l'anesthésie cutanée est des plus prononcée et dans lesquelles cependant les mouvements ne semblent pas avoir perdu beaucoup de leur régularité et de leur harmonie. On a même beaucoup trop exagéré en clinique les conséquences de l'anesthésie de la plante des pieds. La marche, il est vrai, est un peu hésitante, mal assurée, mais ce n'est pas de l'ataxie véritable.

J'ajouterai que j'ai trouvé dans *The lancet* plusieurs observations qui viennent corroborer les résultats statistiques qui précèdent; en ce sens que dans les unes la destruction d'un segment de la substance grise avait amené une perte absolue de la sensibilité, malgré l'intégrité parfaite des cordons postérieurs, tandis que dans les autres, l'altération d'un segment des cordons postérieurs avait respecté la transmission des impressions à l'encéphale. De sorte que la pathologie s'accorde avec la physiologie expérimentale pour nous faire voir que c'est la substance grise qui est seule chargée de transmettre au cerveau les ébranlements sensitifs apportés par les racines, et que si les cordons postérieurs peuvent exercer une influence indirecte et partielle sur cette transmission, c'est parce qu'ils sont traversés un instant par ces mêmes racines.

Bourdon reste cependant tellement convaincu que l'anesthésie peut produire l'ataxie que, forcé de reconnaître que beaucoup de malades conservent une certaine dose de sensibilité, il explique cette anomalie en prétendant avec Turck qu'une partie des cordons antéro-latéraux sert avec les cordons postérieurs à la transmission des impressions sensitives. Mais, évidemment, peu importe la voie suivie par elles. Du moment où elles peuvent encore arriver au cerveau, elles doivent fournir les renseignements voulus, et d'après la thèse même que soutient M. Bourdon, il ne devrait pas y avoir ataxie, puisqu'elles trouvent encore moyen d'arriver à destination. Non, en réalité, la sclérose des cordons postérieurs prouve à la fois que ces colonnes blanches ne transmettent pas directement au cerveau les impressions sensitives, comme le prétendaient Ch. Bell et Longet, et que l'ataxie locomotrice n'est pas le résultat de la perte de la sensibilité tactile. Elle prouve que nous avons eu raison de nous ranger à l'opinion de Brown Sequard relativement à la conductibilité sensitive, et de regarder les fibres en arc postérieures comme représentant les diverses pièces d'un appareil de coordination.

A défaut d'anesthésie cutanée, on a invoqué d'autres genres d'insensibilité comme pouvant concourir tout au moins d'une manière très-efficace à la production de l'ataxie.

Duchenne accorde une certaine importance à l'anesthésie des articulations qu'il dit avoir constatée chez les ataxiques. D'après lui on peut, dans certains cas, fléchir ou étendre leurs jointures, placer les membres dans les positions les plus variées sans qu'ils s'en aperçoivent. Ce serait à cette insensibilité particulière des articulations qu'il faut attribuer ce fait assez singulier que beaucoup d'ataxiés perdent leurs membres dans leur lit et ne retrouvent leur véritable position que lorsqu'ils les regardent. Mais quand on passe en revue un grand nombre d'observations on est obligé de reconnaître que l'anesthésie articulaire ne se montre qu'exceptionnellement, et que quand elle apparaît, ce n'est qu'à une période très-avancée de la maladie. L'ataxie complète la précède de longtemps.

Axenfeld pense que dans la génération de cette maladie, on doit tenir compte de la perte de sensibilité de tous les tissus, parce que tous doivent sentir à un titre quelconque les pressions, les déplacements nécessités par la locomotion et peuvent ainsi contribuer à renseigner et à guider les centres locomoteurs.

Mais c'est surtout à la perte du sens musculaire qu'on a fait jouer le plus grand rôle et même un rôle exclusif, parce que c'est lui dont la mission se rattache le plus directement à l'action musculaire. C'est lui qui lui fournit les renseignements les plus indispensables. D'après Romberg, le sens musculaire serait aboli d'une manière constante dans l'ataxie. Jaccoud n'est pas aussi affirmatif, mais il assure que l'anesthésie musculaire manque quelquefois au début de la maladie, et qu'elle existe constamment quand celle-ci est arrivée à sa période d'état. Aussi, tout en admettant, en outre, la cause que nous adopterons tout à l'heure, voit-il en elle un élément pathogénique de premier ordre.

Il est bien vrai que ce sens se trouve souvent altéré chez les ataxiques puisque beaucoup se plaignent de ne pas sentir la résistance du plancher. Mais cette altération ne suffit pas encore pour expliquer la maladie, car beaucoup d'hystériques ont les muscles insensibles, puisqu'elles ne sentent point les blessures de ces organes, et n'offrent pas les symptômes de l'ataxie. Je vous ferai remarquer que l'altération de la sensibilité musculaire, constatée par plusieurs auteurs dans l'ataxie locomotrice, constitue un symptôme tout à fait en désaccord avec ce qui existait dans les observations que nous avons groupées dans la physiologie pathologique générale. En effet, elles semblaient démontrer que les conducteurs de ce genre de sensibilité appartenaient aux racines antérieures et aux cordons antéro-latéraux, c'est-à-dire à des organes nerveux qui paraissent être intacts dans cette maladie. Mais dans la période scientifique que nous traversons, il faut s'attendre à rencontrer à chaque instant, dans les faits pathologiques, de ces contradictions apparentes, qui sans doute seront expliquées plus tard.

Somme toute, les différentes espèces de sensibilité peuvent être respectées dans l'ataxie locomotrice, et de plus, toutes peuvent être supprimées dans d'autres circonstances sans donner naissance à des désordres identiques. Par conséquent, il faut s'adresser ailleurs pour trouver la clef du mécanisme de cette maladie. C'est se payer de mots que d'admettre, avec quelques médecins nuageux, l'abolition de la faculté psychique de la coordination, ou d'une science instinctive des combinaisons musculaires. Car, comme nous le verrons plus tard, les animaux auxquels on a enlevé les lobes cérébraux et qui ont perdu par le fait toutes les aptitudes intellectuelles et instinctives, exécutent tous les modes de progression avec plus d'harmonie encore que s'ils n'avaient subi aucune mutilation. La coordination est innée et ne nécessite aucun travail, même instinctif, de la part de l'animal. Elle est l'œuvre de la création elle-même. Il reçoit en naissant une machine dont toutes les pièces sont agencées de façon à ce que tous les actes qu'elle produit s'enchaînent suivant un ordre préétabli. Les pièces de cette machine, du moins dans sa partie médullaire, consistent tout justement dans les fibres en arc des cordons postérieurs. Ce sont elles qui associent entre eux les groupes de cellules. Elles sont les fils qui rattachent les actes de la locomotion les uns aux autres. Voilà pourquoi la sclérose, qui rompt ces fils, amène du désordre dans ces actes; voilà pourquoi l'expérience de Tood (décrite page 73), qui consiste à pratiquer plusieurs sections transversales étagées les unes au-dessus des autres sur ces cordons, crée un état qui est identique avec l'ataxie locomotrice de l'homme. Et cependant chez ces animaux ainsi mutilés, la sensibilité est conservée, ce qui devait être puisque la plupart des racines postérieures peuvent encore gagner la substance grise.

Avant de quitter le terrain de la pathogénie générale, je veux encore vous signaler une singulière théorie émise par Benedikt, de Vienne. Selon ce médecin, la sclérose des cordons postérieurs déterminerait l'ataxie par ce seul fait qu'ils fourniraient aux muscles des fibres à action centrifuge ayant pour mission spéciale de régler la contraction déterminée par les tubes moteurs. Celles-ci ne feraient que mettre en jeu la contractilité musculaire. Les premières la dirigeraient. Du reste, ce n'est pas Benedikt lui-même qui a imaginé l'existence de ces tubes d'un nouveau genre d'emploi. L'idée première est d'un nommé Harless, qui croit avoir pratiqué à ce sujet des expériences des plus convaincantes. Chez divers animaux, il a provoqué des contractions musculaires par l'excitation directe des racines antérieures. Il a enregistré ces contractions au moyen du myographe pour en apprécier et en conserver la forme et l'étendue. Il a ensuite coupé les racines postérieures et, après cette section, il a provoqué de nouveau des contractions par l'excitation des racines antérieures. Il a pu constater qu'alors les contractions étaient plus tardives et exagérées. Mais du moment où il irritait le bout périphérique des racines postérieures, les contractions reprenaient leurs caractères normaux.

Or, en irritant le bout périphérique, on ne peut évidemment que donner lieu à une action centrifuge, et cette action a tout justement pour résultat de maintenir les mouvements dans des conditions normales. Du moment où on la supprime par la section et où on ne la remplace pas par l'irritation du bout phériphérique, les mouvements sont exagérés et vont au delà du but. Donc, les racines et les cordons postérieurs doivent contenir des fibres modératrices; et, d'après Benedikt, ce sont ces fibres qui sont détruites par la sclérose.

Mais Benedikt oublie que, même en considérant comme très-justes les déductions de Harless, cette théorie suppose une atrophie, une suppression d'action, tandis que l'ataxie se montre à une époque où les cordons sont le siége d'une inflammation qui ne peut qu'exagérer leur action.

Un sentiment d'impartialité me force à vous signaler encore un travail très-récent de M. Pierret, qui fournit des conclusions tout à fait opposées à l'opinion que j'ai formulée. Il rappelle que Bouchard a démontré qu'il existe dans le monde pathologique un genre de sclérose qui reste mathématiquement limitée à la partie interne des cordons postérieurs, à cette portion qui a reçu des anatomistes le nom de *faisceau cunéiforme* et qui ne donne pas lieu à des phénomènes d'ataxie. S'appuyant à son tour sur un certain nombre d'observations, il démontre que l'ataxie n'apparaît que d'autant que la lésion anatomique envahit la partie externe des cordons postérieurs, c'est-à-dire celle où pénètrent les racines sensitives et qu'elle se prononce d'autant plus que l'altération se propage en avant et compromet ainsi un nombre de plus en plus grand de filets radiculaires, tandis que la propagation qui se fait vers le sillon médian postérieur ne modifie en rien la physionomie de la symptomatologie, parce que les faisceaux cunéiformes ne servent pas de terrain à l'épanouissement des racines. C'est dire évidemment que la sclérose postérieure ne produit l'ataxie que parce qu'elle compromet et annihile de plus en plus la transmission sensitive, en atrophiant et détruisant progressivement tous les filets épars des racines postérieures.

Quoique je considère M. Pierret comme une autorité en cette matière, je ne peux cependant pas changer ma conviction première, parce que j'ai constaté trop nettement la persistance partielle, sinon totale, de la sensibilité dans l'ataxie locomotrice. Je crois que la base de la maladie consiste essentiellement, au début, dans l'exaltation d'action des fibres en arc et plus tard dans leur suppression d'action, double oscillation autour de la normale dont le résultat est toujours le même, à savoir trouble en plus ou en moins de leur rôle coordinateur. Mais j'admets que ce noyau se complique le plus souvent de nouveaux éléments capables d'augmenter la perte de l'harmonie des mouvements, éléments qui sont la suppression plus ou moins complète du sens musculaire, de la sensibilité cutanée, de celle des articulations et de tous les autres tissus, soit isolément, soit simultanément.

SEIZIÈME LEÇON.

Messieurs,

La question de la nature de l'ataxie locomotrice étant jugée, il nous faut encore faire quelques remarques physiologiques sur les principaux de ses symptômes.

Tous les ataxiques se plaignent, dans les premiers temps, d'éprouver des douleurs excessivement violentes qui semblent parcourir les membres avec la rapidité de la foudre. Cela tient évidemment à ce que, dans cette période, les racines subissent forcément le contre-coup des bouleversements inflammatoires du terrain dans lequel elles sont implantées. A ce moment les cordons postérieurs sont le siége d'un processus irritatif. Leur tissu est hypérémié, gonflé aussi par une active prolifération nucléaire. Il agit sur les tubes des racines comme un névrome ou une épine irritante quelconque, et le malade rapporte les douleurs qui en résultent à la périphérie, en vertu d'une loi que nous établirons plus tard dans la physiologie des nerfs. A une époque plus avancée, la prolifération cesse, le tissu se rétracte et dégage ainsi les racines. Les douleurs cessent, mais à mesure que cette rétraction s'opère, la région perd de plus en plus de sa vascularité. Les racines subissent les conséquences de cette moindre irrigation nutritive et sont comme des racines végétales dans un sol aride. Aussi elles s'atrophient, tout en ne subissant pas elles-mêmes le genre et le degré d'altération des fibres en arc. C'est à ce moment, généralement, que la sensibilité perd de sa puissance normale. Toutefois, la compression déterminée par la période inflammatoire peut, au début, être portée à un tel degré, qu'elle paralyse ces racines au lieu de les exciter, et l'anesthésie se montre dès les premiers temps pour disparaître souvent ensuite.

Les fourmillements qu'accusent au début certains malades recon-connaissent la même cause que les douleurs. Le gonflement sclérotique des cordons agit sur les racines comme le choc du coude sur le nerf cubital.

Il est parfaitement établi que les ataxiques ont les mouvements beaucoup plus désordonnés dans l'obscurité qu'à la lumière. Ils deviennent alors tellement tumultueux et irrationnels, qu'ils entraînent très-souvent la chute du malade. Ce fait a paru favorable à la théorie de l'ataxie par anesthésie. Il semble, en effet, que pendant le jour la vue remplace le toucher et vient compléter les renseignements nécessaires à la direction de la locomotion. Mais la même aggravation du désordre, la même tendance aux chutes existent aussi chez les malades qui ont conservé leur sensibilité intacte. La vision n'a donc pas à suppléer ici à une qualité qui n'est pas absente. Quelques auteurs ont pensé que sans doute la stimulation de la rétine par la lumière exerçait une action favorable sur le système nerveux et pouvait ainsi atténuer sa perturbation. C'est vague. De plus, la vision n'a d'efficacité que lorsque les sujets tiennent les regards fixés sur leurs membres inférieurs. Il faut donc plus qu'une simple stimulation de la rétine. Aussi je crois qu'Axenfeld a eu raison en ne voyant là qu'une influence purement morale. Le malade sait que toujours il marche mal; il craint continuellement de tomber. Quand il voit, il se trouve un peu rassuré. Il aperçoit les meubles dont il pourra au besoin réclamer le secours. Cela suffit pour lui donner moins d'hésitation. Quand cette sécurité apparente lui échappe, il se trouble et il tremble à la fois au moral et au physique.

Chez un petit nombre d'ataxiques, on observe aussi au début de véritables mouvements choréiformes, ce qui tient sans doute à ce que la congestion ne reste pas toujours bornée aux cordons postérieurs et à ce qu'elle gagne plus ou moins les cornes postérieures. C'est aussi en raison de la possibilité d'extension du travail sclérotique qu'on voit parfois d'abord des contractures et même plus tard de la paralysie du mouvement. Car nous verrons que les contractures sont un des symptômes de la sclérose des cordons antérolatéraux.

L'excitation que subissent, au début, les nerfs sensitifs du corps est naturellement partagée par ceux du département des organes de la génération. Ils viennent, par action réflexe, stimuler le centre génital et faire naître tous les symptômes de priapisme que nous avons signalés. Il est même probable que ce centre prend part à la congestion par voisinage, et qu'il est déjà spontanément surexcité.

Parmi les symptômes oculaires, il en est qui doivent être attribués directement à l'action de la région cilio-spinale de la moelle. Ainsi, l'étroitesse de la pupille est due à la paralysie des fibres radiées de l'iris, qui sont animées par le sympathique cervical, qui lui-même relève de cette région. La vascularité de la conjonctive indique une paralysie vaso-motrice de même origine.

Mais il en est d'autres, tels que l'amblyopie, l'amaurose, le strabisme, etc., qui ne peuvent être attribués qu'à l'altération de la rétine et des tubercules quadrijumeaux. Cette coïncidence de ces lésions intra-encéphaliques avec des lésions médullaires, alors même que celles-ci ne siégent encore qu'à la partie inférieure de la moelle, n'en est pas moins un problème assez difficile à résoudre. N'y aurait-il pas à tenir compte ici du rôle vaso-moteur de la région cilio-spinale, qui règle par l'intermédiaire du grand sympathique cervical la circulation de toute la tête et par conséquent de l'encéphale ? Au début, il y aurait processus irritatif de la rétine, congestion de cet organe, d'où amblyopie par congestion. Puis s'établirait une sclérose de la névroglie rétinienne qui en atrophierait les éléments nerveux. L'altération se propagerait par les nerfs optiques et envahirait tout le système nerveux central affecté à la vision.

Charcot, Ball et d'autres auteurs ont démontré par un grand nombre d'observations que l'ataxie locomotrice donne lieu très-souvent à des arthropathies. Celles-ci, dans ces circonstances, offrent des caractères tout à fait particuliers. Elles débutent brusquement par une tuméfaction qui ne s'accompagne ni de rougeur ni de douleur; mais elles déterminent à la longue des altérations profondes des ligaments et des extrémités articulaires. Ces arthropathies sont incontestablement la conséquence de la maladie de la moelle épinière, car elles se rencontrent trop souvent dans l'ataxie locomotrice pour qu'on puisse ne voir là qu'une simple coïncidence. Du reste, on en a vu d'analogues survenir très-vite dans des cas de lésion traumatique de l'axe médullaire.

Elles ne se produisent jamais que pendant la période dans laquelle il existe des douleurs fulgurantes, c'est-à-dire à l'époque où le processus morbide est encore dans la phase inflammatoire, où il y a irritation des éléments nerveux. C'est là une nouvelle confirmation d'une loi que nous avons déjà posée dans la physiologie pathologique générale, et d'après laquelle le système nerveux ne produirait des altérations de nutrition de forme active que lorsqu'il serait dans un grand état de surexcitation. C'est, du reste, au moment où existent ces mêmes douleurs, qu'on voit apparaître sur le trajet des nerfs des éruptions soit d'herpès, soit d'ecthyma.

Ces affections cutanées concordent parfaitement avec ce que nous avons dit dans nos généralités, puisque le système nerveux sensitif se trouve surexcité par le travail inflammatoire du terrain que traversent les racines postérieures. Mais il n'en est plus de même pour les affections articulaires qui sembleraient devoir être rattachées au système nerveux locomoteur, lequel n'est cependant pas matériellement malade dans l'ataxie locomotrice. Il y a là un problème de physiologie pathologique dont je n'entrevois pas encore la solution. La dépense inconsidérée de force musculaire que font les ataxiques pour lutter contre le désordre qui est imposé à leurs mouvements, entraîne-t-elle dans les cellules motrices un état de suractivité qui équivaut presque à une véritable inflammation ? Ou plutôt ces arthropathies sont-elles le résultat de troubles qui primitivement sont de nature vaso-motrice et sont provoquées d'une manière réflexe par l'irritation dont les nerfs sensitifs sont victimes ? Il se ferait, sous l'influence des douleurs fulgurantes, des fluxions sanguines analogues à celles qui surviennent dans les névralgies faciales. Ce qui plaide en faveur de cette hypothèse, c'est qu'il n'existe pendant un certain temps qu'une simple hydarthrose indolente avec empâtement du tissu cellulaire ambiant. On sent qu'il se fait là une exhalation séreuse à travers les parois de tous les capillaires. Notez aussi, ce qui abonde encore dans le même sens, que le gonflement ne reste pas limité aux articulations, et qu'il envahit un ou deux segments d'un même membre. Il semble que la congestion se fait par région, et non pas exclusivement dans les charnières de l'appareil de la locomotion. Enfin, en pressant avec le doigt, on reconnaît que ce n'est pas un œdème analogue à celui que peut produire un obstacle mécanique à la circulation. Il ne serait pas impossible non plus que le système nerveux vaso-moteur soumis ainsi longtemps à une excitation réflexe, finisse par s'altérer lui-même. Ainsi s'expliqueraient les lésions que Luys dit avoir rencontrées dans les ganglions du grand sympathique chez les sujets atteints d'ataxie locomotrice.

Un travail récent de M. Pierret met sur la voie d'une explication qui pourrait bien être l'expression de la vérité, qui ne demande qu'un plus grand nombre de faits à l'appui et qui rendrait inutiles toutes les suppositions qui précèdent. Dans plusieurs cas d'ataxie locomotrice, il a pu constater que les arthropathies coïncidaient avec l'atrophie de certains muscles et l'altération de certains groupes de cellules des cornes antérieures; de sorte que les troubles des systèmes osseux et musculaires relèveraient bien des cellules trophiques des organes de la locomotion. Il a remarqué en outre que ces cellules étaient justement celles qui, d'après Kölliker, sont en connexion directe avec quelques-uns des filets des racines postérieures, avec ces fibres qu'on a appelées réflexo-motrices. L'enchaînement des troubles nutritifs serait dès lors très-facile à saisir. La sclérose des cordons postérieurs irriterait les racines postérieures, dont certains filets viendraient, à leur tour, irriter les cellules motrices qui agiraient, en dernier ressort, sur les racines antérieures et les muscles.

MALADIE DES CORDONS ANTÉRO-LATÉRAUX.

La sclérose, qui se montre si souvent limitée aux cordons postérieurs, peut aussi dans certaines circonstances envahir, d'une manière à peu près exclusive, les cordons antéro-latéraux et donner ainsi naissance à une affection peut-être moins caractéristique que l'ataxie locomotrice, mais qui mérite néanmoins d'être considérée comme une maladie spéciale. Son cachet particulier consiste en des contractures qui précèdent et accompagnent même une paralysie motrice qui devient de plus en plus complète. Au début, le travail inflammatoire dont la névroglie est le siége, irrite à la fois les racines antérieures et les fibres encéphaliques. Ces dernières, qui, dans l'état normal, ne font qu'apporter aux cellules motrices les ordres de la volonté, les excitent alors d'une manière continue en dehors de l'influence cérébrale. Ces cellules stimulent, à leur tour, certains muscles par l'intermédiaire des racines antérieures et les maintiennent dans une contraction permanente. Dans les vivisections, nous l'avons dit, les cordons antéro-latéraux obéissent difficilement aux excitations artificielles du scalpel. Mais un état inflammatoire se montre naturellement plus puissant, par ce seul fait qu'il représente un excitant spontané et de nature organique. Plus tard, lorsque le tissu cellulaire de nouvelle formation se rétracte et devient de plus en plus dense, les tubes nerveux s'atrophient progressivement, et c'est alors qu'on voit apparaître d'abord de la faiblesse musculaire, puis de la paralysie. Mais, même à ce moment, existent encore des contractures dans certains groupes musculaires. Cela tient en partie à ce que la sclérose des cordons antéro-latéraux, comme celles des cordons postérieurs, respecte plus les racines que les fibres propres de ces cordons, et à ce que l'excitation des racines suffit pour provoquer des contractions. Mais cela tient surtout à ce que les fibres encéphaliques ne sont pas toutes à la fois atrophiées et à ce que les unes sont encore dans la période d'excitation, tandis que les autres sont déjà dans la période de suppression. Enfin, il est à remarquer que les contractures se présentent surtout dans la sclérose en plaques. Or, dans ces circonstances, ces plaques atrophiantes sont entourées d'une zone de congestion dont l'effet est excitant.

Charcot et Joffroy ont attiré, les premiers, l'attention sur l'existence d'une affection mixte qui envahit à la fois les cordons antéro-latéraux et les cellules correspondantes des cornes antérieures. Les deux ordres d'altération se suivent pas à pas. C'est là une nouvelle confirmation de tout ce que nous avons dit sur la nutrition des diverses parties du système nerveux. Ce sont les fibres encéphaliques qui sont appelées à faire entrer les cellules motrices en fonction. Dans la sclérose, à un certain moment, elles les excitent trop, et à un autre moment elles ne les excitent plus du tout. Dans l'un et l'autre cas, les cellules doivent s'altérer dans leur nutrition. Comme celles-ci représentent à leur tour, suivant l'expression de Valler, les centres trophiques des racines antérieures et des muscles, ces derniers doivent s'altérer et s'atrophier à leur tour. C'est ce qui a lieu en effet. Tout l'ensemble se trouve à la fois dans une période d'irritation pour tomber ensuite dans un état d'inertie. Il résulte de là que les cellules motrices peuvent s'atrophier dans la sclérose antérieure et dans la sclérose postérieure; mais le mécanisme de l'atrophie n'est pas le même dans les deux cas.

MALADIES DITES FONCTIONNELLES.

Paralysies réflexes ou d'origine périphérique.

Nous venons de voir la moelle être troublée dans son fonctionnement physiologique par l'apparition d'altérations variées intéressant son propre tissu. Mais ses fonctions se montrent très-souvent aussi perverties ou abolies sans qu'elle soit elle-même matériellement compromise. Il en est ainsi dans un grand nombre de circonstances où la moelle semble, au premier abord, n'avoir aucun droit d'intervenir. C'est ainsi qu'on peut voir survenir tout à coup une paraplégie dans le cours d'une maladie qui matériellement est parfaitement localisée dans un autre organe que la moelle, dans les reins, la vessie, la prostate, l'urètre, l'utérus et même dans l'intestin. En présence d'une paralysie des membres inférieurs apparaissant chez des individus atteints d'une affection organique des reins, ou même simplement d'une modeste blennorrhagie, l'idée d'une corrélation quelconque entre la paraplégie et la maladie primitive ne pouvait certainement pas venir de suite à l'esprit de l'observateur. Il se trouve encore bon nombre de médecins qui, peu au courant des progrès de la science, croient à une simple coïncidence de deux maladies non liées entre elles. Cependant, dès le XVIIe siècle, un savant d'élite, Villis, pressentit que ces diverses lésions viscérales pouvaient fort bien retentir jusque dans la moelle par l'intermédiaire des nerfs. Vint ensuite Graves, qui précisa déjà un peu mieux ce mode de retentissement en disant : « Une impression périphérique anormale est incessamment transmise à la moelle d'où elle réagit sur les fonctions motrices des extrémités inférieures. » Le mot « réagit » contenait déjà en germe l'idée d'un mécanisme analogue à celui des mouvements dits réflexes. Mais le rapprochement complet ne fut fait que plus tard, et c'est Brown Sequard qui créa la désignation de *paralysie réflexe*, désignation qui a pris tout à fait droit de domicile dans la science. Jaccoud a essayé en vain de la remplacer par celle de *paralysie d'origine périphérique*, expression qui cependant serait préférable, en ce sens qu'elle ne préjuge en rien de la solution à donner pour le mécanisme physiologique de la paraplégie.

Au fond, l'analogie n'est qu'apparente ou plutôt elle n'existe que pour le phénomène initial. Dans la paralysie réflexe, comme dans le mouvement réflexe, le point de départ consiste dans l'irritation périphérique d'un nerf sensitif. Dans l'un et l'autre cas aussi, l'ébranlement provoqué par cette irritation se propage jusqu'aux cellules motrices. Mais là s'arrête l'analogie; car les phénomènes subséquents sont de natures diamétralement opposées. Dans l'état physiologique, la cellule réfléchit l'ébranlement reçu vers un nerf moteur qui provoque un mouvement dans un point du système musculaire. Dans l'état pathologique qui nous occupe, au contraire, l'irritation apportée réduit à l'impuissance à la fois la cellule motrice, le nerf moteur et le muscle. Non-seulement cette stimulation sensitive ne produit plus son effet réflexe habituel, mais, même, elle immobilise tellement la cellule motrice que celle-ci est devenue incapable d'obéir à des incitations venues d'une autre part, envoyées par le cerveau et apportées par les fibres encéphaliques.

Une même cause semble donc pouvoir produire deux effets inverses, l'action ou l'inaction. Mais évidemment elle ne le peut qu'à l'aide de mécanismes différents, et si les physiologistes sont d'accord sur celui du mouvement réflexe, ils sont encore loin de l'être sur celui des paralysies réflexes. Deux hypothèses se trouvent encore en présence à ce sujet : celle de l'anémie du centre nerveux par contraction réflexe des vaso-moteurs, de Brown Sequard, et celle de l'épuisement, de Jaccoud.

D'après Brown Sequard, la maladie viscérale, en irritant d'une manière incessante les nerfs sensitifs plongés dans l'intimité de l'organe altéré, provoque une contraction excessive et permanente des fibres musculaires des vaisseaux de la moelle. La lumière de ces vaisseaux s'efface. Le sang ne peut plus circuler et les cellules des cornes antérieures, de même que les autres éléments, ne recevant plus l'aliment indispensable de leur activité, ne peuvent plus remplir leurs fonctions de centres moteurs. Ainsi comprise, la paralysie réflexe ne sort plus des lois ordinaires de l'innervation. C'est encore un mouvement réflexe que produit l'impression sensitive. Seulement le mouvement, au lieu de siéger dans les muscles de la locomotion, se produit dans les fibres musculaires des vaisseaux de la moelle. La réflexion, au lieu de s'opérer dans les cellules des cornes antérieures comme dans les mouvements réflexes ordinaires, s'établit dans les cellules vaso-motrices et en particulier dans celles qui tiennent sous leur coupe la vascularisation de la moelle. C'est encore un phénomène actif et non un phénomène passif que produit l'impression. Mais dans ces conditions nouvelles et spéciales, le défaut de nutrition qui en résulte se traduit à son tour par un phénomène négatif, par une paralysie des muscles de la vie de relation.

Cette interprétation a pris naissance dans son esprit à la suite d'une expérience qui semble en effet la justifier. Pour se placer, autant que possible, dans les conditions ordinaires de la pathologie humaine, il a agi sur le rein qui est celui de tous les viscères dont les maladies donnent le plus souvent lieu à des paraplégies réflexes. Il a appliqué sur le hile rénal une ligature fortement serrée, de façon à irriter les nerfs qui se rendent dans les reins, et il a vu nettement les vaisseaux de la pie-mère se resserrer.

Cette théorie compte toutefois très-peu de partisans. Il semble, en effet, assez difficile de la concilier avec la loi d'intermittence d'action qui s'impose partout à la fibre musculaire. Un muscle ne peut rester indéfiniment dans l'état de contraction. Il faut que son action soit à chaque instant coupée par des temps de repos. On voit bien, il est vrai, dans le tétanos une contraction à peu près permanente de certains muscles. Mais encore elle n'existe pas au même degré à tous les moments. Il y a des exacerbations et des détentes relatives. Du reste, la substance grise se trouve en ce moment dans un état de congestion qui exalte sa puissance, et cette exaltation ne dure jamais qu'un très-petit nombre de jours. Dans l'état physiologique, on rencontre encore bien un exemple de contraction prolongée; je veux parler des actes musculaires de l'époque menstruelle qui produisent et maintiennent à la fois l'écoulement sanguin et l'adaptation de la trompe. Mais il ne s'agit aussi ici que de quelques jours, tandis que le mécanisme adopté par Brown Sequard suppose une contraction ne faiblissant même pas un seul instant pendant un grand nombre de mois; et les fibres musculaires des vaisseaux, quoique appartenant à l'ordre végétatif, semblent très-disposées à passer encore assez facilement de l'état de contraction à l'état de relâchement. Car quand, en frappant une veine du dos de la main, on en provoque le resserrement, presque aussitôt on voit la dilatation succéder à l'effacement primitif. Il en est de même quand la contractilité vasculaire a été mise en jeu à l'aide de l'électricité ou de l'eau froide. Dans l'emploi de l'hydrothérapie, la réaction s'établit très-vite et on voit la pâleur et la sensation de froid, provoquées par le contact de l'eau, être remplacées en peu d'instants par de la rougeur et un sentiment de chaleur bienfaisante.

Du reste, comme l'a très-bien fait remarquer Jaccoud, une anémie qui dure aussi longtemps devrait faire plus que suspendre le fonctionnement de la moelle et finir par atrophier cet organe. Or, cette atrophie n'a jamais été signalée dans les autopsies que les circonstances ont permis de faire sur les individus qui avaient été atteints de véritables paraplégies réflexes. On ne l'a même jamais trouvée exsangue. Souvent, au contraire, elle s'est montrée congestionnée.

D'un autre côté, le médecin Gull, assisté de deux physiologistes anglais d'un certain renom, Pavy et Durham, a répété sur plusieurs chiens et lapins les expériences de Brown Sequard et il n'a jamais pu surprendre la moindre modification dans le diamètre des vaisseaux de la pie-mère médullaire. Enfin, on peut encore reprocher à Brown Sequard d'avoir, dans cette circonstance, passé par-dessus les exigences de la logique. Car, ainsi que nous le verrons, il attribue les crises convulsives de l'épilepsie à la contraction des vaisseaux de l'encéphale et, par suite, à l'anémie de cet organe. De sorte que, selon lui, une même condition vasculaire pourrait produire deux effets opposés. Dans le cerveau elle produirait l'exagération d'action du système nerveux. Dans la moelle, elle déterminerait la suppression d'action. S'il ne s'agissait que de l'épilepsie, je ferais bon marché du reproche; car, quand nous ferons l'étude de la protubérance, nous pourrons facilement concilier les phénomènes convulsifs avec l'anémie du cerveau. Mais la pathologie nous montre que l'hémorrhagie, l'inanition, la chlorose, en diminuant la vascularisation de la moelle et des autres centres nerveux, prédisposent aux convulsions. Pour qu'il y ait paralysie, il faudrait plus qu'une insuffisance de sang; il faudrait que l'arrivée de ce liquide nutritif fût empêchée complétement et même brusquement, comme dans l'expérience de Sténon qui consiste à lier l'aorte abdominale. Il faudrait donc dans le cas de paralysie réflexe un effacement complet des vaisseaux de la moelle, ce qui est peu admissible pendant un temps aussi prolongé et en l'absence d'altérations consécutives de cet organe.

La théorie de l'épuisement suppose que les cellules motrices de la moelle finissent par perdre l'aptitude à obéir aux causes d'excitation, par cette seule raison que la maladie périphérique les condamne à une stimulation perpétuelle. Elle a généralement paru plus vraie, parce qu'elle repose sur une des lois les mieux établies de la physiologie, à savoir que l'activité nerveuse s'épuise très-vite et ne peut se maintenir qu'au prix d'interruptions très-rapprochées qui font alterner fréquemment l'action avec le repos. Sans le mouvement vif et répété de la paupière qu'on désigne sous le nom de *clignement* et qui vient, à l'instar de la roue des machines à faradisation, rendre intermittent le travail de la rétine, cette membrane nerveuse perdrait très-vite l'aptitude à être impressionnée par la lumière. Les nerfs du goût se blasent très-vite sur certaines saveurs dont on abuse. On est obligé de varier les attitudes pour ne pas faire travailler toujours les mêmes muscles. Le travail intellectuel lui-même, quoique les touches du clavecin cérébral soient frappées à tour de rôle, a besoin d'un travail réparateur. Des faits qui se rapprochent davantage de ce que peut produire une irritation périphérique comme celle qu'engendrent les maladies des reins ou de l'utérus, sont ceux qui ont été mis au jour par les expériences de Valentin, de Matteuci, de Bois-Raymond, d'Eckhard et de Pflüger. Quand on soumet un nerf à l'action de l'électricité, on obtient au début des contractions musculaires. Mais si on prolonge l'application de cet agent physique, bientôt le nerf reste inerte, même quand on fait varier l'intensité du courant. Il n'obéit pas davantage à un autre genre d'excitation et il ne recouvre ses propriétés actives premières qu'à la condition qu'on lui accorde un certain temps de repos. Les médecins qui ont souvent recours à l'électrothérapie savent bien tous qu'on épuise bien plus vite l'irritabilité électrique avec les machines à courant continu qu'avec celles qui sont à courant intermittent. Jaccoud, qui a plaidé avec talent la cause de cette théorie, fait observer que l'action trop vive ou trop persistante de l'électricité épuise non-seulement les nerfs, mais aussi la moelle, lorsqu'on dirige le courant sur elle ; qu'on peut ainsi, par ce seul moyen, développer une paraplégie momentanée chez les animaux ; que pour obtenir ce résultat, il n'est pas nécessaire que toute la moelle soit soumise à cette influence épuisante ; qu'il suffit qu'un segment quelconque l'ait subie pour que la transmission volontaire venue d'en haut soit arrêtée au niveau de ce segment épuisé.

Voilà bien des conditions qui rappellent en effet celles qui existent dans la paralysie réflexe. Dans celle-ci un groupe de nerfs sensitifs est vivement et constamment irrité par une altération organique des reins, ou de la vessie, ou de l'urètre, ou de l'utérus, ou de l'intestin. La lésion viscérale remplace la machine à courant continu et intense. Ces nerfs apportent un ébranlement moléculaire incessant au segment de la moelle auquel ils aboutissent. Ce segment est bien vite épuisé et devient incapable non-seulement d'agir par ses propres cellules, mais même de transporter plus loin l'ébranlement volontaire apporté par les fibres encéphaliques.

Ce qui plaide aussi en faveur de cette interprétation, c'est que beaucoup d'observateurs ont constaté que l'apparition de la paralysie est souvent précédée d'une série plus ou moins longue de secousses convulsives qui reproduisent les contractions exagérées que provoque, au début, l'application de l'électricité. Ce sont les convulsions de l'agonisant qui usent toute la force vitale qu'il possède et qui précipitent sa fin.

Je dois encore, pour me conformer à un usage devenu presque classique, rapporter une observation d'Echeverria qui nous fait, pour ainsi dire, assister à la production expérimentale de ce mécanisme dans l'espèce humaine. Une femme se trouva, à la suite de trois fausses couches, atteinte d'antéversion de l'utérus avec béance et ramollissement du col. Echeverria espéra obtenir le retrait de l'utérus et son raffermissement en le soumettant à l'action de l'électricité. Mais il se produisit immédiatement des douleurs excessivement vives dans les lombes et le bas-ventre; puis survinrent des mouvements convulsifs dans les membres inférieurs. Ces convulsions furent suivies immédiatement d'une paraplégie qui dura quatorze heures.

Dans l'exposé qui précède, j'ai peut-être manifesté un certain penchant à adopter la théorie de l'épuisement. Cela doit vous étonner, si vous vous rappelez qu'à propos de la paralysie infantile j'ai mis à profit le mécanisme indiqué par Brown Sequard. Mais je ne le plaçais pas alors dans des conditions tout à fait identiques. Là, je supposais une réflexion se faisant vers les vaso-moteurs du tissu médullaire, mais n'arrivant à déterminer une paralysie permanente qu'après avoir altéré la texture des cornes antérieures. L'acte réellement réflexe consistait dans une modification passagère de la contractilité des vaisseaux. Cette modification durait cependant assez pour détruire les cellules motrices, et c'est de cette destruction seulement que résultait la paralysie permanente. De plus, la modification vasculaire me semblait devoir être plutôt de nature spasmodique et par conséquent apte à produire un processus inflammatoire et non une anémie.

Du reste, je dois avouer que je ne suis pas encore à même de me prononcer d'une manière définitive pour l'une ou l'autre de ces deux théories, car toutes deux ont un côté faible. Si, d'une part, il répugne à l'esprit d'admettre un resserrement complet et permanent des vaisseaux de la moelle, on ne comprend pas, d'autre part, comment un ébranlement qui ne porte que sur un petit groupe de cellules arrive à empêcher les cellules situées au-dessous d'obéir aux fibres encéphaliques, quoiqu'elles échappent complétement à la titillation périphérique. Cette dernière difficulté disparaît complétement avec l'idée de l'anémie qui, en étant générale, entraîne l'inertie des cordons antéro-latéraux, aussi bien que celle de la substance grise. Tout ce qu'on est en droit d'assurer, c'est que les maladies viscérales que j'ai énumérées peuvent amener l'inertie fonctionnelle de la moelle sans l'altérer dans sa texture, et qu'elles y arrivent en vertu des impressions inconscientes qu'elles envoient constamment à ce centre nerveux par l'intermédiaire des nerfs sensitifs de l'organe lésé. Mais là s'arrête le positif, et quant à savoir comment ces impressions paralysent le fonctionnement de la moelle, il faut encore attendre les éclaircissements de l'avenir.

Il se fait, du reste, depuis quelque temps, une certaine réaction dans le monde médical au sujet de ces paraplégies fonctionnelles dont les exemples se multipliaient dans les journaux de médecine d'une manière peut-être par trop exagérée. On ne saurait nier tout à fait l'existence de ce genre de paralysie *sine materia*. La science possède trop de faits démonstratifs à cet égard. Mais il est aussi certain qu'on a fait rentrer dans ce groupe un grand nombre d'observations qui n'avaient pas le droit d'y figurer. Chez beaucoup de femmes qui sont devenues paraplégiques pendant le cours d'une affection de l'utérus, cet organe avait acquis des proportions considérables. Il devait incontestablement comprimer les nerfs lombo-sacrés et paralyser directement leur action sans que la moelle ait eu à intervenir. C'est d'autant plus probable que très-souvent on n'a constaté qu'un simple affaiblissement musculaire, ou une paralysie partielle n'occupant qu'un seul membre et même qu'une partie d'un membre. La même interprétation peut aussi s'appliquer à la plupart des femmes dont la paralysie a été occasionnée par un phlegmon péri-utérin, car ici la compression des cordons est encore plus directe, plus intime et plus générale. Nonat a, du reste, signalé un fait qui justifie pleinement cette pensée, c'est que la paralysie est toujours beaucoup prononcée du côté où l'engorgement est le plus fort.

Pareilles causes de compression peuvent se rencontrer aussi dans quelques-unes des maladies qui siégent dans les reins ou la vessie. Mais, en outre, pour ce qui concerne les reins en particulier, on a dû parfois prendre la cause pour l'effet et réciproquement. Nous avons vu dans la physiologie pathologique générale avec quelle facilité et quelle rapidité les maladies organiques de la moelle déterminent des altérations dans cet organe. Que de fois la maladie du rein, qui a eu seule l'avantage d'attirer la première l'attention du médecin, n'a-t-elle pas été précédée d'une affection de la moelle qui, primitivement limitée à la colonne vaso-motrice, ne s'est étendue qu'ultérieurement aux agents médullaires de la locomotion. Combien de fois aussi n'a-t-on pas appliqué la désignation de paraplégie à une démarche rendue seulement pénible et douloureuse par la désorganisation des reins. Ces réserves faites, un physiologiste peut parfaitement admettre avec les cliniciens la possibilité de paralysies fonctionnelles déterminées par des titillations morbides siégeant, soit dans les organes génito-urinaires, soit dans l'intestin ; que ces titillations agissent par anémie ou par épuisement, peu importe. Car ces deux hypothèses ne sont, ni l'une ni l'autre, assez en désaccord avec les principes de la physiologie pour pouvoir être condamnées sans plus ample informé.

On a encore rattaché au même groupe les paraplégies qui se développent tout à coup à la suite de l'exposition du corps au froid et que les pathologistes désignent par les mots : *a frigore*. Eisenman et Jones ont dit que dans ces circonstances le froid détermine en un point des centres nerveux un choc qui abolit pour un temps plus ou moins long la force nerveuse. C'est exprimer d'une manière vague ce que nous avons formulé d'une façon plus nette dans l'exposé de la théorie de l'épuisement. Mais dans les quelques cas où on a pu faire l'autopsie, on a trouvé tous les signes d'une méningite ou d'un ramollissement aigu de la moelle, de sorte qu'il est probable que même dans les paralysies *a frigore* passagères, il se fait tout au moins une congestion. L'affection de la moelle serait donc matérielle et tout à fait comparable à ces paralysies infantiles qui peuvent aussi être déterminées par le froid. Ce serait réellement un phénomène réflexe, mais portant sur la vascularisation de la moelle et se traduisant par une dilatation active et une inflammation. Ce serait l'inverse de ce que Brown Sequard suppose se passer dans les paralysies d'origine viscérale.

Paralysies d'origine toxique.

Un certain nombre de substances paraissent avoir la propriété de paralyser l'action de la moelle épinière et de donner naissance à des paraplégies plus ou moins bien caractérisées, telles sont : dans le règne végétal, le tabac, le camphre, les champignons, le copahu, l'ergot de seigle et une plante qui n'est pas employée en Europe mais dont on fait un fréquent usage dans l'Inde, le lathyrus sativus ; et dans le règne minéral, le phosphore, le sulfure de carbone, l'oxyde de carbone, le plomb, l'arsenic et le mercure.

Une chose singulière, c'est que la plupart de ces substances n'amènent ce résultat qu'à la condition d'imprégner l'économie lentement et pendant longtemps. Lorsque le sang les apporte à la moelle tout d'un coup en très-grande quantité, lorsqu'il y a par conséquent ce qu'on est convenu d'appeler un empoisonnement aigu, loin de produire un affaissement de la force motrice, elles déterminent un effet inverse, elles provoquent des convulsions. Ce n'est que lorsqu'elles sont prises tous les jours et à petite dose, pendant une longue période de temps, lorsqu'il y a par conséquent un empoisonnement chronique, qu'elles donnent lieu à une paralysie. C'est à tort qu'Orfila a déclaré autrefois qu'il n'y avait pas de poisons lents, qu'ils tuaient tous immédiatement ou qu'ils laissaient l'économie indemne. Ce qui se passe alors dans la moelle est la reproduction de ce qui se passe dans la sphère cérébrale sous l'influence de l'alcool. Un excès alcoolique d'un moment produit de l'agitation, du délire; un abus modéré mais répété tous les jours détermine l'affaissement des facultés intellectuelles. C'est la goutte d'eau qui, en tombant sans cesse, finit par creuser le marbre, tandis qu'un torrent ne ferait qu'en balayer la surface sans y laisser de trace ou le briser tout à fait. Trois des substances signalées produisent cependant la paralysie de suite dans les conditions de l'empoisonnement aigu, ce sont le camphre, l'oxyde de carbone et les champignons. Une seule semble avoir le double privilége d'agir également dans les deux circonstances, c'est l'arsenic qui paralyse dans l'empoisonnement aigu comme dans l'empoisonnement chronique. La moelle représente aussi pour ce poison un véritable théâtre d'élection; car tandis que le plomb produit le plus souvent une paralysie partielle quelconque, l'arsenic détermine toujours une paraplégie quand il agit sur la motilité. Il en est de même ou à peu près de même de tous les poisons végétaux.

Par quel mécanisme toutes ces substances donnent-elles lieu à une paralysie motrice? Est-ce en imprégnant directement, en nature, le centre nerveux et en le plongeant ainsi dans une atmosphère impropre à son activité ou même capable de l'altérer dans sa texture, comme cela arrive par exemple pour l'alcool dont Ludger et Lallement ont démontré la présence dans le liquide céphalo-rachidien? Jaccoud ne l'admet pas. Selon lui, la paraplégie serait la conséquence d'une modification qu'elles feraient éprouver au sang et qui aurait pour résultat de le rendre impropre à la nutrition du tissu médullaire. Cette modification ne consisterait pas en une combinaison permanente s'effectuant entre elles et les principes immédiats du sang. Elles modifieraient ces principes, pour ainsi dire, à la manière des ferments infectieux. Elles leur communiqueraient une impulsion fâcheuse qui persisterait après leur élimination. Elles n'empoisonneraient donc pas directement le système nerveux, elles le placeraient seulement dans de mauvaises conditions de nutrition, et c'est pour cela qu'elles ne pourraient paralyser que par une action lente et souvent répétée.

Il me paraît bien impossible, dans l'état actuel de la science, de formuler une assertion aussi générale. Pour les poisons végétaux, la chimie est encore à peu près impuissante à déceler leur présence. Pour les poisons minéraux, ce sont les recherches qui sont restées insuffisantes jusqu'à présent. Le petit nombre de celles qui ont eté faites a même conduit à des résultats contradictoires. Ainsi, pour le plomb en particulier, on a assuré avoir constaté sa présence dans le cerveau et la moelle d'individus qui avaient succombé à la suite d'une intoxication saturnine. Gusserow dit, au contraire, n'en avoir pas rencontré un atome dans le système nerveux de chiens et de lapins qu'il avait empoisonnés avec diverses préparations de plomb. Comme il en avait trouvé, au contraire, des quantités considérables dans tous les muscles, et comme ceux-si se montraient en outre de de suite très-atrophiés, il a pensé que la cause de la perte du mouvement était, non pas dans le système nerveux, mais dans le système musculaire lui-même. Cette opinion a rallié un grand nombre de médecins. Mais en dehors de toute autre considération, les recherches cliniques de Manouvrier me semblent condamner complétement cette manière de voir, puisqu'elles prouvent que l'intoxication saturnine peut compromettre aussi bien la sensibilité que la motilité. Evidemment, pour altérer à la fois les actes moteurs et sensitifs, la cause morbide doit siéger dans l'appareil anatomique qui seul peut engendrer ces deux ordres de phénomènes. Sous l'influence du plomb, Manouvrier a vu apparaître une analgésie presque toujours absolue à la piqûre et à la brûlure qui occupait généralement le membre thoracique droit et qui était surtout plus prononcée à la main et au poignet. La sensibilité de contact et celle du chatouillement n'étaient ordinairement atteintes que d'une manière légère. Quant au sens musculaire, lui dont les filets de transmission se trouvent tout justement plongés dans le tissu musculaire, il restait intact.

Pour le phosphore, nous possédons quelques données à peu près positives, grâce aux travaux de Frerichs et de Lécorché. Il agit de deux manières en se transformant soit en hydrogène phosphoré, soit en acide phosphorique. Dans le premier cas, il devient un agent qui détermine l'asphyxie, et l'innervation se trouve troublée comme dans toutes les espèces d'asphyxies. Dans le second cas, il devient un agent dont l'effet est la destruction complète de l'hémoglobine. Il fournit ainsi aux centres nerveux un sang incapable de les nourrir. On rentrerait alors dans l'ordre d'idées de Jaccoud. Mais pourquoi n'y aurait-il pas aussi, dans le système nerveux, cette stéatose que les auteurs précédents indiquent exister dans l'estomac, le foie, la rate, etc. Il y a là une lacune nécroscopique qu'il faut chercher à combler. Vous voyez que si sur le terrain que nous explorons, la chimie a à peine ébauché son œuvre, le microscope n'a pas encore commencé la sienne. Je suis convaincu qu'un jour il sera démontré que tous ces poisons agissent, non pas d'une manière purement dynamique, mais en altérant le tissu nerveux ou tout au moins en produisant des congestions, et qu'on verra ainsi le cercle des maladies fonctionnelles se resserrer de plus en plus et finir par disparaître tout à fait.

DIX-SEPTIÈME LEÇON.

Paralysies dites exanthématiques.

MESSIEURS,

On a aussi rangé parmi les paraplégies de nature fonctionnelle les paralysies que l'on voit assez souvent survenir chez les individus atteints d'une fièvre éruptive quelconque, variole, scarlatine, rougeole, miliaire, etc. De là l'épithète d'exanthématiques qui leur a été donnée par quelques auteurs. Mais la paraplégie peut apparaître avec le même cachet, plus souvent encore dans le typhus, la fièvre typhoïde, la fièvre puerpérale et même la pneumonie. Aussi je crois que la dénomination de « *paralysies d'origine pyrétique* » serait préférable, la pneumonie elle-même pouvant être considérée, dans beaucoup de circonstances, comme une pyrexie à manifestation pulmonaire. Tantôt la perte du mouvement apparaît pendant le cours même de la maladie générale, tantôt elle ne se montre qu'à une époque plus éloignée, pendant la convalescence. Le premier cas se rencontre surtout dans le typhus et la variole. Mais un coup d'œil d'ensemble fait reconnaître que le second cas est de beaucoup le plus fréquent. Pour un grand nombre de praticiens, cette apparition tardive a eu pour résultat de masquer la corrélation existant entre la paralysie et la maladie primitive. Un grand nombre de médecins ont cru que ces paraplégies étaient spontanées et tout à fait indépendantes de la pyrexie qui les avait précédées. Mais des faits semblables sont relativement trop fréquents, surtout à la suite de la fièvre typhoïde, pour qu'on ne soit pas forcé de voir là plus qu'une simple coïncidence.

Comme on voyait d'autre part ces paraplégies disparaître assez facilement sous l'influence du temps et surtout sous l'influence d'un régime tonique, il fut admis qu'elles étaient purement fonctionnelles et sans lésions matérielles. On les regarda comme étant de nature

asthénique et comme résultant simplement de l'affaiblissement général que doit entraîner pour l'économie une maladie aussi longue
et aussi grave que la fièvre typhoïde, d'autant plus que cette affection, de même que et plus que les fièvres éruptives, s'accompagne
d'un état infectieux du sang. Cette idée devait s'acclimater d'autant
plus facilement dans la science officielle que la guérison est le cas le
plus fréquent et qu'on a très-rarement l'occasion de faire des autopsies.

Les recherches de Zenker et celles plus récentes de Hayem ont
semblé à beaucoup de physiologistes capables d'ouvrir un nouvel
horizon devant la question des paraplégies exanthématiques. Celles-
ci seraïent l'expression d'un état matériel, mais d'un état matériel
dans lequel le système nerveux serait complétement désintéressé.
En effet, dans les pyrexies, le système musculaire présente une telle
tendance à s'altérer, qu'Hayèm l'a rencontré atteint dans la variole
22 fois sur 24 autopsies. Dès le début, les fibres musculaires éprouvent des troubles profonds dans leur nutrition, troubles qui parcourent rapidement trois périodes bien tranchées. La première est
caractérisée par une hypérémie qui est bientôt suivie de deux dégénérescences qui se mélangent entre elles. Il se fait par places des
dépôts de fines granulations dans l'épaisseur des fibres musculaires.
C'est là la dégénérescence granuleuse. D'autres fibres, et même
d'autres portions d'une même fibre, perdent leurs stries caractéris-
tisques. Elles deviennent transparentes et prennent l'aspect du verre.
C'est la dégénérescence que Zenker a appelée cireuse et qui serait
mieux nommée *vitreuse*, ainsi que l'a proposé Cornil. Très-souvent,
dans le même moment, on observe déjà une légère altération des
parois des vaisseaux. Dans une seconde période, les dégénérescences granuleuse et vitreuse se complètent et se généralisent. Mais
il se fait concurremment une prolifération très-active des noyaux du
sarcolemme, et bientôt le travail d'irritation s'étend jusqu'aux parois
vasculaires. Dans la troisième, les fibres vitreuses se fendillent de
la façon la plus irrégulière, sans doute sous l'influence des tiraille-
ments que leur font éprouver les fibres voisines restées saines. Il en
résulte une segmentation complète, puis les fragments sont résorbés peu à peu et disparaissent. Mais on voit marcher de front un
travail de réparation ou de régénération qui consiste dans le développement des noyaux du sarcolemme et dont le but est de restituer
aux muscles altérés leur structure primitive.

Liebermeister regarde ces dégénérescences comme un résultat

physico-chimique de l'élévation de température à laquelle donnent lieu toutes les pyrexies. Selon lui, le surcroît de calorique que posséderait le sang suffirait pour troubler la nutrition des fibres musculaires. Martini semble en effet lui avoir apporté un appui expérimental. Il a placé des animaux dans un appareil à air chaud pendant quatre heures de manière à élever leur température jusqu'à 40° ou 42°, et après la mort il a noté une rigidité rapide du cœur, du diaphragme, des intercostaux et des autres muscles respirateurs; puis la rigidité cadavérique ayant disparu, il trouva au microscope dans les muscles indiqués un léger degré de dégénération vitreuse.

Mais des fibres musculaires excisées et placées dans des liquides indifférents, se coagulent sous les yeux des observateurs et offrent un état complétement analogue à celui des fibres vitreuses. M. Bernheim a fait voir que cela s'obtenait même avec de l'eau distillée. Du reste, cette vitrification artificielle ne reproduit en rien la dégénérescence granuleuse et les processus inflammatoires décrits par Zenker et Hayem. Aussi ce dernier, ne tenant aucun compte de l'excès de calorique, attribue-t-il les myosites en question à l'altération du sang. Pour lui, elles doivent prendre place dans la catégorie des troubles de la nutrition que les maladies dyscrasiques produisent dans un grand nombre de tissus.

Je ne conteste en rien l'existence de l'altération granulo-vitreuse des muscles dans les pyrexies, mais je crois qu'elle est incapable de rendre compte d'une paraplégie, car elle n'envahit le plus souvent que les muscles antérieurs de la cuisse et le grand droit de l'abdomen. Dans tous les cas, elle n'occupe jamais à la fois la totalité des muscles du train inférieur. Elle ne frappe même pas toutes les fibres d'un même muscle et aucun ne devient complétement inerte, de sorte qu'il ne peut jamais en résulter une paraplégie aussi complète que celle que l'on observe chez certains typhiques Je pense donc qu'on doit rechercher plus haut la cause de ces paralysies, c'est-à-dire dans le système nerveux; d'autant plus que ce système joue un rôle de première importance dans les pyrexies, surtout dans le typhus et la variole. Il est directement mis en cause et il donne même des signes extérieurs d'une altération matérielle ou tout au moins d'un état congestionnel. A ce propos, Graves a fait un rapprochement qui ne manque pas d'une certaine originalité. Il compare les douleurs lombaires de la variole à la céphalalgie, et il dit que les varioleux ont dans le dos la céphalalgie des autres pyrexies. Il attribue la douleur lombaire à la congestion de la moelle, comme il attribue la céphalalgie à la congestion du cerveau. Ce qu'il y a de certain, c'est que dans les investigations cadavériques faites par Graves, Murchisson, Hasse, Reil, Fritz, Piorry, sur des individus ayant succombé atteints de paraplégie pendant le cours même de la pyrexie, il y avait toujours une congestion de la moelle et de ses enveloppes et même souvent une véritable méningite. Le tissu de la moelle peut même passer très-rapidement de l'état congestionnel à l'état inflammatoire et devenir le siége d'un ramollissement complet. Westphal vient de publier la relation de deux cas de paralysie variolique où cette altération était des plus complètes. Dans l'un, le ramollissement avait envahi surtout la substance grise. Dans l'autre, il occupait de préférence la substance blanche. La même lésion avait été rencontrée antérieurement par plusieurs auteurs chez des malades dont la paraplégie avait apparu à la fin de la convalescence de la pyrexie. Dans d'autres circonstances, c'est un hydrorachis qu'on a signalé. Il est vrai que Leudet et Vulpian ont fait plusieurs recherches qui sont restées négatives. Mais on peut se demander avec Jaccoud s'il n'y avait pas dans ces faits un léger degré d'œdème de la moelle. Ce genre d'altération a été constaté par Buhl sur le cerveau de plusieurs individus qui avaient succombé à la suite d'une fièvre typhoïde. Il est bien à supposer que cette modification ne reste pas toujours limitée à l'encéphale et qu'elle doit envahir tout l'axe cérébro-spinal. Je crois donc que les paralysies d'origine pyrétique devront aussi être rayées du cadre des paraplégies fonctionnelles, et je ne suis pas éloigné de penser que l'altération musculaire, loin d'être la génératrice de la paralysie, représente avec celle-ci deux effets d'une même cause siégeant dans le système nerveux. C'est un trouble de nutrition à mettre sur le même rang que les escarres.

Une maladie qui, par son caractère épidémique, son pouvoir contagieux et même par sa nature, a tous les droits d'être classée à côté des affections précédentes et qui, plus souvent qu'elles, entraîne à sa suite des paraplégies, est la *diphthérie*. Weber et Brown Sequard ont prétendu que les paraplégies diphthéritiques se produisaient suivant le mécanisme des paralysies réflexes; que le travail local qui aboutissait à la formation des fausses membranes irritait des nerfs sensitifs et paralysait le centre médullaire à l'instar des maladies matérielles des organes génito-urinaires. Mais ce n'est pas au moment même où il existe soit une angine couenneuse, soit un croup, mais bien plusieurs semaines et même plusieurs mois après que l'on voit le plus souvent survenir la paraplégie. C'est lorsque tout est rentré dans l'ordre du côté de la surface cutanée ou muqueuse, lorsque, par conséquent, l'épine périphérique a cessé d'exister, que se manifeste cette prétendue anémie réflexe. La théorie de Brown Sequard, pas plus que celle de l'épuisement, ne saurait donc trouver ici ses conditions ordinaires. Cet argument me paraît beaucoup plus puissant que celui que Jaccoud oppose à l'assimilation que l'on a voulu établir entre les paralysies diphthéritiques et les paralysies réflexes proprement dites. Il fait observer que les nerfs du larynx et du pharynx, qui sont le plus généralement titillés dans la diphthérie, se rendent à la moelle allongée et que, comme dans la paralysie d'origine périphérique, l'impuissance occupe toutes les parties situées au-dessous de la moelle qui reçoit l'excitation, la paralysie devrait être de suite générale et frapper d'emblée tous les muscles animés par la moelle et le bulbe, tandis qu'elle n'envahit le plus souvent que ceux qui relèvent de la partie inférieure de l'axe médullaire.

Je crois que dans la diphthérie il y a un empoisonnement de l'organisme qui agit primitivement et surtout sur le système nerveux, et que celui-ci produit lui-même à la fois et l'exsudation couenneuse et les paralysies motrices. Il engendre à la fois des troubles moteurs et des troubles nutritifs. Au début, les deux espèces de manifestations morbides marchent de front et l'obstruction de la glotte est bien plutôt l'œuvre des troubles du mouvement que de la présence des fausses membranes. Plus tard, les manifestations nutritives cessent de se produire. Mais la maladie du système nerveux n'a pas cessé d'exister ; seulement elle ne frappe plus que les parties motrices.

Je crois aussi que cet état toxique du système nerveux est de nature organique et non pas seulement fonctionnel. Charcot et Vulpian ont trouvé dans les nerfs des parties atteintes de diphthérie des altérations qui, en raison même de leur aspect, avaient dû commencer tout à fait au début de l'affection. Quelques-uns de ces nerfs n'étaient plus constitués que par des tubes complétement dépourvus de myéline. En dehors de ces tubes se trouvaient de nombreux corps granuleux. Il est donc probable que des altérations analogues existent et pourront être trouvées plus tard dans la moelle elle-même. La curabilité ordinaire de ces paraplégies ne serait pas du tout une raison pour qu'il n'en fût pas ainsi, puisque les tubes nerveux peuvent être le siége d'un travail de réparation assez rapide.

L'intoxication diphthéritique ne produit pas seulement des paralysies mais aussi des phénomènes d'ataxie, souvent même des mouvements choréiformes. Peut-être, dans ces conditions, l'état congestionnel porte-t-il plus spécialement sur les cordons postérieurs ou sur les cornes postérieures? Peut-être même ces régions sont-elles le siége d'altérations plus considérables? Ce sont là autant de questions que les observateurs de l'avenir devront chercher à élucider.

Paralysies d'origine sanguine.

Si on prenait à la lettre ce titre, on devrait rapporter au même groupe les paraplégies que nous venons d'examiner et qui sont dues les unes à un état infectieux du sang, les autres à un état toxique de ce même liquide. Mais je préfère ne comprendre sous cette désignation que les paralysies que le sang peut déterminer, sans avoir été lui-même préalablement contaminé par l'arrivée d'un principe étranger à sa composition normale.

Sous ce rapport, la moelle peut être troublée dans son fonctionnement dans deux circonstances différentes : 1° Lorsqu'un obstacle mécanique empêche le sang d'aller remplir son rôle nutritif dans l'axe médullaire; 2° lorsque le sang, ayant conservé son libre accès, n'apporte avec lui que des matériaux de réparation insuffisants.

1° Le premier cas est très-rare dans la pathologie spontanée, parce que la moelle ne peut être privée de sang qu'au prix d'une obstruction complète de l'aorte abdominale et parce que ce genre d'oblitération ne se rencontre que très-exceptionnellement. C'est alors la reproduction naturelle de l'expérience de Stenon qui a été rapportée antérieurement (page 70), et qui a donné depuis les mêmes résultats entre les mains de Longet, de Schiff, de Brown Sequard et de Vulpian. Chez les animaux, la ligature de l'aorte abdominale paralyse immédiatement le train postérieur. Tréviranus avait prétendu que l'impossibilité du mouvement était due, non pas au défaut de nutrition de la moelle, mais à celui des muscles eux-mêmes, dont l'irrigation sanguine était aussi supprimée, puisque les artères des membres abdominaux reçoivent leur sang de l'aorte. Mais on a pu constater qu'à la suite de l'oblitération spontanée chez l'homme, la circulation se rétablissait dans les membres inférieurs par l'intermédiaire des artères des parois abdominales et des ramifications de la cœliaque. En outre, chez les animaux, même avant que cette circulation collatérale ait eu le temps de s'établir, il est facile de constater que les muscles ont conservé toute leur irritabilité et que ce ne sont pas eux qui font défaut.

2° Le sang peut se montrer insuffisant dans sa mission de nutrition par suite d'une diminution brusque et considérable de sa masse, comme cela arrive chez la femme à la suite de ces pertes auxquelles elle est exposée pendant l'activité des fonctions utérines. La science possède déjà un assez grand nombre de faits de paraplégies développées dans ces circonstances. On comprend que les cellules motrices, ne recevant plus qu'une faible partie de la ration qui est nécessaire à leur activité, ne puissent plus exciter les muscles qu'elles sont chargées de mettre en contraction. Mais il semble singulier, lorsque la disette est nécessairement générale, qu'il n'y ait de paralysie que dans les membres inférieurs. Cela tient sans doute à ce que ces membres, qui sont destinés à supporter et à déplacer tout le poids du corps, réclament de la moelle une dépense dynamique qui est devenue au-dessus de ses moyens actuels, tandis que les membres thoraciques peuvent, avec beaucoup moins de frais, exécuter les mouvements partiels et peu énergiques qu'un paraplégique a l'habitude de chercher à produire avec eux.

Un sang qui pèche par sa qualité peut avoir les mêmes conséquences qu'un sang qui n'arrive qu'en trop petite quantité. L'anémie et la chlorose, qui sont caractérisées par la diminution de ses éléments les plus importants, les globules, donnent lieu quelquefois à la paralysie des membres abdominaux, parce que les cellules ne sont pas assez vivifiées par les courants trop aqueux qui les alimentent. Dans cette dernière circonstance, la paralysie ne reste pas toujours purement fonctionnelle, parce que, comme l'ont fait observer Eisenmann et Sandras, la chlorose très-prononcée entraîne des exhalations séreuses qui peuvent œdématier la moelle et ses enveloppes; et alors au défaut de nutrition vient s'ajouter une cause mécanique de dissociation et de compression.

Il est bien digne de remarque que l'insuffisance du sang peut produire des effets diamétralement opposés, car les hémorrhagies, ainsi que la chlorose, donnent lieu à des phénomènes convulsifs plus souvent qu'à des phénomènes paralytiques. Cette différence dans les résultats tient sans doute au plus ou moins d'énergie des sujets et à l'excitabilité plus ou moins grande de leur système nerveux.

Paralysies d'origines cachectique et diathésique.

On a vu exceptionnellement la paraplégie apparaître chez des individus dont l'économie avait été profondément atteinte par une intoxication paludéenne de longue durée. Si on songe que dans ces cas le sang présente tous les caractères d'une anémie portée au dernier degré ; si on songe que cette anémie se traduit extérieurement non-seulement par la teinte des téguments, mais même par un œdème sous-cutané, on sera naturellement convaincu qu'il doit exister une infiltration analogue dans les centres nerveux, d'autant plus qu'elle a été constatée directement par Eisenmann sur de simples chlorotiques. Cet œdème médullaire rend parfaitement compte de la paralysie qui ne peut qu'être rendue plus apparente par la gêne qu'apporte l'infiltration des membres inférieurs. Il y a là une double entrave qui rend ces membres tout à fait incapables de remplir leur rôle locomoteur si difficile.

L'infiltration de la moelle a été rencontrée par plusieurs auteurs chez les pellagreux paraplégiques. Elle est alors tellement prononcée que Le, Roy de Méricourt a dit qu'on se trouvait en présence d'une véritable hydrotomie naturelle. Du reste, il y a plus que de l'œdème. Les recherches de Brierre de Boismont ont démontré qu'il existe un véritable ramollissement. Beaucoup d'autorités scientifiques attribuent la pellagre à l'usage du verdet ou du maïs. La paraplégie qu'elle détermine devrait donc être rangée parmi les affections de nature toxique. La paralysie musculaire est souvent précédée de phénomènes convulsifs qui traduisent la période irritative du ramollissement qui doit arriver plus tard à la destruction des centres moteurs. Il existe des éruptions périodiques consistant, surtout au début, en un érythème spécial qui constitue même le signe pathognomonique de l'affection. Je ne suis pas éloigné de voir déjà dans ces troubles de nutrition du tégument, un effet de l'état pathologique de la moelle.

Dans l'Inde, il règne une maladie cachectique qui a reçu le nom singulier de *béribéri* et qui amène beaucoup plus fréquemment la paralysie des membres inférieurs.

La diathèse rhumatismale peut aussi donner naissance à des paraplégies. Mais je pense que personne, aujourd'hui, ne saurait prétendre que celles-ci sont aussi de nature fonctionnelle; car, jusqu'à présent, dans toutes les autopsies qui ont pu être faites, on a trouvé, soit une méningo-myélite aigüe, soit une méningo-myélite chronique avec sclérose. Il est vrai que, dans bien des circonstances, les symptômes paralytiques sont si fugaces, qu'on a peine à les rapporter à une lésion matérielle et on comprend jusqu'à un certain point qu'Eisenmann ait voulu faire admettre l'existence d'une névrose rhumatismale. Mais ne peut-on, avec plus de raison, supposer l'apparition brusque d'une congestion passagère, d'autant plus qu'on voit la même mobilité dans les phénomènes articulaires qui s'accompagnent cependant incontestablement d'un processus fluxionnaire. C'est le rhumatisme qui, à un moment donné, se porte sur les méninges spinales au lieu de se porter dans une articulation. Dans l'un et l'autre cas, c'est toujours le même tissu, du tissu fibreux, qui est mis en jeu.

Quelques médecins avaient pensé que la goutte, cette diathèse multiforme, pouvait déterminer la paraplégie sans altérer matériellement la moelle. C'eût été la goutte viscérale siégeant dans l'axe médullaire. Mais les recherches de Garrod et de Graves devaient, tout en maintenant l'existence de cette manifestation goutteuse, démontrer que la goutte ne peut amener ce résultat qu'au prix d'altérations matérielles incontestables. Garrod, qui a limité ses recherches à la cavité crânienne, a constaté une inflammation des méninges cérébrales avec dépôt d'urate de soude. Pareil fait doit certainement pouvoir se produire dans les méninges spinales. Les deux autopsies faites par Graves sont beaucoup plus concluantes, car elles ont montré un véritable ramollissement de la moelle chez deux paraplégiques goutteux. Il y a là un argument de plus en faveur de l'opinion que j'ai déjà fait pressentir et qui me conduira plus tard à classer la goutte parmi les maladies du système nerveux.

Enfin, on avait aussi prétendu que la diathèse syphilitique était capable, en dehors des cas d'exostoses vertébrales et de tumeurs gommeuses, de troubler l'activité de la moelle au point d'engendrer des paraplégies de nature purement fonctionnelle. Ricord est venu appuyer de sa grande autorité cette hypothèse déjà soutenue par Gjör. Mais les autopsies négatives de ces deux auteurs n'ont aucune valeur, puisque l'examen microscopique n'a pas été pratiqué. Ma conviction personnelle est que la syphilis joue un certain rôle dans l'étiologie de l'ataxie locomotrice et que les gommes ne sont pas les seuls produits viscéraux de cet état d'infection de l'économie. S'il peut provoquer un travail sclérosique dans les cordons postérieurs, il est naturellement susceptible d'en déterminer aussi dans la névroglie des cornes antérieures et de paralyser ainsi la motilité.

J'ai respecté, Messieurs, le classement adopté par les auteurs, en groupant sous le titre de paralysies fonctionnelles toutes les espèces de paraplégies que nous venons de passer en revue. Mais si vous jetez un coup d'œil rétrospectif sur cette longue liste, vous serez obligés de reconnaître que ce classement est tout à fait défectueux. Une paralysie réellement fonctionnelle suppose un trouble purement dynamique et devrait représenter seulement l'œuvre d'un mauvais mécanicien auquel on aurait confié une machine en parfait état. Or, malgré l'insuffisance des recherches nécroscopiques, il est déjà bien établi qu'il faut rayer, dès aujourd'hui, de ce cadre les paraplégies goutteuse, rhumatismale, pellagreuse, paludéenne et pyrétique. Car, dans tous ces cas, la machine est manifestement lésée. Il est probable qu'il en de même dans les paraplégies syphilitique, diphthéritique, toxique et *a frigore*. Somme toute, il ne resterait plus à maintenir dans la catégorie des troubles *sine materia* que les paralysies réflexes et les paralysies d'origine sanguine. Encore dans ces dernières, si la machine ne laisse pas à désirer, c'est le combustible qui fait défaut, c'est par conséquent un agent matériel de l'œuvre à accomplir. Dans un temps peut-être très-rapproché, la maladie nerveuse fonctionnelle ne sera plus qu'une illusion du passé; car, comme nous allons le voir, on peut rencontrer des altérations anatomiques dans les névroses proprement dites.

Névroses générales.

Dans l'étude de la physiologie normale, nous avons (page 61) posé le principe de la segmentation de l'axe nerveux correspondant à une segmentation analogue de l'ensemble du corps. Chaque zone de la statue humaine trouve, dans le tronçon de la moelle dont elle relève, tous ses moyens d'innervation locale. Ce tronçon est un petit centre nerveux qui jouit de toute son autonomie. Dans l'état naturel, la continuité de l'axe le rend seulement solidaire des actes d'ensemble exécutés par tous les segments. Les fibres encéphaliques le subordonnent aussi aux plus hautes sphères nerveuses. Mais même lorsqu'il fait acte de simple obéissance, c'est encore lui qui développe toute la puissance qu'un ordre supérieur le force à fournir. Avec cette disposition, il est bien évident que la moelle joue un rôle important dans toutes les névroses qui se traduisent par des phénomènes convulsifs généraux, et qu'elle prend forcément dans ce délire de mouvements une part d'autant plus considérable que c'est elle qui anime directement les muscles du tronc et des membres, c'est-à-dire la plus grande partie du système musculaire. A ce titre on peut dire que la moelle intervient, d'une manière indispensable et comme centre créateur, dans toutes les névroses dont nous placerons le siége principal et primitif plus haut, telles que la paralysie agitante, la catalepsie, l'épilepsie et l'hystérie.

Ce sont les cellules motrices de la moelle qui, entraînées par celles de la protubérance, envoient aux muscles du corps des décharges rhythmiques au lieu du tonus permanent d'où doit résulter la station immobile et qui donnent ainsi naissance, pour cette région, au tremblement caractéristique de la paralysie agitante. Du reste, quand nous ferons l'étude physiologique de cette maladie à propos de la protubérance, nous verrons que la moelle peut présenter des altérations assez spéciales pour que Joffroy ait cru devoir placer dans cette partie de l'axe le siége de cette affection. Ce sont les cellules de la moelle qui, dans la catalepsie, sur l'incitation de cette même protubérance, exagèrent pour toute leur sphère d'action ce tonus musculaire au point que, malgré les sollicitations de la pesanteur, les membres restent comme figés dans les positions qu'on leur impose. Ce sont encore ces mêmes cellules qui, dans le corps, réalisent les décharges convulsives qui, pour l'épilepsie, semblent être commandées par la protubérance et le cervelet; pour l'hystérie par la couche optique et le corps strié. Nous étudierons physiologiquement plus tard toutes ces maladies, parce qu'en fait de localisation, quand il s'agit d'affections tout à fait générales, il faut surtout prendre en considération le foyer principal et initial. Il faut chercher la situation topographique du chef d'orchestre de ce concert dans lequel la moelle ne fait que jouer sa partie.

Cependant l'hystérie a la singulière propriété de donner quelquefois naissance à de véritables paraplégies qui souvent ont fait croire à l'existence d'une maladie de la moelle, indépendante de la névrose primitive. Aussi, tout en renvoyant à un autre moment l'examen physiologique de cette affection considérée dans son ensemble, devons-nous chercher à établir ici le mécanisme de ces paraplégies d'origine hystérique. Cette question, qui n'a peut-être pas encore reçu de solution définitive, a été l'objet de plusieurs hypothèses.

Landouzy voyait là le résultat d'un véritable épuisement des centres nerveux. Les accès convulsifs donneraient lieu à une telle déperdition du fluide nerveux que la moelle se trouverait réduite à l'inertie la plus complète pour un temps plus ou moins long. L'épuisement aurait surtout tendance à se manifester dans les membres inférieurs à cause de leur mission motrice plus importante, et dans la partie inférieure du tronc à cause de l'intensité des mouvements convulsifs dont le bassin est le siége pendant les accès.

Brown Sequard a appliqué aux paraplégies hystériques sa théorie des paraplégies réflexes. L'épine périphérique ou psychique qui d'habitude produit les convulsions réflexes, déterminerait pendant un certain temps une contraction des vaisseaux de la partie inférieure de la moelle et par suite une anémie qui la rendrait incapable de remplir ses fonctions. Comme déduction pratique, il conseille de placer les malades de façon à ce que la tête et les membres inférieurs soient plus élevés que le tronc. Il espère ainsi forcer le sang à affluer vers le rachis où il semble faire défaut.

Valérius, de Gand, a proposé une explication tout à fait originale et qui prend pour base les recherches de du Bois-Reymond sur les courants musculaires. En réunissant par des axes métalliques les divers points d'une masse musculaire offrant à l'expérimentateur une surface naturelle et une surface de section, et en obtenant ainsi des courants électriques de directions différentes, du Bois-Reymond a été conduit à considérer les muscles comme étant constitués par une agglomération de molécules présentant, dans l'état statique, trois zones électriques, deux polaires négatives, une équatoriale positive. De là à l'explication de la contraction musculaire il n'y avait qu'un pas qui fut de suite franchi. On a pensé que les nerfs moteurs mettaient en jeu la contractilité uniquement en changeant cette disposition des zones électriques de l'état statique. Ils concentreraient toute l'électricité positive à l'un des pôles et toute l'électricité négative à l'autre pôle. Les molécules arriveraient ainsi à s'offrir mutuellement des zones électrisées d'une manière contraire. D'où attraction réciproque; d'où raccourcissement de la fibre musculaire. Eh bien! suivant Valérius, dans l'hystérie la polarité électrique des muscles s'affaiblirait, et chez certains sujets le fluide électrique serait, dans ces organes, en quantité tellement insignifiante, que les modifications

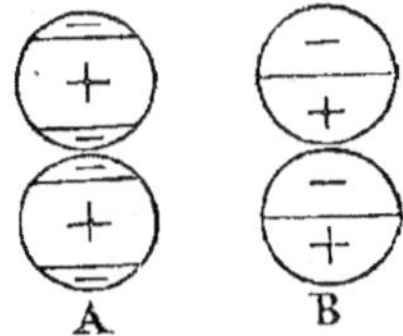

Fig. 26.

A, état statique de la fibre musculaire. B, état dynamique.

de distribution provoquées par les nerfs ne pourraient plus donner lieu à des attractions moléculaires capables de produire le raccourcissement des fibres musculaires.

Brodie et Jaccoud font intervenir ici une cause beaucoup plus élevée. Ils la font remonter jusque dans la sphère intellectuelle. S'appuyant sur l'état de débilité qu'offre ordinairement l'intelligence des hystériques, s'appuyant surtout sur ce fait bien établi qu'elles ont perdu plus ou moins complétement les facultés attention et volonté, ils pensent que c'est l'incitation volontaire qui fait défaut. La force motrice brute existe, mais elle est comme non avenue, parce que le moi n'a ni l'idée, ni l'énergie de s'en servir. C'est la force morale et non la force physique qui manque. C'est une paralysie intellectuelle et non une paralysie motrice; c'est l'impuissance morale et non l'impuissance des centres moteurs.

Il est difficile de se prononcer pour l'une ou pour l'autre de ces hypothèses, car elles présentent toutes un point faible. On peut déjà, cependant, rejeter celle de M. Landouzy. Car si elle était vraie, la paraplégie devrait toujours apparaître à la suite d'une série d'accès très-rapprochés, capables d'épuiser les centres nerveux par une dépense trop considérable de force. Or, dans la moitié des cas, la paralysie des membres inférieurs s'est montrée alors que les malades n'avaient pas eu de crises convulsives depuis plusieurs mois et alors qu'ils jouissaient un instant avant d'une motilité tout à fait normale. Celle de Valérius n'a pour elle que son cachet ingénieux et les guérisons quelquefois instantanées que l'on obtient de l'emploi de l'électricité. Il semble qu'on rend ainsi aux muscles la polarité électrique qu'ils ont perdue. Mais, ainsi que Jaccoud l'a fait remarquer avec raison, du Bois-Reymond a aussi constaté l'existence de courants électriques dans le tissu des nerfs. Leurs molécules offrent aussi dans l'état statique une polarité déterminée. Par conséquent, du moment où on se croirait en droit d'attribuer la paraplégie hystérique à un affaiblissement de l'état électrique des tissus, il serait beaucoup plus naturel de mettre en cause celui des nerfs que celui des muscles, puisque tous les autres symptômes de la maladie prouvent qu'elle est incontestablement de nature nerveuse, et dans ce cas l'électrisation guérirait en agissant sur le système nerveux et non sur le système musculaire. Malheureusement pour la théorie de Valérius, même en la modifiant comme nous venons de le faire, rien au monde n'est encore venu démontrer l'affaiblissement de cette polarité. De son côté, l'idée d'une anémie par-contraction réflexe des vaisseaux de la moelle est ici, comme dans les paraplégies périphériques, passible de toutes les objections que nous avons formulées à propos de ces dernières. En outre, dans bien des cas on pourrait se demander où se trouve, chez les hystériques, l'épine permanente indispensable à ce mécanisme. Il faut l'avouer, la théorie Brodie est de toutes la plus séduisante, parce qu'elle se concilie beaucoup mieux avec tous les enseignements de l'observation. On voit en effet les paraplégies hystériques disparaître comme par enchantement, après avoir persisté souvent pendant plusieurs mois, sous l'influence d'une secousse morale un peu vive. La frayeur est surtout une émotion capable d'amener ce résultat. C'est ainsi qu'on a vu des femmes qui paraissaient tout à fait incapables d'exécuter le moindre mouvement avec leurs membres inférieurs, se mettre à fuir tout à coup avec la plus grande agilité à la nouvelle d'un incendie qui menaçait leur personne. Il est vrai que l'on comprend qu'une impression de ce genre puisse relâcher tout à coup les parois des vaisseaux de la moelle et ouvrir ainsi les écluses qui s'opposaient à l'arrivée du sang. Mais il est plus rationnel encore de penser que la terreur a suffi pour raviver une volonté qui restait avant à l'état latent. La nature psychique de la cause de la paralysie semble ressortir aussi de ce fait qu'il suffit de gagner la confiance de la malade et de lui promettre une guérison immédiate pour opérer un miracle capable d'ébranler la popularité du zouave Jacob. Malgré toutes ces preuves indirectes, cette hypothèse ne saurait être acceptée d'une manière définitive. On ne peut que la choisir, comme étant la moins défectueuse. Car elle vient encore se heurter contre une énigme. En effet, le défaut de volonté devrait se faire sentir sur tout le système musculaire et non pas seulement sur les membres abdominaux.

Personnellement, je ne serais pas éloigné de voir là la conséquence des troubles vaso-moteurs qui se montrent d'une manière si constante chez les hystériques, tantôt dans un point de l'économie, tantôt dans un autre. Elles sont exposées à des congestions fréquentes, et celles-ci peuvent se faire dans le segment inférieur de la moelle aussi bien qu'ailleurs; aussi bien surtout que les congestions cérébrales qu'on observe chez un grand nombre de malades. On a, du reste, déjà constaté l'existence d'une sclérose des cordons antérolatéraux chez des hystériques qui, dans leur symptomatologie, avaient offert à plusieurs reprises des contractures. Il semble donc que dans ces cas il y a eu des congestions répétées qui ont fini par amener un travail de prolifération de la névroglie. Enfin, dans bien des circonstances, on a vu les émissions sanguines triompher des paraplégies hystériques.

Nous terminerons ici, Messieurs, l'étude de la physiologie pathologique de la moelle, et dans la prochaine leçon nous commencerons l'histoire du bulbe, de cet organe qui, malgré ses proportions minimes, joue cependant un rôle immense dans la pathologie humaine, tout justement parce qu'il préside aux fonctions les plus indispensables de la vie végétative.

DIX-HUITIÈME LEÇON.

MESSIEURS,

Rappelons d'abord très-rapidement, comme nous l'avons fait pour la moelle, les principaux faits d'anatomie descriptive qui se rattachent à l'organe dont nous allons entreprendre l'histoire physiologique et pathologique.

Constitution anatomique du bulbe.

On donne le nom de bulbe au renflement coniforme qui surmonte la moelle et la relie à l'encéphale proprement dit. Tout dans son aspect semble indiquer qu'il fait partie de l'axe médullaire qui s'évaserait au moment de se perdre dans la masse encéphalique.

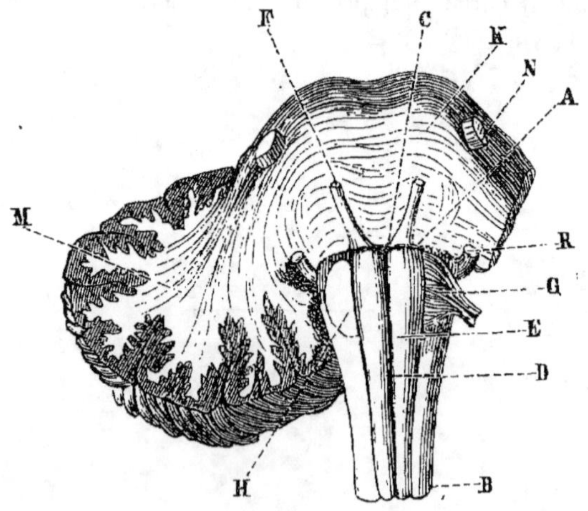

Fig. 27.

A, base du bulbe. B, collet du bulbe. C, trou borgne. D, sillon médian antérieur. E, pyramide antérieure. F, nerf moteur oculaire externe. H, olive. G, sillon latéral et grand nerf hypoglosse. K, protubérance. M, cervelet. N, grosse racine du nerf trijumeau. R, nerf auditif.

C'est un cône tronqué à base supérieure, qui ne mesure pas plus de trois centimètres dans toute sa longueur. Sa base (A) correspond à la protubérance dont elle se distingue parfaitement en avant et avec laquelle elle se confond en arrière, sans ligne de démarcation bien apparente. Son sommet tranche sur la moelle par un léger étranglement qui a reçu le nom de *collet du bulbe* (B). On lui reconnaît quatre faces : une antérieure, une postérieure et deux latérales. La face antérieure présente de haut en bas, sur la ligne médiane : 1° un léger enfoncement appelé *trou borgne de Vic d'Azyr* (C); 2° un sillon médian qui continue le sillon médian antérieur de la moelle (D); 3° au fond de ce sillon un lascis de fibres qui s'entrecroisent entre elles et qui a reçu le nom *d'entrecroisement des pyramides*. De chaque côté de la ligne médiane on aperçoit : 1° une saillie blanche de forme pyramidale, d'où le nom de *pyramide antérieure* (E). De la base de cette pyramide, qui est dirigée en haut, on voit émerger le nerf *moteur oculaire externe* (F); 2° un sillon latéral qui limite la pyramide en dehors et d'où émerge le nerf *grand hypoglosse* (G); 3° une petite saillie ovoïde qui est appelée *olive* (H).

La face postérieure apparaît nettement, formée de deux parties d'aspects essentiellement différents : l'une, inférieure, qui reste

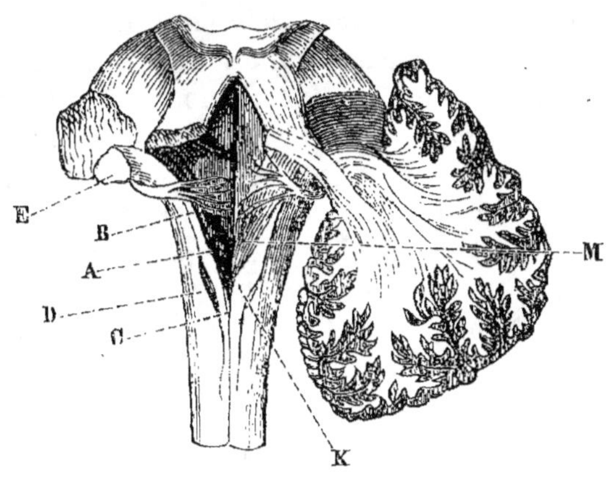

Fig. 28.

A, calamus scriptorius. B, barbes du calamus. C, pyramides postérieures. D, corps restiforme. E, pédoncule cérébelleux inférieur. K, point marquant le niveau du nœud vital. M, centre glycogénique de Cl. Bernard.

cylindrique comme la moelle; l'autre, supérieure, qui s'étale, s'élargit et offre une surface relativement plane.

La portion cylindrique offre la même disposition et la même conformation que la moelle. Il n'en est plus de même de la portion supérieure, qui présente une physionomie tout à fait spéciale au bulbe. Les parties blanches, qui semblent faire suite aux cordons postérieurs, s'écartent, divergent chacune en haut et en dehors, démasquant, pour ainsi dire, de cette façon la substance grise centrale qui, considérablement augmentée et étalée, comblerait l'espace triangulaire créé par l'écartement des parties blanches postérieures, espace qui concourt, avec la face postérieure de la protubérance, à former le plancher du 4ᵉ ventricule. Par le fait même de ces modifications, cette région offre à considérer : 1° sur la ligne médiane, un sillon qui continue sur un plan plus profond le sillon médian postérieur de la moelle et qui prend le nom de *calamus scriptorius* (A); 2° de chaque côté de ce sillon, une couche de substance grise tapissant le plancher du 4ᵉ ventricule, et des fibres nerveuses blanches dirigées transversalement et dont l'ensemble est appelé *barbes du calamus scriptorius* (B). Ce sont des racines du nerf auditif; 3° deux renflements mamelonnés qui circonscrivent, en se réunissant sous un angle aigu, la partie inférieure du plancher, et qui portent le nom de *pyramides postérieures* (C); 4° en dehors de ces pyramides, deux renflements cylindriques qui semblent, à l'œil, être la continuation des cordons postérieurs et qui ont reçu la désignation de *corps restiformes* (D). Classiquement, on admet que ces cordons se divisent en deux faisceaux dont l'un se porte vers le cervelet et devient le *pédoncule cérébelleux inférieur* (E), tandis que l'autre s'enfonce sous le plancher pour se continuer dans l'épaisseur de la moitié postérieure de la protubérance.

Quand on regarde le bulbe par sa face latérale, on aperçoit forcément le profil de parties qui appartiennent aux faces antérieure et postérieure. C'est ainsi que se dessinent en avant les contours de l'olive et en arrière ceux du corps restiforme. Mais entre ces deux profils on aperçoit un cordon blanc appartenant en propre à la face latérale, distinct de l'olive et du corps restiforme. Ce cordon, qui est séparé des renflements précédents par deux sillons latéraux, a reçu le nom de *faisceau latéral du bulbe* (A). En haut de ce cordon existe une dépression appelée *fossette latérale du bulbe*, d'où on voit sortir le nerf *facial* (B) et le nerf *auditif* (C). Du faisceau lui-même émerge le nerf *spinal* (D). Enfin, dans le sillon qui sépare le faisceau latéral du corps restiforme se trouvent les origines apparentes des nerfs *glosso-pharyngien* (E) et *pneumo-gastrique* (F).

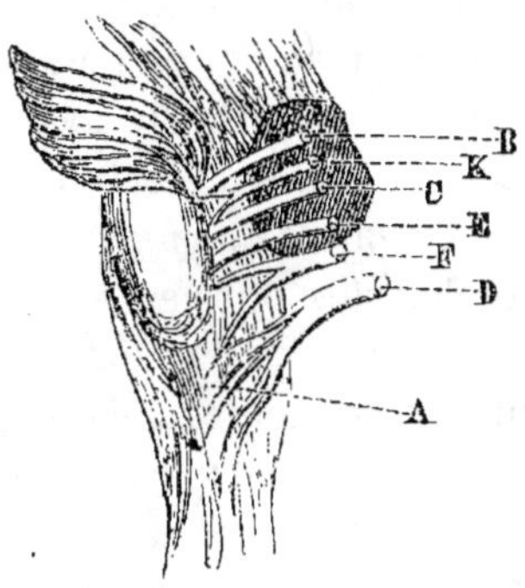

Fig. 29.

A, faisceau latéral du bulbe. B, facial. K, nerf de Wrisberg. C, glosso-pharyngien F, pneumo-gastrique. D, spinal.

La structure de cet organe est assez complexe, et pour la rendre aussi claire que possible, il est nécessaire de considérer à part et successivement les divers faisceaux que nous venons de nommer.

Quand on a dissocié artificiellement les fibres blanches des pyramides antérieures, on constate qu'elles forment deux faisceaux qui se distinguent par la direction de leurs éléments. Les fibres qui

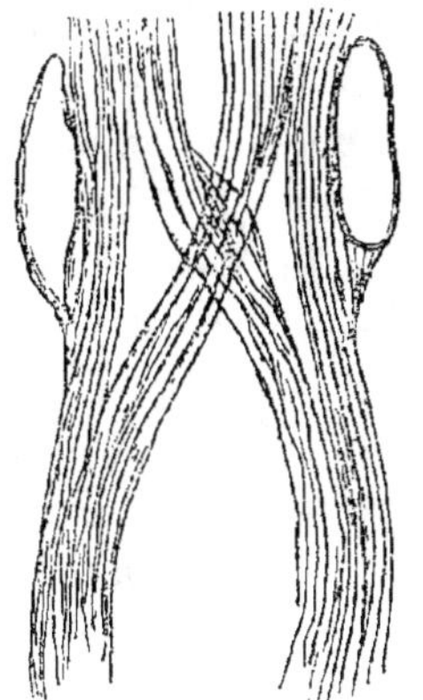

Fig. 30.

Schéma de l'entrecroisement des pyramides.

occupent la partie externe restent directes, c'est-à-dire qu'elles se maintiennent toujours d'un seul et même côté dans le bulbe, la moelle et la protubérance. Les fibres internes croisent, au contraire, sur la ligne médiane les fibres internes du côté opposé, de telle sorte que dans la moelle le cordon antérieur droit, par exemple, se trouve composé de fibres ayant appartenu à la moitié droite du bulbe et de la protubérance, et de fibres ayant primitivement appartenu à la moitié gauche du bulbe et de la protubérance. C'est là ce qu'on a appelé l'entrecroisement des *pyramides*, fait anatomique à l'aide duquel les pathologistes ont pensé pouvoir expliquer les paralysies croisées auxquelles donnent lieu les maladies des lobes cérébraux. L'anatomie nous montre déjà qu'il est au moins insuffisant pour rendre compte complétement de cet effet pathologique, car l'entrecroisement n'est que partiel; il est la reproduction du chiasma des nerfs optiques. D'après Deiters, les pyramides ne seraient pas la continuation des cordons antérieurs qui, eux, poursuivraient en dessous leur trajet direct. Elles constitueraient un nouveau faisceau surajouté à ceux de la moelle, une sculpture en relief appliquée sur le bâtiment primitif. Elles seraient formées de fibres qui prendraient naissance dans les cellules mêmes du bulbe et qui se porteraient de là jusque dans le cerveau. Cette opinion est encore trop hypothétique pour qu'on ne lui préfère pas la description classique qui s'appuie sur un grand nombre de recherches.

Les fibres du faisceau latéral sont généralement regardées comme se continuant avec celles du cordon latéral de la moelle. Beaucoup d'auteurs prétendent qu'il s'opère entre elles un entrecroisement complet. On admet aussi qu'elles continuent leur trajet dans la protubérance jusque dans le corps strié, de même que celles des pyramides. Schrœder van der Kolk pense qu'elles se terminent dans le bulbe lui-même et qu'elles se jettent dans des cellules qui donnent, d'autre part, naissance aux nerfs pneumo-gastrique et spinal.

Les corps restiformes, qui passent, comme nous l'avons déjà dit, pour faire suite inférieurement aux cordons postérieurs et pour se diviser en haut en deux faisceaux dont l'un, interne, se prolongerait directement à travers la partie postérieure de la protubérance, et dont l'autre, externe, se porterait vers le cervelet, semblent, d'après un certain nombre de recherches plus modernes, affecter une disposition tout à fait différente. Les cordons postérieurs s'arrêteraient à la partie inférieure du bulbe et leurs fibres se perdraient dans les cellules de cette partie. Les corps restiformes résulteraient de l'agglomération de nouvelles fibres appartenant en propre au bulbe et partant des cellules de cet organe. Les plus internes se porteraient directement en haut pour venir se terminer, soit dans les cellules des étages supérieurs du bulbe, soit dans celles de la protubérance. Les plus externes deviendraient les pédoncules cérébelleux inférieurs. Suivant Luys, elles aboutiraient, non pas au cervelet, mais aux olives. Suivant Deiters, quelques-unes viendraient contribuer à former les pyramides antérieures.

Quand on fait une coupe transversale de l'olive, on aperçoit une zone jaunâtre qui décrit des zigzags et qui ressemble à une membrane plissée. Cette zone rappelle tout à fait le corps rhomboïdal du cervelet. Elle enveloppe un noyau de substance blanche. Elle est elle-même constituée par de la substance grise dans laquelle le microscope montre des cellules très-petites, arrondies et pigmentées. Ces cellules ont réellement un cachet particulier, surtout chez l'homme adulte et chez le vieillard. Elles ne ressemblent en rien aux autres cellules du bulbe ni à celles des autres parties du système nerveux. Leurs prolongements sont mal définis; leur pigment est d'un jaune particulier. Elles ont une sorte d'éclat gras et elles ne se colorent pas sous l'influence de la fuschine comme les autres cellules nerveuses.

Les olives ne renferment pas seules de la substance grise. Celle-ci est excessivement abondante dans le bulbe et vient ainsi attester la haute importance de ce centre nerveux. Il y a d'abord, avant tout, la continuation de la substance grise de la moelle qui se trouve ici considérablement augmentée et modifiée. La colonne de Jacubowitsch, qui déjà dans la partie supérieure de la moelle montrait une tendance de plus en plus marquée à s'épanouir et à déborder les cornes antérieures et postérieures, arrive, au niveau de la région bulbaire, à englober celles-ci dans un vaste réseau de cellules végétatives qui semblent être en rapport avec le rôle immense que joue le bulbe dans la vie de nutrition. Toutefois, dans ce réseau qui a reçu le nom de *formatio reticularis*, on aperçoit çà et là des cellules qui rappellent celles des cornes antérieures et qui semblent indiquer que cet épanouissement de la substance grise n'a pas exclusivement une destinée végétative. Plus on monte dans le bulbe, plus cette *formatio reticularis* s'étend en largeur et se rapproche de la périphérie.

Outre cette masse grise principale, il y a un grand nombre de petites accumulations de la même substance qui se trouvent disséminées et isolées dans différents points. Ce sont autant de petits centres jouissant de leur autonomie. Rien que ce fait suffirait pour démontrer que le bulbe possède des fonctions surajoutées à celles qui étaient dévolues déjà à la moelle épinière. Une de ces petites masses est connue sous le nom de *noyau de Stilling* et est située en dedans de l'olive. D'autres sont affectées aux différents nerfs qui prennent naissance dans le bulbe et en constituent les noyaux d'origine. Chacun de ces noyaux représente, pour ainsi dire, le cerveau particulier du nerf qu'il fournit et de la sphère d'action de ce nerf. C'est lui qui crée la force qui met en mouvement les muscles animés par ce nerf. Tout ce qu'il lui faut pour qu'il entre en activité, c'est qu'il y soit suscité par un ébranlement venu d'ailleurs. Cet ébranlement peut lui venir de deux sources: soit d'une impression périphérique qui reste inconsciente et qui lui est apportée directement par des tubes sensitifs, et alors il détermine un mouvement réflexe quand même tout le reste de l'encéphale a été enlevé; soit d'un ordre de la volonté qui lui a été apporté par des fibres qui relient plus ou moins directement ce centre aux couches intellectuelles du cerveau. C'est, comme vous le voyez, la répétition de la disposition que nous avons rencontrée dans la moelle, où chaque cellule motrice est soumise à la fois à l'action stimulante d'une fibre encéphalique et à celle d'une racine sensitive quelconque, réflexo-motrice ou non. Seulement, tandis que dans la moelle les cellules motrices du tronc et des membres sont groupées de façon à former une colonne continue, dans le bulbe les cellules affectées aux divers nerfs forment autant de noyaux distincts et séparés. .

Il importe, pour l'étude même des fonctions du bulbe, d'indiquer la position relative de ces noyaux d'origine des nerfs.

Ceux des grands hypoglosses ont le volume d'une petite tête d'épingle. Ils sont dans la partie supérieure et postérieure du bulbe, en avant de la substance grise qui forme le plancher du 4e ventricule. Ils sont tous deux très-rapprochés de la ligne médiane.

Ceux des nerfs faciaux occupent une position analogue. Ils sont encore de chaque côté de la ligne médiane, en avant du plancher du 4e ventricule. Mais ils ne sont séparés de cette cavité que par une très-mince couche de substance grise. De plus, ils sont plus rapprochés de la protubérance.

Ceux des moteurs oculaires externes sont situés dans un plan un peu plus élevé encore que celui qu'occupent les noyaux faciaux. Mais ils se trouvent beaucoup plus en avant, au devant même de la substance grise centrale. Les cellules qu'ils renferment se font remarquer par leurs très-grandes proportions.

Les noyaux des glosso-pharyngiens sont dans le sens vertical au même niveau que ceux de l'hypoglosse, car on peut les apercevoir sur la même coupe transversale. Ils touchent aussi au plancher du 4e ventricule, mais ils sont rejetés beaucoup plus en dehors, tout à fait à la limite externe de ce plancher.

Ceux des pneumo-gastriques sont placés immédiatement au-dessous des noyaux des glosso-pharyngiens. Enfin, ceux des nerfs spinaux sont plongés dans les parties profondes du bulbe, en avant et en dehors des noyaux des grands hypoglosses.

A cette longue liste il faut encore ajouter des amas de cellules ne donnant naissance à aucun nerf, et qui se trouvent disséminées dans les pyramides antérieures et dans le faisceau intermédiaire, et enfin la nappe grise qui tapisse le plancher du 4e ventricule.

Les détails de structure qui précèdent vont se trouver représentés en partie dans la figure suivante qui constitue la résultante théorique de plusieurs plans transversaux.

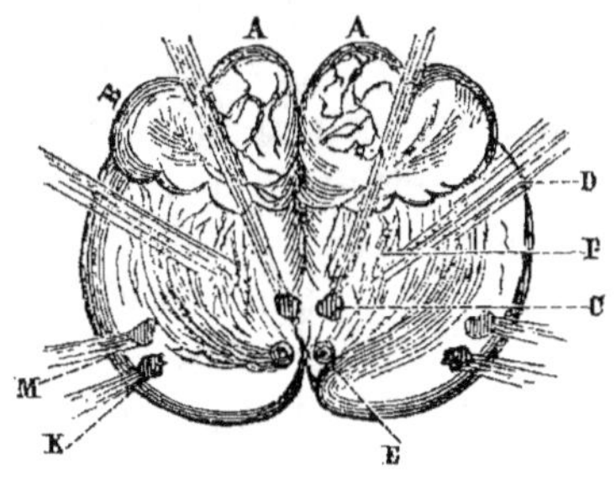

Fig. 31.

A, pyramide antérieure. B, olive. C, noyau du grand hypoglosse. D, spinal. E, facial. K, pneumo-gastrique. M, glosso-pharyngien. P, formatio reticularis.

Muni des données anatomiques qui précèdent, nous allons maintenant aborder la physiologie du bulbe. Nous procéderons comme nous l'avons fait pour la moelle, c'est-à-dire que nous étudierons d'abord les effets des excitations portées sur les diverses parties de ce segment nerveux; puis nous envisagerons le bulbe comme organe de transmission, servant d'intermédiaire entre les parties antérieures de l'encéphale et la moelle épinière. Enfin, nous chercherons à déterminer les fonctions qu'il accomplit en tant que centre d'innervation.

Résultats de l'excitation directe des diverses parties du bulbe.

Il est encore plus difficile d'étudier les effets de l'excitation sur le bulbe que sur la moelle épinière. Aussi allons-nous rencontrer sur ce terrain un véritable chaos dont il nous sera même impossible de sortir dans l'état actuel de la science.

Pour Longet, l'irritation des pyramides antérieures ne provoque que des mouvements sans le moindre signe de sensibilité. Pour Vulpian, elle détermine non-seulement des mouvements, mais encore des manifestations incontestables de douleurs. D'après Chauveau, les pyramides seraient complétement inertes et on n'obtiendrait des mouvements ou des cris de souffrance que lorsque la cause irritante atteindrait les racines des nerfs eux-mêmes. Comme dans l'expérimentation on ne peut arriver sur ces faisceaux que très-difficilement et au prix de délabrements souvent considérables, on comprend parfaitement ce désaccord qui règne entre les vivisecteurs. Mais je crois que, dans des conditions tout à fait naturelles, les pyramides se conduiraient absolument comme les cordons antérieurs de la moelle. Les fibres qui les constituent ne sont autre chose que le prolongement des fibres encéphaliques qui forment la masse des cordons antérieurs. Dans le bulbe comme dans la moelle, leur mission est de transmettre aux cellules motrices des cornes antérieures les incitations de la volonté. Dans le bulbe comme dans la moelle, elles doivent n'obéir qu'aux ébranlements d'origine cérébrale et ne céder aux excitations artificielles du dehors qu'à la condition que celles-ci soient très-intenses. Voilà pourquoi on ne les a pas toujours trouvées excitables. Quant à la sensibilité, elles peuvent fort bien, comme les cordons antérieurs, en posséder une très-faible et de nature récurrente.

En irritant les faisceaux intermédiaires, on obtient aussi des mouvements qui tendent à prendre un caractère convulsif. Ils sont la continuation des cordons latéraux de la moelle. Ils sont comme eux composés de fibres encéphaliques destinées à relier les cellules motrices au cerveau. Il n'est donc pas étonnant qu'ils offrent le même mode de réaction.

Quoique les corps restiformes soient beaucoup plus accessibles, on n'est pas encore fixé sur leur mode de réaction. Longet les a trouvés très-sensibles et non excitables, et il tire de là un argument favorable à son opinion sur le rôle des faisceaux postérieurs de la moelle. Brown Sequard, au contraire, déduit de ses expériences une proposition très-différente. Pour lui, les corps restiformes, s'ils sont sensibles, ne le sont qu'à un très-faible degré. Depuis, Vulpian, s'appuyant sur de nombreuses expériences faites sur des chiens et des lapins et à l'aide d'excitants variés, a prétendu qu'ils sont à la fois très-excitables et très-sensibles. Théoriquement, je suis porté à admettre leur grande excitabilité, car je les crois formés par des fibres en arc reliant les dernières cellules de la moelle aux cellules du cervelet et qu'ils continuent ainsi au delà de la moelle le système de moyens de coordination qui constitue les cordons postérieurs. Comme ces derniers, leur irritation doit donner lieu à des mouvements tumultueux et désordonnés.

Suivant Vulpian, les pyramides postérieures sont très-sensibles ; le plancher du 4e ventricule est aussi doué d'une certaine sensibilité, moins vive toutefois que celle des corps restiformes ; quant aux parties grises, partout elles se montrent inertes. Je ne peux qu'enregistrer ces assertions sans être autorisé à les contrôler. Cependant j'ai piqué le plancher du 4e ventricule à travers le crâne et le cervelet chez plusieurs animaux, dans le but de les rendre diabétiques, et je n'ai jamais constaté de signes de sensibilité qu'au moment où la pointe de l'instrument traversait les téguments.

Phénomènes et transmission dont le bulbe est le siége.

Transmission des impressions sensitives. — Longet prétend qu'elles passent exclusivement par les corps restiformes et que cette transmission se fait d'une manière directe ; double erreur à laquelle il n'a pu fournir que l'appui d'une logique apparente. Pour lui, les fibres des corps restiformes ne sont que le prolongement des fibres des cordons postérieurs. Pour lui, les cordons postérieurs et les corps restiformes sont tous deux sensibles. Pour lui, les cordons postérieurs sont la seule et unique voie de transport des impressions sensitives. Pour lui, par conséquent, il doit en être de même des corps restiformes qui ne sont autres que les cordons postérieurs considérés dans la région du bulbe. La conclusion serait peut-être acceptable si les bases du raisonnement n'étaient pas erronées. En effet, les corps restiformes ne sont même pas matériellement en continuité de tissu avec les cordons postérieurs. Ce ne sont pas les mêmes fibres qui, après avoir formé ces derniers faisceaux, vont constituer plus haut le cordon restiforme. L'anatomie pathologique vient elle-même ici à l'appui de l'examen microscopique et attester l'indépendance des fibres de ces deux régions, car les altérations qui envahissent successivement et de bas en haut la totalité des cordons postérieurs, s'arrêtent toujours aux corps restiformes et ne vont pas au delà. En second lieu, l'expérimentation physiologique et les faits pathologiques ont démontré de la manière la plus péremptoire que les cordons postérieurs ne sont pas chargés de la conductibilité sensitive; de sorte que, quand bien même les corps restiformes se continueraient avec eux, la déduction physiologique n'aurait plus sa raison d'être. Du reste, d'autres ont fait ce que Longet n'avait pas fait. Ils se sont adressés aux vivisections et à la pathologie pour juger directement la question. Brown Sequard a réuni plusieurs observations de malades chez lesquels la sensibilité était restée intacte pendant toute la durée de leur vie et qui, à l'autopsie, présentèrent soit une destruction complète, soit une compression absolue des corps restiformes. Il a pu de même, chez les animaux, diviser complétement ces faisceaux sans altérer en rien la perception des impressions. Le même résultat a été obtenu par d'autres expérimentateurs.

Comme on peut couper aussi, sans troubler l'innervation sensitive, les pyramides antérieures ou les faisceaux intermédiaires; comme le sentiment n'est même que diminué lorsque la substance grise centrale est entamée ou partiellement compromise par une maladie, il est probable que la transmission des impressions suit les mêmes lois dans le bulbe que dans la moelle; que c'est la substance grise centrale du bulbe qui continue à transporter les ébranlements sensitifs apportés à la substance grise de la moelle par les racines postérieures des nerfs rachidiens; que chaque ébranlement, si limité qu'il soit à son origine, se répartit entre toutes les molécules de la substance grise de façon à ce que toutes les impressions puissent encore arriver au cerveau, pourvu qu'il reste en un point quelconque une petite colonne continue de substance grise. Enfin, puisque les racines postérieures et, par conséquent, les impressions s'entrecroisent dans la moelle elle-même, la transmission sensitive ne peut être que croisée dans le bulbe, puisque cet organe se trouve au-dessus du point où s'opère l'entrecroisement. Quelques faits de lésion unilatérale du bulbe sont déjà venus à l'appui de cette présomption théorique.

Transmission des excitations motrices. — Longet, toujours fidèle à son système de localisation des agents de la conductibilité, devait naturellement attribuer aux pyramides antérieures la transmission du mouvement, puisqu'elles peuvent être considérées comme le prolongement des cordons antérieurs. Ici, du moins, la déduction s'appuyait sur des faits restés inébranlables. La hache de Brown Sequard avait pu saper par la base l'édifice de Ch. Bell et de Longet en ce qui concernait le département de la sensibilité, mais elle avait dû s'abaisser devant la solidité et la vérité de la partie relative à la transmission du mouvement. En interrogeant la moelle par sa méthode expérimentale, Brown Sequard n'avait trouvé que la confirmation des faits avancés par ces deux physiologistes, et il est aujourd'hui hors de doute que les cordons antéro-latéraux peuvent seuls transmettre au système musculaire les ordres de la volonté cérébrale. Cependant, la pathologie humaine semble, au premier abord, ne pas justifier la localisation de la transmission motrice dans les pyramides. Chez une femme âgée de 83 ans, qui n'avait présenté aucun symptôme de paralysie, on a trouvé à l'autopsie une atrophie très-manifeste des deux pyramides antérieures. Trois jours avant sa mort, cette femme marchait parfaitement et se servait très-bien de ses membres thoraciques. Une atrophie tout aussi considérable des pyramides antérieures fut trouvée chez une autre femme qui avait possédé jusqu'au dernier moment toute l'agilité de ses membres supérieurs. Il est vrai qu'elle était paraplégique, mais elle était en même temps atteinte d'une maladie chronique de la moelle épinière.

Mais remarquez, Messieurs, que les pyramides antérieures ne représentent qu'une très-faible partie de la colonne qui, dans la moelle, est affectée à la transmission du mouvement et que les faisceaux intermédiaires peuvent être aussi regardés comme étant la continuation des cordons antéro-latéraux. Par conséquent, une lésion qui respecte ces faisceaux ne peut pas amener une paralysie complète, d'autant plus qu'il est probable qu'un même muscle a à son service plusieurs fibres encéphaliques et qu'il peut très-bien recevoir à la fois des fibres passant par les pyramides et des fibres passant par les faisceaux. Je crois donc que dans le bulbe, le mouvement est, comme dans la moelle, parqué dans les régions antérieures ou antéro-latérales. C'est pour moi presque une certitude, parce que les faits pathologiques viennent démontrer que la conductibilité motrice appartient à la région antérieure de la protubérance, c'est-à-dire à la région où passent les prolongements des pyramides antérieures des faisceaux intermédiaires du bulbe.

Longet admettait non-seulement que la transmission du mouvement s'opérait par les pyramides, mais qu'elle s'y faisait d'une manière croisée. Cette idée était trop en rapport avec les faits pathologiques et anatomiques pour ne pas faire loi immédiatement dans tous les traités classiques. Tous les médecins savent, depuis Galien, qu'un épanchement siégeant dans l'un des lobes cérébraux paralyse les muscles du côté opposé du corps. Lorsque les anatomistes, dans leurs recherches sur la structure du bulbe, eurent constaté l'entrecroisement qui s'opère entre les fibres des deux pyramides, on attribua naturellement l'effet croisé des apoplexies cérébrales à cette décussation qui avait en effet pour résultat de porter, vers la moitié droite de la moelle, les conducteurs partis du lobe cérébral gauche. Cette explication était trop naturelle pour ne pas s'acclimater immédiatement dans la science officielle. Mais, en 1851, Philippeaux et Vulpian ont pratiqué des expériences qu'ils donnent comme démontrant que l'entrecroisement des pyramides n'est pas la seule et unique cause de l'effet croisé des maladies des lobes cérébraux. Chez plusieurs animaux, ils ont fait une section longitudinale du bulbe suivant la ligne médiane, de manière à diviser complétement d'avant en arrière l'entrecroisement des pyramides. Deux fois seulement ils sont arrivés à ne pas dévier de la ligne médiane, de façon à ne pas intéresser les pyramides elles-mêmes. Les deux chiens, chez lesquels l'expérience fut couronnée de succès, ne furent pas entièrement paralysés. Ils se tinrent quelque temps dressés sur leurs membres. L'un d'eux put même faire quelques pas en chancelant; et cependent il est évident que si tous les conducteurs du mouvement s'entrecroisaient dans le bulbe, une section intéressant toute la ligne d'entrecroisement devrait nécessairement les sacrifier tous et produire une paralysie complète et générale.

Je n'hésite pas à déclarer que ces expériences n'ont pour moi aucune valeur, par la raison qu'il est impossible, au cas particulier, d'assimiler l'homme aux animaux mis en expérience, vu que chez les chiens les maladies d'un lobe cérébral ne déterminent pas une paralysie complète du côté opposé. Par conséquent, chez eux il n'y avait pas même lieu de supposer *a priori* l'existence d'une décussation générale des conducteurs du mouvement. Il n'en est plus de même pour l'homme. Chez lui, les paralysies d'origine cérébrale sont franchement et complétement croisées. Il est donc incontestable que chez lui toutes les fibres encéphaliques sans exception doivent s'entrecroiser quelque part. Il me paraît aussi incontestable que l'entrecroisement des pyramides représente un des lieux où s'opère cette décussation. L'anatomie parle trop ici aux yeux pour qu'on puisse le mettre en doute. Mais il me semble tout aussi certain que ce n'est pas uniquement là qu'elle s'effectue, puisque les fibres externes des pyramides restent directes et puisque l'entrecroisement des fibres des faisceaux intermédiaires est tellement peu apparent, qu'il n'est

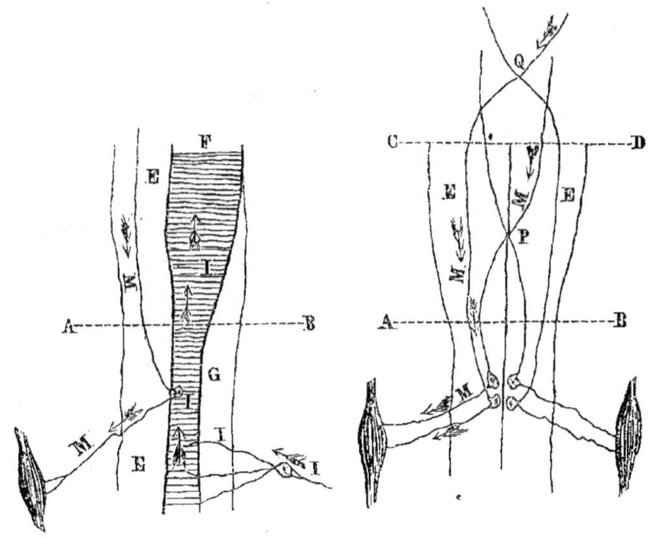

Fig. 32.

A B, ligne au-dessous de laquelle le schéma est relatif à la moelle et au-dessus de laquelle il est relatif du bulbe. C D, ligne au-dessus de laquelle le schéma est relatif à la protubérance. E, colonne représentant les parties blanches antérieures de la moelle et du bulbe. F, colonne grise centrale de la moelle et du bulbe. G, colonne représentant les parties blanches postérieures de la moelle et du bulbe. I, trajet suivi par les impressions sensitives. M, trajet suivi par le mouvement. P, entrecroisement partiel s'opérant dans le bulbe. Q, complément de l'entrecroisement dans la protubérance.

pas admis par tous les anatomistes. Il est par conséquent à supposer que, pour devenir générale, la décussation a besoin de se compléter plus haut, ou, ce qui serait mieux dit, de commencer plus haut. Dans l'étude de la protubérance, nous trouverons bien des raisons qui nous porteront à penser qu'il se fait déjà un commencement d'entrecroisement dans cet organe. Je vais, en terminant, indiquer dans une figure schématique le mode probable de la transmission du mouvement et du sentiment à travers le bulbe (*fig.* 32).

Du bulbe considéré comme centre d'innervation.

Rôle du bulbe dans la respiration. — Ce qui a le plus frappé les physiologistes, c'est l'influence énorme que le bulbe exerce sur les phénomènes mécaniques de la respiration et, par suite, sur la vie elle-même, puisqu'un individu ne saurait vivre, même un instant très-court, sans respirer. On peut dire que le maintien de l'existence dépend de cet organe, et même d'un point très-limité de cet organe. Pour quiconque a suivi les phases de l'agonie, il est évident que dans un grand nombre de maladies c'est lui qui vient donner le signal de cette lutte apparente qui doit aboutir à la mort. On attribue généralement à Flourens la découverte du rôle considérable que remplit le bulbe dans l'une des fonctions les plus indispensables à la vie. Mais le fait avait été entrevu bien antérieurement. Galien avait déjà constaté que la section de la moelle immédiatement au-dessous de la première cervicale déterminait immédiatement la mort. S'il eût poussé plus loin l'analyse, il aurait reconnu qu'immédiatement après cette section les muscles respirateurs cessaient de fonctionner, et il aurait compris que cette cessation d'action ne pouvait être attribuée qu'au défaut d'intervention des parties situées au-dessus du point sectionné. C'est ce que comprit Legallois qui, au commencement de ce siècle, fit de nombreuses expériences dans le but de saisir le mécanisme de la mort dans ces circonstances. Il vit ainsi qu'on peut enlever par tranches successives le cerveau, le cervelet et une partie du bulbe sans troubler le mécanisme de la respiration ; mais que celle-ci cessait brusquement lorsqu'on arrivait à comprendre dans les tranches l'origine des pneumo-gastriques. A la suite de ces recherches, il a écrit une phrase à laquelle on n'a pas prêté l'attention qu'elle méritait : « La respiration dépend d'un endroit assez circonscrit de la moelle allongée, lequel est situé à une petite distance du trou occipital et vers l'origine des pneumo. »

Tel était l'état de la question lorsque Flourens s'en occupa, état qui était resté, pour ainsi dire, latent jusque-là. Dans un premier travail, il donna des indications déjà plus précises que celles de Legallois. Il plaça ce qu'il a appelé *le point central du système nerveux* ou *premier moteur du mécanisme respiratoire*, dans une zone limitée par deux lignes fictives dont l'une passerait immédiatement au-dessus de l'origine des pneumo-gastriques et dont l'autre passerait à trois lignes au-dessous de cette origine.

Longet vint le circonscrire davantage, tout en le maintenant dans la même zone. Il le localisa dans le faisceau intermédiaire, juste au point d'implantation des pneumo, sans extension ni au-dessus ni au-dessous.

En 1847, Flourens reprenant ses expériences à ce sujet, est arrivé à réduire la portion de zone à un véritable point mathématique qui est situé dans les profondeurs du bulbe, au niveau de la pointe du V de substance grise inscrit dans l'angle du V de substance blanche formé par les pyramides postérieures (*fig.* 28 K). Cette localisation si rigoureuse est pleinement justifiée par une expérience qui a été répétée depuis par un grand nombre d'expérimentateurs. Toutes les fois qu'on enfonce là ou la pointe d'un scalpel ou un emporte-pièce, les mouvements respiratoires du tronc et de la face cessent aussitôt et l'animal meurt comme s'il était frappé par la foudre. Si, au lieu d'une piqûre portant sur ce point même, on fait une section complète passant immédiatement au-dessous, les mouvements respiratoires du thorax sont abolis, mais ceux de la face qui sont en rapport avec la respiration persistent pendant un temps encore assez long; c'est-à-dire que la dilatation des narines, qui d'habitude s'opère à chaque inspiration pour augmenter le diamètre de la colonne d'air inspiré, continue à s'exécuter d'une manière rhythmique, quoiqu'il n'y ait plus d'inspiration et quoiqu'il n'y ait plus d'introduction d'air dans les poumons. Si la section est faite immédiatement au-dessus, ce sont au contraire les mouvements respiratoires du tronc qui persistent et ceux de la face qui sont abolis. Toutes les fois que des muscles affectés à un titre quelconque au mécanisme de la respiration restent en communication avec ce point, ils continuent leur service automatique, même isolément. Ils le continuent même à la face lorsque la tête a été complétement séparée du tronc par une

section passant au-dessous de la place indiquée. Le fait est surtout
très-apparent quand on pratique l'expérience sur le cheval dont les
narines exécutent des mouvements bien plus étendus que chez les
autres animaux. La respiration relève donc bien exclusivement de
ce point qui peut être regardé comme le foyer, le centre nerveux de
cette fonction. Toutefois, comme la destruction de ce centre entraîne
non-seulement la cessation de la respiration, mais aussi celle de
toutes les autres manifestations nerveuses et même de la vie entière,
Flourens lui a appliqué la désignation de *premier moteur du système nerveux*, et celle plus pittoresque de *nœud vital*. Cette dernière
expression est, à mon sens, malheureuse, car elle laisse dans beaucoup d'esprits l'idée vague de la destruction d'un principe vital qui
siégerait en ce point. Au fond, il y a là non pas le siége de la vie
considérée comme principe, mais le siége du centre nerveux qui préside à la fonction respiratoire.

Pourquoi la destruction du nœud vital enraye-t-il tout d'un coup
les phénomènes respiratoires? Beaucoup d'étudiants, je m'en suis
aperçu plusieurs fois, ont une certaine tendance à penser que ce
point crée un influx particulier qui serait distinct de la force motrice et de la force nerveuse sensitive et qui aurait pour mission
spéciale de présider aux phénomènes physico-chimiques de la respiration, influx qui serait apporté aux poumons par les pneumo-gastriques. Mais, non-seulement les mots influx et force nerveuse n'ont
plus leur raison d'être en présence des nouvelles données de la
science; non-seulement les phénomènes physico-chimiques de la respiration relèvent exclusivement des lois qui régissent la chimie, la
physique et la vie cellulaire, mais en outre on peut condamner cette
interprétation, peut-être séduisante, par une expérience très-simple.
Évidemment, s'il en était ainsi, la section des pneumo-gastriques
devrait avoir le même résultat que la destruction du nœud vital;
puisqu'alors ces nerfs ne pourraient plus apporter aux poumons
l'influx spécial créé par ce centre. Il n'en est rien. La respiration
n'est que gênée pour des raisons que nous indiquerons plus tard:
mais tous les actes de cette fonction cherchent à s'effectuer avec
plus d'énergie que jamais pour lutter contre l'obstacle indirect
apporté par cette section.

Ce que supprime en réalité la destruction du nœud vital, c'est la
série des actes musculaires qui ont pour but d'entretenir la circulation de l'air dans les voies respiratoires; et si les phénomènes phy-

sico-chimiques cessent aussi, c'est que la réalisation de cette circulation leur est indispensable. Si donc le nœud vital crée une force
quelconque, ce ne peut être qu'une force motrice et celle-ci doit se
répandre à la périphérie, non pas seulement par les pneumo-gastriques qui n'animent que les fibres végétatives des voies respiratoires, mais par tous les nerfs rachidiens et crâniens qui se distribuent
aux muscles inspirateurs et expirateurs. Mais je vous ai déjà indiqué,
à propos de la moelle, que je n'admets pas l'existence de cette chaudière unique pour laquelle les autres parties du système nerveux ne
seraient plus que des conduits servant à répandre et à distribuer la
vapeur engendrée par elle. Le principe de la segmentation du système nerveux que nous avons posé dans l'étude du pouvoir réflexe
de la moelle s'y oppose. Chaque segment du corps relève, pour tous
les phénomènes qu'il accomplit, d'une zone de l'axe nerveux qui lui
appartient en propre. C'est dans cette zone déterminée que les muscles
de ce segment trouvent le stimulant direct de leur contraction. Par
conséquent, l'ensemble de la machine centrale de la respiration se
trouve échelonné le long des régions dorsale et cervicale de la
moelle et du bulbe. Elle se prolonge même dans cet organe bien au
delà du nœud vital, puisque le noyau du facial est sur la limite de
la protubérance. Le centre respiratoire n'est donc qu'un de ces nombreux rouages engrenés les uns dans les autres; seulement, il les
domine tous, quoiqu'il ne soit pas le premier comme niveau. C'est
lui qui commande et dirige l'action commune. Sans lui, les autres
restent inertes, et tout cela probablement parce que la respiration
est un phénomène réflexe et que c'est lui qui reçoit le stimulant
sensitif indispensable à toute action réflexe, vu que le nerf le mieux
placé pour apporter ce stimulant est le pneumo-gastrique. Il est vrai
que tout à l'heure nous avons vu que la machine continue à fonctionner quand les pneumo-gastriques sont coupés. Mais il est d'autres
impressions qui peuvent, moins directement, réveiller cette action.
Peut-être même le rouage peut-il continuer son fonctionnement
rhythmique soit sous l'influence d'une habitude acquise, soit grâce à
l'irritation résultant des troubles qui surviennent du côté de la vascularisation et de la nutrition du bulbe dans ces circonstances. Dans
tous les cas, il est bien certain qu'en l'état physiologique, c'est l'impression partie de la muqueuse pulmonaire qui vient tout au moins
aider la spontanéité du nœud vital. Il n'est donc pas étonnant que la
nature ait placé ce rouage principal et initial au point d'abouchement

des pneumo-gastriques. Du reste, en dehors de cette dernière question de détail, nous entrons tout à fait dans la manière de voir de ceux qui ont découvert le nœud vital. Flourens, ni même Legallois, n'ont jamais eu l'idée de placer là un centre créant toute la force motrice de la respiration. Ils n'ont jamais vu là que le siége du phénomène initial. La désignation de *premier moteur de la respiration* donnée par Flourens l'indique bien.

Dans ces dernières années, plusieurs physiologistes ont cherché à amoindrir la découverte de Flourens et même à nier complétement l'existence du nœud vital. Suivant Brown Sequard, la mort pourrait être attribuée dans certains cas à l'entrée de l'air dans les veines, dans d'autres à la production d'un emphysème pulmonaire considérable, dans d'autres à une sécrétion bronchique exagérée. On ne peut pas nier la possibilité de tous ces accidents, mais ils ne peuvent qu'être exceptionnels et ils sont incapables d'expliquer la constance du résultat. Le même auteur a aussi prétendu que la mort était souvent due à une syncope provoquée par la douleur de l'opération. Il est bien certain qu'une douleur vive peut tuer en paralysant le cœur par action réflexe. Le fait se présente dans un grand nombre de vivisections. Mais, comme le fait observer très-judicieusement Vulpian, la syncope devrait aussi bien se rencontrer lorsque la pointe de l'instrument tombe par mégarde à quelques millimètres au-dessus ou au-dessous du nœud vital, et cependant dans ces expériences manquées jamais on ne voit ni la circulation ni la respiration s'arrêter brusquement. D'autre part, s'il en était ainsi, il est bien évident que l'emploi de la respiration artificielle devrait permettre à l'animal de revenir à la vie une fois l'influence fâcheuse de la douleur passée, car par cette opération on entretient artificiellement les mouvements du cœur, la circulation persiste et, par conséquent, au bout d'un certain temps, on devrait voir reparaître la respiration spontanée. Les choses ne se passent point ainsi. C'est en vain qu'on pratique et qu'on prolonge la respiration artificielle. Les mouvements restent possibles pendant tout le temps que dure l'insufflation, mais tout s'arrête sitôt qu'on cesse l'introduction artificielle de l'air.

Brown Sequard a trouvé dans les batraciens un argument qui, tout d'abord, a paru victorieux. On a beau piquer ces animaux au point indiqué, on n'arrête en rien la respiration. Ils peuvent même survivre assez longtemps à l'ablation complète de la moelle allongée. On n'a pas manqué de plaisanter sur cette apparente contradiction dans les mots, et de dire : « Le nœud vital n'est pas indispensable à la vie. » Mais des recherches ultérieures ont donné l'explication de l'énigme. Chez les batraciens, le nœud vital n'est pas situé à la même place que chez les mammifères. Il se trouve au niveau du bord postérieur du cervelet. Aussitôt qu'on pique ce point, on voit leurs mouvements respiratoires s'arrêter. Leur appareil hyoïdien reste immobile. Il est vrai qu'ils ne meurent pas, mais cela tient à la puissance de leur respiration cutanée. On sait que celle-ci leur est plus indispensable que la respiration pulmonaire, car on peut leur enlever les poumons sans les tuer. Aussi, peut-on assurer aujourd'hui que le bulbe préside réellement à la fonction Respiration. Une conséquence toute naturelle de ce rôle, c'est que cet organe préside aussi aux divers actes mécaniques qui sont le résultat de modifications apportées momentanément dans les phénomènes de l'inspiration et de l'expiration. Tels sont l'éternument, la toux, le bâillement, le rire, le sanglot et l'effort.

Rôle du bulbe dans la fonction dite glycogénique. — Cl. Bernard place aussi dans le bulbe le centre de la fonction qu'il a appelée *glycogénique*. Vous savez, Messieurs, que ce grand physiologiste, à la suite de nombreuses expériences devenues célèbres, est arrivé à doter les animaux d'une nouvelle fonction en vertu de laquelle ceux-ci pourraient transformer les aliments albuminoïdes en une matière susceptible de devenir elle-même du sucre servant aux combustions de l'économie. La théorie glycogénique, que beaucoup regardent aujourd'hui comme fortement ébranlée, n'a pas été faite d'un seul jet, et elle a dû traverser plusieurs phases d'évolutions. Mais prise dans son complet développement, elle peut se formuler ainsi qu'il suit :

Il faut à l'économie animale, pour le juste équilibre de sa nutrition, un mélange d'aliments azotés, gras et amylacés. Les proportions convenables de ces trois ordres de substances doivent varier suivant les diverses circonstances de la vie. Les éventualités qui s'imposent à l'alimentation des animaux font que ces proportions relatives ne sont pas toujours en rapport avec les besoins du moment. C'est pour cette raison que l'animal ne représente pas, comme on l'avait prétendu autrefois, un simple consommateur dans l'économie de la nature, et qu'il possède une certaine puissance de transformation en vertu de laquelle il peut remédier, jusqu'à un certain point, aux irrégularités de l'alimentation. Il peut, en particulier, faire avec les matières albuminoïdes, une substance remplissant le rôle physiologique des hydro-carbonés et à laquelle Cl. Bernard a donné le nom de matière *glycogène*. C'est le foie qui représente le laboratoire où s'opère cette transformation. En vertu de sa puissance organique spéciale, cet organe crée, avec une partie des albuminoïdes charriés par la veine porte, la matière glycogène. Cette dernière, une fois formée, se transforme chimiquement et fatalement en sucre aussi bien sur le cadavre que sur l'être vivant.

La fonction glycogénique du foie obéit, comme toutes les fonctions, à l'influence supérieure du système nerveux. Car on peut, en piquant un point déterminé du bulbe, lui donner une telle activité que la quantité de sucre provenant de la fermentation de la matière glycogène produite ne peut plus être brûlée par l'oxygène du sang, et que cet excès de sucre, devenant un corps étranger, est ultérieurement éliminé en nature par les urines. Il se produit ainsi, sous l'influence de cette piqûre, un véritable diabète artificiel. Le point qu'il faut toucher pour obtenir ce résultat est situé sur le plancher du 4e ventricule, au milieu de l'espace compris entre l'origine des pneumogastriques et celle des nerfs auditifs (*fig.* 28 M). Cl. Bernard a imaginé plusieurs instruments pour exécuter cette opération. Le plus simple est formé d'une tige d'acier très-fine dont l'extrémité est taillée en biseau. On peut choisir entre trois procédés. Le premier consiste à ouvrir la membrane occipito-atloïdienne et à faire pénétrer la pointe de l'instrument par l'orifice inférieur du 4e ventricule. Malheureusement, il faut préalablement diviser tous les muscles de la nuque. Il en résulte des délabrements auxquels l'animal ne survit pas longtemps. Le second consiste à introduire l'instrument par la partie antérieure de la moelle entre l'occipital et l'atlas. Il suffit alors de le diriger un peu en haut et en avant pour arriver sur le point voulu. On est beaucoup plus sûr de tomber juste; mais le *modus faciendi* n'en exige pas moins une grande habileté. Le troisième est de beaucoup le plus simple. Il consiste à arriver sur le plancher en traversant du même coup l'occipital et le cervelet à l'aide d'un petit trocart. Il est bon d'examiner avant, sur le cadavre d'un animal de même taille et de même espèce, la direction et l'inclinaison qu'il faut donner à l'instrument. Malgré la quantité de tissu nerveux traversée, on produit encore moins de troubles que dans les deux premiers cas. L'opéré est seulement un instant très-affaissé.

Il n'est pas d'ailleurs indispensable de toucher exactement le point indiqué pour provoquer le diabète. On trouve encore parfois du sucre dans les urines quand l'instrument a porté ailleurs. Mais le résultat n'est constant et ne se montre à son maximum que lorsqu'on agit mathématiquement sur lui. C'est pourquoi Cl. Bernard a pensé qu'il devait être regardé comme le centre nerveux affecté à la fonction glycogénique du foie, puisqu'on semblait exalter son influence en le piquant, c'est-à-dire en le blessant seulement de façon à l'irriter et à augmenter son activité, et puisqu'il avait constaté dans d'autres expériences que l'ablation complète de cette partie, à l'aide d'un emporte-pièce, supprimait la fonction au point que le foie ne fournissait plus de matière glycogène. Un instant, il s'était montré porté à admettre l'existence d'un influx glycogénique créé par ce centre. Depuis, il ne lui a plus accordé que l'influence indirecte que le système nerveux peut exercer sur toutes les sécrétions par l'intermédiaire des nerfs vaso-moteurs.

Dans tous les cas, cette influence centrale, le foyer glycogénique ne pouvait évidemment l'exercer sur le foie que par l'intermédiaire des nerfs. De là un autre ordre d'expériences qui sont venues compléter la théorie. Si on coupe le pneumo-gastrique au cou, la production de la matière glycogène cesse complétement. Si la section est faite au-dessous du poumon, la fonction continue avec son activité ordinaire. Pour que le foie fonctionne, il faut donc, non pas que le pneumo-gastrique le mette en rapport avec le bulbe, mais bien que ce nerf maintienne la communication du centre nerveux avec le poumon. Par conséquent, on doit conclure que ce n'est pas le pneumo-gastrique qui est chargé d'apporter l'influence du bulbe au foie, lequel, par exclusion, ne peut évidemment la recevoir que du grand sympathique; mais que le nerf vague n'en intervient pas moins d'une manière indispensable dans la glycogénie, très-probablement à titre de nerf sensitif. Il est à supposer qu'il apporte une impression développée à la surface de la muqueuse pulmonaire par le contact de l'air, et que cette impression est destinée à solliciter par action réflexe l'activité sécrétoire du centre nerveux, de sorte que, par une admirable harmonie, le comburant appellerait le combustible.

Telle est, Messieurs, présentée d'une manière succincte, la théorie dite glycogénique. Je ne pouvais ici vous donner tous les détails qu'elle comporte, je me réserve de le faire dans l'étude des sécrétions. A une certaine époque, elle a été considérée comme un des plus grands titres de gloire de l'illustre physiologiste du Collége de France. Elle a depuis été fortement ébranlée, particulièrement par Samson, Rouget et Longet. Mais il n'en est pas moins acquis que la piqûre du bulbe, faite dans les conditions indiquées, donne naissance au diabète. Quelle que soit la manière d'interpréter ce résultat, il n'en reste pas moins un des faits les mieux établis de la physiologie expérimentale, qui devait évidemment prendre place dans la physiologie normale du bulbe, et je devais naturellement le faire accompagner de l'exposé de la seule interprétation qui le rattache à une fonction normale et spéciale. Quant à l'opinion de Samson et Longet, elle trouvera mieux sa place dans la longue discussion que nous établirons plus tard à propos de la pathogénie du diabète.

DIX-NEUVIÈME LEÇON.

MESSIEURS,

Nous avons vu dans la leçon précédente que la piqûre du plancher du 4e ventricule, au niveau du bec du calamus, déterminait la mort en suspendant brusquement les phénomènes mécaniques de la respiration, ce qui nous a conduits à conclure que le bulbe préside à cette fonction ; que pratiquée au milieu de l'espace qui sépare les nerfs pneumo-gastrique et acoustique, la même piqûre donnait lieu à un véritable diabète, ce qui a conduit Cl. Bernard à placer encore dans cet organe le centre nerveux de la fonction glycogénique attribuée par lui au foie. Si on porte l'instrument sur d'autres points encore, on provoque des troubles qui prouvent que le bulbe doit exercer une certaine influence sur les sécrétions urinaire et salivaire.

Rôle du bulbe dans les secrétions urinaire et salivaire. — Si on pique le plancher immédiatement au-dessous du nerf auditif, l'urine est sécrétée en grande abondance, mais elle ne renferme pas de sucre. On produit ce que les pathologistes appellent la *polyurie*. Si la piqûre porte entre le point diabétique et le point polyurique, on trouve souvent dans l'urine, avec une très-faible quantité de sucre, une assez forte proportion d'albumine. On fait ainsi éprouver à la sécrétion urinaire la modification qui est connue sous le nom d'albuminurie. Ces faits démontrent que le bulbe préside, tout au moins pour une certaine part, aux conditions de la circulation rénale et, par suite, à celles de la sécrétion elle-même. Dans tous les cas, cette association du diabète et de l'albuminurie constitue un fait qui mérite d'être noté, car chez l'homme atteint de diabète spontané, on observe souvent ce mélange des deux produits d'excrétion morbide, ou la substitution de l'un à l'autre.

Quand la piqûre est faite aux environs du noyau du facial, à la partie tout à fait supérieure du bulbe et à la limite inférieure de la protubérance, on provoque une salivation abondante. Le résultat est beaucoup plus marqué si on engage la pointe de l'instrument au-dessous du pont de Varole lui-même. Ordinairement, l'hypersécrétion a lieu du côté lésé. Il y a une différence énorme entre les quantités de salive produites de chaque côté, même lorsqu'on a provoqué la sécrétion du côté opposé au moyen des excitants ordinaires. L'expulsion de la salive est non-seulement abondante, mais continue. Elle reste intermittente dans les glandes congénères, même après la stimulation artificielle. Il est difficile de décider d'une manière certaine si cette influence doit être attribuée au bulbe ou à la protubérance, car la piqûre semble agir davantage sur la sphère d'origine du trijumeau et l'excitation sécrétoire pourrait être comparée à celle qu'on voit survenir dans les névralgies de la 5e paire où la douleur s'accompagne très-souvent d'une salivation abondante. Mais, d'un autre côté, Cl. Bernard a démontré que l'irritation de la corde du tympan donne lieu à une élimination exubérante de salive, et cette corde, qui vient s'associer au nerf lingual, se trouve être une émanation du facial dont le noyau appartient au bulbe. Dans tous les cas, il y a peut-être là plus qu'une influence vaso-motrice telle que la comprend Cl. Bernard. Peut-être y a-t-il ce genre d'action stimulante que Ludwig attribue aux nerfs qu'il a appelés sécréteurs.

Rôle du bulbe dans la circulation. — L'innervation du cœur est alimentée par des filets nerveux qui proviennent de deux sources. Les uns sont fournis par le grand sympathique et vont puiser, ainsi que nous l'avons déjà indiqué antérieurement, leur force initiale dans la moelle épinière. Les autres sont des émanations du pneumogastrique et ont, par conséquent, leur noyau d'origine dans le bulbe. Il est donc évident, même *a priori*, que ce segment du système nerveux exerce une influence sur la circulation cardiaque. Mais les vivisections ont conduit à donner à cette influence un caractère tout à fait singulier et inattendu. En 1845, les frères Weber ont signalé, dans une réunion de savants à Naples, l'effet bizarre que l'on obtient en appliquant l'électricité sur le bulbe. On voit aussitôt les battements du cœur se ralentir ou s'arrêter, suivant l'intensité du courant employé. Ce résultat est tellement constant qu'il a été constaté depuis par tous les observateurs. Budge conteste même aux frères Weber la priorité de la découverte, et il prétend avoir observé le fait en 1841. Comme l'excitation de la moelle et du sympathique produit un effet inverse, c'est-à-dire l'accélération des battements du cœur, on a été entraîné aussi à supposer l'existence d'un véritable antagonisme entre ces deux centres nerveux. On a pensé que le centre médullaire tendait à communiquer aux battements du cœur un rhythme trop accéléré, et que le centre bulbaire avait pour mission de tempérer cet excès d'activité et de maintenir ainsi les contractions cardiaques dans des proportions convenables. Je l'avoue, j'ai toujours éprouvé une certaine répugnance à accepter une pareille interprétation. Il me semblait que la nature, pour obtenir ces proportions, n'avait besoin que de créer un seul centre bien équilibré. J'ai été même longtemps convaincu que les physiologistes avaient été victimes d'une illusion dans leurs expériences et qu'ils avaient pris pour un arrêt le résultat d'une contraction trop violente et devenue tétanique. Le cœur, en effet, en sa qualité de muscle creux, ne fonctionne que par des alternatives de resserrement et de dilatation, de contraction et de relâchement. Dans l'état de contraction continue, il reste forcément immobile et on peut prendre pour un repos une activité non interrompue. Mais il n'en est rien. Le muscle cardiaque, au moment où il s'arrête sous l'influence de la galvanisation du bulbe, est bien mou et relâché. C'est bien l'inertie musculaire que l'on produit. Mais est-ce bien une raison suffisante pour admettre le rôle négatif qu'on attribue au bulbe ? Je ne le crois pas. Je suis porté à penser que dans ces circonstances l'électricité paralyse le bulbe par le fait même de l'intensité de l'action. Elle agit par saisissement comme une émotion morale qui paralyse aussi les facultés intellectuelles. Peut-être même l'électricité n'agit-elle ici sur les cellules motrices que par l'intermédiaire des cellules sensitives. Peut-être produit-elle directement, uniquement une impression de douleur qui paralyse par action réflexe l'ensemble des rouages moteurs du cœur. Le même arrêt s'observe, en effet, ainsi que l'a établi Cl. Bernard, quand on excite des racines postérieures des nerfs rachidiens. Dans l'espèce humaine, on voit à chaque instant une syncope survenir sous l'influence d'une douleur vive provoquée sur n'importe quel nerf sensitif, n'importe sur quel point du corps. Il en est de même à la suite d'une émotion morale un peu vive. Les cellules intellectuelles, comme les cellules sensitives, peuvent réagir sur les cellules motrices affectées au cœur, soit en les excitant, soit en les paralysant. Je crois que, dans l'état normal, le bulbe vient apporter avec la moelle sa quote-part dans l'innervation active du cœur, et de plus que c'est plus spécialement par son intermédiaire que ce moteur central de la circulation devient en même temps un moyen d'expression de nos sentiments.

La généralité des physiologistes se montre portée à attribuer encore au bulbe une influence presque exclusive sur les circulations locales par l'intermédiaire des nerfs vaso-moteurs. Le sympathique, la moelle ne renfermeraient que les conducteurs de l'innervation vaso-motrice. Le foyer, le centre du département de cette innervation se trouverait, sinon en totalité, du moins en grande partie dans le bulbe. C'est lui qui présiderait à toutes les modifications mécaniques qui surviennent dans la vascularisation des organes. C'est pour cette raison qu'il serait le point d'aboutissement du nerf de Cyon qui, en réglant la circulation abdominale, peut provoquer des modifications qui retentissent après dans tout le système vasculaire. C'est ainsi que le bulbe se trouverait tenir sous sa coupe, par l'intermédiaire des vaso-moteurs, tous les actes d'assimilation, de désassimilation et de sécrétion; qu'il serait ainsi le grand régulateur de la vie végétative. Mais, ainsi que je l'ai déjà indiqué antérieurement, je ne crois pas que ce soit à titre de foyer unique. De même que pour la respiration, l'innervation vaso-motrice des diverses zones du corps relève de zones correspondantes qui se trouvent échelonnées dans tout l'axe, la moelle, le bulbe, la protubérance; elle est l'œuvre de toute la colonne de Jacubovitsch, y compris ses prolongements supérieurs. Mais tout ce système est sous la haute direction d'un segment principal, le bulbe qui, déjà chargé de l'initiative dans les phénomènes de la respiration et de la circulation cardiaques, qui recevant, par les filets sensitifs du pneumo-gastrique, du glosso-pharyngien, toutes les indications que peuvent fournir les sensations internes annexées aux diverses fonctions de nutrition, était mieux que tout autre segment dans la situation de donner un caractère d'unité à l'œuvre de la vie végétative. C'est pour cela que chez lui la colonne de Jacubovitsch avait besoin de prendre un plus grand développement. De là cet épanouissement que nous avons appelé *formatio reticularis*.

Rôle du bulbe dans la déglutition. — Au point de vue de l'innervation périphérique, les déglutitions pharyngienne et œsophagienne sont sous la dépendance de deux nerfs qui puisent leurs sources motrices dans le bulbe, le glosso-pharyngien et le pneumo-gastrique. Ce sont eux qui président à l'élévation et à l'invagination du pharynx, ainsi qu'aux mouvements péristaltiques de l'œsophage. Un seul acte qui se produit au début du 2ᵉ temps, le mouvement spasmodique des milo-hyoïdiens relève du nerf masticateur, émanation de la protubérance. Dans la déglutition buccale, ce sont encore deux nerfs du bulbe qui entrent en scène, le grand hypoglosse et le facial. C'est le premier qui applique la langue à la voûte palatine pour faire fuir le bol alimentaire par déplacement. C'est le facial qui tend le voile du palais et lui permet d'offrir un plan résistant à la pression linguale. Bien que ces données anatomiques doivent faire admettre *a priori* que le bulbe joue un rôle des plus importants, sinon capital, dans la déglutition. L'expérimentation physiologique vient changer cette probabilité en certitude. En effet, quand, sur un jeune animal, on enlève toutes les parties situées en avant du bulbe, cerveau, cervelet et protubérance, on constate que la déglutition peut encore s'exécuter par action réflexe, pourvu qu'on introduise l'aliment jusque dans le fond de la cavité buccale. Mais si on vient à léser profondément le bulbe, la déglutition devient impossible. Les mouvements nécessaires s'exécutent avec un ensemble si remarquable, avec une si grande précision et avec un enchaînement tellement mathématique, qu'on reste convaincu que les noyaux des nerfs mis en jeu doivent être reliés entre eux par des commissures qui sont comme les cordes de transmission de ces rouages qui doivent s'entraîner mutuellement, suivant un ordre préétabli, de sorte que le bulbe renfermerait ainsi une véritable machine nerveuse de la déglutition. Des micrographes aux yeux complaisants ont même vu tous les détails de cette machine, ainsi que ses moyens de communication avec le trijumeau qui, comme nerf sensitif, vient fournir la série d'impressions nécessaires aux divers mouvements réflexes de l'acte.

Rôle du bulbe dans la phonation. — Il y a dans l'exercice de la parole deux actes bien distincts : 1° la production du son vocal qui naît dans le larynx et qui est l'œuvre des cordes vocales avec le concours des agents mécaniques de l'expiration; 2° l'articulation de ce son vocal par les diverses parties qui surmontent le larynx, articulation qui modifie le son initial et qui lui communique les divers caractères qu'il peut prendre dans le langage. Ces deux actes, particulièrement le premier, trouvent leur centre nerveux dans le bulbe.

Sur un jeune animal auquel on a enlevé préalablement le cerveau et la protubérance, on provoque un cri très-manifeste chaque fois qu'on le pince. On peut aussi, pour la même démonstration, se contenter de faire une section transversale complète des centres nerveux en avant du bulbe. Quoique les muscles du larynx ne puissent plus rien recevoir des parties encéphaliques autres que le bulbe, l'animal répond par un cri à chaque irritation cutanée. Mais du moment où on lèse profondément le bulbe, le pincement ne produit plus que des mouvements réflexes et non des cris. Il ne faut pas voir, du reste, l'expression d'une douleur dans le cri que l'on obtient avant d'avoir compromis le bulbe lui-même. Il est sec, instantané; il ne se prolonge pas; il est toujours le même; il ne varie que d'intensité suivant que le pincement est lui-même exercé avec plus ou moins de force. On sent que c'est la note du piano qui répond au doigt qui presse sur la touche. C'est un cri purement réflexe ou plutôt c'est un mouvement réflexe dans toute l'acception du mot, car le bruit vocal est un résultat mécanique de la contraction des muscles intrinsèques du larynx. Avec la protubérance, nous obtiendrons un cri bien différent qui aura tous les caractères d'une véritable plainte. Le fait du docteur Beyer vient prouver que dans l'espèce humaine aussi le bulbe crée l'impulsion motrice qui doit aboutir à la production du son vocal. Dans un accouchement des plus laborieux, on avait dû pratiquer la céphalotripsie et il en était résulté l'expulsion hors du crâne de l'enfant de la totalité de ses lobes cérébraux et de la plus grande partie de sa protubérance. Il fut considéré comme mort, même sans examen, enveloppé dans un linge et mis de côté. A la grande surprise des personnes présentes, il poussa tout à coup un véritable cri réflexe provoqué sans doute par la plaie du crâne. Il n'y a rien d'étonnant qu'il en soit ainsi, puisque les racines supérieures du spinal trouvent leurs noyaux d'origine dans le bulbe, et puisque ce nerf constitue le véritable nerf vocal. Comme nous l'établirons dans l'étude du système nerveux périphérique, le spinal et le pneumogastrique s'associent bien pour aller animer ensemble les muscles du larynx; mais ils les animent dans des conditions fonctionnelles différentes. Toutes les fois que les muscles du larynx modifient l'orifice de la glotte pour les besoins de la respiration, ils obéissent au pneumo-gastrique. Toutes les fois qu'ils le modifient pour les besoins de la phonation, ils obéissent au spinal. On comprend en outre que la nature ait placé dans le même point de l'axe les centres nerveux de la respiration et de la phonation, puisque ce sont les phénomènes mécaniques de l'expiration qui viennent fournir, doser et rhythmer le courant d'air qui doit faire vibrer les cordes vocales.

Le langage parlé nécessite que le son brut qui a pris naissance au niveau des cordes vocales soit mécaniquement élaboré et modifié par des changements de forme et de dimensions du pharynx, du voile du palais et de la cavité buccale, résultant de l'action même des muscles de ces régions. Ces contractions supposent l'intervention des nerfs glosso-pharyngien, facial et grand hypoglosse. Ce dernier surtout remplit le rôle le plus actif, car la langue est incontestablement la cheville ouvrière dans l'articulation des sons. Tous ces nerfs ont leurs centres particuliers dans le bulbe. Par conséquent, cet organe peut être considéré comme renfermant la machine nerveuse de la partie mécanique de la phonation, le clavecin dont les touches doivent obéir aux choix et aux décisions d'un artiste placé plus haut et qui constitue l'instrument mis à la disposition de ce dernier pour exprimer sa pensée. Quand nous nous occuperons des lobes cérébraux et en particulier des diverses espèces d'aphémies que l'on rencontre dans la pathologie humaine, nous aurons à discuter toutes les questions que peut soulever la fonction du langage considérée dans son ensemble. Disons seulement ici que, d'après l'opinion de beaucoup de physiologistes et de médecins, il y aurait, dans un point déterminé du cerveau, un centre nerveux particulier affecté à la faculté langage. Ce serait de là que partiraient les impulsions capables de faire rendre telle ou telle note à la machine vocale du bulbe. Ce serait là que se ferait le choix, que seraient conçues les combinaisons capables d'approprier les sons de cette machine à l'idée à exprimer. Ce centre d'élocution serait lui-même à la disposition des autres facultés intellectuelles qui créeraient la pensée à traduire. Dans les couches intellectuelles du cerveau, se trouverait le poète qui doit enfanter le libretto de l'opéra. Dans le centre d'élocution, se trouverait le compositeur qui doit traduire en langage musical la pensée du poète. Enfin, dans le bulbe, se trouverait l'orchestre qui doit rendre appréciable pour les organes des sens, à la fois l'œuvre du poète et celle du compositeur. Quel que doive être le jugement que nous aurons à porter ultérieurement sur l'ensemble de cette hypothèse, l'anatomie nous force déjà à admettre que c'est bien le bulbe qui possède l'instrument vocal. Nous verrons que la pathologie du bulbe conduit à la même conclusion.

Il est évident aussi que les diverses parties de cet instrument qui fonctionne avec tant d'harmonie, doivent être agencées suivant un ordre préétabli. Des anatomistes ont voulu saisir cet agencement sur la nature elle-même. Schröder van der Kolk, en particulier, croit avoir aperçu tous les détails de construction de cette machine nerveuse. Selon lui, les noyaux d'origine des nerfs hypoglosses sont reliés l'un à l'autre au travers du plan médian antéro-postérieur du bulbe par des fibres commissurales. De plus, chacun de ces noyaux est mis en communication par des fibres spéciales avec le noyau du facial correspondant. Les deux principaux nerfs moteurs mis en jeu dans la parole possèdent donc ainsi les conditions matérielles nécessaires pour leur permettre d'associer leurs actes. Un autre faisceau de fibres parties du noyau de l'hypoglosse se rend dans la protubérance et va aboutir au noyau d'origine du trijumeau. C'est ainsi que le centre de l'hypoglosse peut recevoir de ce dernier nerf les impressions du sens musculaire et régler son action motrice sur les renseignements reçus. D'un autre côté, des fibres émanant des noyaux du facial et de l'hypoglosse se porteraient dans l'olive correspondante qui remplirait vis-à-vis de la phonation le rôle que remplissent les cordons postérieurs dans les phénomènes moteurs exécutés par la moelle, le rôle aussi que Flourens attribue au cervelet dans la locomotion d'ensemble. Ce serait l'organe coordinateur de la machine parlante. On a même invoqué, à l'appui de cette conception, l'analogie qui semble exister pour l'œil entre le corps rhomboïdal du cervelet et la membrane plissée de l'olive. Comme dans cette fonction coordinatrice, les deux olives avaient besoin d'agir avec une synergie parfaite, elles seraient encore reliées entre elles par des fibres transversales. Enfin, tous ces noyaux seraient mis à la disposition du centre de l'élocution par des fibres encéphaliques ascendantes. Tous ces détails anatomiques sont encore fort hypothétiques; aussi je ne vous les ai décrits que pour vous montrer quelle longue portée peut atteindre parfois la vue de certains micrographes. Le rôle que l'on veut faire jouer aux olives me paraît tout au moins fort compromis, car chez plusieurs animaux doués de la faculté d'imiter le langage articulé (le perroquet, par exemple), les olives n'existent pas ou se trouvent réduites à peu de chose, tandis qu'elles ont au contraire un volume considérable chez le phoque qui n'est cependant pas un avocat de grand talent.

Rôle du bulbe dans la mimique. — Si la parole sert à exprimer à la fois nos idées et nos sentiments, ces derniers se traduisent aussi, souvent malgré nous, par des modifications déterminées de la physionomie. Ce sont alors les muscles de la face qui deviennent les instruments directs de ce mode d'expression. Or, ces muscles sont animés par le facial dont le noyau est situé à la partie supérieure du bulbe qui engendre encore, dans ce cas, par conséquent, l'impulsion motrice et qui devient ainsi l'instrument de la mimique. Sans doute, ces mouvements sont bien provoqués par un acte intellectuel, par les sentiments qu'ils sont appelés à exprimer, mais ils le sont d'une manière tout à fait réflexe. Notre centre intellectuel ne fait qu'une chose, éprouver une émotion morale, un sentiment. Mais, celui-ci une fois né en nous, aussitôt, presque malgré nous, presque à notre insu, le noyau du facial y répond en déterminant des contractions qui sont toujours parfaitement harmonisées entre elles et qui sont toujours les mêmes pour chaque sentiment, dans tous les pays, chez tous les peuples du monde. Il y a donc encore dans le bulbe une machine à effet muet que la nature nous donne tout organisée et qui n'a plus qu'à obéir aux caprices de l'être moral. C'est un instrument de musique mécanique dont les airs se déroulent toujours sur le même ton et avec le même rhythme, sous l'influence de la main qui en a pressé le ressort.

Remarquez toutefois, Messieurs, que les deux machines de la parole et de la mimique n'appartiennent pas complétement au bulbe. Toutes deux trouvent un complément indispensable dans la protubérance, c'est le noyau du trijumeau qui est chargé de fournir les renseignements du sens musculaire. Aussi ne devrez-vous pas vous étonner de voir reparaître ces deux fonctions dans la physiologie et la pathologie de la protubérance.

Anatomie pathologique générale du bulbe.

Les terrains de même composition doivent évidemment posséder les mêmes aptitudes et sont, par conséquent, susceptibles de donner naissance aux mêmes produits. A ce titre, il est évident que toutes les altérations anatomiques dont nous avons constaté l'existence dans la moelle pourraient se rencontrer dans le bulbe, car dans l'un et l'autre organe il y a de la névroglie, des cellules et des tubes nerveux. Mais jusqu'à présent, on n'a pas encore pu fournir des preuves matérielles bien nombreuses de cette possibilité. Pendant bien longtemps, faute d'examen suffisant, on s'est contenté d'enregistrer quelques cas bien rares de tumeurs dont on ne précisait même pas nettement la nature, qui n'appartenaient même pas toujours au bulbe lui-même et qui n'avaient altéré ce dernier que par pression ou par voisinage. Sous l'impulsion communiquée par les travaux de Duchenne, de Charcot, de Joffroy, de Hayem, les jeunes générations médicales semblent se montrer très-désireuses d'étendre le champ de l'anatomie pathologique de cette région, et tout fait espérer que dans quelques années on sera à même de présenter une histoire assez complète des lésions matérielles dont le bulbe peut être le siége.

Des travaux entrepris jusqu'alors, il ressort déjà les trois grands faits suivants qui peuvent être considérés comme étant acquis :

1° Les pyramides antérieures offrent une certaine tendance à s'atrophier d'une manière isolée. Tantôt elles le font en vertu d'une véritable sclérose spontanée qui aboutit en même temps à leur induration ; tantôt elles diminuent de volume sous l'influence d'une pression exercée par une tumeur voisine; tantôt, enfin, l'atrophie résulte d'une dégénérescence secondaire qui est due elle-même à une maladie des corps striés. Les tubes passent alors à l'état granulo-graisseux et beaucoup finissent par disparaître. Dans ces circonstances, la dégénérescence a quelquefois suivi une marche qui semble justifier les idées classiques relatives à la structure des pyramides. Dans le cas de lésion étendue et ancienne du corps strié par un ramollissement ou une hémorrhagie, la pyramide antérieure opposée s'altère; puis, lorsque la dégénérescence granulo-graisseuse gagne de haut en bas dans la moelle, on voit qu'elle se bifurque, qu'elle envahit d'une part la partie interne du cordon antérieur du côté opposé et, d'autre part, la partie externe du cordon antérieur du même côté. Si ces observations se multipliaient, non-seulement elles démontreraient la disposition admise pour l'entrecroisement des pyramides, mais elles condamneraient les assertions de Duchenne et de Clarcke qui prétendent que les pyramides ne font pas suite aux cordons antérieurs et qu'elles sont constituées par des fibres qui émanent, en décrivant une courbe initiale, de l'intérieur même du bulbe.

2° Un second fait très-remarquable et qui donne une physionomie particulière à l'anatomie pathologique du bulbe, c'est que les divers noyaux d'origine des nerfs bulbaires offrent une grande propension à s'altérer et à s'atrophier d'une façon tout à fait indépendante des parties ambiantes qui peuvent rester parfaitement saines. Ces noyaux sont comme autant de petits cerveaux ayant leur vie propre, possédant la plus entière autonomie et présidant de par eux-mêmes à tous les actes que font exécuter les nerfs auxquels ils donnent naissance. Anatomiquement, ce sont de petites sphères dont les contours restent parfaitement distincts du terrain nerveux dans lequel elles sont plongées. Physiologiquement, elles n'ont de rapports avec les parties voisines que ceux qui sont nécessités par certaines œuvres communes auxquelles elles prêtent le concours de leurs propres ressources. Pathologiquement, elles conservent la même vie indépendante. Mais à ce dernier point de vue, les différents noyaux offrent cependant une certaine solidarité qui est la conséquence même de l'agencement qu'ils contractent entre eux pour la réalisation de l'instrument de la phonation et des expressions. Ils peuvent ainsi s'entraîner dans une même déchéance sans que l'atmosphère générale qui les entoure et les sépare y prenne part. C'est ainsi que nous verrons naître une entité morbide parfaitement caractérisée et qui a aujourd'hui tous les droits de figurer dans la pathologie spéciale du bulbe. Cette atrophie, qui porte la plupart du temps sur des noyaux des nerfs moteurs, n'est au fond que la reproduction de l'atrophie des cornes antérieures de la moelle. Si, dans l'axe médullaire, elle se présente sous forme d'une colonne continue, cela tient à ce que les noyaux d'origine des racines motrices des nerfs rachidiens se fondent entre eux de manière à produire une chaîne non interrompue de cellules motrices. Si dans le bulbe elle se montre dans des points distants les uns des autres, c'est que là les cellules motrices de chaque nerf se groupent en petites sphères isolées les unes des autres. Cette atrophie d'un ou plusieurs noyaux n'est pas toujours spontanée. Elle peut être déterminée par une altération primitive de l'atmosphère nerveuse ambiante ou par une tumeur plus extrinsèque encore.

3° Un troisième fait aussi remarquable, c'est la voie que les cellules des noyaux bulbaires semblent affectionner pour arriver à cette atrophie. Le plus souvent, dans la moelle, les cellules motrices s'atrophient et disparaissent en passant par un état granulo-graisseux dont les détritus finissent par être résorbés. Dans le bulbe, elles y arrivent le plus souvent en se pigmentant. A un premier degré d'altération, elles offrent une coloration d'un jaune ocreux très-intense. Cette teinte est due à la présence de granulations pigmentaires qui s'agglomèrent entre elles de manière à former des masses plus ou moins volumineuses. Elles échappent à l'action colorante du carmin. Dans les recherches micrographiques, ce réactif contribue à mettre en relief les cellules restées saines. Dès ce moment, les prolongements paraissent déjà très-courts et comme flétris. En même temps, la cellule diminue de plus en plus de volume, elle perd de ses formes anguleuses et tend de plus en plus à devenir globuleuse. A un degré plus avancé, la cellule se montre encore plus petite et complétement dépourvue de prolongements. Elle n'apparaît plus que comme un petit amas de granulations jaunes. Il n'y a plus ni noyau ni nucléole. Enfin, l'enveloppe ou le protoplasma cellulaire disparaît lui-même, et on trouve çà et là, sur des points autrefois occupés par une cellule, des traînées de granulations jaunes désagrégées et disséminées. La névroglie reste complétement intacte, et c'est là ce qui fait un des cachets principaux de ce mode d'altération. Elle peut être franchement primitive dans la cellule. Le plus généralement elle ne lui est pas communiquée du dehors. Il n'y a autour ni foyers de désintégration, ni multiplication de myélocytes. Le noyau originel du nerf est seul frappé, et ses modifications intimes altèrent même sa forme générale. Il perd ses contours arrondis. De tous les noyaux bulbaires, c'est celui de l'hypoglosse qui est le plus souvent atteint et le plus avancé. Viennent ensuite ceux du facial, du spinal antérieur et du pneumo-gastrique. Ce mode d'atrophie par dégénérescence pigmentaire n'est pas cependant spécial au bulbe. Tôt ou tard même, il s'étend aux cellules des cornes antérieures. Quelquefois même, il se manifeste auparavant dans la moelle et ne s'étend au bulbe qu'ultérieurement. Mais on peut poser en principe que ce sont les cellules du bulbe qui présentent la plus grande aptitude à ce genre de dégénérescence.

Il va sans dire que les trois faits qui précèdent doivent être regardés seulement comme des caractéristiques de l'anatomie pathologique du bulbe et qu'ils n'excluent nullement la possibilité des altérations ordinaires de tous les centres nerveux, telles que tumeurs variables, hémorrhagies, scléroses et ramollissements, s'étendant indistinctement à toutes les parties de l'organe. Mais cette généralisation est rarement observée, parce que la mort survient vite en raison même des fonctions capitales que le bulbe est appelé à accomplir.

Physiologie pathologique générale (1).

Dans l'état actuel de la science, les données cliniques et nécroscopiques sont trop insuffisantes pour qu'on puisse présenter sur la pathologie du bulbe des généralités aussi complètes et aussi positives que celles que nous avons pu fournir pour la moelle. Celles qui vont suivre ne doivent donc être acceptées qu'avec une certaine réserve et n'être regardées que comme la résultante de nos connaissances du moment. Nous passerons en revue successivement les troubles de la motilité, de la sensibilité, de la phonation, de la mimique, de la déglutition, de la circulation, de la respiration et de la nutrition.

Troubles de la motilité. — Après examen de toutes les observations inscrites dans les annales de la science, on peut assurer, surtout pour les phénomènes paralytiques, qu'ils n'apparaissent que lorsque la lésion porte sur la partie antérieure du bulbe. Quand une moitié latérale de cette région est détruite ou interrompue dans sa continuité, soit par une blessure, soit par une hémorrhagie, il y a toujours une hémiplégie qui est ordinairement croisée, mais qui peut parfois être directe. Les vues physiologiques que nous avons émises antérieurement sur la conductibilité du mouvement dans le bulbe semblent donc être justifiées par la pathologie. C'est donc bien en avant que passent les fibres encéphaliques, et les faisceaux intermédiaires, peut-être même les pyramides, doivent être regardés comme étant réellement la continuation des cordons antéro-latéraux de la moelle. L'effet croisé s'associe aussi très-bien avec les données de structure que nous avons présentées, puisque la décussation des fibres encéphaliques semble se faire, tout au moins en partie, dans le bulbe. La lésion n'agit plus comme dans la moelle au-dessous de l'entrecroisement et, par conséquent, l'effet ne saurait être constam-

---

(1) Les assertions émises dans ces généralités reposent sur un tableau qui est analogue à celui que j'ai présenté dans la physiologie pathologique de la moelle et dans lequel se trouvent consignés les faits principaux de toutes les observations des maladies du bulbe publiées jusqu'à ce jour. Il paraîtra avec ceux qui sont relatifs à toutes les maladies du système nerveux dans un fascicule annexe dont l'acquisition restera indépendante. Ces tableaux n'ont en effet qu'un intérêt de contrôle qui n'est pas indispensable dans un enseignement dogmatique s'adressant à des étudiants. Pour des raisons faciles à comprendre, je crois donc devoir modifier la voie dans laquelle je m'étais engagé auparavant sous ce rapport.

ment direct. D'autre part, on comprend que l'hémiplégie puisse être parfois directe si l'altération siége à la partie inférieure du bulbe, puisqu'alors l'échange de fibres d'un côté à l'autre est effectué et qu'on se trouve dans les mêmes conditions que dans la moelle.

Il existe, il est vrai, dans la science trois faits dans lesquels, avec une destruction plus ou moins complète des deux pyramides antérieures et des corps olivaires, il n'y eut aucun signe de paralysie musculaire. J'ai déjà cité deux de ces cas dans la partie physiologique et j'ai exprimé alors la pensée que les pyramides avaient pu être suppléées par les faisceaux intermédiaires. Mais il est une explication plus radicale qui semble gagner de plus en plus du terrain et qui vient encore de trouver un nouveau prosélyte dans M. Bourdon. C'est que les pyramides antérieures ne sont pas les prolongements des cordons antérieurs, mais qu'elles sont formées par des fibres prenant naissance dans des cellules situées dans les parties centrale et postérieure du bulbe. Cette interprétation anatomique émise par Stilling et par Lockart Clarcke, semble être vérifiée par les recherches iconographiques de Duchenne de Boulogne.

En regard des troubles paralytiques, nous devons mettre les troubles caractérisés par une exagération ou une perversion du mouvement. Ils sont très-variables et sont dus, soit à un état de surexcitation du centre nerveux, soit à une irrégularité des moyens de transmission. Tantôt alors on observe un tremblement général qui rappelle tout à fait celui de la chorée et qui ne se manifeste que lorsque le malade veut exécuter des mouvements volontaires. Tantôt, c'est un tremblement rhythmé continu, analogue à celui qui caractérise la paralysie agitante. Tantôt, ce sont des contractures plus ou moins prolongées, identiques à celles que l'on observe dans la sclérose en plaques des cordons antéro-latéraux. D'autres fois, ce sont des contractions cloniques, irrégulières et mobiles. Il peut même se produire de véritables crises épileptiques.

Toute cette série de phénomènes se rencontre surtout lorsque la maladie a envahi les parties antérieures du bulbe. Cela se comprend, puisque ce département est particulièrement affecté à la motilité. Ils sont en outre la reproduction de ceux qu'on peut observer dans les maladies de la moelle. Cela devait être, puisque les agents nerveux du mouvement sont passibles des mêmes conditions morbides, quel que soit le niveau ou la région où on les considère. Ils ont toutefois un cachet particulier qui permet de les différencier de ceux qui sont occasionnés par une maladie de la moelle, c'est qu'ils sont presque toujours plus généraux. Ils occupent à la fois les quatre membres, le tronc et même la face. Cette grande extension est toute naturelle et n'implique même pas la réalité de la loi de généralisation que nous avons posée dans l'étude des caractères du pouvoir réflexe de la moelle. Elle est simplement la conséquence de la loi de segmentation dont nous vous avons parlé dans le même sujet. Les centres moteurs des muscles sont échelonnés les uns au-dessus des autres dans la moelle. Mais ils sont tous reliés au centre cérébral par des fibres encéphaliques qui s'ajoutent successivement de bas en haut aux cordons antéro-latéraux, de sorte que plus une zone de ces cordons est élevée, plus elle renferme de ces fibres soumettant des centres moteurs à la volonté. Chaque zone renferme les fibres volontaires de tous les centres situés au-dessous. Par conséquent, une maladie intéressant un point des cordons doit retentir, en plus ou en moins, sur tous les muscles qui relèvent des centres moteurs situés au-dessous; et plus ce point sera élevé, plus il y aura de muscles troublés dans leurs fonctions. Or, dans le bulbe se trouvent réunies toutes les fibres encéphaliques afférentes aux quatre membres et au tronc. C'est, pour ainsi dire, le point le plus élevé de la moelle, celui qui doit compromettre le plus, qui doit même compromettre tout. Les maladies peuvent même retentir sur des muscles que sont obligées de respecter les affections de la partie supérieure de la moelle cervicale, puisqu'il donne naissance au glosso-pharyngien, au spinal, au moteur oculaire externe et au facial. C'est en raison de cette dernière émanation nerveuse que les muscles de la face peuvent prendre part aux troubles du mouvement, fait qui n'a jamais lieu dans les maladies de la moelle. Il n'y a avec lui qu'un seul organe qui puisse réaliser cette grande extension des altérations de la motilité, c'est la protubérance qui, comme conductibilité, résume, de même que le bulbe, tout ce qui est au-dessous. Mais la généralisation est alors même plus complète, car les muscles animés par le trijumeau et souvent ceux animés par le moteur oculaire commun, sont en outre mis en scène. Au delà du bulbe et de la protubérance, la généralisation tend à se restreindre à cause de la divergence des pédoncules cérébraux. Au delà, on n'observe plus que des troubles à forme hémiplégique.

L'apparition de crises d'épilepsie dans les maladies du bulbe semble donner raison à Schröder van der Kolk, à Jaccoud et à Brown Sequard qui placent le siége de l'épilepsie dans cet organe. Nous discuterons cette localisation dans la physiologie pathologique de la protubérance, à laquelle nous annexerons l'étude de l'épilepsie pour des raisons qui ne pourront être données qu'à ce moment. Tout ce que je dirai ici, c'est que les faits de crises épileptiformes signalés chez des individus atteints de maladies du bulbe, ne prouvent rien en faveur de cette localisation, puisqu'on peut aussi observer l'épilepsie dans les maladies de la moelle ou de toute autre partie des centres nerveux ; puisqu'on peut même la développer artificiellement chez les cobayes par la section du nerf sciatique. Du reste, il y a lieu de s'étonner de la détermination de siége adoptée par Brown Sequard, puisqu'il déclare lui-même qu'il n'est arrivé que chez un seul cobaye à engendrer, par la lésion du bulbe, une épilepsie véritable, c'est-à-dire avec des accès se répétant à des intervalles plus ou moins éloignés. Il est vrai que très-souvent l'irritation du bulbe, à l'aide d'un scalpel, donne lieu sur le moment à des mouvements épileptiformes, mais qui cessent avec l'irritation pour ne plus se reproduire après. Ce n'est donc pas de l'épilepsie dans le sens du mot.

Il y a peut-être une raison pour que les maladies du bulbe se prêtent plus aux manifestations épileptiques que celles de la moelle, c'est que l'accès d'épilepsie suppose une contraction préalable des vaisseaux du cerveau déterminée par les vaso-moteurs qui trouvent tout justement dans le bulbe un des rouages les plus importants de l'innervation vaso-motrice.

Les maladies du bulbe peuvent aussi, comme celles de la moelle, donner lieu à des phénomènes d'incoordination. A une époque où il faisait des recherches sur l'ataxie locomotrice, Bourdon avait été frappé de rencontrer, dans quelques cas, des troubles des mouvements du pharynx, du larynx et de la respiration. Pendant la vie des sujets, il avait pensé que ces phénomènes devaient tenir sans doute à une extension de la maladie au bulbe. L'autopsie fit constater, en effet, une sclérose des corps restiformes, accompagnée d'un travail inflammatoire des parties voisines. Il en a conclu que les corps restiformes sont bien la continuation des cordons postérieurs et que, dans certains cas, ils ont une part à réclamer dans l'ataxie, mais au même titre que les cordons postérieurs, c'est-à-dire parce qu'ils sont, comme eux, chargés de la transmission des impressions sensitives.

Lussana a de même constaté que les altérations pathologiques des corps restiformes, ainsi que leurs lésions artificielles, produisent de l'ataxie. Mais comme pour lui le cervelet représente le centre du sens musculaire, et comme les corps restiformes aboutissent à cet organe, il pense que c'est en empêchant les impressions musculaires d'arriver à leur foyer central que ces lésions déterminent de l'incoordination. Elles produiraient l'ataxie au même titre que les altérations du cervelet lui-même.

D'après le système de Luys, que nous aurons à développer plus tard, le cervelet serait un foyer créateur de force motrice excessivement puissant. Il déverserait cette force, d'une manière continue et en quantité considérable, d'une part dans le corps strié par les pédoncules cérébelleux supérieurs, d'autre part dans la protubérance par les pédoncules cérébelleux moyens, et enfin dans le bulbe et la moelle par les pédoncules cérébelleux inférieurs. En poursuivant ce système et en l'appliquant au cas particulier qui nous occupe, on serait conduit à attribuer l'ataxie observée dans les maladies des corps restiformes à l'obstacle apporté à ce déversement inférieur. Au lieu d'être continu et régulier, il ne pourrait se faire que d'une manière intermittente et saccadée; d'où des mouvements brusques et désordonnés.

Mais nous, qui avons cru devoir admettre antérieurement pour les fibres en arc des cordons postérieurs, non pas un rôle de transmission sensitive, mais un rôle de coordination distinct de l'action créatrice ou stimulante des centres moteurs; nous qui avons attribué l'ataxie locomotrice, non pas à la perte de la sensibilité, mais au défaut de cette influence coordinatrice qui doit régler l'action des centres moteurs, nous sommes portés par la logique elle-même à voir dans les corps restiformes un nouveau faisceau de fibres en arc continuant dans le bulbe, avec un changement de direction, la chaîne continue et droite constituée par les cordons postérieurs, et nous devons mettre les symptômes d'ataxie observés dans les maladies du bulbe sur le compte d'un trouble dans le fonctionnement particulier de cet anneau bulbaire du grand système nerveux de la coordination. Cette manière de voir semble être justifiée par les faits que Flourens a découverts le premier dans des expériences pratiquées sur le cervelet et qui prouvent que cet organe a aussi une mission coordinatrice plus générale encore. Il serait comme le couronnement de cet édifice régulateur, et c'est pour cela que la chaîne des fibres en arc divergerait au niveau du bulbe pour se relier à cette partie essentielle et principale du système.

Troubles de la sensibilité. — Les modifications de la sensibilité qui surviennent dans les maladies du bulbe sont encore moins connues que celles qui appartiennent à l'ordre de la motilité. Cela tient à ce qu'elles sont moins complètes et moins apparentes que celles du mouvement. Tout ce que l'on peut dire, c'est que les altérations du bulbe, comme celles de la moelle, peuvent donner lieu à de l'hypéresthésie ou à de l'anesthésie; c'est que cette dernière n'est jamais complète ou ne semble l'être que dans les derniers moments de la vie, lorsque la lésion est arrivée à détruire à peu près la totalité de l'organe; c'est que les altérations des parties antérieures et des parties postérieures ne diminuent en rien la sensibilité, et qu'il est très-probable que la transmission s'opère par la substance grise centrale. Pour la région postérieure, sa non-intervention est surtout démontrée par le fait de Mesnet dans lequel elle était complétement détruite par une hémorrhagie, avec conservation parfaite de la sensibilité.

On peut aussi assurer que les troubles du sentiment, qu'ils consistent dans l'hypéresthésie ou dans l'anesthésie, sont toujours croisés. Le fait avait déjà été signalé par Broussais qui rapporte le cas d'un officier qui mourut paralysé du sentiment et du mouvement du côté droit et qui présenta à l'autopsie une tumeur du corps pyramidal gauche. Annan a publié dans *American Journal of the medical Sciences*, l'observation d'une femme atteinte d'anesthésie du côté gauche et qui avait une tumeur fibro-cartilagineuse occupant la moitié droite du bulbe jusqu'à son tiers inférieur. Cette constance de l'effet croisé ne doit pas nous étonner, puisque nous avons vu que pour les impressions sensitives la décussation s'effectue dans la moelle elle-même, et cela d'une manière complète. Il en résulte que les lésions bulbaires agissent toujours forcément au-dessus de l'entrecroisement. Pour le mouvement, l'effet croisé ne pouvait être aussi constant, puisque la décussation se fait en partie au-dessus du bulbe.

Je vous ai dit que Lussana prétendait que les corps restiformes étaient les conducteurs du sens musculaire vers le cervelet. La même assertion a été émise par Carpenter et Dunn. Elle est cependant condamnée par la pathologie, car dans les maladies ayant détruit un corps restiforme, il n'y a pas d'altération du sens musculaire d'aucun côté.

VINGTIÈME LEÇON.

Messieurs,

Les troubles engendrés par les maladies du bulbe que nous allons examiner aujourd'hui, ont un intérêt particulier, car ils sont, comme nature et comme aspect, tout à fait spéciaux à l'organe dont nous traçons l'histoire physiologique et pathologique.

Troubles de la phonation. — Ils sont loin d'être constants, mais lorsqu'ils existent, ils ont quelque chose de caractéristique et supposent une altération tout au moins des noyaux des deux hypoglosses. Au début, la parole est simplement embarrassée. La voix est nasonnée. Quelquefois les sons vocaux s'accompagnent d'une espèce de grognement. L'articulation de la plupart des mots se fait péniblement et avec une excessive lenteur. Les consonnes surtout sont difficiles à produire, particulièrement celles qui nécessitent que la langue s'applique à la voûte palatine, soit par sa pointe, soit par sa base, celles qui nécessitent par conséquent l'intervention du grand hypoglosse. Plus tard, la voix perd de plus en plus de sa puissance et elle finit par devenir d'une faiblesse extrême. A ce moment, on peut être sûr que le noyau du spinal prend part à la dégénérescence primitivement localisée dans le grand hypoglosse. La raucité du début indique déjà du reste une tendance du spinal à se troubler dans son fonctionnement. Cette grande faiblesse suppose aussi que le centre respiratoire est compromis, car l'amplitude des sons vocaux nécessite non-seulement un certain degré de tension des cordes vocales, mais un courant d'air expiré assez puissant pour ébranler considérablement les molécules des cordes vocales. Or, ce qui donne cette puissance à la colonne d'air, ce sont les muscles expirateurs dont les centres moteurs obéissent à l'impulsion initiale du nœud vital. Aussi, cette grande faiblesse de la voix succédant à l'embarras de la parole, est-elle d'un pronostic excessivement fâcheux. Car, quand les noyaux des pneumo-gastriques commencent à s'altérer, il peut survenir une mort assez brusque. Quand même cette exiguité du son vocal ne survient pas, l'exercice de la parole devient de plus en plus gêné et le langage finit par être tout à fait inintelligible.

Lorsque le noyau du facial s'altère, ce qui arrive presque toujours aussi, l'acte de siffler est devenu impossible en raison d'abord de l'insuffisance du courant d'air et ensuite à cause de l'impossibilité où se trouve l'orbiculaire de froncer les lèvres.

Le bégayement est un phénomène morbide qui a incontestablement son siége dans la machine organisée que la nature a mise au service de la faculté d'élocution, et par conséquent il doit être attribué au bulbe. Il résulte d'un défaut de coordination dans les actes moteurs exécutés par l'ensemble des noyaux des hypoglosses, des faciaux, etc. Ce défaut de coordination est beaucoup plus comparable à celui qu'on observe dans la chorée qu'à celui qui a reçu le nom d'ataxie locomotrice. Les cailloux de Démosthène, les appareils variés que les spécialistes ont proposé de placer dans la cavité buccale, n'atténuent le bégayement qu'en fournissant un point d'appui aux organes musculaires mis en mouvement. Ils améliorent l'exercice de la parole comme les béquilles améliorent la marche chez les choréiques. Y a-t-il, comme cela a été avancé, une altération particulière des olives que certains physiologistes regardent comme étant les agents de la coordination des actes de la parole? C'est là une question qui ne peut encore recevoir de solution et qui doit attirer l'attention des anatomo-pathologistes. Dans tous les cas, il est bien certain que c'est à tort que beaucoup de spécialistes ont voulu attribuer ce genre de trouble aux muscles ou aux nerfs. C'est dans le bulbe qu'il faut en chercher la cause première. Les résultats chirurgicaux condamnent complétement l'idée d'une cause périphérique. Toutes les sections musculaires et nerveuses qu'on a pratiquées n'ont abouti à aucun résultat. Nous reviendrons, du reste, d'une manière plus étendue sur tout ce qui concerne le bégayement à propos de l'aphémie, car nous pourrons alors considérer toute la machine nerveuse du langage dans son ensemble et mieux faire la part de chacun de ses segments.

Troubles de la déglutition. — Le bulbe étant le centre nerveux principal de cette fonction, il n'y a pas lieu de s'étonner de la voir souvent se troubler dans les maladies de cet organe. Chez un grand nombre de malades, elle est excessivement gênée et devient même impossible, fait qui contribue pour une certaine part à la terminaison fatale, en déterminant un dépérissement de plus en plus considérable. Quelques-uns, au moment où ils veulent avaler un liquide, en rejettent de suite une bonne partie hors de la bouche. Les muscles de la cavité buccale et ceux de la langue fonctionnent mal ou ne fonctionnent pas, par suite de l'altération des noyaux du facial et de l'hypoglosse; ils n'exécutent que des contractions irrégulières ou mal combinées qui ne font que pousser la masse liquide en sens inverse de sa véritable destination. Lorsqu'ils veulent soumettre au deuxième temps de la déglutition la portion qui s'est maintenue à l'entrée de l'isthme du gosier, ils portent instinctivement le pouce de la main droite sur l'un des côtés du pharynx, comme pour l'aider à exécuter son mouvement d'élévation. En réalité, cette intervention, si elle réussit, a pour résultat de provoquer par action réflexe la contraction des muscles chargés de réaliser ce mécanisme. Si le liquide franchit le pharynx, il ne le fait le plus souvent qu'en pénétrant en partie dans le larynx et il en résulte une menace de suffocation qui peut persister jusque pendant cinq minutes. Souvent aussi, sous l'influence du spasme qu'entraîne cette suffocation et sous l'influence du défaut d'action ou du mauvais emploi des glosso-pharyngiens, le liquide s'engage par l'arrière-cavité des fosses nasales et est projeté au loin par le nez. Le troisième temps lui-même a souvent de la peine à s'effectuer. L'œsophage se contractant irrégulièrement, on assiste à toutes les formes de la dysphagie. En général, la déglutition des solides est beaucoup moins difficile. Cela répond à ce qui se passe dans l'état physiologique. Dans l'état normal, comme dans l'état pathologique, les solides demandent moins de précision. Ils fuient moins dans tous les sens sous la pression qu'ils subissent. Ils sont aussi moins pénétrants. Ils s'engagent moins facilement dans le larynx et les fosses nasales. On peut rapporter aussi au même groupe de troubles l'écoulement incessant de la salive. On a vu des malades être obligés de la recevoir constamment dans un mouchoir. Il est naturel d'attribuer cette incontinence de salive à la paralysie du facial, les muscles buccaux ne pouvant plus remplir leur rôle de barrière active. Cependant, dans certains cas, il semble y avoir une véritable surabondance de sécrétion, car l'écoulement est beaucoup plus considérable que dans les attaques d'apoplexie. Peut-être y a-t-il, par voisinage, surexcitation du point que Cl. Bernard a indiqué comme pouvant donner lieu à une hypersécrétion de salive.

Troubles de la circulation. — Chez un certain nombre de malades, on est frappé de la fréquence du pouls, d'autant plus qu'on ne saurait l'attribuer à l'existence d'un mouvement fébrile, car la peau n'est pas chaude et tous les autres signes de la fièvre font défaut. Le pouls peut s'élever à 150, sans qu'il y ait la moindre élévation de température. Je dois l'avouer, cette observation pathologique semble concorder parfaitement avec l'opinion classique sur le rôle du bulbe dans la circulation cardiaque. Il semble, en effet, que le cœur ne trouve plus, dans le bulbe paralysé ou affaibli, son frein habituel et qu'il se trouve totalement livré à l'activité dévorante que tend à lui imprimer la moelle. Ça paraît d'autant plus admissible que chez l'homme le même phénomène s'observe encore lorsqu'il existe dans le médiastin une tumeur comprimant les pneumo-gastriques et entravant leur action. Mais rien ne prouve que ce n'est pas plutôt là un effet de l'irritation du centre cardiaque bulbaire ou de la titillation du pneumo par la tumeur. Il est vrai que les mêmes malades sont sujets à des syncopes qui souvent déterminent une mort brusque. Mais n'est-ce pas là aussi le résultat d'un arrêt par saisissement dû à une irritation devenue subitement considérable ? Dans tous les cas, l'influence du bulbe sur le cœur, quelle qu'en soit la nature, ne saurait être niée ni sur le terrain physiologique, ni sur le terrain pathologique.

Cependant Luys attribue au cervelet la source, tout ou moins principale, des mouvements du cœur. La force créée dans ce but par cet organe serait déversée dans le bulbe et dans la moelle par les pédoncules cérébelleux inférieurs, et les maladies du bulbe troubleraient le fonctionnement du cœur en gênant cette transmission, en la rendant intermittente et irrégulière. Toutefois il accorde aux cellules de la moelle et du bulbe une certaine action métabolique qui entrerait en combinaison avec celle des cellules du cervelet.

Les maladies du bulbe peuvent aussi amener des troubles dans les circulations locales, par la raison qu'il renferme un des centres les plus importants de l'innervation vaso-motrice. Beaucoup de physiologistes prétendent même qu'il est le seul centre créateur et qu'en dehors de lui tout dans l'appareil vaso-moteur n'est que conducteurs. Une des théories du diabète est même basée en partie sur cette influence générale. Dans tous les cas, il semble surtout agir pathologiquement sur la vascularisation des poumons, des reins et du foie. Les reins en particulier offrent une grande aptitude à se congestionner dans les affections bulbaires, notamment dans l'albuminurie. Un grand nombre de médecins pensent même que le passage de l'albumine dans les urines n'est qu'une conséquence mécanique des conditions hydrauliques qui résultent de cette plus grande vascularisation. Dans les pyrexies, l'état adynamique du bulbe peut être aussi considéré comme la cause des congestions passives du foie, des poumons et de la rate, qui appartiennent ordinairement au cortége symptomatique et anatomique de ces maladies.

Troubles de la respiration. — La respiration est fréquemment altérée dans les maladies du bulbe, ce que la physiologie faisait du reste prévoir, puisque c'est dans cet organe qu'est le siége du nœud vital ou centre respiratoire. Un certain nombre de malades font entendre, à chaque inspiration, un bruit laryngé sonore qui rappelle jusqu'à un certain point celui qu'on observe dans quelques cas d'œdème de la glotte. Évidemment, c'est l'indice que la partie pneumogastrique du nerf récurrent ne remplit plus bien son office et qu'elle ne donne plus lieu à une dilatation de la glotte suffisante pour assurer un libre passage à la colonne d'air aspiré, et que celle-ci frôle le repli mollasse que les cordes vocales lui opposent d'une manière passive.

Chez d'autres, l'inspiration est normale, mais l'expiration est faible et courte. Ils ne peuvent ni souffler fort, ni se moucher, ni cracher, tout justement parce que ces actes nécessitent une expiration puissante. C'est la colonne d'air expiré qui vient comme un torrent balayer les fosses nasales ou projeter la salive accumulée dans la cavité buccale. Les contractions des fibres de Reisseissen elles-mêmes, qui sont animées par le pneumo, sont excessivement faibles et nulles. Le mucus bronchique séjourne dans le larynx et les bronches et donne lieu à des râles appréciables, même à distance. Ils se plaignent de plénitude de la poitrine et en même temps d'un besoin d'air incessant. L'expiration étant incomplète, l'acide carbonique s'accumule en plus grande proportion dans les vésicules pulmonaires et il fait naître le besoin d'inspirer un air plus oxygéné. Ils aspirent l'air avec force. Ils distendent, par cela même, leurs vésicules, d'où le sentiment de plénitude, d'où en outre, à la longue, une modification organique dont le résultat est un véritable emphysème. L'aspiration faite et ayant ainsi bourré une nouvelle quantité de contenu gazeux, la sensation de plénitude n'en est que plus forte. Ils cherchent alors, mais en vain, à se débarrasser de cet excédant d'air inspiré, en contractant les muscles de l'abdomen.

Chez quelques malades l'irritation du centre respiratoire se traduit par une toux nerveuse, spasmodique, qui finit par s'accompagner d'un râle laryngo-trachéal très-humide, puis tout à coup survient une asphyxie mortelle. Au début, le centre n'est que surexcité; plus tard il est au contraire affaibli et le mucus n'est plus expulsé; puis brusquement tout s'arrête dans la respiration, comme si on avait détruit expérimentalement le nœud vital. Les syncopes qui apparaissent si souvent dans les maladies du bulbe ne sont pas toujours le résultat d'un arrêt brusque du cœur et de la circulation. Elle peut aussi être due à une suspension brusque du fonctionnement respiratoire, ainsi que Brown Sequard a pu le constater dans un certain nombre d'expériences. Au moment où la syncope existait, la respiration seule était supprimée. Le cœur continuait à battre. Le sang pouvait encore arriver au cerveau, mais il était incapable de le nourrir, très-probablement parce que les échanges entre les tissus et le liquide nutritif ne pouvaient plus s'effectuer. Ce qui le donnait à penser, c'est que partout le sang des veines était rouge et n'avait pas la teinte brune que lui communique la nutrition intime.

Cette destruction du nœud vital, que les processus morbides ne font que d'une manière graduée, peut s'effectuer instantanément sous des influences traumatiques. Les blessures de ce centre respiratoire par instrument tranchant ou piquant, sont presque impossibles à rencontrer dans l'espèce humaine, vu la difficulté qu'éprouverait un instrument guidé seulement par le hasard à pénétrer dans le joint voulu si bien protégé par l'occipital et les vertèbres supérieures. Mais le cas échéant, nul doute que les choses se passeraient exactement comme lorsque les équarrisseurs tuent les chevaux en les énervant, ou comme lorsque les torréadors arrivent à insinuer la pointe de leur épée dans l'intervalle occipito-atloïdien. Mais si les blessures directes sont peu réalisables, il n'en est plus de même des contusions indirectes. Les cas de mort subite par commotion ou plutôt par contusion du bulbe sont loin d'être rares. Que de fois on a vu des hommes être tués instantanément par une chute en arrière sur un objet concentrant pour ainsi dire les effets du choc sur la nuque. Il y a quelques années, j'ai vu succomber de cette façon un confrère qui est tombé en arrière au moment où il prenait un livre sur un rayon élevé de sa bibliothèque, et dont l'occiput était venu frapper contre le bord d'un meuble. Il n'y avait point de fracture ni d'épanchement dans le cerveau, mais des déchirures apparentes au niveau du plancher du quatrième ventricule. C'est encore par le même mécanisme que la mort survient quand on saute, en restant droit et raide, en bas d'une voiture dont les chevaux se sont emportés, comme cela a eu lieu pour le duc d'Orléans. Dans cette position, le choc réfléchi par le sol est transmis, presque sans perte de force, de bas en haut, jusqu'au bulbe. Les conséquences de l'accident peuvent être évitées si on a soin de tomber sur la pointe des pieds et le corps fléchi en avant. La force d'impulsion n'est plus transmise verticalement et elle s'use en grande partie contre l'élasticité des ligaments de toutes les articulations et en particulier des ligaments jaunes. La portion d'ébranlement qui se propage jusqu'à la partie supérieure s'épuise sur les ligaments odontoïdiens et le bulbe échappe ainsi aux causes de déchirement.

La mort peut être tout aussi brusque lorsqu'il se fait une hémorrhagie bulbaire soit d'origine traumatique, soit d'une manière spontanée. Le docteur Charrier a donné l'observation d'une femme qui, après avoir eu des attaques d'éclampsie pendant ses couches, se remit parfaitement, et qui tout à coup mourut comme foudroyée, après avoir poussé un seul cri et sans avoir eu de mouvements convulsifs. A l'autopsie on trouva un caillot volumineux dans le bulbe. Toute attaque dite foudroyante suppose une compression directe et complète de cet organe.

Dans les attaques ordinaires, la mort est toujours précédée de symptômes qui ne peuvent être rapportés qu'au bulbe, de sorte que l'apoplexie ne tue qu'à la condition d'une intervention morbide de cet organe. Quand la terminaison doit être fâcheuse, on voit la respiration devenir de plus en plus anxieuse et s'accompagner d'un râle trachéal de plus en plus bruyant. A ce moment, ou bien un nouvel épanchement s'est produit et la compression qu'il détermine retentit sur le bulbe lui-même, ou bien celui-ci est devenu le siége d'un état congestionnel ou même inflammatoire. On assiste ainsi à une paralysie de la respiration et des vaso-moteurs des poumons qui va en s'accentuant pour aboutir à l'asphyxie complète.

Dans la fièvre typhoïde et dans toutes les pyrexies, du reste, il y a un empoisonnement du système nerveux qui peut se traduire par du désordre dans les actes de ce système, ou par un affaissement fonctionnel, et donner naissance aux deux états désignés en pathologie par les mots ataxie et adynamie. Dans l'un et l'autre cas, le bulbe prend une part plus ou moins grande à cet empoisonnement. A un premier degré, qui est presque constant, il survient des modifications dans l'innervation vaso-motrice et par suite nutritive des voies respiratoires qui se manifestent par des sibilances et des râles épars. Si l'état adynamique devient plus intense, si le bulbe se trouve plus gêné dans son fonctionnement, la paralysie du pneumo se montre à un plus haut degré et il en résulte un état congestionnel passif qui donne lieu à des râles plus fins et plus multipliés. On a alors ce que les cliniciens appellent la pneumonie hypostatique. Cette congestion s'étend bientôt à la plus grande partie des poumons. Le râle trachéal apparaît et bientôt tout est fini.

D'autres fois, surtout chez les enfants, c'est de l'ataxie véritable des phénomènes mécaniques de la respiration que l'on observe plutôt que de l'adynamie. Il n'y a point de signes stéthoscopiques, il n'y a pas paralysie du pneumo. Le rhythme de la respiration est seul troublé. L'enfant exécute coup sur coup un certain nombre d'inspirations très-brèves, puis sa poitrine reste complétement immobile pendant un temps assez long, après quoi elle exécute une nouvelle série d'inspirations précipitées. Ces signes d'ataxie respiratoire pure se mélangent bientôt de phénomènes pulmonaires d'ordre adynamique, et la mort se produit de la même manière que dans les cas précédents.

Dans la pratique de l'éthérisation on s'expose à reproduire artificiellement ce qui se passe dans ces diverses maladies. Dans une première phase, les lobes cérébraux subissent seuls l'influence délétère du chloroforme ou de l'éther. C'est alors qu'il y a perversion ou abolition plus ou moins complète des facultés intellectuelles. Puis vient le tour des corps striés, des couches optiques et de la protubérance. C'est alors qu'il y a inertie musculaire et insensibilité. Bientôt le bulbe subit lui-même l'action toxique. A ce moment apparaissent l'irrégularité des mouvements respiratoires, leur affaiblissement, leur suspension, le râle trachéal, puis la mort qui peut se produire brusquement.

Dans toutes les circonstances qui précèdent, si vous ne voulez pas vous exposer à des mécomptes, il faut toujours que la respiration et par suite le bulbe soit votre point de mire. Chez un apoplectique, comme chez les individus atteints de ramollissement ou de toute autre affection organique du cerveau, le mouvement volontaire et la sensibilité peuvent être complétement abolis, l'intelligence et les organes des sens complétement perdus, sans qu'il y ait pour cela un danger immédiat. Il n'y a de compromis que l'homme intellectuel, que les fonctions de relation, et le maintien de l'existence ne nécessite que l'intégrité des fonctions végétatives. Mais du moment où le bulbe vient à prendre part au désordre morbide, du moment où la respiration se trouble, vous pouvez être sûrs que le malade est désormais condamné et même que la mort arrivera bientôt. Pendant le cours des pyrexies, il pourra y avoir délire ou prostration intellectuelle, désordre ou annihilation des mouvements, sans qu'il y ait lieu de regarder le cas comme désespéré. Mais quand vous verrez la respiration s'altérer, vous devrez aussitôt porter un pronostic excessivement grave, et s'il survient du râle trachéal, c'est une condamnation certaine que vous devrez prononcer.

Quand vous chercherez à produire l'anesthésie par les inhalations de chloroforme ou d'éther, surveillez sans doute le pouls, comme on le recommande généralement, puisqu'on meurt aussi par le cœur et que le bulbe règle aussi la circulation cardiaque; mais il faut encore, et avant tout, surveiller la respiration. Il y a moins de surprise. Elle ne tue pas aussi brusquement. On peut saisir le moment où elle commence à s'altérer et s'arrêter à temps. La catastrophe ne suit pas d'aussi près l'avertissement.

Si un état morbide du bulbe peut amener l'engorgement des poumons, une congestion passive de ces organes, je le crois aussi capable de donner lieu à une congestion active; c'est-à-dire, suivant Onimus et Legros, à une contraction spasmodique et irrégulière des vaisseaux pulmonaires; et par suite à une véritable inflammation, autrement dit à une pneumonie. Ce serait évidemment pousser trop loin l'esprit de système et se laisser trop éblouir par le prisme de l'innervation que de vouloir rapporter au bulbe toutes les fluxions de poitrine. Je n'hésiterai pas, dans la pathologie spéciale, à lui attribuer le siége nerveux d'autres maladies des voies respiratoires, telles que la coqueluche et l'asthme. Mais je reconnais qu'il serait prématuré de le faire pour la pneumonie, d'autant plus que dans l'état pathologique comme dans l'état physiologique, il faut toujours tenir compte de l'autonomie des éléments histologiques et de la puissance de la vie cellulaire. Cependant il est bien certain que dans aucun tissu vasculaire il n'y a d'inflammation sans intervention des nerfs vaso-moteurs de ce tissu. Au cas particulier, il ne saurait y avoir inflammation du tissu pulmonaire sans intervention du pneumo qui a son noyau d'origine dans le bulbe ou des filets pulmonaires du sympathique qui viennent très-probablement puiser leur action vaso-motrice dans ce même segment du système nerveux, de sorte que ce centre doit toujours être mis en cause, au moins fonctionnellement, même dans les pneumonies d'origine périphérique. Dans la pneumonie *a frigore*, l'impression cutanée ou muqueuse ne peut enflammer le poumon que par une action réflexe des vaso-moteurs dont le bulbe est le centre de réflexion. Quand un tubercule développe autour de lui un travail inflammatoire, c'est le pneumo qui apporte l'impression déterminée par cette épine, et c'est le bulbe qui réagit contre cette impression par une action vaso-motrice. Mais il est bien certain aussi que dans beaucoup de circonstances le bulbe n'intervient pas seulement d'une manière fonctionnelle et qu'il est le véritable point de départ de l'affection pulmonaire. Il est des fluxions de poitrine qui apparaissent avec tous les caractères des affections épidémiques et auxquelles les cliniciens ont été conduits, en dehors de toute conception physiologique ou théorique, à donner le nom de fièvre ou de pyrexie pneumonique. Dans ces cas, je suis convaincu que le bulbe est la partie primitivement malade, et que la pneumonie n'est que l'expression périphérique de cette intoxication des centres nerveux et du centre respiratoire en particulier. C'est probablement en raison de cette origine centrale que la pneumonie s'accompagne presque toujours de délire, de symptômes ataxiques, de troubles cérébraux de diverses natures. C'est à cette même origine qu'elle emprunte son caractère de grande gravité. La pneumonie qui vient compliquer la coqueluche a certainement aussi la même pathogénie et se présente avec les mêmes caractères, tant au point de vue des symptômes qu'au point de vue du pronostic. Nous verrons que beaucoup de diabétiques meurent avec une pneumonie à marche excessivement rapide. Ici encore la nature centrale de la fluxion de poitrine ne saurait être niée. L'altération bulbaire qui était d'abord restée limitée au centre glycogénique s'est étendue brusquement à l'atmosphère du nœud vital qui bientôt a été lui-même complétement frappé. D'où la mort rapide dont on est témoin.

En résumé, pour formuler ma pensée à ce sujet, je dirai qu'il faut toujours se rappeler que le système anatomique de chaque fonction est plus étendu qu'on ne paraît généralement le croire; qu'il comprend non-seulement l'organe spécial qui lui est directement et exclusivement affecté, mais encore une partie nerveuse formée elle-même d'une section périphérique et d'une section centrale. Ainsi l'appareil d'un mouvement consiste non-seulement dans le muscle qui le produit directement, mais encore dans le nerf moteur qui le fait se contracter, dans le nerf sensitif qui éclaire pour le dosage de la force de la contraction et dans les centres moteurs qui suscitent le mouvement et le règlent d'après les données fournies par le nerf sensitif. Or, dans l'état pathologique, le mouvement peut être compromis soit par l'état matériel du muscle, soit par l'une des deux espèces de nerf, soit par le centre moteur. De même pour la respiration, l'appareil comprend non-seulement le poumon, mais le centre respiratoire du bulbe et les nerfs moteurs, sensitifs et vaso-moteurs qui relient ce centre aux poumons. De même aussi la pneumonie peut trouver sa cause soit dans le poumon lui-même, soit dans la partie nerveuse du système anatomique. Mais même quand la cause de pneumonie est toute locale, quand elle est la conséquence d'une aberration de la vie cellulaire, les nerfs et le bulbe sont entraînés dans l'œuvre morbide et interviennent pour réaliser l'acte vasculaire nécessaire à toute inflammation. Il en est des machines des fonctions comme des machines industrielles. Il suffit qu'un seul rouage soit altéré pour fausser le résultat du travail commun, et les rouages restés intacts n'en contribuent pas moins à créer un produit mauvais, en raison de la solidarité qui les enchaîne au premier.

Permettez-moi, Messieurs, une dernière remarque qui s'applique à tout ce que nous venons de dire des troubles respiratoires que peuvent faire naître les maladies du bulbe. La nature, dans sa haute prévoyance, a donné à cet organe une grande force de résistance, tout justement parce qu'il tient dans ses mains l'existence de la machine animale. Ainsi, chez les animaux soumis à l'inhalation de l'éther ou du chloroforme, on voit l'intelligence, la volonté, la sensibilité, la motilité disparaître progressivement, et au moment où l'animal n'est plus qu'une masse inerte, il respire encore régulièrement. Son cœur conserve son jeu normal. Tout cela ne s'altère que si on pousse la chloroformisation plus loin. Dans les attaques, dans les pyrexies, toutes les autres parties du système nerveux ont depuis longtemps un fonctionnement morbide, que le bulbe remplit encore parfaitement son rôle. Dans les cachexies, dans toutes les maladies où la mort survient par suite d'un dépérissement progressif, le bulbe est le dernier à manifester le défaut de sanguification général. C'est lui qui fournit le dernier vacillement de cette lampe qui s'éteint. Il est l'*ultimum moriens* du système nerveux.

Troubles de nutrition. — Les phénomènes paralytiques auxquels les maladies du bulbe peuvent donner lieu du côté de la langue s'accompagnent quelquefois de troubles de nutrition des muscles de cet organe. Dans ce cas, ceux-ci diminuent de volume. Ils prennent une coloration jaune pâle, acquièrent une consistance égale à celle du tissu conjonctif. Si on les examine au microscope, on constate dans un certain nombre de fibres une dégénérescence granulo-graisseuse identique avec celle qu'on observe dans les muscles du tronc chez les individus atteints d'atrophie musculaire progressive; mais elle est toujours beaucoup plus restreinte et n'envahit même qu'une certaine portion de chaque fibre. D'autres fibres se montrent fragmentées et avec l'aspect cirrheux. D'autres enfin sont simplement diminuées de volume sans être modifiées dans leur structure. Leurs stries persistent. Dans tous les cas, on constate partout une certaine prolifération des noyaux du sarcolemme. Des troubles analogues se rencontrent plus exceptionnellement dans les muscles de la face lorsque le facial est atteint.

Dans l'état actuel de la science, je ne peux qu'indiquer avec une très-grande réserve la possibilité d'une certaine corrélation entre un état morbide du bulbe d'une part, et, d'autre part, les altérations articulaires des goutteux, les dartres, les furoncles et les anthrax des diabétiques. Enfin, je dois, pour attirer l'attention des observateurs, signaler un fait de physiologie expérimentale indiqué par Brown Sequard. Il a vu souvent survenir des troubles dans la nutrition de l'œil à la suite de l'irritation des corps restiformes. Il y aura donc lieu de rechercher si les maladies des parties postérieures du bulbe donnent lieu à des phénomènes analogues.

PHYSIOLOGIE PATHOLOGIQUE SPÉCIALE.

Paralysie glosso-labio-laryngée.

Une maladie qu'on peut aujourd'hui rapporter au bulbe, sans soulever de contestation nulle part, est celle que Duchenne a décrite le premier et qui a reçu le nom de paralysie glosso-labio-laryngée.

Sommaire descriptif. — Le premier symptôme consiste dans une paralysie de la langue qui occasionne dans la prononciation des troubles caractéristiques. Vu l'impossibilité où se trouve la langue d'appliquer sa pointe derrière l'arcade dentaire supérieure et sa face dorsale contre la voûte palatine, toutes les consonnes dites palatines et dentales sont prononcées comme *ch*. La parole devient de plus en plus inintelligible. Dès le début aussi la déglutition est gênée. Plus tard, les malades avalent difficilement les liquides. La bouche se remplit d'une salive qu'ils rejettent incessamment. Il n'y a ni rougeur, ni altération quelconque de la muqueuse buccale ou pharyngienne. Bientôt les solides eux-mêmes ne peuvent plus être avalés que très-difficilement, et les malades ne peuvent plus être nourris qu'à l'aide de potages. Après les muscles de la langue, ce sont ceux qui sont appelés à agir sur le voile du palais qui se paralysent et qui viennent à leur tour concourir à l'altération de la phonation et de la déglutition. L'articulation des labiales se trouve à son tour compromise. Ces consonnes sont prononcées comme *se* et *ve*. Dès ce moment aussi, une partie des boissons ou des aliments liquides s'engage dans les fosses nasales. L'orbiculaire des lèvres met une plus grande lenteur à se paralyser. Il en résulte d'abord une simple difficulté pour la production des voyelles *o* et *u* qui nécessitent le froncement de l'orifice buccal; puis plus tard le malade ne peut même plus rapprocher ses lèvres. Quelques-uns des muscles voisins, celui de la houppe du menton, le carré, le triangulaire des lèvres, sans atteindre un aussi haut degré de paralysie que l'orbiculaire, perdent un peu de leur puissance normale. Chose étonnante, les muscles faciaux situés au-dessus de la bouche, l'orbiculaire des paupières, les zygomatiques, les canins, les élévateurs de la lèvre supérieure ne prennent jamais part à l'altération fonctionnelle. Il semble qu'elle n'atteint que ceux qui servent à l'articulation et à la déglutition. C'est plutôt une maladie de fonction qu'une maladie d'un département de nerfs. Cette irrégularité dans la paralysie des muscles groupés autour de l'orifice buccal donne à la physionomie un air pleureur. Très-souvent il y a en même temps des troubles de la respiration qui consistent en des étouffements revenant par accès, absolument comme dans l'asthme, et pouvant amener des syncopes et la mort. Jamais il n'y a de fièvre, si ce n'est dans les derniers moments de la vie. L'intelligence reste parfaitement intacte. Jamais cette maladie ne rétrograde. Elle augmente et tue fatalement. L'atrophie peut accompagner la paralysie, mais c'est exceptionnel. Les causes de cette singulière affection sont à peu près inconnues. Son anatomie pathologique se trouve toute tracée dans nos généralités, puisque ce sont les altérations des noyaux dont nous avons parlé qui lui donnent naissance. Suivant Wachsmuth, le siége primitif de l'affection serait dans l'olive. L'atrophie des noyaux des nerfs ne serait que secondaire et la conséquence de la lésion olivaire.

Analyse physiologique. — Cette maladie est-elle d'une nature tout à fait spéciale, ou doit-elle seulement sa physionomie particulière à son siége bulbaire et aux fonctions qu'elle vient troubler? N'est-elle pas simplement l'atrophie musculaire progressive de la moelle transportée dans le bulbe? N'exprime-t-elle qu'un siége particulier comme l'angine couenneuse et le croup qui résultent d'un changement de domicile d'une seule et même maladie, la diphthérie?

Duchenne admet pour les muscles de la langue, du larynx et des lèvres deux maladies essentiellement différentes qui, selon lui, prouvent bien que dans les centres nerveux l'action trophique est indépendante de l'action motrice. Dans la véritable paralysie glosso-labio-laryngée, il n'y aurait point de trouble de nutrition. Les muscles n'éprouveraient aucune dégénérescence et la langue conserverait son volume normal. Il y aurait impossibilité de contraction, voilà tout. Chez d'autres malades, au contraire, il y aurait atrophie des muscles linguaux et, par suite, de l'ensemble de l'organe, mais la motilité persisterait tant qu'il existerait des fibres musculaires intactes. La puissance de contraction diminuerait seulement au fur et à mesure que les muscles perdraient de leurs fibres. En un mot, dans le premier cas, ce serait le nerf moteur qui ferait défaut; dans le second, ce serait le muscle. L'atrophie de la langue et du voile du palais serait toujours le résultat de l'extension au bulbe de l'atrophie musculaire progressive dont le siége ordinaire est la moelle. La paralysie de ces organes sans atrophie constituerait une maladie distincte et spéciale, appartenant exclusivement au bulbe. Mais, dans les deux cas, les fonctions phonation et déglutition se montreraient altérées. Elles le seraient de suite dans la paralysie glosso-labio-laryngée; elles ne le seraient que plus tard dans l'atrophie.

Charcot n'admet pas cette distinction. Pour lui la paralysie glosso-labio-laryngée n'est qu'un cas particulier d'une maladie plus générale qui envahit toujours, tôt ou tard, toutes les cellules motrices, quelle que soit leur position dans l'axe nerveux et qui consiste dans leur atrophie. Elle peut débuter dans la moelle et y rester longtemps limitée, et elle constitue alors l'atrophie musculaire progressive classique. Elle peut débuter dans le bulbe et y rester longtemps limitée, et alors elle constitue la maladie décrite par Duchenne. Elle peut aussi apparaître à la fois partout. Dans tous les cas, qu'elle débute par le bulbe ou par la moelle, elle finit toujours par se généraliser et toujours elle tue, parce qu'elle arrive à gagner les centres respiratoires. Dans un cas de Charcot et de Joffroy, on assiste pour ainsi dire à cette propagation se faisant de haut en bas du bulbe à la moelle. La paralysie resta un certain temps limitée à la langue et ne s'étendit que plus tard aux régions cervicale et dorsale de la moelle. Il y eut ceci de très-remarquable dans ce fait, c'est que la langue était le siége de mouvements fibrillaires et vermiculaires à peu près incessants qui rappelaient ceux qui se passent dans les muscles du corps dans l'atrophie musculaire progressive. J'ai déjà été témoin, une fois, de l'extension de l'atrophie musculaire progressive aux noyaux bulbaires et je suis porté à me ranger à l'opinion de Charcot. Je crois que si l'atrophie semble souvent manquer dans la paralysie glosso-labio-laryngée, c'est qu'elle est simplement plus tardive. Les phénomènes mécaniques de la prononciation et de la déglutition exigent une précision et une délicatesse de contractions qui n'est pas nécessaire aux actes des muscles du tronc et des membres, de sorte que ces fonctions se montrent troublées bien avant que la maladie nerveuse ait le temps d'altérer la nutrition des muscles linguaux. De plus, la langue est si souple, si malléable; elle peut tellement déplacer dans tous les sens sa propre substance, prendre toutes les formes et toutes les dimensions, qu'il est bien difficile d'apprécier les diminutions réelles de masse qu'elle peut éprouver. Mais je reconnais toutefois qu'il y a réellement dans l'espèce bulbaire de cette maladie générale un enchaînement symptomatique constant et régulier qui est la conséquence des connexions anatomiques et fonctionnelles qui existent entre les divers noyaux du bulbe. Je reconnais aussi qu'en raison sans doute de l'isolement relatif qui s'opère entre ces noyaux et la colonne continue des cornes antérieures, il y a une espèce de barrière qui fait que l'atrophie musculaire progressive médullaire est longtemps avant d'envahir le bulbe, de même que l'altération des noyaux est longtemps avant de franchir la barrière bulbaire inférieure. En sorte que si on reste dans le point de vue exclusivement pratique de la clinique, il y a lieu d'accepter l'entité morbide que Duchenne a créée. J'ajouterai que, dans ma conviction, le mécanisme étiologique est analogue à celui de l'atrophie musculaire progressive. De même que l'excès de travail physique peut produire cette dernière affection, la paralysie glosso-labio-laryngée peut être due à un usage exagéré de la parole. Je n'ai pas encore les éléments nécessaires pour le démontrer, mais à défaut de renseignements plus complets et plus spéciaux, je ferai observer qu'en ce qui concerne le sexe, l'âge et la profession des malades, il n'y a rien qui soit contraire à cette idée.

Pour Clarke, l'atrophie nerveuse n'aurait même pas besoin d'envahir les divers noyaux du bulbe pour produire l'appareil symptomatique de l'affection de Duchenne. Grâce aux fibres qui relient le noyau de l'hypoglosse à ceux du facial, du pneumo-gastrique et du spinal, le premier pourrait, alors même qu'il serait seul altéré, troubler le fonctionnement de tous les autres, et c'est ainsi qu'il pourrait agir à la fois sur l'émission de la voix, sur les mouvements de la langue et sur le rapprochement des lèvres.

Encore quelques explications portant sur des détails, et je termine à la fois cette leçon et l'histoire de la paralysie glosso-labio-laryngée.

La paralysie du voile du palais, dans cette maladie bulbaire, ne ressemble pas à celles que l'on observe dans d'autres circonstances, dans l'hémiplégie faciale par exemple. Il n'y a généralement pas de déformation apparente. La luette n'est point déviée. Les arcades ne sont pas irrégulières. Cela tient à ce que dans le bulbe l'altération marche de front dans les noyaux des deux faciaux. Ces deux nerfs sont également paralysés et les muscles qu'ils animent se font équilibre à toutes les phases de leur affaiblissement.

Au premier abord, on est tenté de se demander comment la paralysie du voile du palais peut altérer la prononciation des labiales qui, d'après leur nom, sembleraient devoir être l'œuvre des lèvres. Cela tient à ce que le voile du palais ne venant plus fermer l'orifice postérieur des fosses nasales, la colonne d'air expiré se bifurque pour passer à la fois par le nez et la bouche, et que le courant buccal ainsi diminué n'a plus assez de force pour écarter brusquement les lèvres, action qui est indispensable à la production de ces consonnes. Ajoutez à cela que, par suite de la paralysie de l'orbiculaire, les lèvres n'opposent plus la résistance voulue à la sortie du courant d'air.

Duchenne met la salivation sur le compte de la gêne de la déglutition et en particulier de la paralysie de la langue. Dans l'état normal, dit-il, ce liquide est constamment avalé, presque à notre insu, au fur et à mesure de son arrivée dans la cavité buccale. La langue, en s'appliquant successivement de sa pointe à sa base contre la voûte palatine et le voile du palais, la fait fuir vers l'isthme du gosier où sa déglutition s'achève forcément par action réflexe. Dans la maladie dont nous nous occupons, la langue, devenue inerte, la laisse s'accumuler dans la bouche où elle s'épaissit de plus en plus par l'évaporation de sa partie aqueuse. Ces explications sont incontestablement vraies; mais je crois que la salivation est alors trop abondante pour qu'il n'y ait pas en même temps une certaine exagération de la sécrétion salivaire.

VINGT ET UNIÈME LEÇON.

Nous allons nous occuper aujourd'hui de la physiologie pathologique d'une maladie excessivement répandue qui se montre presque
toujours cruelle, qui a été l'objet des vues théoriques les plus variées,
qui ne peut pas être rapportée, il est vrai, sans quelque hésitation
au bulbe, mais qui, dans tous les cas, met certainement en jeu ce
centre nerveux.

Diabète.

Sommaire descriptif. — Au cas particulier, nous ferons plus qu'un
sommaire. Nous signalerons, sans exception, tous les faits acquis en
les dégageant des interprétations auxquelles ils peuvent donner lieu.
Ce sera un exposé complet et impartial qui servira de base rigoureuse
à la discussion physiologique et qui nous permettra de mieux résister
aux entraînements que font naître toujours des questions de pathogénie aussi controversées.

Deux symptômes attirent surtout l'attention des malades et du
médecin, ce sont l'intensité de la soif et l'abondance des urines. Les
malades sont tourmentés par un besoin impérieux de boire qui les
pousse à s'ingurgiter des quantités énormes de liquides. La soif est
tellement vive, qu'elle devient une cause d'insomnie. Elle s'aggrave
toujours à la suite des repas. Elle diminue ou disparaît toutes les
fois qu'il survient une maladie intercurrente. Elle tend toujours à
s'effacer dans les dernières phases de la maladie. Elle s'accompagne
d'une sécheresse considérable de la bouche, qui est une grande cause
de souffrance et qui rend même très-difficile l'exercice de la parole.
Cette sécheresse est due à ce que la salive cesse d'être produite ou
n'est plus formée qu'en quantité insuffisante. Sous l'influence de ces
conditions locales et sous l'influence aussi de l'état général de la

nutrition, les gencives se ramollissent et prennent une teinte livide tout en restant pâles, les dents se déchaussent et tombent sans s'être cariées. Les papilles de la langue se hérissent et deviennent râpeuses. L'haleine acquiert un cachet qui échappe à toute description, que les Anglais comparent à l'odeur du foin, Pavy à celle des pommes mûres.

L'abondance des urines est en général proportionnelle à l'intensité de la soif. Ordinairement il y a quatre à huit litres d'urine éliminés par jour, mais l'élimination peut être portée jusqu'à quarante litres. L'urine est pâle avec un reflet verdâtre, un peu mousseuse. Elle n'acquiert pas l'odeur ammoniacale. Sa saveur est sucrée. Elle laisse sur le linge des taches blanchâtres. Sa densité est augmentée. Les divers procédés d'analyse y font constater la présence du sucre dont la quantité peut s'élever jusqu'à 100 grammes par litre. Généralement, la proportion d'urée reste normale. Elle peut même dépasser de beaucoup la moyenne ordinaire. Il en est de même pour l'acide urique. La créatine elle-même est souvent augmentée. On y voit apparaître très-rapidement des végétations confervoïdes.

Un symptôme que l'on croit à tort constant consiste dans une faim exagérée, une véritable boulimie. En réalité, chez beaucoup de diabétiques, l'appétit est ordinaire ; chez d'autres, il est irrégulier. Il en est même qui éprouvent de la répugnance à manger. Généralement, la digestion s'opère parfaitement bien. Les glandes sudoripares, dit-on, cessent de fonctionner et la perspiration insensible est presque nulle. Cette assertion est exagérée. Il est au contraire des malades qui ont des sueurs abondantes. Il y a sinon toujours, au moins la plupart du temps des troubles de la vision. Le plus souvent ils consistent en des symptômes d'amblyopie. Celle-ci peut être légère ou grave. Dans le premier cas, la vue est seulement amoindrie. Il y a plutôt un brouillard général que des mouches. Le brouillard varie d'intensité et est toujours en rapport avec la proportion de sucre. Cette amblyopie légère se montre ordinairement dès le début du diabète. Dans le second cas, c'est une amaurose complète qui se produit. Cette forme appartient aux glycosuries graves. Plus exceptionnellement l'exercice de la vision est compromis par une cataracte. Dans l'esprit de tout le monde, le mot de diabète comporte l'idée d'un amaigrissement considérable. Loin de là, presque toujours les diabétiques ont un embonpoint exorbitant, et ce n'est que lorsque la maladie est très-avancée qu'on voit survenir un amaigrissement

excessivement rapide. Il est vrai que quelques malades sont maigres
au début, ce qui a conduit les Anglais à admettre un diabète gras et
un diabète maigre. L'anaphrodisie constitue un symptôme à peu
près constant. Il y a impuissance ou au moins stérilité. Il y a une
faiblesse et une atonie musculaire des plus marquées. Le moindre
exercice fatigue ou amène même de la courbature. On peut observer
de l'anesthésie partielle ou de l'hyperesthésie. Quelques-uns ont des
crampes très-douloureuses, surtout la nuit. On voit apparaître d'une
façon à peu près constante des éruptions furonculeuses; plus tard
surviennent des anthrax qui se signalent par leurs pertuis très-petits
et leur tendance au décollement. Il est parfaitement établi aujour-
d'hui que les diabétiques offrent une grande aptitude aux manifestations gangréneuses. La gangrène diabétique peut être superficielle
ou profonde. Dans la forme superficielle, c'est une sorte d'éruption
gangréneuse par points multipliés. Ce sont des ampoules gangréneuses qui apparaissent çà et là. La forme profonde a presque toujours son siége aux extrémités inférieures. Elle peut compromettre
tout un segment du membre. Elle peut prendre la forme sèche
exactement comme la gangrène sénile. On a observé aussi chez les
diabétiques des phlegmons circonscrits ou abcès, des phlegmons
diffus sous-cutanés ou sous-aponévrotiques, des rhagades aux orteils
qui sembleraient être engendrées par la syphilis. On voit plus souvent que les auteurs ne le disent des symptômes cérébraux : vertiges,
étourdissements, congestions fréquentes, troubles profonds des facultés intellectuelles. Enfin le diabète peut coïncider ou alterner
avec l'albuminurie et même avec la goutte et la gravelle.

Comme anatomie pathologique de l'affection, on a rencontré dans
sept cas une altération incontestable du quatrième ventricule. Chez
un malade de M. Briquet, le plancher était brun et ramolli. Ces
changements de coloration et de consistance étaient surtout très-
marqués dans quatre points situés le long de la ligne médiane. Là,
la teinte était tout à fait noire. Le microscope fit voir que les cellules
de ces foyers pathologiques étaient remplies de granulations pigmentaires tout à fait foncées. Leurs prolongements avaient complétement disparu. La plupart d'entre elles étaient même à moitié
détruites. Des modifications identiques se rencontrèrent chez un
malade de M. Marrotte, avec une particularité qui mérite d'être notée.
Le long du calamus scriptorius, il y avait de petites ecchymoses et
tous les vaisseaux étaient considérablement dilatés. La même vas-

cularisation a été signalée par Luys sur un malade de l'Hôtel-Dieu. Sur la teinte rouge générale tranchaient plusieurs taches d'un jaune fauve. Au niveau de ces taches, toutes les cellules avaient disparu et avaient laissé à leur place des amas informes de granulations pigmentaires. Elle se montra à un degré moins prononcé et accompagnée d'une teinte grisâtre exagérée de la substance grise chez un diabétique mort dans le service de M. Tardieu. Il en fut de même dans deux cas observés par Potin et Fritz. Enfin on a trouvé chez une femme glycosurique, dans la cavité ventriculaire, une tumeur colloïde qui, par pression, avait aussi modifié la vascularisation et la coloration du plancher.

Du côté du foie, Andral a constaté, dans cinq cas, une hypérémie considérable de cet organe. Gallard a signalé chez un individu une teinte vineuse du foie. Fritz a rencontré au contraire l'atrophie du lobe droit. Vogt de Berne a vu une fois l'atrophie et l'anémie de tout l'organe. Junker a vu plusieurs branches de la veine porte oblitérées chez un diabétique. Griesinger n'a trouvé l'hypérémie que trois fois sur soixante-quatre autopsies.

Les reins paraissent beaucoup plus fréquemment altérés, dans la moitié des cas à peu près. Chez beaucoup de malades les altérations rénales sont même identiques avec celles de la maladie de Bright. Rien de particulier du côté des organes digestifs. Les poumons présentent quelquefois, mais pas aussi souvent que la plupart des médecins semblent le croire, des tubercules qui, en général, sont peu volumineux et isolés. Chez un certain nombre de malades, les poumons renferment de petits foyers purulents.

Chez les malades qui, pendant la vie, ont présenté des troubles de la vision, on trouve la rétine pâle et décolorée, la pupille excavée, parsemée de corpuscules amyloïdes et de granulations graisseuses. Il peut aussi exister une véritable cataracte qui, d'après Lécorché, appartient toujours à la variété molle.

Au point de vue étiologique, il paraît établi que le diabète est beaucoup plus fréquent chez les hommes que chez les femmes ; que c'est surtout au delà de l'âge de 40 ans qu'il se manifeste ; qu'il peut être héréditaire, et qu'à travers les générations il y a une connexion incontestable entre le diabète, la diathèse urique et l'obésité ; que les professions nécessitant une grande dépense intellectuelle avec peu d'exercice physique favorisent son développement ; qu'il peut éclater sous l'influence des chagrins, d'excès intellectuels ou bachiques; enfin qu'il peut être déterminé directement par des chutes ou des chocs sur la tête, particulièrement sur l'occiput.

Analyse physiologique. — Tels sont les faits considérés en eux-mêmes, et tels qu'ils doivent s'imposer à toutes les théories qui vont suivre et que je vais exposer suivant un ordre approximativement chronologique.

Théorie Bouchardat. — Pour ce savant professeur, dans l'état pathologique comme dans l'état physiologique, tout le sucre qui peut exister dans l'économie animale provient exclusivement des féculents fournis par l'alimentation. Pour lui, le diabète est toujours le résultat d'une transformation exagérée irrégulière des féculents en glycose dans l'appareil digestif, sous l'influence d'un ferment trop abondant ou trop énergique. Chez les diabétiques, la digestion des féculents est trop rapide. Chez les individus sains, elle est lente. Chez les premiers, elle s'effectue dans l'estomac, et le sucre qui en résulte est immédiatement transmis en grande quantité dans le sang, parce que le foie en est saturé. Chez les seconds, elle s'opère principalement dans les intestins, et le sucre ne parvient dans la grande circulation qu'après avoir traversé le foie qui n'en est pas saturé et après avoir éprouvé un utile ralentissement à l'aide de cet admirable appareil modérateur. Or, le sang ne peut conserver à la fois que deux grammes de sucre. Le surplus est toujours immédiatement rejeté par les urines. Il n'est donc pas étonnant que la glycosurie apparaisse avec une digestion aussi rapide des matières amylacées. Il appuie cette hypothèse sur les faits suivants : 1° le suc gastrique des chiens ne dissout pas mieux les féculents que l'eau pure, tandis que les matières vomies par les diabétiques les saccharifient très-énergiquement; 2° les matières vomies par un homme en santé, deux ou trois heures après un repas riche en aliments féculents, ne renferment que de très-faibles proportions de glycose, tandis que, dans les mêmes conditions, les matières vomies par un diabétique en renferment beaucoup; 3° l'homme sain ne digère pas la fécule crue, tandis que Bouchardat a vu chez deux diabétiques les grains de fécule être aussi facilement attaqués que chez les granivores; 4° si on pèse la quantité d'aliments féculents ingérés par un diabétique et la quantité de glycose qu'il rend par les urines, on trouve toujours un rapport constant et même quelquefois une égalité absolue entre les deux poids obtenus; 5° on supprime le sucre dans les urines en supprimant les féculents dans l'alimentation et en les remplaçant par des corps gras et du vin de Bordeaux. Appliquant ensuite l'idée mère aux faits de détail, il explique la soif par les besoins de la digestion stomacale elle-même, puisque les aliments, pour être dissous, exigent de sept à dix fois leur poids d'eau ; la glycosurie par l'excès de sucre et d'eau que reçoit le sang.

Théorie Mialhe. — Il place la cause du diabète déjà sur un point plus avancé du cercle que doivent parcourir les principes alimentaires, dans le sang et non plus dans l'appareil digestif, dans l'hématose et non plus dans la digestion. Dans l'économie, le sucre n'a jamais qu'une seule et même origine. Il provient toujours des aliments féculents. Chez les diabétiques, l'apparition du glycose dans les urines n'est pas due à ce que la digestion en fournit de trop grandes quantités au sang, mais à ce que celui qui a pénétré dans le torrent circulatoire n'est pas, comme dans les conditions ordinaires, brûlé par l'oxygène des globules et transformé en dernier ressort en acide carbonique et en eau. Ce qui empêche cette combustion, c'est le défaut d'alcalinité du sang. Dans l'état normal, le sang est alcalin et le doit à la présence de divers carbonates alcalins, notamment de celui de soude. Ces sels sollicitent, par l'affinité chimique de leur base, la formation d'acides et stimulent ainsi l'action de l'oxygène sur le sucre qui est transformé successivement en acide kalisaccharique, acide formique, ulmique, etc. C'est ainsi que le glycose se trouve détruit presque au fur et à mesure de son arrivée dans le sang. Chez les diabétiques, ce liquide est au contraire pauvre en sels alcalins ; il en résulte non-seulement qu'il perd sa réaction alcaline, mais que le sucre ne subit plus que très-incomplétement l'action de l'oxygène ; il s'accumule en nature dans le liquide sanguin, pour lequel il constitue un corps étranger. D'où nécessité d'élimination par les reins. Quant à la diminution de l'alcalinité du sang, elle est produite par l'abus des liqueurs alcooliques, l'alimentation exclusivement azotée, la suppression de la transpiration. M. Mialhe cite à l'appui du rôle qu'il fait jouer aux carbonates alcalins dans la combustion du sucre, une expérience pratiquée par Frémy. Au moment où les fruits mûrissent et où l'amidon se transforme en sucre sous l'influence de la diastase, la sève se montre toujours neutre ou même acide. Si à ce moment on arrose, comme l'a fait Frémy, la plante avec une solution alcaline, la sève prend bientôt cette dernière réaction et de plus les fruits ne sont plus sucrés, parce que l'alcali provoque la transformation acide du sucre.

M. Mialhe s'appuie surtout, avec toutes les apparences de la raison, sur les bons résultats que l'on obtient chez les diabétiques par l'emploi des eaux de Vichy. Celles-ci font baisser immédiatement et considérablement la proportion de glycose. Il semble donc que tout se passe dans l'espèce humaine comme chez les végétaux. Il semble que ce qui est une qualité dans le fruit devient un défaut chez l'animal, et que pour faire disparaître le défaut comme la qualité, il suffit d'arroser les deux espèces d'êtres avec de l'eau alcaline.

Théorie Cl. Bernard. — Elle se trouve déjà à peu près toute tracée dans ce que nous avons dit de la fonction glycogénique à propos de la physiologie du bulbe. Les cellules du foie ont, en vertu de leur vie cellulaire propre, la propriété de transformer les matières azotées en une substance analogue aux amylacés et qui, comme eux, est apte à éprouver la fermentation sucrée à la moindre occasion. Le bulbe, par un de ses centres, est chargé de régler l'activité de ces cellules, et il les règle par l'intermédiaire du grand sympathique, d'après les données sensitives inconscientes qui lui sont fournies par le pneumo-gastrique. Cl. Bernard avait d'abord pensé que le centre bulbaire provoquait le travail des cellules par une stimulation sécrétoire directe. Depuis, il n'accorde plus au système nerveux qu'une influence indirecte dans la glycogénie, comme dans toutes les autres fonctions nutritives. Il pense qu'il ne favorise plus l'action des cellules hépatiques qu'en leur fournissant une plus grande quantité de matériaux, en dilatant les capillaires du foie. Chez les diabétiques, ce centre particulier des vaso-moteurs hépatiques est dans un état d'irritation continuelle. Il donne lieu à un afflux de sang considérable et permanent dans le foie; et les cellules, ayant plus de matières premières à leur disposition, fabriquent une quantité de glycogène qui est bien au delà des besoins et des pouvoirs de l'hématose. Tout se trouve exagéré, la production de glycogène, sa fermentation et son déversement dans le torrent sanguin général.

Théorie Reynoso. — La piqûre du plancher du 4e ventricule, dans les environs des pneumo-gastriques, produit le diabète. Reynoso reconnaît avec tout le monde l'exactitude de ce fait, mais il ne l'interprète pas de la même manière que Cl. Bernard. Ce dernier a prétendu que cette piqûre exaltait la formation du sucre et faisait naître une trop grande quantité de combustible. Reynoso, se plaçant à un point de vue diamétralement opposé, prétend que la glycosurie

tient non pas à un excès de combustible, mais à un défaut de com
burant. C'est ce défaut d'oxygène que fait naître, en réalité, la
piqûre du bulbe. Comme elle porte dans l'atmosphère des noyaux
des pneumo-gastriques, elle atteint évidemment la sphère d'action
du centre respiratoire. Il en résulte une paralysation sinon complète,
du moins partielle de la respiration. L'oxygène n'est plus introduit
qu'en très-faible quantité, et le sucre normal, ne pouvant plus être
brûlé, passe dans les urines. Ce qui prouve que c'est bien là la véritable explication, c'est qu'on trouve du sucre dans les urines toutes
les fois que la respiration est entravée à un titre quelconque. Il en
est ainsi chez les animaux qu'on a asphyxiés par strangulation ou
par submersion. Il en est ainsi dans la phthisie pulmonaire, dans la
pneumonie, dans la pleurésie et dans l'asthme. Il est vrai que dans
dans ces maladies la quantité de sucre éliminé est très-faible et
inconstante, mais cela tient à ce que la respiration n'est que partiellement entravée. La surface d'absorption d'oxygène est seulement
diminuée. Il en est ainsi dans l'éthérisation, et, dans ce cas, la démonstration a encore plus de valeur, parce qu'on reproduit, sous
une autre forme, l'expérience de la piqûre du bulbe. L'éther et le
chloroforme paralysent ce centre comme ils paralysent le cerveau
et la protubérance. Bien plus, la glycosurie se montre d'autant plus
considérable que l'animal était habitué à une respiration plus active
et à une alimentation plus abondante. Dans le premier cas, le déficit
de comburant et, par suite, le défaut relatif de combustion sont plus
grands. Dans le second, la surabondance de combustible rend encore
plus sensible le défaut de combustion.

Théorie Samson et Rouget. — L'animal n'a pas le pouvoir de
créer des matières amylacées en dédoublant les substances azotées
ou en transformant les matières grasses. Tout ce qu'il possède en
fait d'hydrocarboné lui vient du dehors par l'alimentation. Il en
reçoit beaucoup plus qu'il n'en peut brûler et qu'il n'en peut même
transformer en sucre. La plus grande partie reste à l'état de dextrine
et va se mettre en dépôt non pas seulement dans le foie, mais dans
tous les tissus, dans tous les organes, dans tous les points de l'économie. Elle s'y trouve non pas seulement à titre de dépôt, mais à
titre d'élément indispensable à la constitution histologique et chimique des tissus. Elle s'assimile à notre propre substance; elle en
est une partie indispensable. Dans toute l'échelle, tous les tissus résultent de l'association de trois ordres de principes chimiques, azo-

tés, gras et amylacés. La présence des uns et des autres est nécessaire au même degré. Cette dextrine de tissu organisé a reçu de Samson le nom de *zoodiastase*, et de Rouget celui de *zoamyline*. Comme elle fait partie de la chair de tous les animaux, il en résulte que l'alimentation en apporte toujours, quand même elle est complétement dépourvue d'aliments amyloïdes empruntés directement au règne végétal. Les végétaux seuls la créent sous sa forme première. Les herbivores l'empruntent exclusivement aux végétaux et en imprègnent leur chair. Les carnivores la reçoivent avec les muscles de leurs victimes herbivores. L'homme l'emprunte à la fois au règne végétal et au règne animal. Jamais le foie n'en crée lui-même et la glycogénie n'existe pas. S'il en renferme dans certains moments plus que les muscles, c'est qu'il est pour les produits de l'absorption digestive un lieu de concentration et d'arrêt momentané.

Cette zoamyline, qui est un des trois composants indispensables de nos éléments histologiques, est soumise comme les deux autres au mouvement moléculaire incessant qui s'impose à tous les tissus organisés. Son assimilation est sans cesse contrebalancée par un travail de désassimilation. C'est alors qu'elle passe à l'état de sucre qui, plus soluble, s'engagera plus facilement dans le torrent sanguin où il trouvera des moyens de combustion qui le ramèneront peu à peu dans le monde inorganique. C'est la reproduction de ce qui se passe dans les végétaux au moment de la germination. L'amidon accumulé autour de l'embryon végétal passe à l'état de sucre pour pouvoir donner prise à l'absorption et recevoir droit de domicile dans la séve nutritive qui doit se répandre dans toutes les parties du jeune être qui se développe.

Lorsque toute la dextrine apportée ne trouve pas à être assimilée, elle s'accumule dans le sang où elle devient sucre. Lorsque, au contraire, le travail de désassimilation devient exagéré, la même accumulation se fait encore. Dans l'un et l'autre cas, le sucre, qu'il vienne de l'alimentation sans avoir été assimilé, ou qu'il provienne d'un travail de dénutrition trop actif, ne trouve pas assez d'oxygène pour être brûlé, et dès lors il apparaît en nature dans les urines. Dans le premier cas, c'est un diabète passager qui se modifie avec l'alimentation. Dans le second, c'est un vice de nutrition, c'est une maladie. C'est le véritable diabète. La piqûre du bulbe ne produit qu'une chose, c'est de blesser le centre de toute l'innervation vasomotrice, d'activer les courants sanguins dans tous les tissus, y compris le foie, et de provoquer ainsi un travail de désassimilation exagéré. C'est une irrigation qui lave trop les organes et qui les mine. Le diabète n'est qu'une dissolution, j'allais presque dire une putréfaction, de la partie amylacée de nos tissus, de notre zoamyline.

Cette théorie repose sur des faits que, dans la discussion, je serai obligé de reconnaître vrais. En traitant la rate, les poumons, les reins, les muscles de tous les animaux, par le procédé indiqué par Cl. Bernard pour extraire la matière glycogène du foie, on en retire des proportions notables de cette substance. La matière glycogène existe donc partout et n'appartient pas exclusivement au foie, comme le voulait Cl. Bernard. Rouget, de son côté, en se servant du réactif iodé, a décélé la présence de la zoamyline dans les cellules de la tête d'un porc, dans celles de l'épiderme de la peau, des papilles de la langue, de la muqueuse buccale, du pharynx et du vagin. Enfin, la blessure du bulbe produit une congestion non-seulement du foie, mais encore de plusieurs autres organes.

Théorie Pavy. — Il reconnaît l'exactitude des expériences de Cl. Bernard et la constance des résultats signalés par lui, mais il attaque l'interprétation conçue par l'illustre physiologiste. Pendant la vie normale, il ne se forme jamais de sucre dans l'économie. Sa production est toujours cadavérique ou morbide, et Bernard n'en obtenait que parce qu'il agissait sur les organes après leur mort physiologique, ou parce qu'il créait des conditions morbides. Tous les tissus renferment de la matière amyloïde qui est indispensable à leur constitution. Cette matière provient en partie de la fécule ou du sucre alimentaire. Elle est tellement nécessaire, sa forme amyloïde spéciale représente tellement la normale, que le foie la communique au sucre que lui envoie la digestion, afin qu'il puisse remplir un rôle utile. Elle peut avoir une origine plus autogène encore, au moins en partie, c'est-à-dire que pour satisfaire aux nécessités de l'assimilation, le foie peut en créer en dédoublant les matières azotées de l'alimentation ou des chairs de l'animal lui-même dans le cas d'inanition. Dans l'état physiologique, la partie amyloïde des tissus reste en place sans devenir du sucre, ou plutôt Pavy croit que la forme amyloïde représente une phase intermédiaire entre la substance extérieure et la graisse animale; que tôt ou tard ces granulations de zoamyline deviennent sur place des granulations graisseuses; de telle sorte que, dans les conditions ordinaires, le dernier terme de l'assimilation est la transformation graisseuse et que les phénomènes de désassimilation et de combustions finales portent sur des matières grasses. Sur le cadavre, les granulations amyloïdes ne pouvant plus subir cette transformation de nature vitale, se trouvant en outre en présence de principes albuminoïdes susceptibles de jouer le rôle de ferment, passent à l'état de sucre comme dans un laboratoire quelconque. Si le fait n'a pas lieu pendant la vie, cela tient à la non-diffusibilité de la matière amyloïde. Celle-ci appartient au groupe des corps colloïdes ou non diffusibles. Il faut une pression considérable pour déterminer son passage à travers une vessie, de même que pour l'albumine. C'est là ce qui met obstacle à son passage à travers les vaisseaux sanguins. Sur le cadavre et dans certaines circonstances pathologiques, l'état moléculaire de la matière amyloïde change : elle devient diffusible. Elle passe dans le sang en se transformant en sucre. Depuis, Pavy a émis la pensée que l'influence nerveuse était pour beaucoup dans la stabilité de la zoamyline.

Comme vous le voyez, cette théorie bâtarde tient à la fois de celle de Rouget et de celle de Cl. Bernard. C'est celle de Rouget modifiée par l'admission d'une phase nouvelle, la phase graisseuse. C'est celle de Cl. Bernard en tant qu'action spéciale au foie, avec cette modification que cet organe fait de la matière amyloïde dans le but d'obtenir ultérieurement des granulations graisseuses, et non pas dans le but de fournir du sucre au sang.

Cet échafaudage compliqué, qu'on croirait plutôt d'origine germanique que d'origine anglaise, repose sur les faits suivants : Pavy a retiré du sang du cœur pendant la vie, en introduisant un cathéter dans le ventricule droit. Ce sang ne renfermait pas la moindre trace de sucre, tandis que si, comme le faisait Cl. Bernard, on analyse le sang du ventricule droit pris sur le cadavre, on le trouve très-riche en sucre. Sachant que les alcalins ont la propriété de s'opposer à l'action de la salive comme ferment, il pensa qu'on pourrait de même empêcher l'effet cadavérique sur le foie et constater ainsi s'il renfermait réellement du sucre pendant la vie. Il injecta donc dans le foie, au moment de la mort, une solution de potasse concentrée. Il ne trouva ensuite qu'une quantité insignifiante de sucre. Il s'assura que la potasse n'avait pas détruit le glucose, mais simplement prévenu sa formation en laissant écouler, dans une autre expérience, quelque temps avant de pratiquer l'injection. Il trouva, en effet, alors la proportion ordinaire de sucre. Dans d'autres expériences confirmatives, il n'injecta qu'une partie du foie, et le sucre, absent dans cette partie injectée, existait au contraire dans les autres portions non injectées. Même résultat en retardant l'action cadavérique et fermentescible en plongeant le foie dans un mélange réfrigérant de glace et de sel.

Théorie Schiff. — Suivant lui, il n'y a pas de glycogénie physiologique et le foie ne fonctionne nullement de la manière qu'entend Cl. Bernard. Il ne crée ni une matière glycogène, ni un ferment apte à transformer la première en sucre. Il renferme en réalité de l'inuline qui le rend bien, pour ainsi dire, le fournisseur du sucre diabétique, mais uniquement dans des circonstances exceptionnelles et pathologiques. Il faut pour cela qu'il apparaisse dans le sang un ferment particulier qui ne se montre que sous l'influence de la mort, et pendant la vie sous l'influence d'une gêne quelconque de la circulation siégeant n'importe où et même ne durant qu'un instant. Le ferment, quel que soit le point où il prenne naissance, se répand ensuite dans la circulation générale, et s'il vient au contact des cellules hépatiques, il transforme leur inuline en sucre. S'il ne se forme pas de sucre pendant la vie, cela tient donc à ce que le sang normal ne renferme pas ce ferment inconnu dans sa nature. Mais il se forme immédiatement après la mort, et aussitôt le sucre apparaît dans le foie. Pendant la vie, le ferment peut se former pathologiquement et donner lieu ainsi à la glycosurie qui n'est qu'une conséquence, un épiphénomène de la cause morbide première, celle qui développe le ferment. Cette cause consiste dans l'arrêt ou le ralentissement partiel ou général du sang. Schiff a lié, chez des chats, les veines visibles de la patte. La gangrène se prépara lentement. Mais le peu de sang qui, par les veines intra-musculaires, pouvait encore gagner la circulation générale, suffisait pour apporter, au bout de 3 ou 4 heures, dans le foie le ferment développé au niveau de la ligature, et il apparaissait un diabète des plus accentués. Il a pratiqué sur des lapins et des cabiais la compression digitale de l'aorte sur la colonne vertébrale. Ces animaux devinrent paraplégiques et au bout de 5 à 10 minutes ils eurent du sucre dans les urines. Il a lié le bras d'un homme jusqu'à l'arrivée d'une paralysie complète du mouvement et du sentiment de la main. Une demi-heure après, la ligature ayant été ouverte, l'urine donna la réaction du sucre. C'est donc à tort, selon lui, que Marchal de Calvi et autres ont parlé de gangrènes comme des conséquences de la diathèse diabétique. En réalité, c'est au contraire la gangrène qui constitue le phénomène initial. La glycosurie n'en est qu'un effet éloigné. Qu'on cherche chez tous les diabétiques, et on trouvera toujours qu'il y a eu un trouble de la circulation quelque part. Il est vrai qu'il y a beaucoup de maladies qui troublent les circulations locales sans qu'il y ait glycosurie; mais dans la plupart des affections qui troublent d'une manière très-intense les fonctions de la nutrition, il n'y a plus accumulation d'inuline dans le foie.

Théorie Marchal de Calvi. — Tout en admettant que le sucre peut apparaître dans les urines dans une foule de circonstances très-diverses, il est convaincu que le véritable diabète, celui qui est permanent et qui conduit à la mort, appartient à la même famille morbide que la gravelle acide et la goutte. Musset et Landouzy ont déjà été frappés de l'identité qui existe entre les diabétiques et les goutteux sous le rapport de la constitution et du tempérament. L'une et l'autre maladie affectent principalement les individus robustes, bien constitués et doués d'embonpoint. Si on suit les générations, on voit que le diabète se montre surtout dans les familles où ont régné les manifestations rhumatismales et goutteuses. Les diabétiques eux-mêmes présentent souvent des accidents de rhumatisme ou de goutte. De même, on voit souvent le diabète chez les graveleux. Chez tous les diabétiques, il y a un excès souvent considérable d'acide urique. Tantôt l'excès d'acide urique se montre lorsque la proportion de sucre diminue; tantôt les deux substances abondent en même temps. L'influence des émotions est la même sur le diabète et sur la goutte et s'explique de la même manière par l'augmentation de l'acide urique. L'efficacité des alcalins, chez les diabétiques comme chez les goutteux, ne peut s'expliquer que par la neutralisation de la diathèse urique. L'acide urique, dans le diabète comme dans la goutte, agit en vertu de l'acidité qu'il communique au liquide sanguin, car on augmente le diabète comme la goutte en faisant prendre des boissons acides. Dans ce cas, l'influence acide accidentelle s'ajoute ici à la cause permanente, à la diathèse urique.

Au fond, c'est la théorie de Mialhe parachevée, avec détermination exacte de la cause de la diminution d'alcalinité du sang. Mialhe s'était contenté d'indiquer comme condition capitale et générale le défaut d'alcalinité du sang. Marchal de Calvi attribue cette perte d'alcalinité à la présence d'une grande quantité d'acide urique. Ce complément de la théorie première est riche en conséquences théoriques et pratiques, puisqu'il conduit à l'explication de la parenté étroite que l'observation clinique montre en effet exister entre la goutte et le diabète.

Telles sont les diverses théories qui ont pris naissance au sujet du diabète, ou plutôt telle est la manière dont je les ai comprises. Je me suis efforcé d'en simplifier l'exposé et de donner à ce dernier la clarté que leurs auteurs ne pouvaient apporter, forcés qu'ils étaient de noyer les faits principaux au milieu de faits de détail qu'il m'était permis de négliger. Je n'y suis peut-être pas arrivé, mais ne pouvant faire mieux, je vais de suite passer à la discussion générale.

Discussion générale. — Il est un fait bien établi qui domine toute la question, c'est que le sang ne peut pas renfermer plus de 2 millièmes de glycose en nature sans que ce dernier ne devienne pour lui un corps étranger et ne soit éliminé aussitôt par les reins. En admettant même, avec Pavy et Schiff, que les 2 millièmes de sucre que les analyses démontrent exister dans le sang normal soient un produit *post mortem*, le fait reste le même *a fortiori*; c'est-à-dire qu'il est incontestable qu'une quantité relativement faible de sucre est incompatible avec l'état physiologique du liquide sanguin. Cela étant, il est évident que l'apparition du sucre dans les urines doit toujours faire supposer l'accumulation d'une certaine quantité de cette substance dans le sang. C'est la seule déduction rigoureuse qu'on soit en droit de tirer de prime-abord. En pénétrant plus profondément dans la question, on est naturellement conduit à se demander quelle est ou quelles sont les causes qui peuvent déterminer cette accumulation. S'effectue-t-elle toujours dans les mêmes circonstances, ou peut-elle se faire dans plusieurs conditions tout à fait différentes? N'y a-t-il qu'une seule espèce de diabète ou y en a-t-il plusieurs? Telle est la question dont la solution doit précéder celle du mécanisme même du diabète. Car évidemment s'il existe plusieurs espèces de maladies se traduisant par ce symptôme glycosurie, le mécanisme peut et doit varier autant qu'il y a d'espèces.

Depuis que l'attention a été attirée sur ce sujet et que le praticien a à sa disposition des moyens rapides et faciles de déceler la présence du sucre dans les urines, on a pu constater qu'il est de nombreux cas où le sucre se montre dans la sécrétion urinaire, pendant un temps plus ou moins long, sans que la santé soit altérée en rien, et où la guérison se produit spontanément; tandis qu'il en est d'autres où l'élimination persiste malgré tout et amène fatalement la mort, après avoir donné lieu à des symptômes constants qu'on n'observe pas dans les premiers cas. Il est donc bien certain, d'après cela, que le diabète n'est pas toujours identique à lui-même et qu'il n'a pas toujours la même pathogénie. C'est ce que tout le monde, à peu près, a compris et même, dans le langage pratique, on en est généralement venu à employer le mot glycosurie pour désigner le cas où l'apparition du sucre est momentanée, et à réserver le mot diabète pour les cas où la glycosurie traduit un état général grave et mortel.

D'autre part, la raison elle-même nous fait pressentir que l'accumulation du sucre dans le sang peut être engendrée soit par un excès d'apport de glycose dans le torrent circulatoire, soit par une insuffisance du moyen de destruction de cette substance, c'est-à-dire par une insuffisance de combustion. Il y a là deux facteurs qui, certainement, dans la vie normale comme dans la vie pathologique, peuvent à tour de rôle remplir les fonctions de multiplicateur et conduire à un excès de sucre qui peut ainsi être absolu ou n'être que relatif. Les deux modes d'accumulation vont, en effet, se présenter dans les diverses circonstances où nous allons observer la glycosurie.

A tout âge et chez tout le monde il y a, pendant un certain nombre d'heures à la suite des repas, une élimination de sucre qui est motivée par un afflux considérable de principes féculents. Ici, évidemment, c'est le facteur combustible qui, seul, est cause de l'accumulation. En outre, il est clair que le système nerveux n'est pour rien dans cette glycosurie passagère. Elle est d'origine alimentaire et purement extérieure. Elle tient uniquement au mode intermittent de notre alimentation et probablement à la surabondance de nos repas motivée, il est vrai, par leur rareté, mais un peu aussi par des habitudes et des besoins qui se sont créés à travers les générations et qui n'en sont pas moins en dehors des règles d'une hygiène primitive. C'est cette glycosurie périodique qui détermine chez les véritables diabétiques des exacerbations d'élimination auxquelles les médecins attachent une trop grande importance au point de vue du régime à conseiller. On trompe son malade et on se trompe soi-même en croyant qu'on améliore un diabète en proscrivant les aliments féculents. On diminue, en effet, la somme totale du sucre éliminé en 24 heures, mais on ne supprime ainsi que l'espèce de distillation sucrée qui s'opère en nous à la suite des repas, distillation qui ne peut jamais être pour notre économie qu'une cause légère de fatigue inutile. On ne modifie en rien le roulement du diabète autogène qui constitue, seul, la maladie et qui, seul, traduit par ses variations les oscillations de la cause première et spontanée.

Bruecke, Dechambre, Tuchen prétendent même qu'à toutes les époques de la vie l'urine la plus normale renferme toujours au moins 50 centigrammes de sucre par litre. Il est vrai que Lecomte attaque cette assertion et prétend que les auteurs précédents ont été victimes des causes d'erreur que présentent les moyens chimiques d'investigation. Mais, au fond, l'existence d'une glycosurie constante et physiologique n'est en contradiction avec aucune théorie; car il ne saurait y avoir un équilibre parfait entre la puissance de l'hématose et la quantité de sucre apparaissant dans le sang, que ce sucre soit le résultat d'une sécrétion spéciale, comme le veut Bernard, ou d'une désassimilation, comme le veut Rouget.

Jusque vers le sixième ou le septième mois de la grossesse, l'urine du fœtus réduit les sels de cuivre, c'est-à-dire renferme du sucre. Suivant Rouget, la mère fournirait de la dextrine à son enfant qui, lui, la transformerait en sucre. Le phénomène cesserait au septième mois, parce que l'organisme maternel préparerait la sécrétion lactée et retiendrait dans ce but pour lui toutes les matières susceptibles de fournir du sucre. Le fait ne serait-il pas plutôt en rapport avec l'insuffisance décroissante des mouvements exécutés par l'enfant? On sait que le mouvement n'est que le résultat de la transformation du calorique en force mécanique. Plus il y a de mouvement produit, plus il y a de calorique consommé sous cette forme; plus, par conséquent, il faut de combustion pour suffire à la dépense dynamique. Le passage de la dextrine et du sucre de la mère dans le sang du fœtus est un phénomène physique qui s'opère à peu près toujours aveuglément dans les mêmes proportions. Au début de la vie intra-utérine, l'enfant n'est guère le siége que de phénomènes de nutrition. A peine s'il exécute des mouvements imperceptibles. D'où peu d'activité dans les phénomènes d'hématose, et le sucre fourni par la mère, restant incomburé, doit être éliminé. Au fur et à mesure qu'il se développe, sa vie de relation acquiert plus d'activité, autant du moins qu'elle peut en avoir dans le milieu où il se trouve. La dépense de calorique et les combustions vont donc en augmentant, et il vient bientôt un moment où tout le combustible reçu est brûlé.

Le même fait se retrouve à l'autre extrémité de la vie et donne lieu à ce qu'on pourrait appeler une glycosurie sénile qui va en augmentant avec les progrès de l'âge. Ici, sans doute, c'est le facteur respiration qui fait défaut. Chez le vieillard, la vie dynamique est considérablement amoindrie et presque nulle. Les combustions qui doivent subvenir aux dépenses de force mécanique n'ont plus leur raison d'être et s'opèrent sur une très-faible échelle. Par habitude ou par attraction, le vieillard continue à manger bien au delà de ses besoins du moment. L'alimentation baisse moins que la respiration. D'où un véritable surcroît de combustible.

Il est dans la vie des femmes des périodes où se montre constamment une glycosurie des plus abondantes, sans qu'il y ait un véritable diabète. M. Blot a démontré qu'il en est ainsi sous l'influence de l'état puerpéral. Toutes les femmes en couches rejettent par les urines des quantités de sucre très-appréciables. Il en est de même chez toutes les nourrices et chez la moitié des femmes enceintes. On regarde ce phénomène comme étant lié à la sécrétion lactée, parce que son intensité est en rapport constant avec l'abondance du lait. Il diminue et disparaît même complétement lorsqu'il survient un état morbide capable d'enrayer le fonctionnement des mamelles. Il reparaît avec le retour à la santé et le rétablissement de la lactation. Il est à noter que cette glycosurie physiologique existe également chez la vache. Les partisans de la théorie de Cl. Bernard pensent qu'il se fait une fluxion hépatique en même temps qu'une fluxion mammaire. C'est difficile à constater et, du reste, peu probable. Mais cela s'explique très-bien sans sortir des lois générales de l'organisme. Ce qui fournit le sucre au lait, c'est le sang ; par conséquent, pour les besoins de la lactation, le sang a besoin de renfermer plus de sucre qu'à l'ordinaire, que ce sucre lui soit fourni à lui-même par une activité plus grande d'une fonction glycogénique ou par un excès momentané de désassimilation de zoamyline. De même que pour l'urée ou toute autre substance, la filtration ne trouve dans la glande mammaire qu'un lieu d'élection et tend ainsi à se faire en même temps dans d'autres points, surtout par les reins qui s'y prêtent beaucoup. Peut-être aussi, comme l'allaitement est intermittent, le lait donne-t-il une certaine prise à la résorption et le sucre rentré dans le sang sort-il ensuite par l'émonctoire général. Si dans les maladies intercurrentes la glycosurie cesse en même temps que la lactation, c'est que tous les phénomènes de nutrition sont enrayés et que le sucre manque à la fois et pour le lait et pour le diabète. Ce n'est pas seulement dans l'état physiologique, mais aussi dans l'état pathologique qu'il peut y avoir quelquefois glycosurie sans diabète. C'est ce que nous verrons dans notre prochaine réunion.

VINGT-DEUXIÈME LEÇON.

Messieurs,

La glycosurie est susceptible de se montrer sous l'influence de divers états morbides, sans qu'il y ait un véritable diabète. Il est incontestable que Reynoso a attiré l'attention sur un fait vrai. Il a eu seulement le tort de le généraliser et de vouloir en tirer un mécanisme exclusif. Il est bien certain que, quelle que soit l'origine du sucre de l'économie, il ne peut sortir que de deux manières : ou après avoir été brûlé, ou sans avoir subi l'action de l'oxygène; que parfois il ne brûle pas, parce que le sang manque de cet élément comburant. C'est ainsi que la glycosurie se montre dans l'asphyxie où l'hématose se trouve compromise d'une manière presque absolue. C'est ainsi que pendant l'agonie, au moment où il n'y a plus qu'un simulacre de respiration, où l'air sort froid de la poitrine, où le poumon n'absorbe pas plus l'oxygène que l'estomac n'absorbe la boisson, les urines sont très-riches en sucre. C'est ainsi que dans toutes les maladies de poitrine, où l'hématose est atteinte au moins partiellement, on voit très-souvent de la glycosurie. Si elle n'a pas lieu dans tous les cas de pneumonie et de phthisie, cela tient à la fièvre qui enraye le mouvement de nutrition et à l'absence d'alimentation. Elle est surtout très-marquée dans l'asthme et la coqueluche. Mais ces deux dernières maladies constituent des névroses tellement bien localisées dans le bulbe, qu'on est en droit de se demander si le résultat ne tient pas un peu à l'influence incontestable que cet organe exerce sur le véritable diabète.

Dans toutes les circonstances que nous avons passées en revue jusqu'à présent, la glycosurie, quelle que soit son intensité, reste pour l'organisme un phénomène presque insignifiant. Elle ne paraît troubler en rien l'état normal, ou elle n'ajoute rien à l'état pathologique qu'elle accompagne. Dans le véritable diabète, il n'en est plus de même. La situation générale, qui se traduit alors par l'élimination du sucre, est grave, sans le concours d'une autre maladie, et donne un caractère pernicieux à toutes les affections intercurrentes qui peuvent survenir. Il trouble par lui-même l'organisme dans sa nutrition générale et dans la plupart de ses actes fonctionnels; il en fait, pour ainsi dire, un terrain de mauvaise nature, et il amène fatalement la mort au bout d'un temps plus ou moins long. D'où vient donc cette différence dans les résultats liés à un symptôme qui, par lui-même, reste le même dans les deux cas? C'est que, dans le diabète proprement dit, la glycosurie n'est qu'une manifestation, pour ainsi dire excentrique, d'une altération profonde des centres nerveux. Je n'hésite pas à le déclarer, car j'obéis en cela à une conviction qui, plus j'avance, reste inébranlable et qui est née sous l'influence, non pas d'idées physiologiques, mais d'une observation clinique déjà riche en faits de ce genre et pratiquée dans un milieu qui, au cas particulier, a une grande valeur. Dans un hôpital, les faits se présentent trop détachés de leurs liens naturels pour qu'on puisse en saisir la filiation. Dans la pratique civile, on soigne, non pas des sujets, mais des familles; et c'est là seulement qu'on peut bien apprécier la véritable nature d'un vice à manifestations multiformes. Dans ces conditions, on est obligé de reconnaître qu'à travers les générations ou parmi les membres d'une même génération, des affections variées qui relèvent franchement des centres nerveux peuvent remplacer la glycosurie, et réciproquement.

Il est d'abord incontestable aujourd'hui que les centres nerveux peuvent par eux-mêmes donner lieu à de la glycosurie. Tous les partisans des diverses théories ont été obligés d'admettre, au moins comme espèce particulière, la possibilité d'un diabète d'origine cérébrale. Reynoso, un des premiers, a signalé la présence du sucre dans l'urine des épileptiques et des histériques. Michéa a confirmé le fait en ce qui concerne les épileptiques. Gibb a trouvé du sucre dans plusieurs cas de commotion cérébrale, dans des congestions cérébrales survenues chez des sujets scrofuleux, dans des cas de tumeurs et de lésions diverses de la base du crâne, dans des cas d'hydrocéphalie. Leudet, en analysant un certain nombre d'observations, est arrivé à conclure que le diabète reconnaît réellement pour cause, très-souvent, des altérations organiques du cerveau; que les maladies cérébrales avec mouvements convulsifs sont celles qui s'accompagnent le plus fréquemment de glycosurie; enfin, que le diabète peut n'être que temporaire, apparaître avec une exacerbation de la maladie cérébrale et disparaître après cette exacerbation passée. Fritz, de son côté, déclare, d'après ses propres investigations, que le diabète peut être l'effet ou le symptôme de certaines lésions matérielles, traumatiques ou autres, de l'encéphale. La nature nerveuse du diabète est tellement évidente pour le praticien, que même Marchal, de Calvi, qui reste dans le vague des hautes conceptions pathologiques, lui qui n'admet la théorie physiologique de Rouget que comme une base dont ses vues cliniques pourraient au besoin se passer; lui qui prétend que ce qui produit l'état pathologique général pouvant se traduire soit par le diabète, soit par la goutte, c'est l'acide urique, ajoute cependant que cet excès d'acide et cet excès de sucre obéissent à l'influence insaisissable que le système nerveux exerce sur les phénomènes chimiques de l'économie. Dans un autre point, il précise mieux sa pensée: il reconnaît que le système nerveux domine le diabète et il déclare que c'est en empêchant l'acide urique de se transformer en urée et le sucre de se détruire, que le système intervient dans cette maladie.

L'étiologie vient elle-même appuyer cette origine. Cherchez dans tous les cas de véritable diabète que vous rencontrerez, et vous trouverez toujours soit des antécédents alcooliques, soit des peines morales, soit des fatigues intellectuelles, etc., c'est-à-dire toutes espèces de conditions capables d'engendrer aussi un ramollissement cérébral. Du reste, il est bien peu de véritables diabétiques qui ne présentent dans le cours de leur maladie, surtout à la fin, quelques symptômes décélant l'existence d'une altération organique d'un point quelconque de l'encéphale. Si les preuves anatomiques sont encore relativement peu nombreuses, cela tient à la grande rareté des autopsies et à l'insuffisance apportée jusqu'ici dans les moyens d'investigation nécroscopique.

Quelques médecins, forcés de reconnaître la vérité des faits qui précèdent et voulant rejeter à tout prix l'origine encéphalique du véritable diabète, ont prétendu que les altérations des centres nerveux étaient la conséquence et non la cause du diabète; que le sucre, en imprégnant tous les tissus, finissait par les détériorer; qu'il ramollissait le tissu nerveux et qu'il amenait la gangrène dans les autres; en un mot, que toutes les altérations qu'on observait dans les diverses parties du corps étaient l'œuvre de cette espèce de bain sucré dans lequel se trouvaient plongés tous les éléments histologiques des diabétiques. Comment se fait-il alors que pareilles détériorations n'arrivent jamais chez les femmes enceintes et les nourrices qui, pendant un grand nombre de mois, soumettent leur encéphale au même régime d'imbibition.

Il est bien peu de diabétiques qui ne présentent des troubles du côté de la vision qui viennent aussi attester la nature encéphalique de l'affection générale. Dans quelques cas, l'amblyopie paraît être purement fonctionnelle; mais le plus souvent il y a altération de la pupille et du nerf optique. Fonctionnelle ou organique, l'amaurose traduit évidemment toujours un état morbide du système nerveux. Sous sa forme matérielle, elle tient ou à une extension du ramollissement encéphalique au département de la vision, ou à cette tendance que présente ce département à s'altérer concurremment avec d'autres points de l'axe nerveux, comme cela a lieu, par exemple, dans l'ataxie locomotrice. Quand on voit les troubles visuels coïncider avec des vertiges, avec un défaut de coordination des mouvements de la marche, on ne peut guère douter que la lésion à laquelle ils correspondent n'ait son siége dans les centres nerveux.

La cataracte elle-même, si fréquente chez les diabétiques, tient aussi à la maladie encéphalique, car la nutrition de l'œil est, comme celle des autres tissus, sous l'influence du système nerveux. La preuve, c'est que les humeurs de l'œil se troublent, la cornée s'ulcère et se perfore après la section intra-crânienne du trijumeau. Hasner a, il est vrai, voulu expliquer cette cataracte spéciale par la pénétration du sucre de l'humeur aqueuse dans le cristallin, qui perdrait ainsi graduellement l'eau nécessaire au maintien de ses propriétés physiques. Mais on n'a pas trouvé la moindre trace de sucre dans le cristallin cataracté d'un diabétique. Lécorché a injecté de l'eau sucrée dans les chambres de l'œil sur des lapins, et il n'a vu aucune opacité se produire.

Les gangrènes spontanées, elles aussi, ne sont que l'expression de l'altération des centres nerveux. Elles se produisent au même titre que dans la fièvre typhoïde, mais avec une intensité et une constance plus grandes, parce que le système nerveux ne subit pas seulement une intoxication passagère et qu'il est profondément altéré. C'est de la même manière aussi que se produisent sans doute la chute des cheveux et la carie des dents. Il n'est pas jusqu'à l'impuissance qui ne vienne accuser une lésion cérébro-spinale.

La nature nerveuse du véritable diabète étant admise, je crois qu'on peut aller plus loin et le rapporter spécialement au bulbe. Non-seulement on a constaté *de visu* cette localisation dans sept cas, nombre qui est relativement considérable si l'on songe combien peu il y a eu d'autopsies bien faites jusqu'alors; non-seulement il est incontestable qu'on peut à coup sûr donner lieu à de la glycosurie en piquant une partie déterminée du bulbe; non-seulement il est bien établi que ce sont surtout les chocs portant sur la partie postérieure de la tête qui donnent le plus souvent naissance au diabète traumatique; mais les rapports évidents qui existent entre le diabète et l'albuminurie et qui vont jusqu'à une véritable fusion, rapports sur lesquels nous aurons surtout à insister dans l'analyse physiologique de cette dernière maladie, viennent encore donner leur appui aux preuves précédentes, car l'origine bulbaire de la maladie de Bright est encore peut-être plus patente que celle du diabète.

Le mode le plus ordinaire de terminaison du diabète vient encore plaider dans le même sens. J'ai déjà vu mourir un certain nombre de diabétiques; tous ont été pris brusquement, quelques heures avant la mort, d'un accès de suffocation s'accompagnant de râle trachéal et d'expectoration plus ou moins sanguinolente; tous, en un mot, sont morts avec les signes d'une asphyxie plus ou moins rapide. Dans les publications périodiques, beaucoup de diabétiques sont indiqués comme ayant succombé à une pneumonie très-rapidement fatale, ou avec des symptômes rappelant ceux de la phthisie galopante. N'est-il pas évident que, dans ces cas, l'altération bulbaire, primitivement située au delà du centre respiratoire, a tout à coup envahi ce dernier après avoir mordu de plus en plus sur son atmosphère avec plus ou moins de rapidité. Pour moi, qui ai déjà piqué le nœud vital chez les animaux et qui ne l'ai pas toujours fait avec une précision mathématique, j'ai été frappé de la similitude existant entre l'agonie de ces animaux et celle des diabétiques aux derniers moments desquels il m'a été donné d'assister.

Le fait signalé par Leudet constitue un argument qui a une certaine valeur relative ou indirecte. La glycosurie apparaît surtout dans les affections cérébrales de nature convulsive. Or, le bulbe fait tout justement partie de la région convulsivante de l'encéphale, ainsi que nous l'établirons dans l'étude de l'épilepsie. De plus, il est bien démontré par l'anatomie pathologique elle-même, que dans toutes les crises convulsives il y a congestion de ce centre nerveux, congestion qui doit retentir sur tous les actes fonctionnels dans lesquels il intervient.

J'ai en ce moment sous les yeux un fait qui est aussi la justification de cette localisation. Je viens de voir survenir à la fois de la glycosurie et de l'albuminurie chez un négociant de Nancy qui, depuis plusieurs mois, était exclusivement atteint d'une paralysie glosso-labio-laryngée parfaitement caractérisée. Il est évident pour moi que, d'abord limitée aux noyaux d'origine des nerfs intéressés, l'altération s'est étendue aux points dont la piqûre peut produire l'élimination du sucre et de l'albumine par les urines. Observez avec attention dans l'avenir tous vos diabétiques et tous vos albuminuriques, et chez quelques-uns, à certains moments, vous pourrez rencontrer d'une manière isolée les divers troubles de phonation, de déglutition et de respiration que nous avons exposés dans la physiologie pathologique générale. C'est, du reste, en vertu d'une observation de ce genre que j'ai cru devoir placer dans ces généralités des faits qui, au premier abord, sembleraient se rapporter uniquement à la paralysie glosso-labio-laryngée.

Même avec cette localisation du véritable diabète dans le bulbe, on comprend très-bien qu'il puisse apparaître, alors que l'altération siège dans tout autre point du système nerveux, d'autant plus que, pendant les premiers temps, la glycosurie se montre d'une manière intermittente et coïncide ordinairement avec les périodes d'exacerbation de la maladie première. Dans ces périodes d'exacerbation, il se fait nécessairement un afflux de sang qui agrandit l'atmosphère congestionnelle de la tumeur encéphalique et qui l'étend très-probablement momentanément jusqu'au bulbe.

L'acte pathologique, que produit le bulbe sous forme de glycosurie, est évidemment soumis aux mêmes lois que tous les autres phénomènes du système nerveux. Toute espèce de centre nerveux peut être entraînée à produire un phénomène réflexe quelconque sous l'influence d'une irritation partie d'un point très-éloigné. Aussi le bulbe peut-il être troublé dans son fonctionnement sans être lui-même malade, et même sans avoir été envahi par une congestion de voisinage. Le vomissement est en grande partie l'œuvre du bulbe, et cependant il apparaît dans une foule de circonstances où cet organe ne peut jouer que le rôle de centre de réflexion. Il en est de même pour la glycosurie; il peut y avoir un diabète réflexe comme il y a un vomissement ou une convulsion réflexe. C'est ainsi que la cause première peut siéger dans les dernières ramifications du système nerveux périphérique et qu'on voit apparaître, entre autres, une glycosurie passagère sous l'influence d'une dentition difficile ou sous l'influence d'une simple névralgie. Dans le cas de Thomson, en particulier, l'urine fut très-chargée de sucre pendant toute la durée d'une névralgie faciale et revint à l'état normal dès que la névralgie eut cédé à l'application d'un vésicatoire. Le diabète peut même se produire par action réflexe psychique. C'est ce qui a lieu dans le cas de peine morale ou de trop grande activité intellectuelle. Mais dans toutes ces circonstances, c'est toujours le bulbe qui produit directement le symptôme glycosurie comme quand il est lui-même atteint. Les maladies des autres parties du système nerveux ne font que jouer le rôle de causes provocatrices et la gravité de la situation ne dépend que de la gravité de cette maladie première.

Cette détermination de siége est, du reste, tout à fait indépendante du choix à faire parmi les théories antérieurement exposées. Elle s'impose même en dehors de toute opinion physiologique, par le fait seul de l'observation clinique pratiquée d'une manière attentive. Cl. Bernard, Rouget, Reynoso, Marchal, de Calvi, reconnaissent tous le rôle capital que le bulbe peut jouer dans le diabète. Il n'infirme ni ne confirme aucune de leurs théories personnelles. C'est un terrain commun qu'ils sont obligés d'accepter pour y venir défendre, chacun, le mécanisme spécial qu'ils proposent.

Un seul fait de physiologie expérimentale semble, au premier abord, s'opposer à cette localisation, c'est que la glycosurie peut encore se montrer chez les animaux auxquels on a enlevé le bulbe et chez lesquels on entretient la vie de nutrition par la respiration artificielle. Mais il est évident que, quel que soit son mode d'action dans la production du diabète, le bulbe ne représente que le point de départ de l'ébranlement centrifuge qui doit aboutir au phénomène périphérique, la glycosurie, et ce phénomène suppose toujours une série d'ébranlements intermédiaires se succédant dans la moelle, le sympathique, les nerfs, etc. Or, chez un animal mutilé, ces ébranlements intermédiaires peuvent très-bien prendre naissance dans la moelle ou le sympathique directement, sans y avoir été provoqués par le rouage habituellement initial de toute cette machine. C'est un employé qui exécute spontanément et exceptionnellement un acte que d'habitude il ne remplit que lorsqu'il en a reçu l'ordre de son supérieur. Ce moyen de réfutation trouvera tout à l'heure son complément et son développement.

Étant reconnu que dans le diabète véritable le bulbe joue le rôle capital, il nous reste à déterminer à quel titre il remplit ce rôle.

Est-ce uniquement parce qu'il préside aux phénomènes de la respiration, comme le veut Reynoso? Est-ce parce qu'il préside aux circulations locales de tous les tissus, comme le veulent Samson et Rouget? Ou bien est-ce parce qu'il existe une fonction glycogénique dont le bulbe constitue le centre nerveux, comme le veut Cl. Bernard? Vous voyez que le moment est venu enfin de nous prononcer pour l'une ou l'autre des théories que nous avons reproduites au début de cette analyse physiologique.

En commençant cette leçon, j'ai reconnu avec Reynoso que la diminution des phénomènes respiratoires peut donner lieu à une élimination de sucre en nature; qu'il en est ainsi dans l'asphyxie et dans beaucoup d'affections de poitrine. Mais la glycosurie qui apparaît alors est un phénomène secondaire et tout à fait passager, et je prétends que le véritable diabète ne tient nullement à une entrave apportée à l'hématose, car j'ai pu m'assurer, par l'examen de l'air expiré et des autres excrétions (voir mon Mémoire intitulé : *La glycogénie justifiée par l'examen des excrétions chez les diabétiques*), que les véritables diabétiques éliminent tout autant d'eau et d'acide carbonique que les individus sains et actifs; que, par conséquent, les combustions se maintiennent chez eux au chiffre normal; que même la plupart du temps elles tendent à dépasser ce chiffre. Rien que ce fait condamne à la fois et la théorie de Reynoso et celle de Mialhe, puisque du moment où les combustions ne se feraient pas dans les proportions ordinaires, soit par défaut d'oxygène (Reynoso), soit par défaut de base provocatrice (Mialhe), dans l'un et l'autre cas l'exhalation d'acide carbonique devrait être diminuée, ce qui n'est tout justement pas. C'est même le contraire qui a généralement lieu. Il semble que le diabétique cherche à brûler, le plus qu'il peut, de ce sucre qui trouble la composition normale de son sang. Je crois donc que dans le diabète, qui mérite d'être considéré comme une entité morbide, c'est le facteur combustible qui est mis en cause et qui pèche par excès. Cet excès ne saurait être expliqué par le fait de l'alimentation, puisque le sucre continue à se montrer pendant l'abstinence, en vertu d'une véritable autophagie qui ne porte pas seulement sur la dextrine qui peut entrer dans la composition des tissus, mais encore sur leur propre base albuminoïde. La théorie de Bouchardat s'écroule donc à son tour en tant qu'explication ayant la prétention de s'appliquer au véritable diabète.

Notre tâche se trouve ainsi considérablement restreinte, et déjà le choix ne peut plus porter que sur celle de Bernard ou celle de Rouget, car les hypothèses de Schiff et de Pavy sont trop en dehors des lois ordinaires de l'organisme considéré dans l'état pathologique comme dans l'état physiologique pour pouvoir être acceptées; d'autant plus que les faits expérimentaux, sur lesquels elles reposent, ne conduisent aux interprétations de ces auteurs que par un véritable tour de force de déduction.

Je penche pour la théorie de Cl. Bernard, parce que si l'excès de sucre provenait d'une augmentation de travail de désassimilation due elle-même à une plus grande activité des circulations locales, l'amaigrissement devrait marcher de front avec la glycosurie. Or, pendant de nombreuses années, alors que le sucre est en quantité exorbitante dans l'urine, la plupart des diabétiques ont, au contraire, un embonpoint souvent phénoménal, qui résulte non pas seulement d'une accumulation de tissu adipeux, mais encore de l'existence d'un système musculaire à la fois massif et vigoureux.

Ce qui me fait aussi admettre la glycogénie, c'est une expérience de Schiff, qui me paraît assez probante. Il a pratiqué la piqûre de la moelle allongée à douze grenouilles. Six d'entre elles furent laissées dans cette condition, et l'on trouva leur urine chargée de sucre. Les vaisseaux du foie furent liés chez les six autres, et l'on ne trouva pas de sucre dans leur urine. Puis les ligatures furent enlevées et le sucre se montra au bout de quelques heures. Pavy a fourni une confirmation en procédant d'une autre manière. Il avait constaté qu'on pouvait produire le diabète en extirpant le ganglion cervical supérieur. Il vit depuis que le sucre n'apparaît pas si on applique préalablement une ligature sur la veine porte et l'artère hépatique. Notez bien, Messieurs, que Schiff et Pavy ne peuvent être accusés ici de partialité, puisque tous deux ont finalement abouti à des théories différentes de celle de Cl. Bernard.

Les seuls faits qui infirment, du moins en apparence, la glycogénie hépatique avec centre nerveux spécial dans le bulbe, sont ceux qui ressortent des expériences de Krause. Il a coupé, dans la région cervicale, le sympathique, c'est-à-dire le cordon qui, d'après Cl. Bernard, serait chargé de transmettre au foie l'influence glycogénique; et la piqûre du bulbe n'en produisit pas moins le diabète. Il en fut de même après la section du nerf phénique. Il y a plus, on peut couper la moelle elle-même et le diabète se produit encore.

Mais ces faits, en les admettant même comme réels et constants,

ne détruiraient en rien l'idée que Cl. Bernard se fait du fonctionnement du foie et du bulbe dans la glycogénie. Ce qui opère la transformation des matières azotées en zoamyline, ce n'est ni le bulbe,
ni la moelle, ni le grand sympathique. Elle est l'œuvre métabolique
des cellules hépatiques. Le système nerveux ne fait au plus que
deux choses : 1° produire un afflux plus considérable de matières
premières par action vaso-motrice; 2° peut-être fournir une stimulation, un coup de fouet, par l'action que Ludwig accorde à ses
nerfs sécréteurs. Mais dans cette double action il n'y a pas de force
spéciale créée en un seul point déterminé dans le bulbe. Il y a un
ébranlement qui peut, au besoin, prendre naissance en un point
quelconque du trajet nerveux qu'il est appelé à parcourir. Le ganglion microscopique, qui tient sous sa direction un département du
foie, peut au besoin donner le signal d'une surexcitation vaso-motrice
ou sécrétante. A plus forte raison un ganglion plus élevé dans l'ordre
hiérarchique le peut-il; à plus forte raison aussi la moelle, qui domine le grand sympathique, en est-elle susceptible. Enfin, dans l'intégrité complète du système nerveux, c'est, de toutes les parties de
ce système, le bulbe qui est le plus apte à amener cet effet au plus
haut degré et de la façon la plus constante, parce qu'il centralise en
lui la plupart des actes de la vie de nutrition. Il est le rouage initial
de la fonction glycogénique, comme il est le rouage initial de la
respiration, et cela uniquement parce qu'il reçoit le pneumo qui
apporte l'élément sensitif du phénomène réflexe dans la sécrétion
sucrée comme dans la respiration.

Si on n'admet pas cette application particulière du système de
segmentation hiérarchique, que je regarde comme une des bases
générales de l'innervation, les résultats de Krause peuvent encore
s'expliquer par les nombreuses communications qui existent à tous
les étages entre la moelle et le grand sympathique et entre les
diverses parties de ce dernier, communications qui permettent, après
toute espèce de section, à la circulation nerveuse de se rétablir.

Ce que je vais ajouter pourra être taxé de rêverie. Mais il est des
questions qui peuvent recevoir une solution de sentiment, surtout
quand ce sentiment est le résultat d'une multitude d'impressions
recueillies à travers une assez longue pratique et d'une observation
attentive. Il est, même dans les sciences d'observation, de ces choses
qui se sentent avant d'avoir pu être démontrées d'une manière
rigoureuse. Or, après tout ce dont j'ai été témoin, tant sur l'homme

sain ou malade que sur les animaux, je suis convaincu que l'animal a réellement le pouvoir de transformer les principes immédiats que lui apporte l'alimentation; qu'il peut faire de la graisse avec les amylacés, des amylacés avec de la graisse, les uns et les autres avec des matières azotées. Je crois même qu'il peut, avec des ternaires, faire des quaternaires, grâce à l'azote de la respiration; en un mot, que la création l'a mis à même de subvenir à ses besoins les plus pressants dans toutes les circonstances; et en cela je ne me laisse pas entraîner par l'admiration que suscitent en moi toutes les œuvres de la nature, mais je me base sur les données physiologiques et pathologiques elles-mêmes. Je pense aussi que le foie est le laboratoire où s'opèrent la plupart de ces transformations, du moins celles qui concernent la formation de la graisse et de la matière glycogène. Il est la seconde étape de l'assimilation, la digestion en représentant la première. Galien avait raison d'en faire le siége de ce qu'il appelait la seconde digestion. Pour moi donc, c'est à ce titre que le foie doit être regardé comme le centre d'une véritable fonction glycogénique. C'est probablement en raison des fonctions multiples de cet organe que le diabète s'accompagne d'un embonpoint remarquable. La congestion, la suractivité dont il devient le siége porte à la fois sur tous ses modes d'action. La stimulation désordonnée que lui apporte la maladie bulbaire le plonge dans un tel délire fonctionnel que, quand il ne reçoit plus rien du dehors, il dévore, pour ainsi dire, l'économie elle-même dont il fait partie, la résorption interstitielle et le sang lui fournissant les moyens de cette œuvre de destruction.

La fonction glycogénique étant admise, étant reconnu aussi que le véritable diabète traduit toujours une exaltation de cette fonction, je crois que la cause première de la maladie ne siége pas toujours dans le même point du système anatomique complexe mis au service de cette fonction; que de même que la pneumonie, elle dépend tantôt, mais exceptionnellement, des éléments cellulaires de l'organe hépatique, tantôt de la partie nerveuse soit centrale, soit périphérique, qui est appelée à régler le fonctionnement de cette glande. Bernard a cité deux cas où une contusion du foie a déterminé de la glycosurie. Crozant prétend avoir constaté les signes d'une affection hépatique chez un grand nombre de diabétiques. Fritz a vu un malade atteint de glycosurie qui éprouvait un sentiment de pesanteur dans la région du foie, et qui offrit en même temps une teinte ictérique des conjonctives. Andral a fait cinq ouvertures de corps de diabétiques, chez lesquels le foie était hypérémié d'une manière très-intense. Marchal, de Calvi, qui ne croit pas à la glycogénie, reconnaît cependant avoir constaté chez un diabétique un énorme engorgement du foie. Ces derniers faits de congestion, s'ils ne prouvent pas que la cause première du diabète siégeait dans le foie, démontrent du moins les corrélations qui peuvent exister entre cette affection, cet organe et le bulbe. Ils plaident par conséquent en faveur de la théorie glycogénique. Il est vrai que la plupart des maladies du foie, même de nature inflammatoire, ne donnent pas lieu à de la glycosurie, mais la clinique nous habitue à ces contradictions apparentes.

Vous avez dû remarquer, Messieurs, que dans les éliminations successives que nous avons faites des théories du diabète, j'ai laissé de côté celle de Marchal, de Calvi. Cette omission a été de ma part tout à fait volontaire. C'est qu'en effet il y avait lieu de la mettre en dehors du débat général, vu qu'elle appartient à un ordre d'idées extra-physiologiques et purement médicales. Il admet bien le travail de désassimilation générale de Samson et de Rouget; il reconnaît l'influence de l'acidité du sang sur les combustions, invoquée par Mialhe; il admet bien aussi que le système nerveux exerce de l'influence sur tous les phénomènes chimiques de l'économie; mais au fond il n'accorde à ces données physiologiques qu'un simple asile dans sa doctrine. Il veut bien les mettre un peu au service de sa conception clinique, qui pour lui domine tout. Pour lui, il s'agit avant tout d'un vice, héréditaire ou acquis, qui est indéterminé dans sa nature essentielle, mais qui matériellement et chimiquement se traduit par un excès de production d'acide urique; et cette diathèse urique peut, à son tour, engendrer soit la goutte, soit le diabète. Lorsqu'elle agit sur les tissus, c'est-à-dire lorsque l'acide se fixe dans les tissus, c'est la goutte qui se manifeste. Lorsqu'elle agit sur le sang, c'est-à-dire lorsque l'acide s'accumule dans le torrent circulatoire, c'est le diabète qui se manifeste en vertu de l'insuffisance des combustions. Il a parfaitement exprimé sa pensée à ce sujet par ces mots : « Le diabète, c'est la goutte du sang. » Lorsque l'acide urique abandonne à la fois les tissus et le sang, et qu'il est éliminé par les reins, c'est la gravelle, gravelle qui constitue ainsi, non pas une maladie, mais une guérison relative et naturelle pour la goutte et le diabète.

Il faut le reconnaître, sur le terrain pathologique la doctrine de Marchal est frappante de vérité. Tout praticien un peu observateur ne peut que rester convaincu de la relation constante et indiscutable qui existe entre la goutte, le diabète et la gravelle. Les faits qui démontrent leur communauté d'origine abondent de tous côtés. Un certain nombre de ces faits se trouveront consignés dans les tableaux annexes. J'irai même plus loin que Marchal. La filiation pathogénique ne s'arrête pas aux trois maladies susnommées, elle s'étend encore aux manifestations dartreuses, à l'albuminurie et à l'asthme. Nous aurons peut-être à revenir, à propos de cette dernière affection, sur la relation qu'elle présente avec le vice dartreux, mais elle n'a plus besoin de démonstration. A chaque pas, dans votre clientèle, vous verrez apparaître brusquement des crises d'asthme à la suite de rétrocession rapide de maladies cutanées. Si jamais la méthode dérivative, appliquée d'une manière permanente, a eu sa raison d'être, c'est ici. Il n'y a pas jusqu'à l'arsenic lui-même qui, en montrant sa grande efficacité dans les deux cas, ne vienne déceler une étiologie commune.

Je reconnais donc toute la vérité de ces observations cliniques. J'en suis tout autant pénétré qu'on peut l'être, mais elles ne sont nullement incompatibles avec l'existence d'une fonction glycogénique. Quelle que soit la nature de cette cause pathologique principale que l'on désigne par les mots vagues de diathèse ou de vice; quel que soit le mécanisme physiologique et anatomique par lequel elle arrive à se traduire par des manifestations aussi nombreuses et aussi variées, il n'en est pas moins certain que cette diathèse semble frapper avant tout le bulbe, puisque la plupart de ces manifestations pathologiques peuvent être reproduites artificiellement par la piqûre des différents points de cet organe, et puisqu'elles consistent en des troubles des fonctions auxquelles la physiologie nous montre que le bulbe préside. De même que cette diathèse produit l'asthme en agissant sur le centre respiratoire, elle peut tout aussi bien produire le diabète en agissant sur un centre glycogénique. C'est aussi sans doute en vertu du concours de premier ordre que le bulbe apporte à l'innervation vaso-motrice et à la vie de nutrition que cette même diathèse peut donner lieu aux troubles nutritifs superficiels des dartres et à ceux plus profonds de la goutte. Ceci nous conduit à présenter quelques considérations générales sur cette dernière maladie. J'ai donné à entendre, à propos de la moelle, que le système nerveux jouait tout au moins un rôle des plus importants dans la goutte. Le moment est venu de compléter ce que j'ai déjà énoncé à ce sujet.

Barlow est le seul auteur qui rattache encore la goutte à un état de pléthore sanguine. Il regardait les accès comme représentant un trouble constitutionnel de nature inflammatoire. Cullen, qui ne connaissait pas l'existence de l'acide urique et qui était convaincu que chimiquement les humeurs des goutteux ne diffèrent en rien de celles des autres individus, n'a pas hésité un seul instant à déclarer que la goutte dépend d'une conformation spéciale du corps et en particulier d'une affection des centres nerveux. Il assure que la plupart des symptômes de la goutte rétrocédée consistent manifestement en des troubles variés de ce système. Une pareille assertion a déjà par elle-même une grande valeur quand on la sait basée sur les impressions d'un homme aussi remarquable par son génie médical. Murray Forbes, le premier, a fait entrer dans une autre voie cette question de pathogénie en attribuant cette maladie à la présence d'un acide qu'il appelait acide lithique et qui a depuis reçu le nom d'acide urique. Mais même dans cette nouvelle voie, les chimistes nous conduiraient encore à mettre le bulbe en cause d'une manière indirecte. En effet, Liebig semble indiquer que l'excès d'acide urique trouve au moins une de ses origines dans la respiration, et, par suite, le bulbe aurait le droit d'intervenir dans sa production. Il fait observer que les mammifères carnassiers excrètent de faibles proportions d'acide urique, tandis que les reptiles ophidiens, quoique se nourrissant des mêmes aliments, rendent des quantités énormes de cet acide. Or, tout justement, chez les animaux de la première classe, la fonction respiratoire est très-active et conséquemment le chiffre de l'oxygène absorbé est fort élevé. Il est au contraire peu considérable chez ceux de la deuxième classe. Lehman est venu prêter son appui à cette théorie chimique en déclarant que l'exercice, qui est une condition hygiénique si favorable aux goutteux, diminuait la proportion d'acide urique. Il est vrai que d'autres auteurs ont signalé le contraire. Mais, en réalité, les deux résultats peuvent très-bien se concilier avec l'idée de Liebig, puisque si l'exercice active la respiration, il est bien certain qu'il use la matière et qu'il active aussi la désassimilation, et lorsque l'exercice est exagéré, il peut très-bien augmenter beaucoup plus la dénutrition que l'introduction de l'oxygène. Aussi n'est-ce pas l'objection tirée de l'augmentation possible de l'acide urique sous l'influence de l'exercice qui me paraît capable d'ébranler la théorie chimique. C'est plutôt un argument qu'on peut opposer à Liebig et qu'on peut puiser à la même source que les siens. Chez les oiseaux et les insectes, l'urine est excessivement chargée d'urate d'ammoniaque, et cependant ils consomment une grande quantité d'oxygène et leur hématose est très-active.

Tout en reconnaissant que la surabondance des aliments azotés et la vie trop sédentaire constituent des facteurs d'aggravation dans la goutte, je crois que celle-ci ne trouve pas sa cause première dans un défaut d'équilibration des phénomènes chimiques qui se passent entre les matières albuminoïdes et l'oxygène du sang. Il ne faut voir dans l'imbibition d'acide urique que la caractéristique à la fois chimique et histologique de la goutte. J'accorde même à Garrod que le travail inflammatoire qui apparaît de temps en temps a pour but l'élimination de cet acide. Mais au-dessus de tous ces faits appréciables par des investigations de laboratoire, il y a l'influence primitive et plus insaisissable du système nerveux. En effet, de nombreuses observations d'ordre clinique tendent à démontrer la nature nerveuse pressentie par Cullen.

Les goutteux éprouvent très-souvent des crampes; quelques-uns ont une envie irrésistible de grincer des dents. Ils ont souvent des névralgies qui occupent les branches de la 5e paire et plus souvent encore le nerf sciatique. D'où le nom de *goutte sciatique* employé dans le langage usuel. Certaines paralysies localisées peuvent être rattachées à la diathèse goutteuse. Garrod a vu dans un cas la paralysie faciale cesser au moment où apparaissait la goutte régulière. La même diathèse peut donner lieu à l'hystérie. Cela a lieu très-souvent chez les femmes que l'hérédité prédispose à la goutte, surtout quand les règles sont irrégulières. Les symptômes d'hystéricisme s'amendent dès qu'il survient un accès de goutte articulaire. Garrod a vu plusieurs fois l'irritation spinale et la goutte articulaire alterner manifestement. Certains goutteux éprouvent des douleurs spontanées de la sensibilité à la pression au niveau de la partie supérieure de la colonne lombaire, de l'hyperesthésie dans les jambes coïncidant avec un affaiblissement musculaire. Cet affaiblissement peut même atteindre le degré d'une véritable paralysie, simulant soit une hémiplégie d'origine apoplectique, soit une paraplégie. Il est vrai que les symptômes paralytiques pourraient être regardés comme de nature purement musculaire et comme étant dus à l'imprégnation des muscles par l'acide urique. Dans les cas de paralysie goutteuse, les muscles de la vie animale ne renferment jamais de concrétions uratiques, mais toujours l'examen chimique permet de constater l'existence d'une assez forte proportion d'urate de soude dans l'extrait musculaire. D'autre part, on a dit que dans la goutte les muscles et les tendons éprouvent des modifications de texture qui les rendent plus friables. Johnson a même signalé la plus grande fréquence du coup de *fouet* chez les goutteux. Mais ces modifications musculaires ne sauraient jamais expliquer une paralysie complète. Les formes hémiplégique et paraplégique viennent, du reste, attester que la cause se trouve dans le système nerveux. Il est d'ailleurs des preuves matérielles à ce sujet. Graves a rapporté quelques faits de ramollissement de la moelle rencontrés à l'autopsie de sujets goutteux qui, pendant la vie, avaient présenté des symptômes d'affection spinale, et, chose digne d'être notée, dans l'un des cas, l'apparition de la goutte aux pieds amenda temporairement les symptômes spinaux.

La diathèse goutteuse peut aussi engendrer des accès d'épilepsie et même des désordres dans la sphère intellectuelle, des attaques de manie et de folie véritable. Il est surtout un grand nombre de goutteux qui sont atteints d'hypocondrie et chez lesquels l'état psychique s'améliore pendant les accès articulaires.

Il est évident que l'état nerveux spécial qui a mérité en clinique la désignation de diathèse goutteuse, porte sur tout l'axe cérébro-spinal et qu'il n'envahit pas exclusivement le bulbe. Les altérations de nutrition auxquelles il donne lieu sont chacune l'œuvre directe de la colonne de Jacubowitsch dont chaque région du corps relève. C'est pour cela que les maladies de la moelle peuvent donner lieu à des arthropathies isolées. Mais si, dans la goutte véritable, le bulbe paraît jouer le rôle principal, si pour cette raison elle est si apte à se transformer en diabète ou en asthme, cela tient à ce que cet organe est le rouage central de l'innervation vaso-motrice, à ce qu'il est le premier moteur de tous les actes de nutrition dans la vie pathologique comme dans la vie physiologique.

Pour terminer tout ce qui touche à la physiologie pathologique du diabète, je dois encore vous entretenir un instant d'une affection appelée *polyurie* ou *diabète non sucré*. Vous vous rappelez que la piqûre du bulbe, pratiquée dans un point plus élevé que celui qui peut donner naissance à la glycosurie, détermine une hypersécrétion d'urine sans présence de sucre. Il semble que le monde pathologique tient à reproduire, avec une origine spontanée, tous les faits que l'expérimentation arrive à créer artificiellement. On rencontre, en effet, des malades qui, pour tous symptômes, sont tourmentés par une soif inextinguible, quelquefois aussi par une faim exagérée, et rejettent des quantités considérables d'une urine très-claire, très-limpide et d'une densité excessivement faible. Cette polyurie est certainement, comme le diabète, d'origine sinon bulbaire, du moins encéphalique, car on la voit très-souvent se déclarer à la suite de lésions traumatiques du crâne et dans le cours d'affections aiguës ou chroniques de l'encéphale. Il n'est pas, du reste, une seule névrose où elle ne se montre de temps en temps. On l'attribue généralement à une paralysie des vaisseaux du rein. Par suite de cette paralysie, la pression sur les parois internes des glomérules deviendrait plus grande. D'où une filtration plus rapide de la partie aqueuse du sang. La soif serait ensuite la conséquence naturelle de la grande déperdition d'eau éprouvée par le sang. Cela donne donc à supposer, ce que nous enseignait déjà la physiologie, que le bulbe préside à la circulation rénale. Je crois qu'il y a dans ce segment du système nerveux deux centres distincts qui peuvent être affectés, soit isolément, soit simultanément, un centre rénal ou urinaire à action vasomotrice et un centre glycogénique. Dans la polyurie, le premier seul est atteint. Dans le diabète, les deux sont le plus souvent mis en cause et il y a deux éléments pathogéniques qui se combinent entre eux dans des proportions variables, l'élément urinaire qui fait la quantité, et l'élément glycogénique qui fait la qualité du liquide excrété. Mais parfois, ou tout au moins à certains moments, le centre glycogénique peut être seul troublé, car il est des diabétiques qui rejettent une urine qui est très-sucrée, mais qui, comme abondance, est même au-dessous de la normale.

Il y a quelques années, Mosler, ayant trouvé dans l'urine d'un polyurique de l'*inosite*, a pensé qu'il n'existait pas de véritable polyurie; que celle-ci était une autre forme de diabète dans laquelle le glycose était remplacé par cette substance. Mais la présence de l'inosite est loin d'être constante. De plus, comme cette substance existe dans divers tissus, notamment dans les muscles, il est probable qu'elle se trouve exceptionnellement entraînée comme par un lavage, grâce à la masse d'eau qui traverse les tissus chez les polyuriques. Des expériences de Strauss semblent indiquer que les choses se passent en effet ainsi. Chez plusieurs individus sains, il a fait apparaître de l'inosite dans les urines en leur faisant boire de fortes quantités d'eau.

VINGT-TROISIÈME LEÇON.

Messieurs,

Avant de commencer l'étude physiologique de l'albuminurie qui doit faire l'objet de cette leçon, permettez-moi de formuler, dans des réflexions générales, ma pensée sur la manière dont on doit comprendre le mode de production de certains symptômes morbides qui, comme la glycosurie, la polyurie et l'albuminurie, peuvent apparaître dans des circonstances variées et avec un caractère variable de gravité.

Dans la plupart des maladies qui se manifestent par des modifications de sécrétion ou de nutrition intime, il y a toujours à considérer les éléments suivants : 1° un acte cellulaire qui crée ou rejette un produit de chimie pathologique; 2° un acte vasculaire qui apporte soit le produit à rejeter, soit les matériaux nécessaires à la formation de ce produit; 3° une intervention des nerfs qui est peut-être double, d'une part, pour stimuler les cellules à exécuter leur œuvre avec plus ou moins d'activité, d'autre part, pour dilater les vaisseaux et augmenter les phénomènes d'apport; 4° une intervention des centres nerveux, probablement double aussi, comprenant, de même que l'action nerveuse périphérique, l'intervention d'un centre vaso-moteur et celle d'un centre excitateur; 5° un acte sensitif inconscient qui vient provoquer ces deux centres, car la plupart des phénomènes morbides sont de nature réflexe. En outre, ces diverses actions nerveuses sont elles-mêmes très-probablement beaucoup plus complexes qu'on ne le croit généralement. Ce n'est pas un fluide qui, créé dans le centre excitateur, va d'un trait à travers les nerfs jusqu'à la cellule ou jusqu'au capillaire. C'est un ébranlement moléculaire qui, né dans ce centre, provoque de proche en proche la mise en activité de l'autonomie des divers ganglions semés sur le trajet des nerfs. Or, l'autonomie de la cellule, celle du vaisseau, celle de chaque ganglion, celle de chaque centre nerveux peuvent entrer en activité par une action directe, ou même spontanément. Chaque ganglion peut agir de lui-même, au reçu d'une impression sensitive inconsciente qui lui est arrivée directement, sans passer par le centre plus élevé qui se trouve dans le bulbe ou ailleurs. Il peut même agir sans y avoir été provoqué par une impression partie de la périphérie et, dans toutes ces circonstances, l'acte final, celui qui constitue le symptôme morbide, la sécrétion ou l'excrétion, reste toujours le même, qu'il soit l'œuvre isolée de la cellule, qu'il dépende des phénomènes d'apport ou de sanguification, qu'il ait été provoqué par tel ou tel ganglion, tel ou tel centre. Voilà pourquoi le symptôme albuminurie, comme le symptôme diabète, comme le symptôme polyurie, comme la pneumonie ou toute autre inflammation, peut apparaître toujours avec le même aspect dans une foule de circonstances différentes. Voilà pourquoi les cliniciens ont été obligés d'admettre tant d'espèces de diabètes, d'albuminuries, de pneumonies, etc. Ce qui fait la gravité de l'état morbide, ce n'est pas l'intensité du symptôme qui a donné son nom à la maladie, c'est la nature et le niveau du point de départ de la série d'actes qui aboutit à la manifestation extérieure. Si la cause provocatrice est dans la cellule même et toute locale, sa sphère d'action demeure restreinte et retentit peu ou pas sur le reste de l'économie. Ce n'est, pour ainsi dire, qu'un épiphénomène de la vie normale. Si elle siége dans un ganglion, elle a déjà plus de puissance et peut même retentir sur d'autres fonctions. Si, enfin, elle siége dans le centre nerveux, la maladie acquiert de suite une grande gravité, car non-seulement elle domine alors toutes les cellules de l'organe périphérique, compromet toute la fonction de ce dernier, mais elle trouble encore indirectement toutes les autres fonctions qui ont besoin de la première pour le maintien de l'équilibre de toute l'économie. De plus, l'état morbide, qui altère un des centres fonctionnels de cette partie de l'axe cérébro-spinal, gagne bien vite les autres centres fonctionnels qui siégent dans cette même partie, et même cette altération se propage tôt ou tard aux autres portions du système nerveux. Alors toute l'innervation se trouve compromise ; tout dépend encore de la nature de cette altération centrale qui est plus ou moins envahissante, plus ou moins guérissable. Lorsque enfin cette partie primitivement atteinte est le bulbe, c'est-à-dire un organe qui tient sous sa coupe les fonctions les plus indispensables à la vie, alors non-seulement la gravité acquiert le plus haut degré, mais même l'affection peut devenir rapidement mortelle. C'est tout justement ce qui a lieu pour le diabète et l'albuminurie.

Ces réflexions s'appliquant aussi bien à la présence du sucre dans les urines qu'à celle de l'albumine, il était naturel de les présenter au moment où nous venons de terminer l'étude physiologique du diabète et au moment où nous allons commencer celle de l'albuminurie.

Albuminurie.

Pris dans son acception générale, le mot albuminurie signifie une excrétion d'albumine se faisant à travers les reins. A ce titre, on sent, même *a priori*, que le fait doit se produire dans une foule de circonstances essentiellement différentes. Les cliniciens s'accordent à reconnaître que ce symptôme peut apparaître dans les maladies du cœur, dans celles du foie, dans celles du rein, dans certaines névroses, dans quelques pyrexies, dans les intoxications saturnine et alcoolique. Elle peut aussi se montrer, en dehors de tout état morbide, dans la grossesse et même dans l'état tout à fait physiologique, sous l'influence d'une alimentation trop albumineuse. Bernard ayant mangé plusieurs œufs durs, après s'être soumis à l'abstinence pendant un certain temps, constata la présence d'une forte quantité d'albumine dans ses urines. Barreswill, Brown Sequard, Tessier ont obtenu le même résultat.

Evidemment, le mécanisme de l'albuminurie ne saurait être le même dans toutes ces circonstances et le système nerveux être mis en cause dans tous ces cas. C'est tout justement la propension des auteurs à l'exclusivisme qui fait que toutes les explications proposées viennent se heurter contre quelques impossibilités. Il est tout aussi impossible d'expliquer toutes les albuminuries par une augmentation de l'albumine, que par une modification dans sa constitution moléculaire, que par une augmentation de la pression sanguine, que par une altération du filtre rénal. Toutes ces explications sont vraies dans certains cas et inapplicables dans les autres.

Lorsque la cause de l'albuminurie se trouve dans l'alimentation, comme dans l'expérience de Cl. Bernard, il est incontestable que le système nerveux n'a aucune part à réclamer. Tout se passe comme dans la glycosurie qui fait suite aux repas : le sang reçoit plus d'albumine qu'il n'en peut utiliser, il en est sursaturé et il se débarrasse du surplus comme d'un corps étranger.

Les conditions sont tout à fait analogues lorsqu'on produit artificiellement l'albuminurie chez les animaux en injectant directement, soit dans les veines, soit dans le tissu cellulaire, du blanc d'œuf ou du serum du sang. Il en est de même aussi pour les albuminuries qui se montrent pendant la période de résorption de certains épanchements pleurétiques ou autres. C'est alors, comme l'a dit Bouillaud, *une digestion périphérique* qui vient fournir au sang un excès momentané d'albumine.

Il est vrai qu'il est des personnes chez lesquelles l'ingestion d'une grande quantité de blancs d'œuf ne donne jamais lieu à l'albuminurie. On a expliqué cette exception en disant : Il ne suffit pas qu'il y ait excès, il faut aussi que les reins se prêtent à une filtration plus active dont certains individus sont incapables. Je crois qu'il est une autre explication tout aussi admissible, c'est que tout le monde n'a pas la même puissance d'utilisation, c'est-à-dire d'assimilation ou de transformation en une autre substance.

Dans les maladies du cœur, la cause de l'albuminurie n'est plus un excès d'albumine dans le sang. Elle est certainement de nature hydraulique. L'obstacle mécanique apporté à la circulation fait naître dans le rein, comme partout, une augmentation de pression qui fait transsuder l'albumine comme le fait une pression exercée sur une solution albumineuse placée dans l'endosmomètre. On a bien donné comme preuve de l'insuffisance de l'augmentation de pression, une expérience qui consiste à exagérer la tension en injectant de l'eau pure dans les veines d'un animal et qui ne ferait cependant pas apparaître l'albumine du sang dans les urines. Mais le résultat est loin d'être toujours négatif, comme on l'a prétendu. Le serait-il toujours, du reste, qu'on aurait encore le droit de supposer que cette injection ne produit pas une augmentation suffisante, car l'expérience de Meyer démontre de la manière la plus péremptoire qu'on peut produire de l'albuminurie en forçant mécaniquement le sang à s'accumuler dans le rein, et par suite en augmentant la tension sanguine. Il a, chez plusieurs animaux, saisi la veine cave inférieure au-dessus de l'embouchure des rénales; il en a rétréci le calibre du tiers ou de la moitié, et l'urine s'est montrée aussitôt riche en albumine. Non-seulement le mécanisme hydraulique est possible, mais je crois qu'il est le seul qui puisse rendre compte de

l'albuminurie cardiaque, d'autant plus qu'elle n'apparaît jamais que
dans les maladies du cœur qui ont déterminé des stases veineuses
considérables. Ici encore le système nerveux n'a rien à réclamer
comme influence pathogénique directe, et nous pouvons passer outre.
Pousser plus loin l'analyse de ce genre d'albuminurie, serait sortir
du cercle déjà trop immense de la physiologie pathologique de
l'innervation.

Nous pouvons aussi éliminer du problème l'albuminurie d'origine
hépatique, car, pour elle, deux hypothèses seulement sont possibles
et toutes deux restent en dehors de la sphère d'action du système
nerveux. Ou bien elle tient aux rapports intimes que la veine cave
inférieure contracte avec le foie et à ce que ce vaisseau se trouve
comprimé par la maladie organique de cette glande; et alors on
rentre dans le cas précédent. C'est un mode spécial du mécanisme
hydraulique. Ou bien elle tient à ce que les cellules hépatiques
altérées ne peuvent plus remplir leur fonction glycogénique et à ce
que les produits azotés de l'absorption digestive n'étant plus dédou-
blés dans le foie, restent en nature dans le torrent circulatoire. On
rentre alors dans le cas d'une alimentation trop albumineuse, dans
le cas d'albuminurie par excès d'albumine. Le bulbe n'est même pas
mis en cause dans la suppression de la fonction glycogénique, car
c'est le dernier rouage de la machine de cette fonction qui fait défaut, la cellule hépatique.

Quelques auteurs attribuent aussi à la compression de la veine
cave inférieure l'albuminurie qui se montre chez beaucoup de
femmes enceintes, mais la cause me semble devoir être autre, car
l'urine ne renferme point d'albumine chez les femmes qui ont un
kyste de l'ovaire ou même un développement considérable de l'utérus dû à un polype ou à un corps fibreux et capable d'exercer une
compression tout aussi considérable. Évidemment le phénomène doit
tenir, comme la glycosurie, aux conditions physiologiques spéciales
de la femme grosse. Une explication qui rentre dans cette manière
de voir est celle qui suppose que la mère introduit dans son sang
une plus grande quantité d'albumine pour subvenir à la fois à ses
propres besoins et à ceux de son enfant; que cette plus grande introduction n'est pas toujours en équilibre exact avec les nouvelles
causes de dépense; que le fœtus n'utiliserait pas toujours le surcroît
d'albumine qui ne saurait être conservé par le sang. On a objecté, il
'est vrai, à cette hypothèse l'absence d'albumine dans l'urine des

femmes qui conservent pendant un mois un enfant mort. Mais on comprendrait encore qu'après la mort de l'enfant, qui deviendrait ainsi pour elle un simple corps étranger, la femme rentrât de suite dans les conditions ordinaires de nutrition, comme cela a lieu après les couches, de sorte que l'argument ébranle beaucoup plutôt la première supposition. Quoi qu'il en soit, on n'est pas autorisé, jusqu'à présent, à rapporter au système nerveux l'albuminurie simple des femmes enceintes.

Quant à l'idée d'une cause purement chimique, c'est-à-dire d'une modification moléculaire éprouvée par l'albumine du sang, idée qu'on a cherché à appliquer à divers cas d'albuminurie, l'état actuel de la chimie organique ne nous permet pas de nous lancer sur un terrain aussi peu sûr. J'accorde encore que dans les cachexies l'élimination soit due à une modification de ce genre, mais uniquement parce que la chose n'est pas impossible.

Somme toute, la thèse d'une pathogénie nerveuse ne me paraît pouvoir être soutenue que pour l'affection appelée *maladie de Bright*, pour l'éclampsie albuminurique de certaines femmes et pour les albuminuries d'origine pyrétique et toxique. Du reste, pour moi, au point de vue du mécanisme général, ces derniers cas rentrent entièrement dans le fait de l'albuminurie de Bright, de sorte que le débat pourra porter exclusivement sur cette affection, sauf à faire ressortir ses relations avec les autres albuminuries d'origine nerveuse. Cela étant, nous n'avons à présenter ici que le sommaire descriptif de la maladie de Bright.

Sommaire descriptif de la maladie de Bright. — Cette affection peut se présenter sous deux formes, la forme aiguë et la forme chronique.

Dans le premier cas, il survient brusquement un frisson intense qui s'accompagne de douleurs dans la région rénale et de vomissements sympathiques. Le malade est tourmenté par un besoin continuel d'uriner et n'obtient la plupart du temps qu'un résultat insignifiant. C'est à peine s'il rejette quelques onces d'urine dans les 24 heures. Mais celle-ci est d'un rouge sale et renferme une quantité considérable d'albumine. Elle se prend en masse sous l'action de la chaleur et de l'acide azotique. De très-bonne heure il se produit une hydropisie qui, de suite, atteint un très-haut degré et qui se fait aussi remarquer par la facilité avec laquelle elle se déplace. Chez beaucoup de sujets, tout rentre dans l'ordre au bout de 8 à 15 jours.

Chez d'autres, il survient soit une pneumonie, soit une pleurésie, soit une péricardite qui, généralement, sont suivies de mort. D'autres succombent après avoir présenté des symptômes cérébraux consistant en convulsions ou en coma. A l'autopsie, on trouve les reins augmentés de volume, d'un rouge brun, friables. Au microscope, les glomérules forment de petites masses rouges qui tranchent nettement sur le reste. On aperçoit des épanchements sanguins dans les capsules de Malpighi et dans les canalicules urinifères. Dans d'autres existent des exsudats coagulés. Ces cylindres d'exsudats sont couverts de cellules épithéliales qui ne sont pas beaucoup modifiées dans leur aspect.

Dans la forme chronique, les douleurs rénales sont très-rares. La sécrétion urinaire diminue rarement. Parfois, au contraire, il y a une véritable hypersécrétion, même quand le rein semble ne plus exister. L'urine est mousseuse et présente, à certains moments, une couleur de café étendu qui est due à de la matière colorante du sang altéré. L'analyse chimique y montre non-seulement la présence de l'albumine, mais encore une diminution de l'urée. Tôt ou tard il survient de l'anasarque qui est très-mobile et qui se montre surtout aux mains et à la face. Le teint est très-pâle et a même quelque chose de caractéristique pour un œil exercé. Le malade est d'une faiblesse extrême. Quand l'affection est déjà ancienne, on constate presque toujours une hypertrophie du cœur sans lésions valvulaires. La plupart des sujets éprouvent des suffocations et tous les symptômes d'un catarrhe bronchique. Leur vue s'affaiblit et ils peuvent devenir tout à fait amaurotiques. Plus tard surviennent des convulsions qui se montrent par accès. D'autres tombent dans le coma le plus profond. Il en est qui ont des accès de délire précédés d'une céphalalgie opiniâtre. Ils finissent par présenter une obtusion intellectuelle permanente qui se traduit par l'apathie, l'indifférence et la lenteur de la perception. Généralement, tous succombent au milieu de ces symptômes cérébraux s'ils n'ont pas été enlevés par une pneumonie intercurrente.

Des autopsies faites à des époques plus ou moins éloignées du début de la maladie, ont conduit les anatomo-pathologistes à admettre, pour les lésions rénales, trois périodes. Dans la première, on ne trouve que les altérations de la forme aiguë; dans la seconde, les reins sont plus volumineux encore que dans la première. Leur teinte générale est jaunâtre; ils renferment peu de sang. Les corpuscules de Malpighi sont pâles ; les canalicules sont dilatés et visqueux ; les cellules qui les tapissent sont graisseuses ; les exsudats sont parsemés de granulations graisseuses. Çà et là sont des amas de graisse provenant de la destruction des cellules. Dans la troisième, l'organe est considérablement atrophié, sa surface est bosselée ; il a une consistance dure et coriace. A la place des canaux urinifères se trouve du tissu fibrillaire. Les quelques corpuscules qui existent encore sont remplis de graisse. La plupart des observateurs ont malheureusement négligé de rechercher l'état des centres nerveux. Les auteurs classiques ne parlent que d'un certain œdème cérébral qu'on aurait rencontré quelquefois. Dans l'analyse, nous pourrons émettre une assertion qui prouve qu'on a eu tort de ne pas pousser plus loin l'investigation nécroscopique.

Analyse physiologique. — Dans l'interprétation physiologique, il est nécessaire de maintenir la distinction admise en clinique, car le mécanisme physiologique n'est peut-être pas tout à fait identique dans les deux formes, aiguë et chronique. C'est sur cette dernière que nous ferons tout d'abord porter la discussion.

En voyant les altérations si caractéristiques que nous avons signalées dans les reins, il était tout naturel de leur attribuer le passage de l'albumine. Le filtre ainsi modifié se laisserait traverser par ce qu'il a l'habitude de retenir dans les conditions normales. C'était là l'idée, non pas de Bright qui, le premier, a décrit la maladie et y a attaché son nom, mais celle de Rayer qui en a le premier importé la connaissance en France. C'est encore celle de la plupart des médecins. Du reste, dans presque tous les traités classiques, sinon dans tous, la maladie de Bright est donnée comme une affection toute locale. Généralement, on pense que l'albumine passe, parce qu'il n'y a plus d'épithélium, ou que là où il existe par places il est complétement dégénéré. Le fait est que dans toutes les maladies des reins où l'épithélium dégénère et tombe, il y a albuminurie. Beaucoup d'auteurs prétendent que dans l'état normal l'albumine tend à transsuder comme le reste, qu'elle pénètre même dans les cellules, mais qu'elle y reste soit pour la nutrition même de ces éléments, soit pour y être transformée en une autre matière non déterminée. Quelques-uns se sont même hasardés à dire, contre tous les enseignements de la chimie biologique, que ce sont les cellules des reins qui font de l'urée avec les détritus azotés fournis par la désassimilation.

Il est bien vrai que dans la plupart des cas où l'acide nitrique décèle la présence de l'albumine dans les urines, le microscope y décèle, de son côté, la présence d'un grand nombre de cellules épithéliales et, par conséquent, l'existence d'une active desquamation dans les tubes urinifères. Mais rien ne prouve que cette desquamation ne soit pas, au contraire, le résultat du passage de l'albumine, car nous pouvons opposer à la théorie rénale de la maladie de Bright un certain nombre de faits qui semblent la condamner.

Ainsi que Graves l'a déjà indiqué, il y a déjà dans la science beaucoup de cas où la symptomatologie s'est montrée identique avec celle de la maladie de Bright et dans lesquels on n'a trouvé à l'autopsie aucune lésion rénale. Bien des fois aussi on a présenté à des praticiens expérimentés des reins dégénérés qu'ils ont déclaré devoir provenir incontestablement d'individus atteints de la maladie de Bright. Or, les sujets qui les avaient fournis n'avaient jamais eu d'albumine dans leurs urines. Une cause qui mérite d'être considérée comme telle est toujours inséparable de ses effets habituels. Souvent encore on voit disparaître l'albumine des urines d'anciens albuminuriques; on les croit guéris. Ils meurent au bout d'un temps plus ou moins long, et on trouve leurs reins complétement dégénérés. Pourquoi donc cette suppression du produit anormalement excrété quand les conditions locales n'ont pas changé, ou plutôt se sont aggravées?

Du reste, les cylindres d'exsudats qui remplissent les canaux urinifères, quels sont-ils, si ce n'est la substance qui doit être rejetée et qui s'est coagulée; de sorte que la principale caractéristique de la lésion de Bright n'appartient même pas à l'organe? C'est le résultat d'un phénomène chimique auquel le rein sert seulement de contenant. C'est un fait tout à fait indépendant de la vie qui n'a pas plus de valeur que la coagulation du sang dans les veines d'un cadavre. Si ces cylindres sont piquetés de granulations graisseuses, ce n'est là encore, au moins en partie, que la reproduction de ce qui se passe pour les caillots de fibrine enfermés dans l'économie. Eux aussi se transforment spontanément en graisse et en ammoniaque, de façon à donner naissance à un savon qui permet leur résorption ou leur expulsion sous une forme soluble. C'est une digestion en vase clos analogue à celle qu'éprouve le blanc d'œuf solide placé dans la cavité péritonéale ou ailleurs. Quant aux lésions qui siégent réellement dans le tissu rénal lui-même, peut-être ne sont-elles que les effets de l'irritation mécanique que détermine la présence de ces bouchons dans les canaux urinifères.

Dans le diabète, on constate également des altérations rénales. Les reins sont plus volumineux et congestionnés. S'il n'y a pas d'exsudats, cela tient, comme le dit Prout, à la grande solubilité du sucre. Si ce principe, ajoute-t-il, était solide comme l'albumine, au lieu d'être liquide, on ne peut douter que des dépôts morbides ou des lésions organiques ne deviennent la conséquence de son passage. Johnson a démontré que la transsudation même du sucre finit par déterminer la chute des cellules épithéliales des reins.

Une série d'expériences pratiquées par Hammon a donné un résultat qui semble indiquer que l'état des reins, leur plus ou moins d'activité ne sont pour rien dans l'albuminurie. Il a, à l'aide de diurétiques, exagéré le travail de la glande rénale chez des albuminuriques. La quantité d'urine rejetée a augmenté, mais celle de l'albumine est restée la même.

En dehors de tous ces arguments, mes impressions cliniques me forcent à rejeter la théorie rénale que je regarde comme une erreur due à l'empressement que l'on a mis à saisir, pour expliquer les symptômes signalés pendant la vie, la première altération anatomique qu'on a rencontrée. Je comprends qu'un Allemand qui est absorbé par la vie cellulaire, le principal théâtre de ses découvertes, et qui en arrive ainsi à borner lui-même singulièrement son horizon pathogénique, reste dans cette erreur, mais je ne comprends pas qu'un clinicien attentif puisse ne pas lire dans la nature et l'enchaînement des symptômes que le plus souvent l'albuminurie et l'altération des tubes urinifères sont deux effets d'une même cause placée beaucoup plus haut. Mais cette cause plus générale, quelle est-elle? Où se trouve-t-elle? Est-ce dans le tégument externe, comme le veut Semmola? Est-ce dans le sang? Est-ce dans le système nerveux?

Semmola, s'appuyant sur ce fait que l'étiologie indique l'influence du froid, pense que le refroidissement de la peau a pour résultat d'en supprimer le fonctionnement, de supprimer par conséquent la respiration cutanée; qu'il en résulte pour le sang un déficit d'oxygène, d'où oxydation incomplète des principes protéiques de l'organisme qui se trouvent être éliminés presque en nature. De plus, selon lui, ce même refroidissement ferait contracter les capillaires cutanés, d'où reflux du sang vers le réseau capillaire viscéral et en particulier vers les reins. Ceux-ci, soumis non-seulement à cette congestion par reflux sanguin, mais encore à un travail exagéré, finiraient par s'altérer dans leur texture, de sorte que la même cause, le froid, produirait à la fois les deux effets caractérisant la maladie de Bright, l'élimination d'albumine et l'altération des reins. Nous verrons que cette explication ne peut même pas être admise pour la forme aiguë ni pour l'albuminurie scarlatineuse auxquelles elle semblerait, au premier abord, devoir s'adapter parfaitement. A plus forte raison ne peut-elle pas s'appliquer à la forme chronique, dans la production de laquelle le froid ne figure jamais d'une manière sérieuse. Cette forme se développe trop lentement et dure trop longtemps pour qu'on puisse adopter un mécanisme de ce genre. D'ailleurs, tous les albuminuriques sont loin d'avoir la peau sèche et décolorée. Beaucoup sont déjà atteints depuis longtemps, qu'ils ont encore la peau très-vascularisée et ayant tous les attributs de la vigueur.

D'après Andral et Gavarret, on rencontre dans le sang des albuminuriques un peu plus d'eau, un peu moins de globules, un peu moins de fibrine et un déficit assez considérable des principes solides du sérum. Mais cet état du sang n'est-il pas plutôt le résultat que la cause de cette maladie qui, en le dépouillant constamment d'un de ses principes essentiels, ne peut que l'appauvrir? Sans doute, c'est le sang qui sert de véhicule à l'action toxique dans les albuminuries d'origine pyrétique, ou saturnine, ou alcoolique; mais même dans ces cas, où on ne saurait nier l'intervention du sang, ce dernier n'arrive à produire l'albuminurie que par l'intermédiaire du système nerveux qui, dans d'autres circonstances, est le seul et unique point de départ de l'affection. Je vais essayer de vous faire partager ma conviction à cet égard.

Hammon qui, dès 1861, s'est attaché à démontrer expérimentalement la nature névrosique de la maladie de Bright, a produit, entre autres, deux preuves qui me paraissent peu heureuses. Il a constaté que chez les albuminuriques, la proportion d'albumine dans les urines augmentait considérablement sous l'influence de l'exercice musculaire. Comme c'est l'innervation qui préside à la contraction musculaire, il en conclut que c'est l'axe cérébro-rachidien qui préside aussi à l'albuminogénèse. L'argument me semble bien faible ou bien vague, car on peut tout aussi bien supposer que c'est l'usure du tissu musculaire qui donne lieu à un excès de désassimilation de l'albumine qui n'aurait même pas le temps de se détruire chimiquement. A ce titre, tous les troubles des différentes fonctions devraient être regardés comme névrosiques, puisque le système nerveux préside à toutes les fonctions. Un argument tout aussi peu net est celui qu'il tire de l'influence des repas. Il a vu l'albuminurie augmenter, en dehors de toute alimentation trop riches en matières albuminoïdes, bien avant que les produits de la digestion aient pu pénétrer dans le sang, exclusivement sous l'influence du travail de la digestion; alors, par conséquent, que le système nerveux dépensait de la force pour produire tous les phénomènes mécaniques et peut-être sécréteurs de cette fonction. Heureusement pour la thèse que j'entreprends de défendre, elle a en sa faveur des preuves moins indirectes et plus solides dont quelques-unes sont dues, je dois le reconnaître, à ce médecin distingué.

Gubler a rencontré l'albuminurie dans des maladies de la protubérance. Brodie et Henckel ont signalé la présence de l'albumine dans les urines d'individus atteints d'affections de la moelle. La folie elle-même peut donner lieu à de l'albuminurie. Simpson l'a rencontrée chez trois aliénés. Les troubles intellectuels se montraient par périodes et la disparition de l'albumine précédait le retour à la santé. Burnett a vu une personne chez laquelle la folie se présentait sous deux formes alternant entre elles. Tantôt il y avait dépression; tantôt, au contraire, exaltation des manifestations intellectuelles. Tant que durait la période de dépression, il y avait de l'albumine dans les urines. Elle disparaissait pendant la période d'exaltation. Les convulsions des épileptiques paraissent pouvoir déterminer une albuminurie passagère. Il est vrai que les observateurs ne sont pas d'accord à ce sujet, les uns ayant obtenu dans ces circonstances la coagulation caractéristique, les autres l'ayant cherchée en vain. Cela prouve seulement que le fait n'est pas constant. Il y a d'autant moins lieu de mettre en doute la bonne foi ou l'habileté de ceux qui ont apporté des résultats positifs, que Cl. Bernard avait déjà remarqué que, chez les animaux, les convulsions s'accompagnent de l'apparition de l'albumine dans les urines. Pour les mêmes raisons, on a eu tort aussi de mettre en doute la valeur de l'assertion de Peschier qui a vu l'albumine se montrer pendant les crises des femmes hystériques. Un fait digne d'être noté, c'est qu'Hammon a même constaté que, chez les albuminuriques, la richesse de l'urine en albumine est en raison de l'intensité des phénomènes convulsifs. C'est qu'en effet les convulsions viennent traduire une exacerbation passagère d'un état cérébral permanent.

Mais c'est surtout dans les symptômes mêmes de la maladie de Bright bien caractérisée qu'on peut puiser des preuves de sa nature nerveuse. Tous les malades atteints de cette prétendue affection rénale succombent après avoir présenté des accidents manifestement cérébraux, tels que convulsions, coma, délire, céphalalgie opiniâtre, obtusion intellectuelle qui se traduit par l'apathie, l'indifférence, la lenteur des perceptions. Ces accidents qu'on ne pouvait pas ne pas constater, on a fait des efforts inouïs pour en faire une conséquence de l'altération des reins. On a voulu les expliquer par l'action toxique de l'urée qui, ne trouvant plus d'issue possible par l'émonctoire urinaire, s'accumulait dans le sang et venait ensuite troubler le fonctionnement des centres nerveux. On a créé ainsi l'urémie qui, tout en pouvant se produire dans d'autres circonstances, viendrait généralement fermer la scène de l'albuminurie. On s'est aperçu, en injectant de l'urée dans les veines des animaux, que cette substance était complétement innocente. Profitant alors de l'aptitude de l'urée à devenir du carbonate d'ammoniaque, c'est à cette substance qu'on a attribué, avec Frerichs, l'empoisonnement. Non-seulement l'idée d'une intoxication urinaire est restée assez vague pour que Schottin ait pu accuser les matières extractives de l'urine, et Bence Jones l'acide oxalique avec autant de chances d'être dans le vrai que les partisans de l'urée ou du carbonate d'ammoniaque. Mais il est un fait qui me paraît absoudre du même coup toutes ces substances et condamner la doctrine de l'empoisonnement par rétention des principes de l'excrétion urinaire, c'est que tous les symptômes attribués à l'urémie peuvent se montrer alors que la sécrétion urinaire continue à se faire avec tout autant et même avec plus d'abondance que dans l'état normal. Le fait a été signalé plusieurs fois par Liebermeister. Niemeyer, qui ne rejette pas l'idée d'urémie, reconnaît la vérité de l'assertion et en conclut que la sécrétion urinaire ne consiste pas en une simple filtration, puisque l'urée peut ne plus passer alors que les autres principes passent encore. Mais si ce professeur avait eu recours à des analyses chimiques, il aurait pu constater que dans les cas analogues à ceux de Liebermeister, non-seulement l'urine est plus abondante, mais qu'elle renferme encore de l'urée. D'ailleurs les femmes éclamptiques ont de l'albumine dans les urines; elles ont des convulsions et tous les symptômes de l'urémie, mais elles n'ont pas d'urée dans le sang. De plus, leurs reins ne sont pas altérés. D'un autre côté, dans le choléra et la fièvre jaune, il y a beaucoup d'urée dans le sang, et cependant jamais ces deux affections ne donnent lieu à des convulsions.

Ne pouvant appliquer la théorie de l'urémie tout au moins à tous les cas, on a expliqué les faits exceptionnels par la production accidentelle d'un œdème cérébral. Une des conséquences de la maladie de Bright c'est de déterminer de l'anasarque tantôt dans un point, tantôt dans un autre. L'encéphale, comme les autres organes, peut devenir le siége de cet œdème si mobile, et c'est alors qu'éclatent les phénomènes cérébraux qui sont ainsi engendrés uniquement par un des effets de la maladie primitive. L'idée était assez séduisante. Aussi est-elle devenue le refuge de ceux qui ne croient pas à l'urémie et qui cependant ne veulent pas renoncer à la nature primitivement rénale de la maladie. Mais l'œdème est loin d'avoir toujours été constaté et, dans tous les cas, il est assez singulier de voir deux causes si différentes, un empoisonnement chimique et une imbibition d'eau, s'entendre aussi bien pour produire exactement les mêmes effets. N'est-il pas plus probable que l'œdème, quand il apparaît, ne vient que compliquer un état matériel des centres nerveux qui existe dans toutes les circonstances et sur lequel nous pourrons peut-être fournir quelques données plus loin.

Du reste, les symptômes ordinairement ultimes dont nous venons de parler ne sont pas les seuls phénomènes de nature nerveuse qui appartiennent à la maladie de Bright. Il en est d'autres qui se montrent beaucoup plus tôt, avant que l'altération des reins ait atteint un degré tel qu'on puisse l'accuser de s'opposer d'une façon notable à la filtration de l'urée. La plupart des albuminuriques se plaignent d'une céphalalgie intense et opiniâtre. Chez beaucoup même la douleur de tête constitue le véritable point de départ de la maladie. Le symptôme céphalique précède le symptôme rénal ou débute avec lui; et ici surtout il est impossible de l'expliquer par un empoisonnement dû à l'urée ou au carbonate d'ammoniaque. D'autres présentent à divers moments, pendant tout le cours de la maladie, du délire, ou de la gastralgie, ou du strabisme, ou de l'aphonie spasmodique. On observe fréquemment aussi des symptômes qui sont encore plus incontestablement l'apanage des maladies de l'axe nerveux, des hyperesthésies partielles, des sensations insolites et fugaces de brûlure et de chatouillement, des névralgies qui occupent soit la 5me paire, soit les nerfs intercostaux, soit les rameaux ileo-lombaires et diverses paralysies partielles. Le nerf auditif peut lui-même être paralysé. Tous, ou à peu près tous, offrent à une époque souvent très-avancée des troubles visuels qui

aboutissent à la cécité. La tendance à l'anasarque s'est encore trouvée
là pour enterrer cette nouvelle preuve, et l'amaurose a été regardée
comme étant due à l'extension de l'œdème à la rétine et au nerf
optique. Mais n'est-ce pas là la répétition de ce que nous avons vu
survenir dans le diabète où il n'existe pas d'œdème. D'ailleurs
l'ophthalmoscope est loin de signaler toujours l'existence d'un œdème
passif de la rétine. Je suis convaincu que beaucoup d'observateurs
l'ont constaté un peu sous l'influence d'idées préconçues. Il y a plus,
les autopsies faites jusqu'à présent prouvent qu'il s'agissait d'une
véritable rétinite amenant une sclérose du tissu conjonctif de la rétine
et une dégénérescence graisseuse de ses éléments nerveux. L'altération des organes de la vision est donc presque de la même nature
que celle des reins, et on peut se demander s'il n'y a pas là deux effets
nutritifs parallèles d'une même cause siégeant dans les centres nerveux. Dans tous les cas, cette altération visuelle est tout au moins comparable à celle que l'on voit survenir dans les maladies des couches
optiques, des tubercules quadrijumeaux, du cervelet et même de la
moelle.

L'anasarque lui-même constitue, à mes yeux, un phénomène morbide de nutrition d'origine nerveuse. On l'a attribué à la suppression
de l'excrétion urinaire. Celle-ci ne venant plus dépouiller le sang d'une
manière intermittente d'une partie de son eau, il en résulterait une
augmentation de la masse liquide contenue dans les veines. Cette accumulation donnerait lieu à une exagération de la pression subie par
les parois des veines qui se laisseraient alors traverser par la partie
aqueuse du sang. D'où un œdème qui suppléerait pour ainsi dire la
sécrétion urinaire. Une simple observation suffira pour ruiner cette
explication. Très-souvent l'anasarque apparaît à un moment où
l'excrétion urinaire est plus abondante que jamais.

On a dit aussi que le sérum du sang transsudait parce qu'il avait
perdu une grande partie de son albumine, et que dans cet état il se
prêtait beaucoup plus à l'exosmose. Mais dans bien d'autres circonstances le sang montre de la pauvreté en albumine sans qu'il y ait
œdème. D'autre part, celui-ci se montre souvent de très-bonne heure
chez les albuminuriques, bien avant que le chiffre moyen de l'albumine du sang ait baissé. De plus, avec cette supposition il devrait
être général et non partiel; il serait un peu réglé par la pesanteur,
ce qui n'est pas; il ne devrait pas non plus se montrer si mobile,
c'est-à-dire exister tantôt dans un point, tantôt dans un autre. D'ail-

leurs, quand on fait une saignée chez un animal et qu'on remplace
ensuite le sang enlevé par une égale quantité d'eau, il ne se produit
point d'œdème, quoique, par le fait, la richesse du sang en albumine
se trouve considérablement amoindrie.

Frerichs l'attribue à une paralysie des capillaires résultant de l'action du froid, de sorte que l'albuminurie et l'anasarque se trouve-
raient être deux effets d'une même cause extérieure. L'action du
froid, en supprimant le fonctionnement de la peau, exalterait, en vertu
de la loi de l'antagonisme des sécrétions, le travail des reins, y déterminerait une congestion d'où résulterait le passage de l'albumine.
En même temps et par places il paralyserait les capillaires des parties
les plus exposées à l'air, comme les mains et la face, et les capillaires
ne retiendraient plus le sérum emprisonné. Mais alors pourquoi
apparaît-il chez les convalescents de la scarlatine, qu'on a bien soin
de tenir à l'abri du froid. Ces œdèmes si localisés, si mobiles dans
leur siége, ne traduisent-ils pas plutôt des troubles vaso-moteurs
survenant çà et là sous l'influence d'un centre malade? Ce sont comme
des irradiations névralgiques dans l'ordre des nerfs vaso-moteurs; ils
sont l'œuvre de fluxions analogues à celles qui se font autour des
arthropathies dues aux maladies de la moelle et dans les parties ambiantes des plaies de vésicatoire. On dirait des fluxions séreuses. Ces
œdèmes ne ressemblent pas à ceux qu'engendrent les maladies du
cœur ou du foie.

L'étiologie, de son côté, vient apporter une certaine part de preuves indirectes. En Angleterre, où la maladie de Bright est beaucoup
plus fréquente qu'en France, les médecins n'hésitent pas à l'attribuer
à l'abus des spiritueux. Or, l'alcool est un excitant qui agit surtout
sur les centres nerveux. Il est vrai qu'on peut dire que l'alcool est
éliminé en partie par les reins et qu'il peut les modifier sur place au
point non-seulement de les rendre aptes à laisser passer l'albumine,
mais encore de les altérer dans leur propre texture. Mais si l'on songe
que l'alcool se mélange au liquide céphalo-rachidien en quantité
telle qu'on peut déclarer que les alcoolisés ont leurs centres nerveux
continuellement plongés dans un bain d'alcool; si l'on songe que ce
poison donne lieu avant tout à des symptômes qui ne peuvent appartenir qu'à l'axe cérébro-spinal; si l'on songe surtout que le tissu
encéphalique est incontestablement dégénéré à l'autopsie, on sera
forcé de reconnaître que ce n'est pas par sa sortie à travers les reins,
mais par son séjour, que l'alcool arrive à produire tous les signes de

détérioration des albuminuriques. A côté de l'alcool figurent les peines morales et la fatigue intellectuelle, conditions psychiques qui sont très-aptes à altérer les centres nerveux. Le froid aussi, si on veut le maintenir parmi les causes de la maladie de Bright, a l'habitude de donner lieu à un mécanisme qui se concilie aussi parfaitement avec ma manière de voir. Il donne lieu à une impression sensitive qui peut, comme dans la paraplégie *a frigore*, comme dans l'atrophie musculaire progressive, comme dans la paralysie infantile, déterminer une modification réflexe des vaisseaux des centres nerveux et altérer ceux-ci dans leur nutrition. L'albuminurie des femmes enceintes pourrait elle-même se rattacher à la théorie nervosique, car l'état de grossesse élève certainement le diapason du système nerveux. Il fait naître toutes les névropathies. Aussi, si j'ai dit plus haut que je comprenais l'albuminurie des femmes enceintes sans intervention du système nerveux, je faisais au fond une véritable concession. Il y avait peut-être déjà aussi concession de ma part lorsque j'englobais dans une même théorie hydraulique toutes les albuminuries dues à des maladies du cœur ou du foie, et en attribuant celle des cachexies à une modification moléculaire de l'albuminurie; car au fond toutes ces maladies modifient incontestablement l'état des centres nerveux. Quoi qu'il en soit, il me paraît évident que la forme chronique de la maladie de Bright est une affection du système nerveux. Mais je crois qu'on peut aller plus loin et localiser dans le bulbe la cheville ouvrière du mécanisme nerveux de cette maladie; que c'est là ce qui fait son cachet particulier, et que c'est là ce qui lui donne sa grande gravité, comme pour le diabète. J'espère pouvoir vous en convaincre au commencement de notre prochaine réunion.

VINGT-QUATRIÈME LEÇON.

Messieurs,

Je vous ai annoncé hier que je croyais devoir faire jouer au bulbe
le rôle principal dans la maladie de Bright et dans toutes les maladies de nature nerveuse. Il est, à ce sujet, un fait d'expérimentation
qui ne peut qu'avoir une très-grande valeur aux yeux d'un physiologiste. Cl. Bernard a démontré qu'on pouvait faire naître l'albuminurie en piquant un point déterminé du bulbe, de même qu'on faisait
apparaître la glycosurie en agissant sur un autre point de ce même
organe. Il est donc évident que le bulbe peut, par une série de phénomènes intermédiaires, commander et déterminer cet acte final qui
se traduit par la sortie de l'albumine du sang à travers les glomérules
du rein. En quoi ce mode d'action centrale consiste-t-il ?

Landouzy le premier a pensé que très-probablement le point du
bulbe dont la piqûre produit l'albuminurie, présidait à l'innervation
vaso-motrice du rein ; que sa lésion, paralysant les vaisseaux de cet
organe, y déterminait une congestion dont le résultat final était la
transsudation de l'albumine. Depuis, Wittich et Stokvis ont pensé
avoir ruiné cette hypothèse par l'expérience suivante : ils ont coupé
directement les nerfs rénaux et même les plexus dont ils émanent ;
ils ont ainsi paralysé, d'une manière incontestable, les vaisseaux des
reins ; ils ont produit une congestion manifeste, et cependant l'albumine ne se montra pas dans les urines. Mais, à mes yeux, cette expérience ne prouve rien contre l'influence vaso-motrice du bulbe sur
le rein. Elle montre seulement que Landouzy a mal compris la modification que peut faire subir à cette influence la piqûre du point
indiqué. Pour qu'un acte nutritif ou sécréteur soit complétement
troublé, et surtout troublé matériellement, une congestion passive
purement paralytique ne suffit pas : il faut une congestion active qui,
d'après nos idées, doit consister dans une dilatation irrégulière et
spasmodique. Il faut qu'il y ait excitation et non dépression du centre
vaso-moteur ; et tout justement une simple piqûre est bien plus apte

à produire une irritation qu'une suppression d'action. Peut-être même, pour amener l'aberration de la sécrétion, faut-il en même temps que l'intervention spasmodique des vaso-moteurs l'action d'un nerf sécréteur, comme l'entend Ludwig, nerf qui viendrait prendre aussi sa source dans le bulbe. Le bulbe présiderait à la sécrétion urinaire, comme il préside à la sécrétion glycogénique, absolument dans les mêmes conditions. Il tiendrait à la fois sous sa coupe la sécrétion et la nutrition des reins, et c'est pour cela que ses maladies détermineraient à la fois l'albuminurie et l'altération caractéristique de la maladie de Bright. Il ne faudrait pas, du reste, s'étonner si la nature avait ainsi placé dans le bulbe un des principaux rouages nerveux de la sécrétion urinaire, le reste appartenant à la moelle. Il y avait un intérêt majeur à grouper les uns près des autres les centres nerveux des fonctions qui se rattachent à l'hématose. Si l'air expiré représente la fumée du travail de combustion qui se passe incessamment en nous, l'urine en représente les scories. Il y avait surtout intérêt à les réunir dans le point où viennent aboutir par les pneumo-gastriques les renseignements inconscients les plus nécessaires du parfait équilibre des fonctions de nutrition.

Quel que soit son mode d'action, il est certain que dans les vivisections, le bulbe est susceptible de donner lieu à de l'albuminurie. Ce qu'il peut faire dans ces conditions, il doit évidemment pouvoir le faire sous l'influence d'une lésion spontanée. Or, jusqu'à présent on ne s'est pas encore assez préoccupé de rechercher cette lésion bulbaire dans les autopsies d'individus atteints de la maladie de Bright. Satisfaits d'avoir constaté quelquefois un œdème plus ou moins réel de la masse encéphalique, les médecins n'ont même pas songé à soumettre cet organe à l'examen microscopique. Quelques-uns cependant l'ont fait et ont trouvé le bulbe injecté ; on a même signalé la dégénérescence graisseuse des cellules. Je n'ai encore pu le faire que sur trois bulbes qui m'ont été envoyés de l'hôpital Saint-Charles, et sur tous les trois il y avait non-seulement une injection considérable des capillaires, mais un grand nombre de cellules étaient remplies de granulations brunes qui rappelaient tout à fait la teinte de celles du *locus niger* des pédoncules cérébraux. C'était une dégénérescence analogue à celle de la paralysie glosso-labio-laryngée, avec une teinte plus foncée. D'autres cellules étaient piquetées de granulations graisseuses. Si cette altération était constante, elle constituerait une preuve plus que suffisante, et il ne serait pas nécessaire d'en chercher d'autres. Mais, en attendant de nouvelles confirmations, on peut s'appuyer sur plusieurs autres arguments moins directs.

Dans la maladie de Bright, il y a presque toujours des vomissements. Jaccoud et d'autres auteurs les attribuent à l'altération des sécrétions stomacales par l'ammoniaque et à l'impression anormale produite sur le système nerveux par le sang vicié. Mais je les ai vus au début, alors qu'on ne pouvait pas encore supposer l'existence d'une accumulation d'urée. Toutes les affections des centres nerveux donnent lieu par elles-mêmes à des vomissements. Le bulbe est très-apte à ce mode de manifestation, puisque le pneumo-gastrique joue un rôle important dans le mécanisme de ce phénomène. Les convulsions plaident aussi en faveur de la localisation bulbaire, car nous verrons que le bulbe fait partie de la région convulsive de l'encéphale. Hammon a augmenté considérablement l'albuminurie chez ses malades par l'administration du tartre stibié et de l'ipéca-cuana, substances qui agissent particulièrement sur le bulbe. C'est par son intermédiaire qu'elles produisent le vomissement et les modifications vaso-motrices qu'on cherche à obtenir du côté du poumon. La plupart des albuminuriques ont une oppression continuelle; ils ont tous les signes d'un catarrhe bronchique des plus tenaces et des mieux caractérisés. Beaucoup finissent par une asphyxie promptement mortelle. N'est-ce pas là la preuve d'une lésion qui avoisine le centre respiratoire et qui par le fait peut reproduire sous ce rapport ce que nous avons vu se présenter dans le diabète? Les accès de dyspnée, qui surviennent à chaque instant chez les albuminuriques, augmentent aussi la proportion ordinaire d'albumine. C'est qu'en effet les crises d'asthme traduisent un état d'exaltation du bulbe qui peut retentir non-seulement sur le centre respiratoire, mais encore sur le point qui est capable de provoquer l'expulsion d'albumine.

Il y a un argument qui pour moi est d'une grande valeur, quoiqu'il ait toutes les apparences d'une véritable pétition de principe. L'asthme, l'albuminurie et le diabète ont des connexions incontestables sur le terrain clinique. Que ces connexions résultent d'un même vice morbide ou d'une propagation à travers le tissu, il n'en est pas moins probable que ce qui leur permet de s'établir c'est le rapprochement géographique qui doit exister entre les centres nerveux qui peuvent donner lieu à ces diverses formes morbides. La physiologie nous montre d'une manière positive que la cause de l'asthme doit siéger dans le bulbe. Elle nous donne avec la pathologie toutes les raisons du monde de supposer que là doit siéger aussi la cause du diabète. Il en est à peu près de même pour l'albuminurie. Tout cet ensemble donne évidemment une rigueur presque mathématique à cette détermination. Ces localisations se confirment l'une l'autre; elles se prêtent un mutuel appui. Là où la physiologie et l'observation des faits isolés laissent des doutes, l'étude de la filiation des maladies vient apporter une lumière éclatante.

Quoique l'asthme accompagne l'albuminurie bien plus souvent que le diabète, c'est cette dernière coïncidence qui a surtout frappé les praticiens. On a cherché à rapporter le fait à la fonction glycogénique elle-même. On a dit : dans le diabète le centre glycogénique est surexcité. Il fait fonctionner le foie outre mesure, et celui-ci transforme en sucre la plus grande partie de l'albumine de l'économie, d'où sucre dans les urines. Dans l'albuminurie, au contraire, le centre glycogénique est paralysé ; le foie n'opère plus la transformation et toute l'albumine qui aurait dû devenir matière glycogène, restant là en excès, devient par le fait un corps étranger qui doit être éliminé. D'où albumine dans les urines. Mais ce qui donne à penser que l'albuminurie qui survient dans le cours du diabète n'est pas due à un ralentissement ou à un arrêt de la transformation des substances azotées en matière glycogène, c'est que chez un même individu on voit à la fois une forte proportion de sucre et d'albumine. Dans tous les cas, l'albumine ne représente jamais le complément du sucre journellement éliminé. Si cette apparition de l'albumine chez un diabétique constitue un fait d'une gravité extrême, c'est qu'il traduit une plus grande extension de l'altération pathologique qui, après avoir envahi le centre de la sécrétion urinaire, ne peut qu'atteindre très-rapidement le centre respiratoire et même l'encéphale dans son ensemble. On a cherché aussi à expliquer le mélange du diabète et de l'albuminurie en disant : Le passage incessant du sucre à travers les reins finit par les enflammer, et dans ces nouvelles conditions anatomiques ces organes laissent passer l'albumine. Mais les faits manquent à l'appui de cette conjecture. Du reste, à ce compte tous les diabètes un peu intenses devraient donner lieu à l'albuminurie, ce qui n'est pas.

Pour compléter ma profession de foi, je dois ajouter, après cette longue plaidoirie, que quand le bulbe produit de l'albuminurie suivant son mécanisme spécial, il n'agit pas toujours de sa propre autorité et il ne présente pas toujours le premier phénomène de l'état morbide, même quand il est devenu le siége d'une altération matérielle quelconque. Il peut être provoqué à déterminer l'albuminurie ou par un autre point des centres nerveux et on a alors une albuminurie réflexe, ou par l'état d'altération du sang qu'il reçoit, que cette altération soit due à une mauvaise alimentation ou à une intoxication. Très-souvent même, sans doute, l'altération matérielle du bulbe n'est que la conséquence de cette sanguification anormale. Mais parfois aussi c'est en vertu d'un ramollissement ou d'une pigmentation spontanés. Encore, dans ce dernier cas, je ne prétends pas qu'il n'obéit pas à une influence plus générale, plus élevée encore, à un vice pathologique quelconque, héréditaire ou acquis, à une de ces prédispositions indéterminées dans leur nature et dont la clinique conduit à supposer l'existence. Somme toute, en localisant l'albuminurie dans le bulbe, je veux seulement dire qu'il est le pivot de la maladie.

Dans la forme aiguë, le début est tellement brusque, la marche de la maladie est tellement précipitée, qu'il est bien difficile d'admettre *a priori* l'existence d'une pigmentation ou d'un ramollissement du bulbe. C'est ici surtout que l'hypothèse de Semmola pouvait rencontrer un terrain favorable. Presque toujours on signale une cause de refroidissement (il est si facile d'en trouver dans l'emploi de la journée d'un homme). Le frisson semble à tort confirmer ce genre d'étiologie, mais en regardant même comme constante l'action du froid, on ne serait pas encore autorisé à admettre une suspension de la respiration cutanée qui du reste ne saurait entraîner un déficit d'oxygène bien considérable, ni une suppléance imposée aux reins pour l'élimination des principes de la sueur, puisque l'urine devient au contraire très-rare. Il est bien plus conforme aux lois de l'innervation d'admettre que l'impression périphérique a retenti sur le centre nerveux en y produisant un double phénomène réflexe, le frisson et la modification vaso-motrice du rein. Cet organe se modifie dans ses conditions matérielles et fonctionnelles, suivant un mécanisme identique à celui qui produit la bronchite ou la pneumonie *a frigore*. Peut-être même les vésicatoires agissent-ils, en partie, de la même manière, puisque j'ai vu de simples brûlures amener une inflammation du rein et une albuminurie passagère. Cette action à forme aiguë, que le bulbe peut produire sur la sécrétion urinaire au reçu d'une impression périphérique un peu vive, est sans doute susceptible de s'effectuer en l'absence de toute provocation sensitive.

Aussi il est probable que dans certains cas la maladie aiguë de Bright reconnaît pour cause soit une influence psychique, soit une influence miasmatique quelconque. On a vu l'albuminurie apparaître d'une manière intermittente ; à chaque accès il y avait en outre coloration bleue de la face.

Dans certaines épidémies de croup, la plupart des malades présentent en même temps de l'albuminurie ; il y a entre les deux manifestations morbides une corrélation et une analogie tellement marquées, que Niemeyer a donné le nom de croupale à la forme aiguë de la maladie de Bright. L'infection diphthéritique peut agir sur toutes les parties du système nerveux, c'est ainsi qu'elle peut amener de la paraplégie en agissant sur la moelle, du strabisme en agissant sur les diverses parties de l'isthme de l'encéphale ; mais le bulbe semble pour elle un lieu d'élection, car ses premières et ses plus constantes manifestations ont lieu dans le pharynx et le larynx, c'est-à-dire dans des parties animées par les nerfs glosso-pharyngien, pneumo-gastrique et spinal, qui tous ont leurs noyaux d'origine dans le bulbe. Le résultat de cette infection bulbaire est d'abord une production morbide, la fausse membrane, puis le spasme des muscles sous-jacents et enfin leur paralysie, double état musculaire qui contribue bien plus à produire l'asphyxie que l'obstruction incomplète due à la fausse membrane. Que cette infection étende son action dans certains points du bulbe, l'albuminurie vient s'ajouter aux phénomènes gutturaux, et même l'influence sur la sécrétion rénale peut s'étendre aussi à la nutrition de son organe et amener son altération.

Nous devons aussi rapprocher de la maladie aiguë de Bright l'affection appelée *encéphalopathie urémique des nouveau-nés*. On donne ce nom à une maladie qui tue un grand nombre d'enfants dans les hospices, mais qui se rencontre fréquemment aussi en ville, surtout chez les nouveau-nés soumis à une alimentation insuffisante ou à l'allaitement artificiel. Tout à coup le petit être est pris de vomissements et de diarrhée. Des plaques de muguet se montrent bientôt sur toutes les parties visibles de la muqueuse digestive. Les mouvements respiratoires sont très-fréquents, sans qu'il y ait la moindre lésion pulmonaire ou cardiaque ; par moment il y a des accès de suffocation qui rappellent ceux de l'asthme. Le pouls se ralentit tout en restant régulier, la température baisse rapidement, la peau devient sèche et livide, les urines sont rares et renferment de l'albumine, les fontanelles se dépriment, puis survient un coma difficile à apprécier à cause de l'âge de l'enfant. Ce coma est entre-coupé par des convulsions identiques avec celles de la femme éclamptique. C'est au milieu de ces divers accidents cérébraux que le petit malade succombe. A l'autopsie on trouve les reins d'une teinte violacée, les glomérules congestionnées, les canalicules atteints de stéatose ou dégénérescence graisseuse, çà et là des infarctus uratiques et des thromboses dans les veines rénales. La pie-mère cérébrale est congestionnée, l'arachnoïde est parsemée de taches graisseuses, le tissu de l'encéphale est criblé de points graisseux.

Devons-nous, avec Parrot, voir encore dans les accidents nerveux qui terminent la scène une conséquence d'un empoisonnement par l'urée, d'une urémie qui serait engendrée par l'altération des reins? Cette pathogénie me paraît encore plus difficile à admettre que pour la maladie de Bright des adultes. Tout ici marche de front, la modi-fication de la sécrétion urinaire, celle du tissu des reins et les symp-tômes afférents au système nerveux. Une filiation n'aurait même pas le temps de s'établir, une telle simultanéité d'apparition indique que tous ces phénomènes sont des effets d'une même cause. D'ailleurs, je ne comprends pas pourquoi Parrot regarde la stéatose de l'encé-phale comme un fait d'anatomie insignifiant, tandis que la même altération siégeant dans les reins déterminerait à elle seule tout l'ap-pareil symptomatique. La destruction des reins n'est même jamais assez avancée pour rendre par elle-même l'excrétion de l'urée tout à fait impossible. Il est évident qu'il y a une modification profonde de toute l'économie qui porte plus particulièrement sur les centres nerveux, ainsi que l'indique l'état des méninges et du tissu cérébral, que cette modification soit due aux mauvaises conditions hygiéniques ou, ce qui est plus probable, à une influence miasmatique. Cette der-nière supposition semble en effet justifiée par le caractère souvent épidémique de la maladie et par la présence du muguet. On est, en définitive, en présence d'un empoisonnement organique comparable au choléra ou au typhus, et, comme tous les empoisonnements de ce genre, il trouble surtout l'innervation. Le trouble de la respiration vient traduire l'état de souffrance dans lequel le bulbe se trouve en particulier. Rien que ce fait que l'on peut voir dans ces conditions la reproduction exacte de la maladie de Bright sous une forme plus précipitée seulement, prouve que dans cette dernière affection chro-nique on ne doit pas non plus attribuer les phénomènes d'encépha-lopathie à l'altération des reins.

Le plomb produit, sous le nom *d'encéphalopathie saturnine*, des symptômes cérébraux qui sont identiques avec ceux qu'on observe chez les albuminuriques sous le nom d'urémie. On y retrouve les trois formes convulsive, comateuse et délirante. En outre, il y a presque toujours de l'albumine dans l'urine. Danjoy a prétendu qu'il y avait là encore un des effets de l'empoisonnement des centres nerveux par l'urée; que le plomb, accaparant les reins pour son élimination de l'économie, entravait celle de l'urée. N'est-il pas tout aussi rationnel d'admettre un empoisonnement du système nerveux par le plomb dont les effets seraient identiques avec ceux de l'altération bulbaire qui engendre l'albuminurie? Empis et Robinet ont trouvé du plomb dans le tissu de l'axe cérébro-spinal dans plusieurs cas d'encéphalopathie saturnine. Il est vrai que Gusserow n'a de son côté obtenu que des résultats négatifs dans des expériences faites directement chez des animaux; mais, en raison même des conditions dans lesquelles ces expériences ont été faites, elles ne suffisent pas pour infirmer les assertions des auteurs précédents. Gluck vient de signaler dans un cas un rétrécissement des tubes nerveux de l'encéphale. Il est encore une chose digne de remarque, c'est que cette même intoxication saturnine peut offrir l'appareil symptomatique de la goutte que nous avons vu figurer dans le groupe des affections bulbaires qui peuvent se substituer l'une à l'autre ou se mélanger entre elles.

Après tout ce qui précède, il me paraît inutile d'insister beaucoup sur le mécanisme probable de l'albuminurie pyrétique et sur celui de l'éclampsie. Celle qui se rencontre chez les scarlatineux semble au premier abord favorable à la théorie rénale, et en même temps à l'explication de Semmola, car les canaux urinifères éprouvent une desquammation analogue à celle de la peau, et on peut attribuer le passage de l'albumine à cette perte de l'épithélium rénal. D'autre part, l'éruption en s'opposant à la respiration cutanée pourrait ralentir l'oxydation des matières azotées du sang; mais comme l'albuminurie scarlatineuse peut donner lieu à des accidents cérébraux sans que les reins soient altérés assez pour produire une urémie; comme l'œdème cérébral auquel on a attribué ces accidents a été beaucoup plus souvent une supposition théorique qu'un fait constaté à l'autopsie; comme la scarlatine sans albuminurie peut engendrer des phénomènes analogues; comme la scarlatine donne lieu très-souvent à des accidents diphthéritiques, on a tout autant de chances d'être dans le vrai en rapprochant l'albuminurie scarlatineuse de l'albuminurie croupale et en la regardant comme le produit d'une infection générale agissant surtout sur le système nerveux, comme la plupart des affections miasmatiques et contagieuses. C'est d'autant plus probable que l'albuminurie peut aussi se rencontrer dans les pyrexies qui ne mettent pas en jeu les reins, telles que la rougeole, la variole, la fièvre typhoïde.

Quant aux femmes éclamptiques, tout en rejetant de l'albumine, elles n'ont pas les reins altérés. La théorie locale n'est donc pas soutenable, celle de la congestion rénale par compression de la veine cave ne l'est pas davantage, nous l'avons vu. Il resterait donc la ressource de l'explication par l'œdème, mais la rapidité avec laquelle les crises éclatent, le moment où elles apparaissent se concilient peu avec cette supposition. Pour moi, les femmes éclamptiques sont celles chez lesquelles l'état névropathique dû à la grossesse a été porté à son summum et a provoqué pendant toute la durée de la gestation une abondante élimination d'albumine. Le terrain nerveux a été ainsi longuement préparé. Les impressions douloureuses apportées aux centres nerveux par un accouchement laborieux, la congestion de l'encéphale, conséquence mécanique inséparable des efforts, viennent simultanément mettre le feu aux poudres et faire naître des convulsions. C'est d'autant plus probable que l'éclampsie s'observe surtout chez les femmes albuminuriques qui présentent des causes de dystocie, ou qui ont l'intestin distendu et titillé par de grandes quantités de matières fécales, par des vers ou des corps étrangers quelconques, ou enfin même qui ont la vessie distendue par une énorme masse d'urine.

Asthme.

Sommaire descriptif. — Cette maladie se montre sous forme d'accès qui durent en général plusieurs heures et qui se reproduisent à des intervalles plus ou moins éloignés. Presque toujours chaque accès est précédé de symptômes précurseurs qui peuvent consister en une sensation d'irritation dans les bronches, en de la céphalalgie, en une distension gazeuse de l'estomac s'accompagnant d'éructations. Puis tout à coup, presque toujours pendant la nuit, le malade se sent étouffer; il se lève, se précipite vers la fenêtre, ou tout au moins il est obligé de s'asseoir. Il s'appuie sur ses mains, se pend même par les bras, afin de fournir un point fixe aux muscles respirateurs. La poitrine est devenue presque sphérique; elle est comme figée dans l'inspiration portée à son summum. On constate que les poumons sont pleins d'air, mais que cet air ne peut pas être renouvelé, et que c'est cette impossibilité de renouvellement qui est la cause de l'angoisse. Enfin une expiration peut se faire, mais elle est très-prolongée et sifflante. Elle n'est pas plutôt achevée que les premiers phénomènes se reproduisent et que le patient se trouve continuellement soumis à cette succession d'inspirations et d'expirations anormales. Au début, la face est pâle, parce que le sang est attiré dans le thorax par le vide qui s'y produit. A cette pâleur succède une congestion qui aboutit de plus en plus à la cyanose et qui est due à la lenteur de l'expiration, à la compression des veines du cou déterminée par la contraction des muscles du cou et à l'insuffisance de l'oxygénation du sang. Les extrémités deviennent froides. Le corps est couvert de sueurs. A la percussion, on constate une sonorité exagérée; à l'auscultation, des sibilances, plus tard des râles humides. L'expectoration qui, au début, était nulle, devient abondante et rappelle tout à fait ces hypersécrétions nasale et lacrymale que produisent les névralgies du trijumeau. Cette expulsion du mucus juge pour ainsi dire l'accès. Au moment où ce dernier se termine, il y a presque toujours aussi des éructations et des borborygmes. Quand les accès se répétent fréquemment, ils finissent par déterminer un emphysème, c'est-à-dire une expansion permanente de certaines parties du poumon. Très-souvent l'asthme est enté sur un état catarrhal des bronches. Dans tous les cas, tôt ou tard il lui donne lui-même naissance.

Analyse physiologique. — Le moment est déjà loin où les médecins, prenant l'effet pour la cause, voyaient dans l'état emphysémateux de certaines parties du poumon le générateur de tous ces accidents de suffocation. Pour eux, l'asthme prenait son origine anatomique dans une dilatation des vésicules pulmonaires et dans l'affaiblissement de l'élasticité de leurs parois. Ces conditions organiques, en rendant l'expiration moins efficace, en empêchant ces cavités de se vider de leur contenu vicié, suffisaient pour expliquer les phénomènes observés. Quant à l'emphysème lui-même, il dépendait, ou d'une prédisposition héréditaire se traduisant par une plus grande laxité du tissu pulmonaire, ou d'une bronchite catarrhale ancienne qui avait amené à la longue ce résultat sous l'influence de quintes de toux violentes et répétées, ou encore d'un genre d'occupation nécessitant des efforts de respiration. On comprend très-bien, du reste, que ces dernières circonstances puissent produire une dilatation des vésicules et même des ruptures, c'est-à-dire un véritable emphysème intra-lobulaire, car au moment où une quinte de toux s'effectue, la glotte se resserre spasmodiquement et tend à s'opposer partiellement à la sortie de l'air, tandis que dans le même moment les muscles expirateurs cherchent à l'expulser en comprimant fortement le thorax. L'air, ne pouvant obéir complétement à la pression qu'il subit et fuir assez rapidement par le larynx, est comme refoulé dans celles des vésicules qui, en raison de leur situation, sont moins soumises à cette compression expiratoire. Il les distend, crée des diverticules dans les points les plus faibles et arrive même à les rompre. L'effort qui exige une puissance expiratrice plus grande encore, et une occlusion de la glotte plus considérable, peut à plus forte raison amener le même résultat. Aussi, nul doute que la toux ne soit pour quelque chose dans l'emphysème des asthmatiques. Nul doute aussi que cet emphysème ne vienne contribuer à gêner chez eux la respiration; mais il ne représente jamais qu'un élément secondaire. S'il était la cause des phénomènes caractéristiques de l'asthme, il devrait exister dès le début, et avant même le début des accès, au lieu de ne se montrer qu'à une période avancée de l'affection. En outre, existant lui-même d'une manière permanente, une fois formé il devrait déterminer une suffocation permanente et non des accès intermittents. Évidemment, l'asthme et l'emphysème sont deux choses distinctes. Il y a des emphysémateux qui le sont devenus par le fait même de leur profession ou par toute autre cause et qui ne sont jamais asthmatiques. Ils sont gênés dans leur respiration, surtout en marchant, mais ils n'ont jamais des accès et leur anhélation permanente n'a pas la moindre analogie avec celle de la crise d'asthme. Si cette dernière maladie peut à la longue produire l'emphysème, jamais l'emphysème ne produit l'asthme. La thèse ancienne n'est donc pas soutenable, et il n'a fallu rien moins que l'autorité de Louis pour lui donner, pendant un certain temps, ses droits d'entrée dans la science classique. Bretonneau a aussi interverti l'ordre des faits en attribuant l'accès de l'asthme à une congestion pulmonaire. L'observateur peut facilement s'assurer que quand elle se produit, elle n'est qu'une conséquence naturelle de la crise elle-même. Le même reproche peut être adressé à Rostan, qui place le point de départ dans une affection du cœur. L'hypertrophie du cœur qui se

montre chez les anciens asthmatiques n'est qu'un effet mécanique
des troubles qui surviennent dans la circulation pulmonaire. L'anhélation qui est l'apanage des maladies cardiaques ne ressemble en
rien à celle de l'asthme. M. Beau n'a pas été plus heureux en suppo-
sant une obstruction des petites bronches par des crachats visqueux
qui viendraient dans ces dernières ramifications jouer le même rôle
mécanique que les fausses membranes du croup remplissent au
niveau de la glotte. L'auscultation elle-même montre qu'au début des
accès il ne se produit pas de lutte entre l'air emprisonné et le mucus
obturateur. D'ailleurs la suffocation du croup n'a aucune analogie
avec celle de l'asthme.

La chose ne saurait être douteuse aujourd'hui pour quiconque a
vu des accès d'asthme et les a analysés avec les données de la physiologie. Cette affection dans son état de pureté primitive appartient
au système nerveux. La discussion ne peut sérieusement porter que
sur le mécanisme, la nature et le siége de cette maladie nerveuse.
Consiste-t-elle en une paralysie des nerfs phréniques ou en une
paralysie des autres nerfs rachidiens affectés à la respiration, ou en
une paralysie du pneumo-gastrique dans son département pulmonaire, ou en une paralysie du nerf récurrent? Est-elle, au contraire,
de nature spasmodique et traduit-elle un spasme des fibres de Reiseissen, ou des muscles de la glotte, ou des muscles inspirateurs, ou
enfin des muscles expirateurs? Telles sont les questions qu'on est en
droit de se poser *a priori*, et que nous allons essayer de juger en
nous éclairant des enseignements de la physiologie expérimentale et
en faisant de nombreux emprunts au remarquable article que M. Sée
a écrit sur ce sujet dans le *Nouveau dictionnaire de médecine et de
chirurgie*.

On peut déjà assurer qu'il ne s'agit pas d'une paralysie des nerfs
phréniques et, par conséquent, du diaphragme. Il n'est même pas
nécessaire ici, pour juger la question, de recourir à l'expérimentation. On peut trouver la réponse dans l'espèce humaine. La névrose
hystérie a, en effet, quelquefois pour résultat de réaliser momentanément cette paralysie partielle. Il en est de même de l'intoxication
saturnine. On remarque alors, ainsi que Duchenne l'a exposé, que la
poitrine se dilate parfaitement. La seule modification consiste, au
moment de l'inspiration, dans la production d'une dépression de
l'épigastre et de l'hypochondre. La respiration est, il est vrai, plus
fréquente qu'à l'état normal, mais elle se fait facilement tant que la

malade est en repos. Il n'y a que lorsqu'elle fait des mouvements qu'il survient de l'anhélation. Il y a loin de cette situation à celle de l'asthmatique qui est en proie à l'angoisse la plus poignante, même quand il reste tout à fait immobile. La paroi abdominale, au lieu de se laisser déprimer par la pression atmosphérique au moment de l'inspiration, se raidit et fait saillie sous l'influence du refoulement énergique que lui fait éprouver le diaphragme. La main seule suffit pour se convaincre que ce dernier muscle est au contraire le siége d'une contraction excessivement intense.

L'idée d'une paralysie des autres muscles inspirateurs doit être aussi laissée de côté de prime abord, car les suffocations qu'on observe chez les paraplégiques ne ressemblent en rien à celles de l'asthmatique. D'ailleurs, tout dans l'aspect de la crise d'asthme dénote que les muscles qui peuvent dilater la poitrine sont mis alors en réquisition et sont contractés avec une énergie anormale.

La paralysie de la portion pulmonaire du nerf vague pourrait être invoquée avec plus de raison, car chez les animaux la section du pneumo-gastrique donne lieu à des phénomènes qui offrent quelque analogie avec ceux qu'on observe dans l'asthme. En effet, si après avoir pratiqué la trachéotomie sur un animal afin d'éviter une cause d'asphyxie brusque dont nous préciserons le mécanisme dans l'étude des nerfs, on coupe le pneumo-gastrique au cou, au-dessous de l'émergence du laryngé supérieur, on constate de suite que les respirations sont et restent beaucoup moins fréquentes que dans l'état normal, et que de plus chacune d'elles s'exécute avec beaucoup plus de lenteur et d'une manière très-pénible. L'animal cherche à la réaliser en mettant en jeu des muscles qui n'interviennent pas habituellement dans la respiration normale. En outre, au bout d'un certain nombre de jours, on voit survenir un emphysème, une congestion pulmonaire, une sécrétion interstitielle, faits qui appartiennent aussi aux dernières phases de l'asthme. Mais il n'y a, en réalité, de commun que ces dernières particularités, car la gêne de la respiration dont on est alors témoin ne ressemble en rien à celle de l'asthmatique, ni dans son aspect général, ni dans ses détails. L'animal opéré fait des inspirations laborieuses, on sent qu'il lutte contre un obstacle; il fait tous ses efforts pour réaliser une inspiration. Le malade, au contraire, inspire malgré lui. Il voudrait finir une inspiration trop longue et trop exagérée qui s'impose à lui et qui l'empêche d'effectuer la contre-partie de l'acte respiratoire.

VINGT-CINQUIÈME LEÇON.

Messieurs,

L'interprétation des faits cliniques et expérimentaux nous ont conduits hier à ne pas voir dans l'asthme l'expression d'une paralysie du diaphragme, ni des muscles inspirateurs, ni des fibres de Reisseissen. Cette maladie n'est pas .due davantage à une paralysie du récurrent, car l'animal auquel on a fait la section de ce nerf est aphone, et l'asthmatique ne l'est pas. La respiration est accélérée, tandis que chez l'asthmatique c'est plutôt l'immobilité du thorax qui se produit. L'inspiration est laborieuse et exige l'intervention d'un plus grand nombre de muscles qu'à l'état normal, mais les muscles inspirateurs ne sont pas tétanisés. Chez l'asthmatique, il n'y a qu'un groupe de muscles mis en jeu et ils sont en contraction tonique. L'expiration est très-facile, plus facile qu'à l'ordinaire, parce que les lèvres de la glotte étant paralysées se laissent déplacer plus facilement par la colonne d'air expiré; chez l'asthmatique, au contraire, ces mêmes lèvres sont en spasme, s'opposent à l'expiration, la prolongent et de plus vibrent en donnant naissance à un bruit de sifflement. D'ailleurs, la pathologie humaine nous donne elle-même les moyens de différencier l'asthme de la paralysie du récurrent. Ce nerf peut, en effet, être comprimé par un anévrisme des ganglions tuberculeux, au point d'être empêché dans son fonctionnement. Dans ces cas, on est en présence de la reproduction exacte de ce qui se passe chez l'animal auquel on a fait la section du récurrent : respiration accélérée, inspiration laborieuse, expiration facile, voix altérée.

Par voie d'exclusion, nous sommes déjà ainsi amenés à attribuer une nature spasmodique et non pas paralytique aux accès éprouvés par les asthmatiques. Mais où ce spasme a-t-il lieu ? Si les bronches ne peuvent pas produire l'asthme par leur paralysie, peut-être le peuvent-elles par leur spasme ? En se resserrant dans certains points, de façon à gêner la libre communication entre les vésicules et l'atmosphère; en empêchant ainsi le renouvellement de l'air respiré, n'engendrent-elles pas elles-mêmes tous les symptômes de suffocation dont on est témoin? Avant même la découverte des fibres musculaires des bronches par Reiseissen, Van Helmont, Villis, Boerhave, Hoffin, Cullen avaient supposé que c'était là la véritable cause de la dyspnée des asthmatiques. L'existence de ces fibres apportait à cette idée une base matérielle que vinrent bientôt appuyer les expériences de Longet. Ce physiologiste, ayant adapté un tube de verre à la bronche-mère d'un poumon extrait du thorax et ayant versé dans ce tube et la cavité pulmonaire un liquide coloré, a appliqué les deux pôles d'une pile électrique sur la surface extérieure du poumon. Il a vu la colonne monter et cette ascension ne pouvait être mise que sur le compte de la contractilité de l'organe, puisque son élasticité devait déjà être satisfaite. Dans d'autres expériences où il avait appliqué l'électricité sur le bout périphérique du pneumogastrique lui-même, qu'il avait eu soin de ménager, il obtint une ascension beaucoup plus rapide et beaucoup plus considérable. Il put ainsi juger de la grande puissance de contractilité dont jouissent les petites bronches. Forts de ces nouvelles données anatomiques et expérimentales, beaucoup d'auteurs modernes, entre autres Valleix, Grisolle, Monneret, Théry Salter, Lefèvre, n'ont pas hésité à accepter l'explication émise autrefois avec moins de solidité par Van Helmont et Cullen. Ils se sont appuyés en outre sur d'autres arguments moins directs, sur l'instantanéité même du début de l'accès, sur la forme intermittente de la maladie, sur le sentiment de constriction accusé par les malades et qui semble en effet être dû à un resserrement des bronches. Salter, en particulier, a aussi mis à profit les signes fournis par l'auscultation et la percussion. Selon lui, la grande sonorité du thorax tient à ce que le spasme bronchique a refoulé et emprisonné l'air dans les vésicules; la diminution du murmure vésiculaire tient à ce que le resserrement des bronches empêche de nouvelles portions d'air d'aller déplisser les parois des vésicules; il attribue les râles sibilants à la diminution de diamètre des bronches. Pour lui, la rapidité avec laquelle les ronchus se déplacent, indique que la diminution de diamètre ne peut être due qu'à une cause très-mobile et à une action très-instantanée, conditions que le spasme bronchique peut seul produire.

Des expériences plus récentes de Wintrich sont venues ébranler cette théorie, assez pour que M. Sée croie devoir la rejeter complètement. Cet expérimentateur a répété un grand nombre de fois la première expérience de Longet, celle qui consiste à appliquer l'électricité sur le poumon lui-même, et il n'a jamais vu la colonne liquide éprouver le moindre changement de niveau. Il l'a même pratiquée sur l'animal vivant sans avoir retiré le poumon du thorax, et toujours il n'a obtenu que des résultats tout à fait négatifs. Même insuc cès lorsqu'il a appliqué l'électricité sur la trachée et sur les bronches cartilagineuses. Il avoue, toutefois, que les bronches membraneuses se sont resserrées. Mais comme le froid seul produit un effet tout aussi marqué, il croit que la constriction obtenue tient uniquement à une action physique subie par l'élasticité. Il reconnaît qu'on peut produire une ascension de la colonne liquide en agissant sur le pneumo-gastrique, mais que très-souvent le niveau reste invariable. Il prétend que lorsque l'élévation se produit, elle doit être attribuée non pas au resserrement de l'arbre bronchique, mais à l'œsophage qui, sous l'influence de l'électrisation du nerf vague, se contracte spasmodiquement, tiraille et comprime les bronches auxquelles il adhère. Il en donne pour preuve que, dans ses expériences, l'ascension dans le manomètre s'est toujours montrée proportionnelle à l'intensité des contractions de l'œsophage, et qu'elle devenait tout à fait nulle lorsqu'il avait préalablement détaché l'œsophage de l'arbre bronchique.

Reconnaissant aux expériences de Wintrich toute la rigueur désirable, en acceptant toutes les conséquences, M. Sée déclare que la contractilité des bronches est tellement insignifiante que, dans l'état normal, elle ne doit pas être comptée au nombre des agents même auxiliaires de l'expiration ; que son rôle consiste uniquement à aider les cils vibratils à produire sur le mucus le mouvement insensible qui prépare l'expectoration définitive. Dans tous les cas, il la regarde comme tout à fait incapable, même dans l'état d'exaltation spasmodique, de fermer les bronches, de s'opposer à l'expiration et, par suite, d'être la cause de la dyspnée de l'asthme. Les fibres de Reiscissen lui paraissent trop insuffisantes pour lutter contre toutes les forces qui tendent à réaliser l'expiration, l'élasticité du poumon et la contraction simultanée de tous les muscles expirateurs. L'instantanéité du début de la crise, la forme intermittente des accès ne prouvent qu'une chose, c'est la nature spasmodique du phénomène; mais elles ne préjugent en rien du siége du spasme. Les fibres musculaires des bronches, appartenant aux muscles lisses, c'est-à-dire à des muscles qui ont pour caractère d'entrer en contraction avec une extrême lenteur, sont de tous les agents de la respiration ceux qui présentent le moins les conditions nécessaires pour représenter ce siége. Quant à la mobilité et à la rapidité d'apparition des râles et des ronchus, Sée les explique, avec Beau, par les bulles de mucus qui, elles-mêmes, peuvent se déplacer facilement et apporter de la gêne à la circulation de l'air, tantôt dans un point, tantôt dans un autre.

Je reconnais que la contractilité des bronches ne peut apporter qu'un concours très-accessoire à l'expiration; que les adhérences de ces conduits avec le tissu du poumon les rendent peu aptes à des mouvements péristaltiques qui, seuls, pourraient être ici efficaces. Je crois même, avec Radcliffe, que cette contractilité est surtout destinée à régler la circulation de l'air, à augmenter ou à diminuer la capacité générale des voies pulmonaires, comme les capillaires règlent la quantité de sang afférente à un organe. Je reconnais, ainsi que vous allez le voir tout à l'heure, que les muscles qui, par leur tétanos, constituent les agents constants, spéciaux de la suffocation chez les asthmatiques, sont autres que les fibres de Rciseissen. Mais je crois que dans certains cas elles viennent s'adjoindre à l'élément principal et aggraver un peu la dyspnée. Leur état lisse ne les met pas le moins du monde à l'abri d'un spasme instantané. Dans l'état pathologique, les propriétés des unités histologiques se modifient complétement. On voit des parties qui, dans l'état normal, sont dépourvues de sensibilité, devenir très-douloureuses sous l'influence d'un processus morbide. La chair de poule nous montre avec quelle rapidité des fibres moins avancées que celles de Reiseissen dans la hiérarchie musculaire peuvent se tétaniser. L'état du système nerveux qui produit la contracture des muscles que nous allons déterminer, peut, à un moment donné, en raison même d'un plus haut degré d'exaltation, étendre sa réaction sur les bronches, d'autant plus qu'elles relèvent du même centre nerveux que les muscles en question. Ça ajoute peu, j'en conviens, à la cause principale de la suffocation, mais ce n'est pas à négliger dans l'analyse des faits.

Le spasme caractéristique de l'asthme ne siége pas non plus dans les muscles de la glotte, et, par conséquent, le nerf récurrent n'est pas plus, sous la forme spasmodique que sous la forme paralytique, la cause de la maladie. En effet, quand on électrise ce nerf chez un animal, la scène dont on est témoin ne ressemble nullement à l'asthme. L'aspect de la dyspnée est tout différent dans ces deux cas. Du reste, dans l'espèce humaine, le spasme de la glotte donne lieu à une entité morbide parfaitement déterminée, qui méritera même une analyse particulière ultérieurement. Il y a toutefois dans l'asthme un certain degré de contraction des muscles glottiques, ainsi que le prouve le bruit qui accompagne le mouvement d'expiration.

Il n'appartient pas davantage aux muscles expirateurs. Il suffit, pour s'en convaincre, d'examiner l'état du thorax chez l'asthmatique au moment d'un accès. Loin d'être affaissé, et à plus forte raison resserré comme il devrait l'être sous l'influence d'une expiration exagérée, il est dilaté au maximum et il reste dans cette dilatation forcée comme si ses parois étaient tiraillées excentriquement par des puissances irrésistibles. Il y reste jusqu'à ce que l'épuisement des centres nerveux accorde un peu de répit aux muscles dilatateurs. L'expiration qui se produit alors est, il est vrai, un peu pénible et prolongée, parce qu'elle est obligée de lutter contre un spasme qui ne cède qu'à regret et qui n'est qu'épuisé sans être complétement éteint; parce qu'elle a aussi à vaincre la résistance partielle opposée par les lèvres de la glotte. Cet état laborieux est l'expression de la lutte contre la cause de l'accès et n'est pas cette cause elle-même. On ne saurait le contester, la maladie consiste essentiellement dans un état tétanique de l'inspiration. Une dissection attentive des symptômes de détail montre que ce tétanos envahit rarement à la fois tous les muscles inspirateurs. C'est le diaphragme qui ouvre le feu et qui le maintient tout le temps à son plus haut degré d'intensité. Viennent ensuite, mais toujours avec un peu moins d'énergie, les intercostaux et les scalènes.

Je dois dire que tous les cliniciens d'un grand esprit investigateur ne sont pas complétement d'accord sur cette localisation principale dans le diaphragme. Bamberger pense que l'asthme peut offrir un grand nombre de variétés. C'est tantôt le résultat d'un spasme de tel ou tel groupe de muscles inspirateurs, tantôt, au contraire, de tel ou tel groupe de muscles expirateurs. Niemeyer ne veut même voir qu'une espèce particulière d'asthme dans la crampe du diaphragme. Dans cette forme, ce muscle resterait abaissé malgré tout. Les muscles de l'abdomen feraient un effort des plus considérables pour le refouler. Cet effort serait tel qu'il produirait en même temps l'expulsion involontaire de l'urine et des matières fécales. Il en résulterait aussi une cyanose extrême. Je crois qu'en effet ce serait méconnaître les lois de l'innervation que de vouloir confiner ainsi le spasme dans un petit nombre de muscles et de nerfs déterminés. Une contracture musculaire traduit un état d'exaltation d'un point des centres nerveux. Quelle que soit la cause première de cette exaltation, le centre peut étendre indéfiniment le champ de ses réactions musculaires. C'est l'application d'une des lois du pouvoir réflexe qui nous montre que plus l'impression provocatrice est intense, plus la diffusion de l'ébranlement initial s'agrandit, et plus il y a de muscles qui entrent en jeu. Même quand l'impression périphérique est faible, l'extension des mouvements de réaction peut augmenter considérablement si le centre est enflammé. C'est ainsi que les contractures et les convulsions tendent à envahir de plus en plus le système musculaire dans l'hystérie ou dans toute autre névrose convulsive. Au cas particulier de l'asthme, la réaction qui semble se répercuter, surtout sur le nerf phrénique, peut s'étendre successivement à tous les nerfs inspirateurs, aux filets pulmonaires du pneumo et même aux nerfs expirateurs. Il n'y a rien d'absolu en médecine plus que partout ailleurs. De là, sans doute, la possibilité d'une variété infinie dans l'aspect des dyspnées des asthmatiques.

La nature spasmodique de l'asthme étant ainsi admise, nous devons maintenant rechercher si le centre qui détermine la contraction tétanique agit de sa propre autorité ou s'il ne le fait qu'au reçu d'une impression périphérique, si, par conséquent, le point de départ de l'accès se trouve dans le système nerveux périphérique. Il est des expériences de physiologie qui semblent plaider en faveur de cette dernière interprétation.

Quand on a pratiqué la section du pneumo-gastrique chez un animal trachéotomisé, chaque fois qu'on irrite le bout central, la respiration, qui avant n'était que ralentie sous l'influence de la section, s'arrête tout à fait de même que le cœur. Cet arrêt ne résulte pas d'un relâchement général de tous les muscles affectés à la respiration; il y a, au contraire, une immobilisation du thorax due à une contraction musculaire intense et permanente. C'est un état tétanique qui n'est coupé par aucun intervalle de repos et par aucune action musculaire antagoniste. La majorité des expérimentateurs déclare que cet arrêt se produit toujours dans l'inspiration et qu'il maintient le thorax dans cet état d'inspiration permanente. Autrement dit, le spasme porte exclusivement et toujours sur des muscles inspirateurs. Ekhardt et Budge, seuls, prétendent que l'arrêt a lieu en expiration. Les muscles n'entrent pas en tétanos tous au même degré. C'est le diaphragme qui est le siége de la contraction la plus violente. Viennent ensuite les intercostaux externes, les scalènes et les dentelés postérieurs. L'apparition du tétanos n'a pas lieu en même temps pour tous ces muscles. Le même classement convient pour l'ordre d'apparition et pour le degré d'intensité. N'est-ce pas là le tableau fidèle des phénomènes qui caractérisent la période inspiratoire de l'asthme, d'autant plus que chez l'homme on peut souvent mettre le doigt sur une impression périphérique reproduisant l'irritation expérimentale du pneumo-gastrique? Souvent il y a une bronchite préalable, c'est-à-dire une inflammation de la muqueuse qui titille les ramifications ultimes du nerf vague. Même sans bronchite, les malades accusent, comme signe précurseur, une sensation d'irritation dans les bronches. D'autres fois ce sont des éructations, une distension de l'estomac par des gaz qui stimulent les filets stomacaux du pneumo.

D'autres expériences nous font assister au mécanisme de la période expiratoire. Rosenthal a constaté le premier un fait qui, depuis, a été reconnu vrai par Cl. Bernard, c'est que l'irritation du nerf laryngé supérieur produit un effet inverse à celui obtenu par l'irritation du pneumo. Tandis que l'excitation du bout central du pneumo détermine une contraction tétanique du diaphragme, celle du bout central du laryngé supérieur fait, au contraire, tomber ce même muscle dans le relâchement. Si on a recours à une irritation plus forte, non-seulement le diaphragme reste relâché, mais on fait entrer en contraction spasmodique tous les muscles expirateurs. Le nerf laryngé supérieur peut donc être regardé comme le nerf sensitif excitateur de l'expiration, tandis que le nerf vague lui-même est le nerf sensitif excitateur de l'inspiration. N'est-ce pas aussi une impression apportée par le laryngé supérieur qui, chez les asthmatiques, fait enfin céder le diaphragme et qui provoque une contraction spasmodique des expirateurs destinée à compléter ce que l'élasticité a commencé. C'est d'autant plus à supposer que le malade se plaint aussi souvent d'une sensation de pincement à la gorge, et qu'il y a une contraction des muscles de la glotte que l'on sait pouvoir être produite, d'une manière réflexe, par l'irritation du larynx.

En résumé, dans cette théorie qui est celle adoptée par Sée, voici quelle serait la marche et l'enchaînement des phénomènes nerveux. L'impression part des extrémités du nerf vague, gagne le nœud vital et se réfléchit par la moelle épinière sur le nerf phrénique et les intercostaux. Lorsque les muscles expirateurs prennent part à l'expiration qui succède, c'est que l'excitation s'est propagée au nerf laryngé supérieur de manière à annihiler l'action du nerf vague. Sée pense toutefois que ces deux nerfs sensitifs ne sont pas seuls capables de provoquer l'accès d'asthme. D'après certains résultats de la physiologie expérimentale, les nerfs sensitifs rachidiens semblent être capables et même peut-être chargés de susciter l'action du bulbe dans la respiration. Rach a montré qu'après la section des racines postérieures de la région cervicale, les animaux cessent de respirer et meurent sans avoir présenté les phénomènes de la suffocation. L'excitation de ces mêmes racines accélère, au contraire, la respiration ou rend l'inspiration plus énergique. Volkman et Schiff disent qu'il en est de même avec tous les nerfs spinaux et que tous sont appelés à réveiller l'activité du bulbe. Tous les filets sensitifs émanés de la moelle contribueraient donc avec le pneumo à provoquer le mécanisme de l'inspiration. Partant de là, Sée croit que ces mêmes filets peuvent aussi exceptionnellement provoquer ou aider à provoquer l'accès d'asthme. Dans les expériences, la respiration s'arrête, au contraire, lorsqu'on irrite le trijumeau, particulièrement la branche sous-orbitaire, le rameau mentonnier, la branche sus-orbitaire, le filet temporal et l'anastomose auriculaire du nerf vague. Tous ces nerfs seraient donc, au point de vue de l'influence sur l'expiration, les satellites du laryngé supérieur et pourraient parfois venir jouer un rôle accessoire dans le mécanisme de l'asthme.

J'admets très-bien en lui-même le rôle que l'on fait jouer au pneumo-gastrique dans la production d'un accès d'asthme; j'admets même qu'exceptionnellement les nerfs sensitifs rachidiens, vivement irrités, puissent remplir le même rôle; mais je crois qu'au fond la cause réelle de la maladie est centrale, c'est-à-dire qu'elle dépend d'un état anormal, soit matériel, soit fonctionnel, d'un centre nerveux qui ne peut être que le bulbe, puisqu'il préside à tous les actes mécaniques de la respiration. L'impression périphérique ne produit pas l'asthme, elle ne fait que provoquer un accès et elle ne peut le faire que parce que le bulbe est dans un état morbide particulier. Elle l'excite à manifester une aptitude qui, pour le moment, serait peut-être restée à l'état latent. Elle vient seulement appuyer sur la corde sensible. La preuve en est que des milliers de personnes peuvent avoir des bronchites, des catarrhes ou toute autre espèce de titillations des ramifications du pneumo, sans même éprouver une simple dyspnée. Pour beaucoup d'accès véritables, il serait même impossible de trouver une cause d'impression périphérique. Il est vrai que souvent alors les malades disent avoir éprouvé une sensation d'irritation dans les bronches, mais n'est-ce pas là une sensation subjective un peu comparable à l'aura des épileptiques, une sensation qui résulte d'un retentissement du centre sur la périphérie et non pas de la périphérie sur le centre.

La forme franchement périodique que les accès revêtent quelquefois, l'hypersécrétion qui apparaît à la fin de chacun d'eux rappellent, il est vrai, ce qui se passe dans la névralgie du trijumeau, et on se sent porté à regarder, avec Monneret, l'asthme comme une névralgie du pneumo, d'autant plus que presque tous les asthmatiques sont en même temps gastralgiques. Mais beaucoup de névralgies ne relèvent pas de l'autonomie des nerfs et trouvent leur véritable point de départ dans le noyau d'origine du nerf névralgié.

Sans doute, lorsque des accès d'asthme surviennent dans des maladies du foie, ou dans des cas de cancer de l'estomac ou de l'œsophage, ou chez un tuberculeux, etc., on a tous les droits d'attribuer une origine périphérique à cette complication. Mais alors on est en présence d'un simple phénomène de dyspnée passagère qui pourra même ne pas se reproduire pendant le cours de la maladie principale. Si la nouvelle situation s'accentue, si le malade arrive à acquérir réellement tous les attributs de l'asthmatique, on est en droit de se demander si l'existence de cette épine constante n'a pas fini par aller altérer le bulbe lui-même dans ses conditions matérielles et fonctionnelles, s'il ne s'est pas produit quelque chose de comparable à ce qui se passe dans le tétanos où l'irritation du cordon nerveux altère le centre lui-même, ou à ce qui se passe encore dans l'épilepsie produite par la section du nerf sciatique.

Somme toute, je suis convaincu que pour qu'il y ait asthme dans l'acception du mot, il faut que le bulbe soit absolument dans des conditions pathologiques particulières dont il peut manifester l'existence, soit spontanément, soit parce qu'il y est provoqué d'une manière réflexe par des incitations parties de sources variables. Voilà pourquoi les émotions morales peuvent amener un accès tout aussi bien qu'une incitation portant sur le pneumo. Voilà pourquoi des lésions du système nerveux, portant sur des parties autres que le bulbe et ses nerfs, peuvent aussi produire l'asthme. Dans le traité d'Ollivier, d'Angers, on trouve la relation de plusieurs individus

atteints de paraplégie qui, pendant le cours de leur maladie, éprou-
vèrent plusieurs accès d'asthme, et qui, à l'autopsie, présentèrent
uniquement, soit une sclérose, soit un ramollissement de la moelle.
Il en a été de même dans plusieurs cas de tumeurs des méninges et
de la périphérie du cerveau.

En toutes ces circonstances, le bulbe ne fait qu'indiquer par des
troubles passagers qu'il sent d'une manière réflexe les souffrances
des autres départements de l'axe nerveux. Mais le véritable asthme,
celui qui est persistant, celui qui constitue une maladie et non un
symptôme, appartient au bulbe qui est peut-être alors le siége d'altérations analogues à celles que l'on a rencontrées dans quelques autopsies de diabétiques et d'albuminuriques. Ce n'est là de ma part,
je l'avoue, qu'une simple supposition qui demande à être vérifiée,
mais qu'autorisent les liens étroits qui existent incontestablement entre
l'asthme, le diabète, l'albuminurie, les dartres et la goutte. Les connexions de l'asthme avec les deux dernières affections ont surtout
attiré l'attention de Trousseau. « Rien n'est plus fréquent, dit-il, que
les mutations des affections herpétiques, rhumatismales et goutteuses. Parfois, chez le même individu se succèdent une migraine, puis
des attaques de goutte, et enfin surviennent des accès d'asthme. »
Ces connexions sont tellement frappantes que Duclos, de Tours, a prétendu que l'asthme était dû à une dartre des bronches. Celles que
cette maladie présente avec l'albuminurie et le diabète sont peut-être
moins frappantes, parce qu'on ne rencontre pas très-souvent la transformation chez la même personne, mais elles deviennent plus manifestes si on étend son observation à plusieurs membres d'une même
famille. Il est encore une maladie qui semble se rattacher au même
groupe, c'est le *goitre exophthalmique*; car on la voit aussi se substituer et se mélanger avec les précédentes. Il semblerait donc naturel
de l'analyser aussi dans la physiologie pathologique spéciale du
bulbe. Je préfère toutefois la reporter dans la physiologie pathologique du grand sympathique, parce qu'elle met en jeu presque tous
les points de ce système.

Il est impossible, en ce moment, de préciser en quoi consiste cette
parenté entre tant d'affections à physionomies si différentes. Faut-il
voir là des formes d'une même diathèse, comme le veut Trousseau
et avec lui beaucoup de médecins? N'est-ce pas là plutôt une affaire
de voisinage anatomique? N'y a-t-il pas comme base première un
état morbide du bulbe qui peut concentrer son action tantôt sur un

point, tantôt sur un autre point de cet organe et qui pourrait ainsi donner naissance à toutes les mutations indiquées? L'hypothèse est des plus hasardées, j'en conviens, mais je sens mes scrupules diminuer un peu quand je réfléchis que l'alcool, le plomb que nous avons vus produire le diabète et l'albuminurie peuvent aussi engendrer l'asthme. Une diathèse devrait être une à son origine et on ne devrait pas pouvoir y arriver par des voies toxiques aussi différentes dans leur nature. On comprend mieux qu'un organe puisse s'altérer dans sa texture soit spontanément, soit sous l'influence de causes toxiques différentes. Dans tous les cas, il ressort toujours du rapprochement des faits cliniques et des faits physiologiques un enseignement d'une grande valeur, au point de vue du pronostic, c'est que dans toutes ces maladies le bulbe est mis en cause. Toutes, par suite, acquièrent une extrême gravité, en raison même des fonctions indispensables de cet organe. Toutes exposent à une mort brusque, parce que toutes peuvent compromettre le nœud vital.

Dans l'asthme, nous avons fait jouer au bulbe le rôle de centre nerveux générateur, aux nerfs vague et laryngé le rôle d'agents provocateurs, aux nerfs moteurs des muscles inspirateurs, ainsi qu'à ces muscles eux-mêmes, le rôle d'agents d'exécution. Il y a lieu de rechercher aussi si le sang n'intervient pas à un certain titre dans ce mécanisme, en dehors même des cas où il sert de véhicule à une substance toxique d'origine extérieure. Il y a lieu de le rechercher, puisque la physiologie expérimentale semble démontrer qu'il est pour quelque chose dans le fonctionnement du bulbe relativement à la respiration. En effet, pour que cette fonction s'exécute, il faut non-seulement que le bulbe soit excité par le nerf vague, il faut aussi qu'il reçoive du sang normal qui est pour lui à la fois un moyen de nutrition et un moyen de stimulation. Cette influence stimulatrice est attribuée par Rosenthal à l'oxygène, et par Traube à l'acide carbonique. Nous n'avons pas à nous préoccuper ici de cette question, mais il est une expérience de Traube qui trouve dans l'asthme son application. Sur un animal narcotisé, on adapte à la trachée un tuyau de verre qu'on fait communiquer avec une vessie pourvue d'une ouverture latérale et d'un conduit à deux branches munies de soupapes dont l'une s'ouvre dans la trachée et l'autre dans un gazomètre. On peut ainsi insuffler dans la poitrine de cet animal des mélanges gazeux variés. Quand on fait entrer dans le mélange 14 pour 100 d'acide carbonique, on produit une dyspnée considérable qui persiste encore lorsqu'on exagère en même temps la proportion d'oxygène. Or, pendant les accès d'asthme, la gêne de la respiration tend à accumuler de plus en plus dans le sang l'acide carbonique qui continue à se former dans l'économie, de sorte que le bulbe se crée lui-même une nouvelle cause de trouble et qu'une dyspnée d'origine sanguine vient s'ajouter à la dyspnée d'origine nerveuse.

Une dernière question doit encore être touchée ici. Le bulbe est-il pour quelque chose dans les phénomènes secondaires qui peuvent suivre ou accompagner l'élément capital, le spasme? Contribue-t-il d'une manière directe à la production de l'emphysème final et de la congestion pulmonaire qui se montre fréquemment pendant le cours des accès?

On peut produire artificiellement de l'emphysème en supprimant l'influence du bulbe sur les bronches par la section des pneumo-gastriques. Cl. Bernard a même pu assister *de visu* à sa formation, il a enlevé en un point des muscles intercostaux de façon à se créer une fenêtre par laquelle il put suivre les modifications éprouvées par le poumon, puis il pratiqua la section des nerfs vagues. Il vit non-seulement le poumon s'épanouir, mais même il aperçut aussitôt des bulles d'air sous la plèvre. Longet expliquait cet effet par la perte de la contractilité des bronches, celles-ci ne pouvant plus chasser les mucosités ni l'air devenu déjà plus pesant par le fait de sa plus grande richesse en acide carbonique, les vésicules se trouvaient de plus en plus distendues et finissaient par perdre la propriété de revenir sur elles-mêmes, comme tout corps élastique qui a été longtemps trop tiraillé. Cl. Bernard comprend d'une tout autre manière le mécanisme de cet emphysème artificiel, il fait observer qu'après la section des pneumo-gastriques, les inspirations sont plus profondes et par suite introduisent plus d'air dans les vésicules. Les parois de celles-ci sont distendues, elles s'épanouissent sous forme de diverticuli qui s'étendent là où le tissu connectif offre le moins de résistance; puis l'accumulation continuant à se faire, les parois finissent par céder et il se produit un emphysème interlobulaire.

Ce qui précède ne prouve qu'une chose, c'est que l'emphysème peut prendre naissance sous l'influence d'une paralysie du nerf vague, mais il est évident qu'il peut se produire dans des circonstances différentes et même dans des conditions tout à fait opposées, puisqu'il peut être engendré par l'asthme et que cette affection ne saurait, d'après ce que nous avons dit, être attribuée à une paralysie du nerf vague, mais bien à une contraction tétanique des muscles inspirateurs. Selon moi, il est encore plus facile de comprendre comment il peut se produire sous l'influence d'un spasme de l'inspiration que sous l'influence d'une paralysie du poumon. En effet, par leur contraction exagérée, les muscles inspirateurs écartent considérablement les parois thoraciques les unes des autres. En vertu des lois physiques et du vide qui existe dans la cavité pleurale, le poumon est obligé de les suivre dans ce déplacement excentrique. L'air qu'il renferme se dilate pour se prêter à ce refoulement et à cette augmentation de volume. En admettant même que les bronches resserrées s'opposent à ce qu'il se mette ultérieurement en équilibre de tension avec l'atmosphère, il se passerait certainement un phénomène auquel on n'a pas songé, c'est que les gaz du sang, soumis à une pression moindre, s'exhaleraient et viendraient ainsi troubler encore l'hématose. Quoi qu'il en soit, il est certain que les vésicules sont, pendant l'accès, maintenues dans un état de distension forcée, et pour peu que cette distension se répète souvent, elles finissent par perdre leur élasticité et rester dilatées. A cette cause d'emphysème vient s'en ajouter une autre qui ne doit pas être négligée. Tous les asthmatiques toussent, même en dehors de leurs accès, et ces quintes peuvent encore amener la dilatation permanente de ces vésicules suivant le mécanisme que nous avons déjà indiqué antérieurement.

La section des nerfs vagues produit aussi une congestion des poumons, qui est la conséquence de la paralysie des vaso-moteurs et à laquelle la fièvre typhoïde nous fait assister, suivant un degré moindre. La paralysie de ce nerf, considéré en général, ne pouvant être admise dans l'asthme, la dilatation des capillaires ne saurait donc, dans ce cas, se produire d'après le même mécanisme; elle ne peut qu'être réflexe, c'est-à-dire qu'il est probable que l'état d'exaltation sensitive du nerf vague qui va provoquer, par l'intermédiaire du bulbe, la contraction spasmodique des inspirateurs, va aussi mettre en jeu son influence vaso-motrice et produire soit une paralysie réflexe des vaisseaux, soit plutôt leur congestion active, car ce qu'on observe alors de ce côté offre certainement un caractère inflammatoire. Il y a lieu aussi de tenir compte de l'influence indirecte et toute mécanique que la distension des vésicules peut exercer sur la circulation capillaire des poumons. Poisseuille a fait passer sous une pression constante un liquide de l'artère dans la veine pulmonaire, c'est-à-dire à travers les capillaires du poumon. Il distendit alors les vésicules

en insufflant de l'air par la trachée et il constata que la vitesse de
l'écoulement par la veine diminuait au fur et à mesure que cette insufflation augmentait la distension de ces vésicules. Quant à l'hypersécrétion qui vient juger l'accès, elle est aussi l'expression et en
même temps le dernier terme de l'état d'exaltation où se trouve le
bulbe. C'est un spasme sécrétoire.

Nous allons terminer aujourd'hui l'étude de la physiologie pathologique spéciale du bulbe par l'analyse de la coqueluche et de quelques autres phénomènes morbides qui ont aussi pris rang dans le
cadre nosologique, à titre d'entités morbides, tout en étant susceptibles d'apparaître dans des conditions variées, mais qui certainement,
dans bien des circonstances, reconnaissent une origine bulbaire.

Coqueluche.

Sommaire descriptif. — Dans une première période qui, pour
moi, n'est pas constante, on est en présence d'une bronchite ordinaire, avec ou sans réaction fébrile. La toux a le cachet ordinaire à
tous les rhumes, quelques enfants accusent seulement en outre une
sensation de chatouillement dans le larynx. Dans une seconde période, qui certainement peut être primitive, la scène change tout à
coup et la toux prend des allures tout à fait caractéristiques. Elle
devient saccadée, tous les muscles expirateurs sont pris simultanément comme d'un tremblement convulsif qui rappelle celui du diaphragme dans le rire. Ils font ainsi consister la toux en une longue
série de secousses très-courtes qui se succèdent rapidement. Ces secousses sont entrecoupées d'inspirations brèves et toujours sifflantes.
Survient enfin un moment de détente dont le petit malade profite
pour faire une profonde inspiration et introduire le plus d'air possible dans sa poitrine. Cette introduction s'accompagne presque toujours d'un bruit caractéristique qui tient à ce que les lèvres de la
glotte sont encore contractées spasmodiquement et vibrent sous
l'influence de la colonne d'air violemment attirée. Cette inspiration
n'est qu'un acte instinctif destiné à préparer l'expiration d'expulsion
qui va s'effectuer. Les muscles expirateurs se contractent de nouveau
énergiquement, mais cette fois sans saccades, absolument comme
dans l'effort. L'air lancé, comme un ouragan, chasse au dehors une
sécrétion visqueuse, filante et transparente. Très-souvent cette expec-

toration s'exécute sous forme de vomissement; pendant la quinte la tête se congestionne, la face se cyanose; il peut même survenir des ruptures des capillaires, des épistaxis, des saignements d'oreilles, des hémoptysies, des hémorrhagies sous-conjonctivales. Quand la maladie dure depuis un certain temps, on voit apparaître des ulcérations sublinguales qui siégent particulièrement aux environs du frein. Ce dernier fait a donné lieu à bien des interprétations, mais ce n'est là qu'un résultat mécanique dû au frottement de l'organe sur l'arcade dentaire. Enfin, dans une troisième période, la toux se dépouille de plus en plus de son caractère saccadé, et il ne reste plus qu'une bronchite ordinaire qui se prolonge plus ou moins.

Analyse physiologique. — J'ai peine à comprendre qu'un observateur de la valeur de M. Beau ait pu prétendre que la coqueluche n'était qu'un catarrhe ordinaire et que la quinte n'était qu'une toux énergique ayant pour but d'expulser les produits de ce catarrhe. En dehors de toute autre considération, ce qui se passe dans la période de déclin suffirait pour juger une pareille doctrine, car c'est au moment où la sécrétion bronchique est plus abondante que jamais, au moment où les efforts d'expulsion seraient plus nécessaires que jamais, que la toux perdrait de son caractère énergique. Niemeyer a reproduit depuis l'idée en l'enjolivant d'un petit mécanisme que les Allemands ne manqueraient pas de traiter de puéril s'il avait pris naissance en dehors de leur pays. Ce serait la partie sus-glottique du larynx qui produirait le mucus provocateur. Celui-ci tomberait sur les lèvres de la glotte, et grâce à l'exquise sensibilité dont elles sont douées, elles donneraient lieu à une réaction spasmodique identique à celle qui apparaît lorsque, pendant la déglutition, des parcelles alimentaires se sont égarées vers l'orifice du larynx. Il va sans dire que personne, pas même Niemeyer, n'a vu ces avalanches se produire; d'où il vienne, le liquide filant que le malade projette à la fin de la quinte n'est pas le motif de la toux saccadée, pas plus que la salivation de l'épileptique n'est le motif de ses convulsions, pas plus que le larmoiement n'est le motif d'une névralgie du trijumeau. Il suffit d'observer pour s'en convaincre. L'expectoration n'accompagne pas, du reste, toutes les quintes, loin de là, et lorsqu'elle se produit, elle représente comme dans l'asthme un spasme sécrétoire. Si tout cesse quand elle s'est réalisée, c'est qu'elle sert de détente, comme les larmes à une peine morale, comme la sueur dans une fièvre intermittente. C'est tellement vrai que le même calme et le même sentiment de bien-être surviennent lorsque rien ne sort de l'arbre bronchique et qu'il se produit un vomissement qui rejette un produit stomacal et qui en outre épuise le centre nerveux exalté.

D'ailleurs, la quinte de coqueluche ne ressemble en rien à celle qui apparaît lors de l'introduction de parcelles alimentaires dans le larynx. Dans ce dernier cas, ce sont de violentes expirations très-irrégulières, comme aspect général, comme durée et comme succession. Dans la coqueluche, il y a moins d'impétuosité, un rhythme parfaitement régulier et toujours le même. On dirait une convulsion clonique, ce qui est, du reste. Les muscles expirateurs exécutent des secousses intermittentes, tout à fait identiques avec celles des membres des enfants en proie à des convulsions.

Il y a même, comme dans l'épilepsie, une *aura* dans toute l'acception du mot. On a bien parlé d'une simple sensation d'irritation de la glotte ; on a même pensé qu'il pouvait exister une hyperesthésie du laryngé supérieur en vertu de laquelle il sentait trop les moindres influences de mucus et d'air, et provoquait par l'intermédiaire du bulbe une contraction spasmodique des muscles expirateurs, suivant le mécanisme démontré par Rosenthal. Mais si la quinte de coqueluche peut être provoquée de cette manière, ce n'est qu'accidentellement ; généralement il y a quelque chose de plus. L'enfant sent parfaitement, alors même qu'il n'éprouve aucune sensation à la gorge, qu'il va avoir une quinte ; il se précipite vers sa mère. L'anxiété et la frayeur sont peintes sur son visage qu'il vient cacher sur les genoux de sa protectrice naturelle. Ceux qui peuvent rendre compte de leurs impressions disent qu'ils éprouvent au creux épigastrique un tiraillement, un pincement ou quelque chose de vague qui ressemble à une nausée. Comme dans l'épilepsie, l'*aura* peut changer de siége et suivre un tout autre nerf que le pneumo. Quelques enfants éprouvent même une sensation visuelle. Je ne nie pas complétement l'intervention du laryngé supérieur ; elle est d'autant plus naturelle que les expériences de Rosenthal nous montrent que c'est lui qui commande l'expiration, mais il faut aussi avant tout un état particulier du bulbe pour donner à la réaction expiratrice son caractère saccadé. C'est parce, que dans cet état, le bulbe ne demande qu'à obéir à une impulsion quelconque, que les émotions ou une douleur quelconque amènent des quintes.

Je ne sais si la transmission de la coqueluche s'opère à l'aide d'animalcules contenus dans les crachats et dans l'atmosphère. Je n'ai pas de raisons suffisantes pour le contester, mais ce qu'il y a de certain, c'est qu'il y a contagion et que celle-ci semble s'établir comme dans toutes les pyrexies. Du reste, Rillet et Barthez, sans obéir à la moindre idée préconçue, ont dit que la coqueluche devait prendre rang entre les névroses et les fièvres continues. Il y a quelques années, Sée a tenté de fusionner la coqueluche avec la rougeole; il en faisait, pour ainsi dire, une rougeole sans éruption. Le rapprochement est évidemment forcé, mais on peut avec moins de chances d'erreur la rapprocher du genre pyrexie. C'est une pyrexie qui peut rester sans la moindre manifestation fébrile et se traduire seulement sous forme de névrose, mais qui très-souvent finit par amener tout le cortége symptomatique du groupe des affections dites pyrétiques. J'ai vu une épidémie de coqueluche où la plupart des enfants présentaient, au bout d'un certain temps, tous les signes d'une affection typhoïde; grâce à cette apparente transformation, elle a fait un grand nombre de victimes dans l'un des faubourgs les plus populeux de Nancy. Les prétendues bronchites capillaires qui se montrent d'une manière sporadique chez beaucoup d'enfants, reproduisent en réalité l'état d'engouement pulmonaire des typhiques. On constate aussi fréquemment des symptômes cérébraux et ceux-là même qui refusent à la coqueluche une nature névrosique reconnaissent qu'il n'y a alors ni apoplexie, ni méningite résultant de la gêne mécanique apportée à la respiration et à la circulation.

Somme toute, ce qui me paraît acquis aujourd'hui, c'est que la coqueluche est une maladie d'intoxication de nature organique, inconnue dans sa nature, qui prend pour scène centrale principale le bulbe. Cet organe, qui résiste plus que le cerveau à l'action du chloroforme et que j'ai appelé l'*ultimum moriens* du système nerveux, n'en constitue pas moins bien certainement un réactif très-sensible vis-à-vis de certains poisons organiques. Cette impressionnabilité aboutit-elle, dans le cas de coqueluche, à une altération de l'organe? Quelques auteurs ont signalé la congestion de la moelle allongée et de ses méninges, l'hypérémie du nerf vague. Quoique Jaccoud traite ces faits de pures coïncidences, je crois qu'ils méritent d'être pris en considération et d'attirer l'attention dans les autopsies futures. Je crois qu'on a eu tort surtout de ne pas avoir encore fait intervenir le microscope. Du reste, combien de congestions existant aux derniers moments de la vie qui ont disparu sur le cadavre par le fait même du jeu de la contractilité et de l'élasticité vasculaires.

Spasme de la glotte.

Une maladie qui doit être rapprochée de la coqueluche, d'autant plus que Rühle l'a vue être remplacée par cette dernière, c'est celle qui a reçu le nom de *spasme de la glotte*.

Elle n'atteint, en général, que les enfants qui sont au-dessous de deux ans et qui sont soumis à une mauvaise alimentation. Ils se réveillent brusquement ou s'arrêtent tout à coup au milieu de leurs jeux. Ils expriment la plus grande anxiété. Leur thorax est immobile. A l'auscultation on ne trouve plus de traces du bruit vésiculaire. Les battements du cœur sont tumultueux, le pouls fréquent, petit, irrégulier. Le visage devient de plus en plus bleu. Le corps se couvre de sueurs froides. Les selles et les urines sont rejetées involontairement. Parfois la mort termine cette scène effrayante.

Ici le spasme est exclusivement limité aux lèvres de la glotte. Il n'atteint pas les muscles inspirateurs comme dans l'asthme, ni les muscles expirateurs comme dans la coqueluche; des deux nerfs qui contribuent à former le récurrent, le spinal est seul mis en cause. Car du moment où le pneumo serait aussi excité, les muscles crico-aryténoïdiens qui relèvent de lui entreraient en contraction, et comme ils ont pour effet de dilater la glotte, ils contrebalanceraient l'action des constricteurs, ce qui n'a pas lieu. C'est donc un spasme de l'organe vocal et non pas de l'organe de la respiration, mais qui n'en rend pas moins cette dernière fonction impossible. La contraction est tellement énergique que les cordes vocales restent complétement accolées. C'est une obstruction absolue, ce qui explique le haut degré de la cyanose et la mort qui peut en résulter. Parfois, et c'est ce qui sauve le malade, il se fait, sous l'influence d'un violent appel d'air, un petit pertuis à travers lequel le gaz se précipite en produisant un sifflement tout spécial. Il est évident que le même phénomène peut aussi se produire chez l'adulte; mais il est moins grave parce que la glotte inter-aryténoïdienne est plus ferme et permet encore l'introduction d'une certaine quantité d'air. Quoique ce genre d'accès soit souvent provoqué par une impression périphérique, par le froid, la constipation, la dentition, les cris, la toux, la cause première doit être centrale, car c'est une affection qui se montre souvent héréditaire et elle est souvent liée à l'épilepsie et à l'aliénation mentale; elle obéit le plus généralement aux émotions morales. Elle est un mode d'expression d'une excitabilité du système nerveux et en particulier d'une grande susceptibilité des noyaux d'origine du nerf spinal, et par conséquent du bulbe. L'anatomie pathologique est déjà venue apporter à cette localisation une preuve partielle d'une certaine valeur. Sur 96 cas de spasme de la glotte, on a constaté une grande mollesse de l'occipital, de telle sorte que le bulbe ne se trouvait pas abrité contre les pressions extérieures. On a objecté, il est vrai, que pour être autorisé à tenir compte de ce fait anatomique, il aurait fallu que les accès n'apparussent que pendant le décubitus dorsal. Mais est-ce qu'il ne peut pas éclater sous une cause légère et insaisissable, tout justement parce que les pressions subies antérieurement ont rendu le bulbe plus excitable ? Du reste, Spengler affirme avoir provoqué le spasme de la glotte par la compression directe de l'occiput.

Laryngite striduleuse.

Le bulbe intervient encore, mais seulement à titre de centre réflexe, dans la laryngite striduleuse, maladie qui, dans sa nature primitive et essentielle, consiste en une inflammation de la muqueuse laryngée. La susceptibilité réflexe du bulbe est immense. Aussi les inflammations les plus simples du larynx, et toutes espèces d'altérations de cet organe peuvent s'accompagner de spasme de la glotte. Le rôle physiologique même de l'orifice glottique nécessitait cette grande susceptibilité, car c'est la dernière barrière opposée à la pénétration des aliments et des boissons dans les voies pulmonaires, lors de la déglutition. Dans les laryngites, l'irritation du nerf laryngé par la muqueuse provoque, par l'intermédiaire du récurrent, la contraction réflexe des muscles thyro et crico-aryténoïdiens latéraux, ainsi que celle de l'aryténoïdien transverse, et tous ensemble ferment la glotte. La preuve que la cause de cette susceptibilité morbide se trouve dans le nerf sensitif, c'est que les inflammations de surface qui titillent les extrémités tout à fait périphériques du laryngé produisent le spasme beaucoup plus que les lésions profondes et considérables qui agissent sur la continuité du cordon nerveux. C'est là l'application de la 8e loi que nous avons posée dans l'étude du pouvoir réflexe (page 67), et qui est motivée par ce fait qu'il existe à l'extrémité des tubes nerveux de véritables appareils de perfectionnement qui multiplient l'ébranlement reçu. Si le phénomène est plus marqué dans les laryngites des enfants que dans celles des adultes, cela tient à ce que chez les premiers la glotte est plus petite. L'occlusion devient plus complète, même avec un faible gonflement de la muqueuse. N'y a-t-il pas lieu de tenir compte aussi du plus grand nervosisme des enfants? Dans tous les cas, la laryngite striduleuse n'est que la laryngite catarrhale de l'adulte chez un enfant. Non-seulement il y a dyspnée, mais toux dite à tort croupale, aboyante, rauque. On attribue l'abaissement du ton vocal à l'épaisissement de la muqueuse ; mais il y a peut-être, en outre, défaut d'action du crico-thyroïdien, d'où moins de tension des cordes vocales, car chez l'animal auquel on a fait la section du filet nerveux qui se rend à ce muscle, les caractères du son vocal sont identiques avec ceux de la toux aboyante.

L'aphonie dite *nerveuse* tient souvent à une altération de nutrition du spinal provoquée soit par le voisinage d'un anévrysme de l'aorte, d'un cancer, d'un engorgement des ganglions bronchiques, d'exsudats pleurétiques. Le froid paraît aussi pouvoir agir directement sur ce nerf et produire une paralysie rhumatismale analogue à celle du facial. Nous nous occuperons de ces cas dans la physiologie pathologique du système nerveux périphérique. Mais l'aphonie ne peut-elle pas avoir une origine centrale et bulbaire ? Je crois que la cause est centrale quand elle est liée à l'intoxication saturnine que nous avons vue produire aussi l'albuminurie. Il doit en être de même dans la fièvre typhoïde, la diphthérie, l'intoxication paludéenne. Elle est aussi centrale dans l'hystérie, mais elle est alors plutôt psychique que bulbaire.

Messieurs, en soumettant à l'analyse physiologique les maladies de la moelle et du bulbe, nous nous sommes trouvés en présence d'une œuvre en grande partie accomplie, et nous avons dû reproduire bien des faits de pathologie expérimentale qui déjà avaient pris place dans les traités de médecine pure. Il n'en sera plus de même pour les autres parties du système nerveux central, car nous allons nous engager sur un terrain moins battu, moins exploré et où la physiologie n'a pas encore rendu tous les services qu'on est en droit d'exiger d'elle.

TABLE DES MATIÈRES

CONTENUES DANS LE PREMIER VOLUME.

Nancy. — Imp. Berger-Levrault et Cie.

9 782329 074566